从教学中来 到教学中去

第五届全国高等院校综合设计基础教学论坛集

主编：蒋红斌　吕杰锋　吴婕

清华大学出版社
北京

图书在版编目（CIP）数据

从教学中来，到教学中去：第五届全国高等院校综合设计基础教学论坛集 / 蒋红斌，吕杰锋，吴婕主编.— 北京：清华大学出版社，2021.12
ISBN 978-7-302-58914-3

Ⅰ.①从⋯ Ⅱ.①蒋⋯ ②吕⋯ ③吴⋯ Ⅲ.①工业设计 – 教学研究 – 高等学校 – 文集 Ⅳ.①TB47-53

中国版本图书馆CIP数据核字(2021)第171765号

责任编辑：冯　昕
装帧设计：金志强
责任校对：王淑云
责任印制：宋　林

出版发行：清华大学出版社
　　　　　网　　　址：http://www.tup.com.cn，http://www.wqbook.com
　　　　　地　　　址：北京清华大学学研大厦 A 座　　　　　邮　　编：100084
　　　　　社 总 机：010-62770175　　　　　　　　　　　　邮　　购：010-62786544
　　　　　投稿与读者服务：010-62776969，c-service@tup.tsinghua.edu.cn
　　　　　质量反馈：010-62772015，zhiliang@tup.tsinghua.edu.cn
印 装 者：大厂回族自治县彩虹印刷有限公司
经　　销：全国新华书店
开　　本：195mm×270mm　　　印　张：22.5　　　字　数：635 千字
版　　次：2021 年 12 月第 1 版　　　　　印　次：2021 年 12 月第 1 次印刷
定　　价：98.00 元

产品编号：091227-01

序一

认知的基础逻辑与设计思维

非常高兴有这样的交流机会，今天主要分享的是"认知的基础逻辑与设计思维"。设计思维在全世界范围内成为热门话题已有十余年，各大院校与公司都在谈论设计思维，但实际上中国很早就已出现"认识的逻辑"。我们都在学习国外的学术观点以及理论，却经常忽略了中华五千年积累下来的文化宝藏，所以我们往往是跟风，忘记回到基础的东西。

我们经常提及信息传达，大家关心的是"传"——传播的手段、工具、技术、形式，然而最关键的是通过组织让人接受，即"达"、达到目的，设计基础讲的就是这方面。基础是建造大楼的地基，基础没有学好便容易忘掉学习的目的、本心，所以信息传达的核心是"达"。不同信息、不同人、不同手段、不同工具、不同技术、不同形式是需要重新组织，甚至重新创造才能加以应用。现代社会节奏加快，社会生活变得复杂，为了让现代人能够接收信息、进行交互并作出反馈，首先我们要讲信息传达的目的，所做的设计都是要实现所说的"无言的服务、无声的秘密"，所以研究受众是设计基础不可忽略的一个方面，而不是设计技巧。因此在设计过程中，必须要考虑到环境、条件的制约，关注设计需要达成的目标，这是关键所在。如果不清楚外部条件，设计作品是理想的、自我的，是别人无法接受的。设计逻辑、思维逻辑是将外部的环境条件纳入系统进行思考，设计便是根据限制提出解决方案，使人能够接受。比如经常需要解决的视觉问题，视觉是吸引人的方式，所以视觉冲击力是作品的基础，吸引受众。在视觉冲击力的发散过程中不能喧宾夺主，要突出讲述主题，过程中要有层次与渐进，要逐渐引人入胜，人们才能消化、接受、反馈，达到交互和体验。一切设计都应该遵从这个逻辑，我们不能本末倒置，千万不能因为花哨的技巧、形式而忘记主题。

当我们在学习、引进设计时经常会提到"功能"，功能到底是什么？我们对功能的认识并不全面，因为"功能"是我们引进的舶来品。很多工科院校、设计院校都在强调"功能第一""功能决定形式"，但我们必须明白技术的性能和功能是有差别的，我们往往忽略了功能的来源是性能。国内设计界惯用功能一词，这个翻译误导了技术界和设计界的理解，我们对功能的理解往往忽略了现实、忽略了主题，性能和功能混为一谈，造成了一些误会。功能和性能是有区别的，对科学和技术的评价，大多是针对"性能"而言。原创性对应的是功能，所以它能够有用。功能是对使用目的的评价；而性能是对技术成就的评价。评价功能是通过人的外因，所以不同产品功能不一样，针对的人群、目的、存在的外因不一样，因而产生功能的区别。这些概念的区别，应该在技术界、设计界中分清，也是需要做到的基础研究。所以技术研究不仅仅是基础，更是观念的研究。我们不能泛泛而谈评价目标，谈及工艺、结构、安装、信息、品牌等，即便做实验也必须明晰技术与设计的着力点的区别。技术的着力点评价和设计的着力点评价这两者似乎一样，本质上是有区别的。因此设计的研究逻辑需要正确论证性能和功能在原有引进产品迭代过程中的发展脉络，才能有的放矢地提出新的评价体系，引导设计进步、社会发展，引导我们提出新的实验方案。

客观的材料、技术、工艺，它的性能是有不同的。但功能有人因性，要通过设计来赋予性能应用开发的方向，一个新材料、一个新技术出现，它需要通过人因及环境系统的考量进行迭代，要被放在具体的环境下被人实现目的，所以原有的性能必须改良、迭代、发展，这样的性能才能有功能的价值。性能更多的是科学层面的指标性参数，而功能则是人因层面的实现人的需求的指标，设计的角度要研究人与机的关系，则是要基于机器层面科学性的性能指标，在人因基础上，融入设计思考，将性能转化为功能，从而解决特定人群的特定需求，这一过程便是设计的过程。

功能是一种关系，所以设计是一种处理关系的学问，其目的就不仅仅是简单的评价，如怎么好、怎么快、怎么慢，它是不同的功能，不同的事。所以说设计所研究的功能，大家谈及很多，但是没有清醒地认识到功能是被限定的功能参数，不同于技术参数——技术参数是客观的，功能参数是由人和外因限制的，原有的技术必须改良、进步、迭代，再发展。技术需要有用，不然纯技术的东西无法解决不断变化和发展的需要，这点需要大家深入思考，不能人云亦云。

功能参数是根据人的目标指引，对外因限制研究以后，对技术参数的修正、迭代和再开发的结果，是要安全、适宜的，即事理学。不是越高越好、越大越好、越奢侈越好，而是要适宜、适当，即中国哲学中的"适可而止"，要留有余地，不能极端，这是设计所需要协调的关系。所以这里谈及基础的问题，设计是改良还是超越还是颠覆，所用到的基础成分要素是不一样的，我们所讲的基础是有结构的，知识有结构才有意义；如整个人的脊梁骨、肌肉、组成身体的各要素，需要有一个结构，这个结构不仅仅是技巧，需要运用眼睛、手、脑子思考，即有一定的技能，再者是通过实践去修正、反馈，就是所谓的"能力很强"。如出去郊游，一个人准备充分，而其余人什么都没有准备，这个人就被认为有能力、有适应性。这就是他头脑中积累了平时的经验，适应去钓鱼、郊游、爬山等。这种知识结构是隐形的，不像所谓的"手巧"，是需要人脑思考的。在学校教育中必须要学生掌握这种基础，而不仅仅是学会技巧。

要有选择地把知识、技能、材料、工艺组织起来应对不同的人与外因的需求。我们需要颠覆性创新，改变原有的物理世界，创造一些没有的东西。尤其在世界发展迅速、人口膨胀的环境下，人到底需要什么？每个人不可能拥有三栋洋房、三辆汽车，在这里举个例子：在美国平均每四个人拥有三辆车，包括老年人、残疾人、婴幼儿，中国一直把这个目标当作追求的理想。可中国有14亿人，美国只有3亿人，14亿做到每四个人有三辆车要做到有11亿辆车，这难道能代表幸福吗？11亿辆车意味着每天耗费的汽油是世界汽油产量的1.3倍，不可能做到如此。中国人的目标、中国梦绝对不是发财梦，这就是我们要思考中国方案的原因。我们要进行颠覆性创新，而不是跟西方一样。

中国的设计要面临的挑战不是跟随型，而是创新型，是走出自己的道路。我们必须有书本经验和知识，有实践经验和思考，要与周边的世界进行交互，从而整合出中国的方案。而这个基础便是思维的基础，是一种素质性的、隐形的。因为外因的差别，我们对基础的认识有很大的差别。他人所说练习画素描、色彩、结构素描，每天需要做这些，但远远不够，因为外因不一样、设计基础目标不一样，对基础的认识不仅仅是"拳不离手、曲不离口"了，而是要思考、研究中国的国情和中国设计扮演的角色，开创属于自己的路。

同样，设计基础离不开实践，最早所说的实践是动手，在实验室中、工作室中跟着老师的要求做模型（徒弟跟随师父做工艺品），成为作坊式实践，是跟随性的，掌握了全流程。当涉及为什么这么做时，师父往往只会回答跟随其做，慢慢去悟。所以说作坊式实践对于工艺美术可能足够，但对于工业设计远远不够，这便是为什么要和工科结合。工科讲究实验室，实验室实践和作坊式实践不一样，实验室实践是探索、证明并用不同的方案去尝试，这是一种探索，而我们设计需要创新，不能跟着原有的程序、师父的经验去一味模仿，要自己探索道路，根据发展的情况、变化的外因去探索新的技术参数。在目前的教育中，这个方向的实践并不是很强。这便是我所讲的第二种实践。第三种实践便是专业实践。专业实践不仅仅意味着本学科、本专业的知识，专业实践要结合材料、技术、工程、市场等，要和这些方面的人打交道，开拓你的知识面，这时的工作目的、条件便会不一样。所以在教学中必须进行专业实践，学生才会懂得合作，而不是一枝独秀。通过专业实践，才能得到知识，才能在实践中扩展已有的知识结构。当然最理想的便是在研究过程中结合社会的综合实践，这时外因不仅仅是技术、工程这类专业范围，还包括了财务、国家政策、甲方，在这个过程中可以学会处理各种关系，这也是设计师作为项目主管、主持人、CEO 必备的技能。实践是有层次的，都是因为外因不一样，设计基础一定要扩展，不能局限于看书、动手、在实验室中做实验，因为设计还在发展。这便是认识的基础。

认识的基础就是思维，这其实是误区，科学家说左脑主管形象思维，右脑主管逻辑思维，但我们思维不会分开，所以人的认知能力和动物的最大区别在于我们能透过现象看本质。大学应培养学生抽象思维的能力，不仅仅是参观、考察，而是要进行思考。我们对现象不能仅仅耳听、眼见，对于背后的事物需知其所以然，由表及里进行举一反三，这需要我们学习、观察、思考、联想、评价。分析是我们认识事物的出发点，将繁杂的知识通过分类找出个性、突出共性。抽象思维和分析能力是设计基础中最重要的。世界万物是系统的、相互关联的客观存在，通过分析能找到任意物和其他物的联系，使我们思维开阔、能力衍生。所以系统思维与瞎子摸象不同，它是看整体而不是看局部，同画素描一样，抓住规律是看整体而非局部；不能对流行的局部蜂拥而至，而忘了整体。有些人知识很丰富但没有创新能力，是因为其无法组织知识，根据具体目的、外因提出自己的方案。所以系统地组织知识、扩展知识、创造知识的能力是在大学中必须学会的——学会"渔"而不是"鱼"。

举个例子：自然界中水的形态会根据外因而变化，但我们常忽略外因。长江、黄河同源，之所以不同是由于地形、地貌的差别。三字经中也写到"人之初、性本善、性相近"，差别在于"习相远"，"习"是后天、是所处条件决定的。正如孟母三迁因为环境的影响、司马光砸缸懂得根据外因变化去解决问题，这说明外因的重要性，研究外因使我们能够举一反三。而中国特色的设计方法论早就有"人法地、地法天、天法道、道法自然"，都是告诫我们要研究外部因素。中国现在的外部因素是什么？我们必须找到一条自己的发展道路。任何物种或人造物不能适应外因的变化，只能被淘汰；改变内因成为唯一的选择。常说内因重要，其实是外因引起的，物竞天择讲述的就是这个道理——进化和突变以提升适应度。中国的发展、一个新产品的开发、企业的存活都需要研究外因，万变不离其宗、以不变应万变都体现了认知逻辑的设计哲学。"看山是山"是感觉；"看山不是山"是因为研究对象不再是山，而是其成因、组织、成分，去进行分析、认知、提升，不单单凭感官而是动脑；"看山还是山"时认知已经达到一定程度，能够看透事物本质。人的需求并不是物欲之山，而是对可持续人类社会的本质需求的本质的山。所以学习、认知、研究并建立实事求是的思维逻辑是设计基础的要害，综合设计基础不是技巧，而是思考。要有思维逻辑才能跟上发展形势，在外因基础上制定目标系统，这便是事理学的思维逻辑。

从谋事角度，人总是希望少花"力"做更多有用的事，去实现一个对应的目标，所以"事"是一个系统，通过系统整合的方法达到事半功倍，这便是谋事的意义。因此从设计的角度要跨学科思考，要研究各种限定的条件，以人为中心来协调制约因素，寻找既省力又能做"有用功"的办法。因此我们可以从改良"载体或工具"，如工具箱、盆、水桶入手，去研究载体的原理、材料、技术、工艺、成本，在此前提下去改良木桶、铁桶、塑料水袋等，去改良材料性能，就是进行渐进式的改良设计。也可以改变"施力方式"，需要研究施力的主体、施力动作与行为、施力环境等限制条件，去研究外因，再去选择、组织"内因"，提出施加何种"力"，也就是我们现在提倡的原型创新、设计全新的物种，这是我们现在设计面临的一个巨大挑战。改变施力方式需要研究人的需求，在外因的限制下选择什么样的力达到增加"有用功"的目的，应该从设计的角度去研究人和机的关系以及人与机所处的外因（具体环境限制条件）。这种思维逻辑我们必须清晰，而不是盲目跟随时尚风口。这便是颠覆性设计或原型创新、换道超越。

今天设计教育的第一条就是培养学生的抽象思维能力，提高其认知力、引导力，以及扩展自己的能力。第二条要能够跨界向别人学习，因为设计需要技术辅助，事先如果没有预习会被专业人士轻视，只有通过预习才能与其交流并学习知识，跨界与别人沟通、学习能提高团队精神和组织力。第三条是要贴近生活、研究社会，需要我们坚持把握时代的脉络。最后我们必须清醒地认识到设计学不是艺术学，艺术家是"见自己"——百花齐放，科学家是"见天地"——发现宇宙规律，而设计师是"见众生"——为人类可持续发展、不毁灭的第三种智慧。这三种都是哲学范畴，但是设计师有着独到、不可或缺的一面。我们的教育是人才培养的起点，是打基础的平台，教师是在讲台上完成这项任务的。我们要让教师成为最伟大、最美的职业，成为优秀青年的向往！用最优秀的人培养更优秀的人。

我希望中国未来会更好！希望这代人中能被培养出更多的设计人才！第一线教师尤为重要，谢谢大家！

柳冠中

序二
基础教学要与时俱进

　　武汉理工大学是由武汉工业大学、武汉交通科技大学、武汉汽车工业大学三所大学合并组建的行业特征非常鲜明的大学，这三所大学曾分属于交通部汽车工业总公司和教育部，在以往的教学中为相关行业培养了大量的工程技术人员和领军人才。因此我们的产品设计和工业设计这两个专业，近十年一直在努力地融入这些行业。可以说经过十年的实践，现在已经实现了知识交叉的办学模式。

　　目前在工业设计学科体系里面，我们针对工科生每年开设两个自然班，招生人数为 50 人；对于艺术类，我们开设三个自然班，招生 75 人。现在武汉理工大学已经逐步建立了一种自己的教学、科研及产业的体系关系。去年我们又在海南组建了科教园，成立了游轮游艇设计研究院，通过这种方式帮助行业与地方教育结合起来。我们以教学科研型为主要特点，现有 30%~50% 师资用于社会服务和科学研究，许多教学内容、研究方向和课程实践也是通过实际行业课题来开展的。所以，现在课程中对问题的研究与分析越来越聚焦，不再针对普适性的对象。

　　在中国的发展过程中，不同背景导致价值观越来越多样，但是一个健康的社会、健康的国家、健康的环境，是要有一个主流价值观的，这个主流的价值观浸透在柳先生课堂中的很多论述里面。我们能够用这样的一些理论、认知方法去寻找更多的知识，在武汉理工大学的特色行业和特色背景下为国家服务，例如中国发展过程中的重大装备——无论是车、船还是未来的城市系统。因此，我们现在也正是用这样的方法，在经济、文化、社会之间来平衡，找到一个最佳的、最合理的结构关系，使设计更先进、更具有社会意义的同时，又能驱动产业和经济的发展，在我们的装备设计和装备研究中发挥出更好的效果。这个先进不是技术的先进，更多是集成的先进或者思想的先进，同时以更合理的、科学的方式呈现出来，无论是在车、船还是城市公共设施和信息产品上。

　　基础教学确确实实决定了设计从业者今后的设计实践和从业中的起点。正如我们在 32 年前接受工业设计教育的时候，当时柳先生一直强调我们一定要注重思考，特别是关于系统的思考。方法论是贯穿设计教学全过程的一个概念，自始至终反映在各种课程上。所以，这样一种最基础的概念的建立，帮助我们在后来的设计教育和设计实践中，始终用一种科学的方法引导我们看待任何一个对象，不会对任何一个对象或者问题保持僵化的概念。

　　我们一直是按照事物发生的规律、发生的表象和背后深层原因进行系统的思考分析，从而找到问题的真相。柳先生的基础教学更多地是帮助我们通过这样一种观念，去发现事物的真相和事实，否则我们所有的设计活动都是围绕着一些非真相、非事实的事物去做，即使有直观的、表象的设计效果，但是背后所产生的价值却离事实和真相相去甚远。所以，本质思考对于我们认识社会以及生活中看到的每一个事物都是至关重要的。当拥有了科学的、本质的认识，才会产生有价值的问题；有了真问题，我们的设计活动就可以展开。

　　过去我们的认识受到约束或者禁锢，导致了我们看待问题、看待设计的时候，观察的视野相对比较狭窄，对问题认识的深度和广度也不够。所以设计的价值没能在国家的文化、经济、产业、城市发展中显现出来。我们总是把自己孤立地定位在文化、经济、产业发展的上游、中游或者下游，因此设计思维具有的科学性对经济、产业和文化所创造的整体价值最后就被削弱了。

今天，我们认识设计的角度越来越丰富，新技术、新知识、新对象时常让设计实践者们应接不暇，总觉得设计是一种不断变化且有所谓先进与落后之分的概念。当返回到设计的本源，对于中国社会来说，我们觉得柳先生对设计系统和设计事理的思考，更适合我们中国目前的状况。虽然我们面对由于快速发展而显现出来的问题无法先知先觉，但是如果看待问题和认识问题的系统性能够利用设计思维的先进性提前构建起来，相信付出的代价就会相对少一些。工业革命以来，有太多的经验和教训给我们提供参考，今天我们确实更应该对自身的认识论进行重新梳理。也许每一个从业者都会站在不同的角度来理解设计的价值，有的观点是商业驱动和消费驱动的，而有的是社会驱动的。但是站在消费驱动、商业驱动和产业驱动背后的是什么呢？现在的设计对中国来说，最重要的就是人民的美好生活。"美好"是一个非常清晰的、可评价的愿景。在这样的思想引领下，我们凭借柳先生一些关于事理、系统的分析，就可以把"美好"的关系构建出来，把"美好"的评价体系建立起来，把"美好"跟所能够涉及的包括社会学、经济学、工程学、基础自然科学等学科属性非常清晰地描述出来。一旦做到，那所有的设计实践和设计活动将会具有更积极的意义。

潘长学

前言

　　"全国高等院校综合设计基础教学论坛"是由中国工业设计协会专家工作委员会发起的一个旨在发展设计基础教学、致力于中国高等院校一线设计基础教学实践与理论探索的论坛，已持续七年。论坛鼓励一线教师总结、整理教学实践中的心得体会，注重实践探索和理论提升，以及相互的交流学习，以及时掌握工业设计教育领域的发展情况。

　　论坛最初名为"全国高等院校设计造型基础教学论坛"。随着教学理念和教学思想的改变，一线教师们越来越沉淀出自己的认识，认为"造型基础"固然重要，但是已经难以涵盖整个设计基础的内容，如何将设计思维、设计理念和设计原理等知识和方法尽早导入基础教学中，成为比较一致的诉求。通过反复征求意见，最终在第四届论坛时，将其名称变更为"全国高等院校综合设计基础教学论坛"，同时每一届都有独特的主题。由此，年度性的教学论坛机制一直延续至今。论坛的地点也以每年轮转的方式落实在基础教学开展良好的学校，由专家工作委员会提前一年征选或推举，之后由秘书处对接组织。

　　前四届论坛共收到教学论文投稿 800 余篇，参加论坛的院校数量由最初的 20 多所增加至 130 多所，汇聚了中国一半左右开设设计专业的院校。高等教育一直是我国现代设计融入时代的火车头，引领着中国设计理论和设计教学从一个普通专业走向二级学科，再成长为今天的一级学科。回顾高等院校综合设计基础教学论坛，成绩主要集中在以下三个方面：

　　第一，高度重视一线的教学工作者，论坛是为热爱教学、真正从事实际教学实践和教学管理的教师们搭建的。论坛不问行政职务，没有论资排辈，摒弃冠冕堂皇的言论，只讨论如何开展教学活动，如何提升教学成效，如何组织教学活动。通过教师们对各自教学改革与实践探索的总结与反思，将经验分享给全国的同行们。

　　第二，论坛将高校设计专业一线教师们集结成中国设计教育的工作营，大家共同的目标是提升设计基础教学成效，推动设计教育进步。

　　第三，高等院校综合设计基础教学论坛实现了线上和线下的师生开放式汇合。每次论坛既是教师之间交流的盛会，也是学生们理解设计、了解老师的良好窗口，师生之间讨论热烈，形成了教学交流的新生态。

　　2020 年是特殊的抗疫之年，第五届教学论坛在克服重重困难后决定以线上和线下结合的方式进行，这是一次崭新的尝试和挑战。论坛分为论文汇集、主旨发言和线上学院分论坛三部分。主论坛历时两天，教师们通过发言展现教学思路和观点，线上与会者超过 400 人，线下会场分别设在清华大学美术学院和武汉理工大学艺术与设计学院，20 名演讲者的发言汇集成本书的第一部分。在完成主论坛后接下来的一个月中，又分别组织了 8 次院校分论坛，展现了不同院校在设计基础教学实践、生源、师资、院校历史等方面的特点。8 个院校分论坛中展现的教学智慧汇集为本书的第二部分。第五届教学论坛共收到 147 篇论文投稿，经过专家工作委员会认真筛选，入选的 30 余篇论文收录于本书的第三部分。

　　总体上看，"论坛"是一个由中国工业设计协会专家工作委员会持续多年打造，由中国工业设计教育一线教师构成，凝结中国设计基础教学方法与实践经验的平台，有力地促进了一线教师之间的自主交流，形成了一个共同分享教学成果、反思中国设计基础教学的窗口。

　　"从教学中来，到教学中去"是第五届教学论坛的主题，本届主题有效地推动了专业交流的深度和广度。同时，在论坛的结构上改变了原来只反映个人，而非整个学院和专业体系的方式，进一步拓展了讨论的交流方式。最后，特别感谢武汉理工大学有关师生缜密而高效的协调与组织配合，以及清华大学设计战略与原型创新研究所的研究人员，如贾卓奇和金志强等，是他们的辛勤付出有力地支撑了本次论坛能够克服疫情的影响而得以顺利召开，并将会议成果整理成本书。

蒋红斌

目录

单元一

论坛主题发言

单元二

院校主题研讨

单元三

论坛主题论文

单元一
论坛主题发言
Forum Keynote Speech

本单元集中了来自全国高等院校一线教师的主题发言，分别从各自的教学理念、教学方法、课程结构，以及对未来相关领域的展望等方面进行了主题分享和交流。

本次论坛在设计基础的广度上更为全面，来自平面设计、设计史理论、工业设计、多媒体设计，以及环境艺术设计等专业的一线教师们都参与其中，呈现出了更为广阔的设计基础教学探索面貌。

工业设计造型基础课程研究

邱 松 清华大学美术学院

今天我要讲的主题是基础研究与前沿创新。在三十二年的教学过程中，我从来没有离开过基础教学。从中我学习到很多，也走过一些弯路。但总体来说，我们的基础课程在柳老师的带领下，拿到了校级、市级、国家级的奖项，有的奖项还拿过两次。虽然基础课程取得了一些成果和荣誉，但是当经过深刻总结与反思后，我发现它还是受到课时限制，以至于在理论上很难进一步展开，这促使我思考如何在研究生层面上发展基础课程（图1）。基础课程和基础研究这两部分是存在一定差异的，基础课程更多强调知识技能与思维方法的学习，而基础研究注重将自身的知识、技能和思维方法进行沉淀。一个是向外的索取，一个是向内的沉淀：基础课强调教学，基础研究强调研究；基础教学致力于课程，而基础研究专注于项目。研究生一定要先学会做研究，而不是先去做设计，当具备研究能力后再去做设计，做出来的设计水平会更高。

仅有基础研究就能产生前沿创新吗？我认为还是不够的，做设计还应该对其他学科有所了解。一段时间以来，全国各地出现很多产业园，如工业设计产业园、文化产业园等，这些产业园经过一段时间后就会变得萧条，接着园区的主人就会被做技术的、做互联网的，甚至做房地产的公司取代，出现这个现象的原因就是设计的产出和其他学科相比还有一定的差距。就像生物工程领域的项目能达到千亿级市场，相比之下，设计可能连其零头都达不到。设计如果同其他学科进行交叉合作，就可能会产生互相促进的协同效应，在前沿创新上提升价值。对于前沿创新的考核只需要两个指标：一是成果是否填补了学科空白，并产生持续的、实质性的影响；二是成果是否能引领未来的发展。我曾和其他学科的研究所合作了一个项目——通过绿萝基因变异的培育方式成倍提高植物对室内甲醛的吸收率。用植物来替代空气净化器，使这个植物既是一个景观又是一个净化设备，同时兼具照明功能。项目协同了设计、生物工程、自动栽培、建筑装备等学科，接下来希望可以使从植物栽培管理到设备生产安装的全过程形成有益于未来国民建设与经济发展的产业链。

我做过很多基础课程教学的工作，后来又开始做设计形态学的研究。我逐渐发现无论是基础课程还是基础研究，这些实践都在围绕一个核心——形态。于是我做了进一步的研究，发现形态和60%的学科都有关联。例如生物学科一直就在研究形态，目的是把形态的生成规律揭示出来。学科交叉最重要的是找到交叉点。我认为对形态的研究就是设计和其他学科之间很重要的一个交叉点。我们来看一下这个鹦鹉螺（图2），做建筑设计的人特别推崇这种结构，这个结构好在哪里呢？不仅仅是视觉上的美观，其实这个形态里存在着一个数学斐波那契曲线，其中的参数就是我们常说到的黄金比，除了鹦鹉螺之外还有很多生物也体现了算法。记得有位生命科学的老师说过，现在生物界的一种研究就是把发现的基因让数学系帮助建模，然后再改变其中的变量就能创造新的基因。这个说法对我产生了极大的启发：数字的算法除了存在肉眼可见的宏观形态里，微观可能也是如此。那么像暗物质、暗能量那些我们称之为未知的形态，又能带来哪些探索的可能呢？

通过对设计形态学的研究，我们一方面在本科的教育上进行了以课程为主导的、对专业知识和实战技能的培养；另一方面在研究生的教育上进行了以课题研究为主导的培养。在设计形态学的相关教材上，我们编写的《设计形态学研究与应用》已经出版了，还有一本《设计形态学》计划2021年完稿。

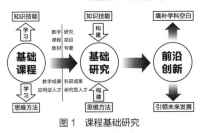

图1 课程基础研究

斐波那契曲线——隐藏在生物中的算法

图2 鹦鹉螺

设计的协同与进化

丁 伟　华东理工大学

我分享的主题是设计的协同与进化。现在大家常常谈论开放式创新、新零售、参数化设计等话题，设计的范式不断发生变化：从强调工业设计，到服务设计，再到体验经济时代下驱动商业的设计。以设计驱动社会创新是当下非常迫切的需要，但是现在的设计教育与产业需求并不匹配。因此，今天的设计要指向今天的问题，设计教育与设计方法也要随着时代发展。今天产业的发展不仅需要专业人才、跨界人才和管理人才，更加需要具备创新和创业意识的人才。华东理工大学最近几年在教育领域进行了一些思考：

第一，产教融合。产教融合最大的意义是拉近设计教育和社会需求之间的距离。我们做了一系列产教融合的工作，比如与蚂蚁金服品牌日的合作。

第二，科艺融合。科艺融合的价值在于打通专业之间的壁垒，培养跨界人才。科艺融合的意义体现在以下几个方面：首先是设计价值的转换，即从节点价值转向系统价值，从关注设计本身到关注全产业链；其次是设计维度放大，从产品与服务创新、系统创新、商业创新到社会创新；再次是设计师地位的转化，从服务者转向驱动者。所以我们尝试了从学科的科艺融合，到产业的科艺融合，再到系统的科艺融合。科艺融合如何找到触点？纵向按照设计的流程思考，如洞察、定义、开发、传播等，横向按照各个学科思考，横向与纵向交叉会产生很多交叉点，每一个交叉点都是值得研究的领域。我们搭建了华东理工大学面向国家战略的工业设计课程体系，涵盖科技、区域经济发展、社会新需求等内容，同时依据这个体系形成了八大特色方向，如智慧出行、服务设计等。课程体系既有课程、研究的支撑，又形成各具特色的方向。

第三，创新创业。我们构建了实验室、俱乐部、基地、平台以及教学实验中心来支持创新创业。在上海，创意产业已经变得非常重要，市领导也提到要打造依托同济大学的建筑产业带，依托东华大学的时尚产业带。那有没有可能打造环华东理工大学的工业设计产业带呢？这个提议目前也在积极推进中。

第四，知识体系定义。设计师的知识体系正面临着全新的改变，在 MIT 提出新工科人才的十二条能力内涵里，有很多地方对设计师提出了要求，人才应该同时具备深度和广度。我们需要构建既要重基础，又要面向前沿，还要与社会互动，同时体现设计思维的模式。我总结了一个系统叫"四链融合"，即产品链、服务链、交互链和品牌链，就是在物理逻辑、行为逻辑、系统逻辑和形象逻辑之间建立整合性的能力。这个系统强调洞察力的重要性，一个好的设计师不仅要对新状态有深刻的感受、对社会方向有基本的判断，还要具备定义产品的能力。设计应该协调工程、供应链、营销等要素，从赋形转向赋能，成为产业的基础设施。

第五，学科发展的新高峰。在上海高校Ⅳ类高峰学科建设工作中，华东理工大学承载着产业转型和城市生活设施部分的职能，具体由四个团队去做一系列的课题，最终形成了探索科技前沿和服务区域经济、面向国际以及满足消费升级的研究架构。我们经常举办讲座、论坛，还实践了很多项目，如热电厂的改造、扶贫、构建乡创综合体、面向科技前沿的为阿里达摩院做的作品，这些项目也推动了地区的发展。

今天的设计师更像是一位导演，需要他能够预知创意的发展脚本与路径，并带领组织在困境中寻求突破，做到知行合一，预见未来，科艺融合，笃实创新，见贤思齐，智慧圆融。

产品设计基础教学思考

张明 南京艺术学院

下面由我来谈谈南京艺术学院对产品设计基础教学的一些思考。我们对本科教学的目标是在四年内，让学生成为一名合格的准设计师，于是我们提出"design designers"的概念。南京艺术学院属于艺术类院校，整体感性思维比较发达，但是逻辑思维比较弱，所以我们试图用逻辑思维的方式来考虑设计师培养的问题。我们希望同学们明白，灵感并不是靠"拍大腿"就能突然产生的，而是需要通过系统学习设计方法和程序，并且进行长时间的训练与实践才能获得。

在能力培养方面，我们希望让学生观察世界的视角和方法能从具象转向抽象。于是我们让学生进行了相关训练：观察自然，并把具象形态转换成抽象形态。加上传感器后这个抽象形态就具备了一定功能，例如安静的时候"花"（加传感器后的装置）会张开，很嘈杂的时候"花"会闭合，从而提示大家注意保持安静（图1）。另外一个植物仿生台灯（图2）是我们做的一个小的智能硬件的搭建，它模仿植物的卷曲，当人靠近或放一个重物在感应平台上，比如说把你的手机放在这个前端平台的时候，它靠重力感应，这个阅读灯就会像植物一样伸展，它就开始照明，通过这个方式改变了传统台灯的交互方式。如果我们有了一个想法，怎么去用技术和制造的手段把它给制造出来是非常关键的过程，因此加强学生对制造业的认识在教学中也非常重要，老师需要向学生介绍如何用技术和制造的手段把想法实现出来。

除此之外，教学还需要注意以下几个方面：综合基础课程应该结合一些社会学、文学和经济学的知识，需要让学生学会从自我认知转向对群体和社会的认知；要引导学生从对世界的表象理解，深入到对内心设计理念的挖掘，因此给学生介绍一些心理学的知识是很有必要的，我们曾经做过可变的折纸灯，让光线强度和灯的体积之间形成关联，给用户带来心理上的共鸣；在自我认知方面，教学需要帮助学生找到主观与客观之间的平衡点，设计师的工作是不能任性的、客观的，但是在客观工作中设计师展现出主观的创造力。

现在很多学生都是"00后"，我在和他们交流的过程中，发现他们总是会通过互联网获得一些先验知识，也就是在还没有取得实际经验的时候就已经了解很多事情了。教学时，我发现学生们非常依赖先验知识，却不注重实践。这次的主题"从教学中来到教学中去"正好切中了教学中的一个重要问题，就是如何让先验知识和实践之间达到平衡，即在综合基础课程教学中让学生通过实践固化和重新探索自己原来的知识体系。我觉得这个过程对于设计师成长来说是特别有意义的。

 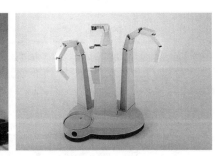

图1 百岁泉噪声检测装置　　　　　　　　　　图2 植物仿生台灯

应用"事理学方法论"探讨产品设计中的基础研究

王雅玲　景德镇陶瓷大学

　　今天在这里跟大家分享的是我在清美研究所所做的研究和初步成果，主要内容是应用"事理学方法论"探讨产品设计中的基础研究。以卫浴产品为例，卫生间是现代人生活中一个非常重要的空间，人的洗漱、沐浴等活动都在这个空间中完成，所以卫生间必须具备适应人完成这些活动的环境和设施。我们从传统卫浴产品现状入手，对卫浴设计的过去、现在与将来的使用环境与使用条件进行系统调研。我们发现了一些问题，并对卫浴从产品规划、细节设计等方面进行综合性研究，探究卫浴产品的创新，使之更好地为人服务。

　　产品不只是一件物品，而是"人为事物"，而设计的目的是以人为本地为解决问题寻找新方法。进行卫浴产品的设计时，我们通过探讨卫生间中的人、事、物之间的关系，从而推导出当代人对卫浴的需求（图1）。设计目的也从设计卫浴产品转化到设计卫生、健康的卫浴生活方式，然后再去造物，最后回到事理进行检验，观察物是否符合人们的卫浴需求习惯或与环境相符。在外因部分上我们研究不同的人在不同的环境、时间、条件下的需求，再明确他们的使用状态、过程和目标，这一过程叫做"实事"；内因部分则是在将外因研究透彻后展开设想，再选择造物的原理、结构、技术、造型、装备，也就是从"实事"到"求是"。

　　设计的本质是发现过去，塑造未来。回顾卫浴发展史，我们不难了解卫浴产品是人解决生理需求的道具，人才是主体，而我们需要创造的是一种更科学、更健康和更安全的生活方式。所以我们进行了大量的入户调查。从调查分析中得出，目前卫生间存在三大问题：

　　（1）安全问题，大部分卫浴产品设计缺乏对老年人和行动不便人群的关照；

　　（2）空间问题，大多数卫生间整体面积舒适空间小，且未实现干湿分离；

　　（3）人机问题，卫生间设备不符合人机原理，不适合长时间的手握。

　　通过分析归纳得到安全、空间和人机三个方面的问题，再结合未来30年中国人口老年化趋势，提出"安全＋舒适＋洗浴"的构想。通过人在卫生间的空间适应性研究，提出"空间借用＋干湿分离""人体生理结构＋设计思考"的构想。

　　只有对人的行为习惯、人与物之间的生理与心理关系进行充分研究，卫浴产品设计才会更加系统化，才能在保障产品质量的基础上设计出适合国人的卫浴产品。

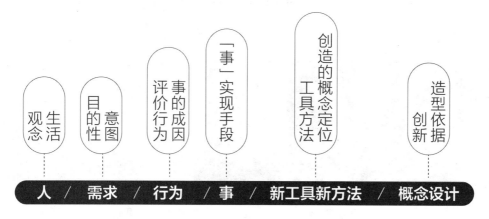

图1　设计研发路径

工业设计专业产品认知实践教学探索

邓媚丹　北京城市学院

北京城市学院工业设计专业经过几年的校企合作专业共建的积累，重点打造了以产品开发流程为基础、以设计项目驱动为载体、以获取与应用新知识为导向、以智能产品设计和服务设计为主攻方向的"全流程项目驱动式"课程体系。该体系的课程目标是通过提升学生自主学习动机和能力，培育学生团队意识及协作能力，最终达到激发学生自我知识螺旋的更新迭代，推动个体内部新知识的构建。

"全流程项目驱动式"课程体系将专业课程分为平台课、基础课、核心课、方向课、拓展课五大课程模块。其中核心课程由大一到大三上学期的四个课程群组成，这四个专业核心课程群主要以学习产品设计、建立产品认知为核心，从低年级到高年级选择了难易度、复杂度均阶梯性渐进提升的四个不同设计项目：第一个课程群结合水瓶设计项目，使学生初步了解工业设计不是纯外观、美工设计，而是以用户为中心的产品设计；第二个课程群结合坐具设计项目，使学生初步认识产品，学习产品设计中功能与材料、结构的关系；第三个课程群结合灯具设计项目，使学生进一步认识产品，学习产品设计中功能与技术的关系；第四个课程群结合3C产品设计项目，使学生学习产品设计中生产加工工艺与造型、功能、材料、结构的关系。

通过大一到大三上学期，让学生完成从了解工业设计，到认识产品、理解产品和掌握产品的学习过程。在大三下学期，进入专业方向课学习，专业方向课也是以项目制课程群方式进行。课程内容在前期学习的产品认知和设计基础上，增加方向特色课程，同时，加入了商品和商业的内容，使学生能从更多维、更复杂的角度进行思考和学习。

学生从大一到大三，能对产品形成一个系统认知，以及了解工业产品的生命周期，一个物品如何从创作阶段的作品到考虑结构、技术、工艺成为一个产品，再到考虑商业变成一个商品。最后进入大四，学生运用以上所学到的知识，将能力串联起来，体现在自己创作的作品上，进行毕业设计，检验是否真正掌握工业设计专业知识。最终，完成工业设计人才培养。

在此，以第二个课程群为例，其教学思路是以坐具设计项目为载体，经典坐具作品为切入点，结合工科工业设计专业学生特点，轻草图重模型，强调动手制作能力。教学过程分为：经典作品解析（包括经典坐具参观和拆解、经典坐具分析等）、设计研究、产品创新设计与制作（包括方案设计、小样制作、实物原型制作等）、作品展示（包括方案展板设计、作品实物展览布置等）、教学总结五个环节。教学核心围绕："从生活中来到生活中去"，理解产品适用性，以达到学习产品设计中功能与用户关系的目的；"从生产中来到生产中去"，理解产品适制性，以达到学习产品设计中功能与材料、结构关系的目的。

以上是关于北京城市学院工业设计专业产品认知实践教学探索相关内容介绍。由于整个教学培养方案是从2018年开始实施，目前课程体系尚未实施完全，所以我们也将继续总结，不断改进。

薪火筑基——构建工业设计人才培养"六度模型"

洪歆慧　福州大学厦门工艺美术学院

　　我曾在梳理我院 60 周年院庆档案资料时，发现了两张照片，一张是柳冠中老师来我院给 1985 级大专班学生们讲授造型基础课时的结课合影；另一张是斯图加特国立造型艺术学院的克劳斯·雷曼教授来我院举办第二期高校教师造型基础工作坊的合影，我有幸参与了完整的课程，这次经历打开了我对设计基础不一样的认知，让我重新思考设计教学。我们在教学计划修订时把传统的三大构成课程更替成综合设计基础。2018 年 1 月，我们有幸请到清华美院邱松教授为我校学生进行了为期一周的"超级孔明灯"课程训练，让学生利用特定的材料，通过设计、探索和再造让孔明灯升空，探索的过程中涉及热力学的知识，这对于工科学生来说也是充满挑战的。这次课程让我们思考在设计教学中，如何激发学生的求知欲并引导学生主动建构知识体系，进行跨学科探索。2019 年 1 月我们又有幸请到韩国基础造型学会李吉淳会长（大邱大学教授）为我们上了"综合造型基础 1"课程，4 周课程让学生全部采用牙签或竹签作为主体材料来完成设计探索。在 2018—2020 年的"综合造型基础 1"课程中我们都在进行不断改进、迭代，整合更多资源，以给同学们带来不一样的体验。

　　以 2020 年大一的综合设计基础课程为例，我们从企业获得无纺布材料来做各种探索，最后还做了一个成果发布会。与此同时开设的大二的"材料与工艺"课程，在相关政府机构和企业的带动和支持下，我们的同学用相同或类似的材料通过不一样的加工工艺，充分利用了材料的特殊性。借由这样的成果探索，我们在福州大学晋江科教园打造了一个 CMF 小型实验室。在产教融合的过程中，我们能感受到产业界对人才的渴望和对产业升级的渴求，于是我们提出了人才培养的"六度模型"（图 1），即希望培养具有跨领域整合创新能力的战略型拔尖人才：做的设计要具有人文关怀的温度，高效执行的速度，系统研究的深度，跨界探索的广度，价值引领的态度，挑战未知的高度。希望同学们在这"六度模型"的驱动下进行各种研究型的服务探索以及服务型的设计实践，从实践中来，到实践中去。

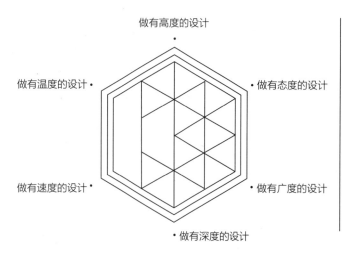

具有跨领域整合创新能力的战略性拔尖人才

- 高效执行的速度
- 跨界探索的广度
- 挑战未知的高度
- 人文关怀的温度
- 系统研究的深度
- 价值引领的态度

图 1　六度模型

高速列车外形研究

姬 鹏　湖南大学设计艺术学院

高速列车作为高铁系统中的一个重要组成部分，也是交通工具设计研究的一个细分方向，其外形既要考虑形式美观，又要考虑相关的性能要求。纵观世界高速列车，外形多样且持续推陈出新，大多追求时尚感、速度感与科技感。对于高速列车外形的研究，首先从其历史发展角度溯源，不断进行纵向和横向对比，以了解相关内容和创新点。不同国家因为设计背景、技术储备以及发展路线的不同，高铁的外形设计呈现出不同的特点。如日本高速列车外形鼻尖长，鼻头大，流线型长度奇长，司机室突出，曲面转折大。法国高速列车的研究时间与日本差不多，但由于起初错误地将内燃驱动作为基调，而没有打算使用电力驱动，这就使得它真正的高速列车研究比日本晚了近20年。由于采用了不同的技术，所以法国的高速列车自有其特点——内燃驱动，集中动力型（由火车头牵引），铰接式转弯架（车轮在两节车厢之间）。由于设计方式和审美需求的差异，法国高速列车外形简约，列车线条富有张力，棱角分明，造型威猛。

德国的高速列车研究始于20世纪90年代初，为提高客运能力，采用双车连挂的方式，由于ICE-1机构是封死的，不利于双车连挂，所以后面车型演化时，采用了机械的开体结构，更强调形态，所以车头造型圆润，曲面变化少，拓扑结构简单，鼻尖较低，偏向于水滴形。西班牙列车与主流的铁路系统不同，是标准轨和重轨同时运营的，因此走出变轨这一技术路线，由于其技术薄弱，必须从其他国家引进相关技术平台来运营其高速列车系统，其造型动感有力量，流线型内凹，鼻尖造型锋利。意大利财力无法支持其新建高速铁路平台，只能在既有线路上运行高速列车，所以只能在列车上想办法，采用摆式列车的方式，在不好的线路上，跑相对高速的车型，由于菲亚特制造模块经营不善被阿尔斯通收购，因此后期其制造外形一定程度上又受到法国的影响。因受其跑车设计的影响，其列车同样有渐消线明显、装饰感强、曲面平顺等特点。

我国高速列车外形的发展经历了四个阶段：2003年以前，我国列车外形尚处于自研阶段；2004-2007年为引进阶段；2011年为吸收创新阶段；2013年之后开始建立标准，处于完全创新的阶段。相较于上述国家，中国高速列车外形设计主要有以下问题：

（1）外形继承性缺失。外形基因是列车家族感、品牌效应的体现，而国内列车亟待解决的是外形基因提炼的问题。

（2）外形基因与气动性能研究缺失。列车运行速度超过200 km/h后，运行阻力大，交会瞬态冲击力强，车隧耦合气动力恶化，导致运营成本增加，且危及行车安全。其主要克服的损耗是空气动力学方面的损耗，由于外形直接影响到空气动力学性能，因此在确立我国高速列车外形基因时，一定要考虑它和气动性能之间的关系。

（3）外形谱系化研究缺失。这也是我国目前正在解决的一个问题，之前对于列车外形的研究缺乏多学科协同，使得外形设计无序，制造运营成本增加。如果能建立起外形谱系化标准，则对于我国的高速列车发展作用重大。

中国列车外形研发的下一步工作主要是以下三点：第一，进一步提炼国内外高速列车外形基因；第二，开展系统研究，建立高速列车外形基因与气动性能的关系；第三，结合列车制造及运营的经济性，提出与列车运营速度匹配的高速列车外形谱细化准则。

产业融合背景下的艺术设计类专业融合教学改革实践研究

李 程　苏州工艺美术职业技术学院

一、实施艺术设计类专业融合教学的背景与意义

设计产业发展背景包括以下几点：产业融合促进专业融合是文创行业发展的新趋势；设计项目的综合性趋势使跨专业艺术设计人才成为首选；绝大部分文创设计项目需要不同专业人才通力合作。设计教育发展现状可以归纳为：专业壁垒导致学生知识偏科，忽视其他设计门类；学生具备专业技术能力，但缺乏项目执行能力；学生缺乏合作精神。实施专业融合教学具有很多现实意义，将以工作坊形式为主的跨界课题训练转换成艺术设计专业的常态教学。通过融合不同专业的学生、不同专业背景的老师，有效地组织课程，使学生具备产业融合背景下的文化创意产品开发能力。同时可以全方位锻炼学生信息收集、归纳分析、解决问题、方案表现、团队合作、沟通表达等能力。通过课程的实施，以综合性跨专业项目案例为主线，打破原有专业学习的鸿沟，培养具有艺术设计交叉专业知识、以项目为主导的设计思维与方法、团队合作与沟通能力的艺术设计综合性人才。

二、课程改革层面的专业融合教学实践（2010—2019 年）

案例 1：管道主题设计（虚拟项目 2011.10），产品、室内、视觉传达 3 个专业融合；案例 2：苏州旅游纪念品开发（实际项目 2013.01），产品、服装、动漫 3 个专业融合；案例 3：迪卡侬自行车头盔设计（国际合作项目 2013.03），产品、服装 2 个专业融合。

课程介绍：① 项目选择。实现高中低年级全覆盖，确保学生都能参与跨界课程，具有职业迁移能力。② 重组班级。在 2~3 个相关平行授课班级进行专业融合课程教学，要保证原有班级容量基本不变；授课老师的工作量平衡；不同专业领域的学生混合学习的难度适当；指导老师的专业背景与新的班级匹配，能有效地进行指导工作。③ 小组合作。以 3 人为一组，易于学生间的课堂讨论、教学执行和迸发灵感。同时引导不同个性、能力的同学优势互补，以意见领袖、实干家和质疑者的身份，组建到一个团队中来。④ 团队教学。跨界教学采用大班授课和小班辅导结合的方式。原来班级的授课教师组成教学团队负责几个班级的教学任务，在关键节点上联合授课。⑤ 评价考核。课程的评价包含过程考核、内容考核和团队考核三个方面。⑥ 作业提交与展示。课程作业的提交包括设计方案的版面、模型、研究记录和总结以及电子资源包。其中电子资源包记录了学生在学习过程中发现的所有素材，包括图片、图纸、影像等。

三、人才培养方案层面的专业融合教学改革探索（2020 年至今）

国家"双高计划"专业群建设思路：打破专业发展壁垒，对接长三角文创产业链，优化群内专业结构，拓展传统工艺的创意发展思路，并将传统造物智慧应用到现代生活，满足人们对美好生活的向往；开展多元融合式的人才培养方案设计，专业基础向更加注重综合能力培养的方向改革。以第一学期的"文化 +"专业基础为例，学期核心课程有三门——造型表达、色彩表达和综合表达，在每门课程中又贯穿了摄影摄像和版式设计这两门辅助课程，这样安排的目的是希望培养学生的综合能力，在核心课程的进行过程中可以有摄影摄像和版式设计的老师给予学生专业的指导，使学生具备输出和表达的能力。

让基础成为基础——设计基础课程中创新思维方法的融入

马长勇　湖北文理学院美术学院

关于"让基础成为基础",旨在强调绘画基础、设计基础、综合设计基础的本质区别,让"设计人才培养模式"跳出"培养艺术家"的课程体系和方案,围绕"设计"的核心目标,构建"综合设计基础",打好"设计基础"而非"绘画基础"!设计的核心目标是发现问题、分析问题、解决问题,服务于人的某种需求。与绘画(纯艺术)的共性特点是创新、求异的审美性,区别是设计不仅具有审美性(精神层面),还必须具备实用性(物质层面),这也是设计最本质的特征之一。而我国的设计专业受绘画基因影响较深,教育改革扩招以后的学生,大都通过艺考短期集训进入高校,入学后部分课程按照绘画基础展开,当接触设计基础课程时,骤然从传统绘画思维跳跃到设计语言,使得很多设计专业学生进入了一个模糊的空间,这种模糊不仅在训练的形式上导致了一种误区,更容易产生设计思维的误导,致使学生对设计思维与纯艺术创作的方式纠结不清,"产品美化"的现象始终伴随,使学生对设计留下深刻的绘画印象。针对这一问题,我认为要跳出当前这种培养艺术家的课程体系,围绕着设计的核心目标重构特色鲜明的综合设计基础课程体系。

一、准确定位人才培养目标是构建设计基础课程体系的目标核心

首先确定构建综合设计基础教学的目标。以我所在的湖北文理学院为例,学校层面的办学目标定位是"建设地方特色鲜明的高水平应用型、综合性大学;以立德树人促进学生全面发展为宗旨,培养德智体美劳全面发展,具有社会责任感、实践能力和创新精神的高层次应用型人才";学院层面的培养目标则是"立足学校目标定位和专业发展趋势与市场人才需求,具备知识、能力、素质协调发展的人才培养目标定位,培养具备'实践能力'和'创新精神'的高层次'应用型'设计学类与绘画等专业专门人才";而设计学类专业培养目标以学校办学目标定位为依据,围绕学院人才培养方案制定了"培养具有创新精神和实践能力的应用型设计学类高级专门人才",也是构建综合设计基础教学的目标核心。

二、设计学类专业基础课程体系建设是设计教育的基础核心

学校层面通识教育课程目标是面向全校所有专业,培养学生德智体美劳全面发展的综合素质,如思政、外语、体育等系列课程;学院层面通识教育课程则围绕绘画、动画、设计学类专业学生专业素养与创新精神,如艺术概论、艺术美学、东西方艺术史等系列课程;设计学类专业通过对绘画、动画以及设计学类专业人才培养的系统分析,构建了"综合设计基础平台课程体系",包括"基础理论课程体系"和"基本技能课程体系",如设计概论、设计史、设计思维、设计心理学和设计思维与表现、人机工程学等共性知识课程体系,循序渐进地分布在四年课程中,同时满足绘画、动画、设计学类专业人才共性基础知识构架。

三、设计基础课程体系是创新思维方式融入设计基础的实践核心

综合设计基础课程聚焦设计学类专业人才培养,系统构建课程内涵,精心凝练创新思维训练,目标是培养学生发现问题、分析问题、解决问题的思维方式和创新能力,传授给学生不同形式的视觉语言以及构成方式,掌握其基本要素。设计基础课程体系构建重在明晰课程目标的逻辑性和达成度,如发现问题课程主要围绕交流与沟通能力培养;分析问题要求学生掌握创新思维能力;解决问题则需设计与表达、系统组织能力。采取"全程双元应用型人才培养模式"将创新思维融入设计基础,"全程"即从大一开始,循序渐进地课程化实践项目与理论相结合。从"专业认知实践""专业基础实践""专业核心实践""综合实践"(毕业实习)直至完成创作、答辩、就业指导等环节;"双元"即实践贯穿于理论课程之中,理论课程与实践同步。

基于认知模型的设计基础课程设置分析

王奇光　山东工艺美术学院工业设计学院

首先介绍一下山东工艺美术学院工业设计学院本科课程的基本结构（图 1）。今天介绍的是运用设计心理学认知层级来分析设计基础课程的设置。认知层级当中提到人们认识事物主要分成三个阶段，从记忆到理解、从应用到分析、从评价到创造，也就是说人对事物的认知基本分为三个阶段，都是要经过从初级的感官认知到后期的分析，再到后面的反思和创造。根据诺曼的三层次理论，我们一般分析产品也是从感官的本能层面，到中间的行为层面，再到后面的反思层面来理解、分析产品设计的。设计基础早期课程是从初级感官角度作为理解记忆的阶段来看待的，在初学者并不能完全理解设计基本概念的情况下，需要建立一个设计基础课程群作为桥梁，通过设计概念编码系统来针对多样化、多群体的学生认知进行相对彻底的重新编码，从而提出设计基础课程群目标系统。基于认知心理学的三个阶段，无论是从多感官到美学再到对整个系统的学习，任何一个产品的系统建立基本上都遵循这样一个由浅入深、从低层次到高层次的逻辑反馈过程。设计基础课能够帮助大一学生在多元化背景下进行早期课程的解码和编码，建立学生对设计、设计思维和设计感知的基本逻辑框架。

同样，基本的逻辑框架可以通过事理学的概念来进行分析。目前的基础课程群可以看作一个最终的产品，由目标系统的内部因素和外部因素来决定。我们在内外因的共同作用下对大一的基础课程进行针对性设计，考虑课程如何从大一的初级阶段就使学生能快速进行思维的系统学习，实现学生个体多样化和差异化的认知模式转换，这是大一课程学习的最重要目的。

以交通工具方向的设计基础课程为例，分别组织了八个训练来实现教学目标：① 二维转三维；② 形态过渡；③ 工具再造；④ 语义训练；⑤ 包装训练；⑥ 桥梁训练；⑦ 色彩训练；⑧ 仿生训练。

得益于前期综合设计基础课程的科学性和基于认知逻辑的完备性，我们较好地完成了设计的解码，为学生后期的设计编码能力打下了较为坚实的基础。近些年交通工具方向在国内外大赛上，也获得了不错的成绩。大一的基础课程影响深远，仍然有很大的探讨空间。

课程设置	军事课	设计程序与方法	视觉传达设计	设计管理
	学科专业导论	设计制图	设计心理学/产品摄影	计算机高阶建模
	工业设计概论	色彩写生	人机工程学	市场学
	创造学	设计三维表现	材料与工艺	世界科技发展史
	设计二维表现	设计基础II	产品改良设计	产品创新设计
	设计基础I	手板模型制作		

产教融合项目实训一		产教融合项目实训二	
	中国传统生活方式概论		生活产品设计专业方向选修课程群
	中国传统设计思维与实践		交通工具设计专业方向选修课程群
	程序设计基础		公共设施设计专业方向选修课程群
	交互与界面设计		陶瓷产品设计专业方向选修课程群
	交叉课程I		文创产品设计专业方向选修课程群
			产教融合项目实践

图 1　山东工艺美术学院工业设计学院本科课程的基本结构

"情境、联通、价值"——作为综合设计基础的设计史教学

王小茉 清华大学美术学院

刚入学的学生对设计理论的认识往往存在偏差。他们错误地认为，设计史就是背诵，而不是一个建立专业史观、训练分析设计现象、提升解释能力的过程；认为设计的专业强项是工具性的、追求形式感的美化，而没有意识到其最核心的价值是设计思维，是发现问题、定义问题，运用综合学科能力来解决问题。同样，这种错位也存在于传统教学与学术前沿之间。按照维克多·马歌林（Victor Margolin）的观念，相比艺术界，"设计的世界"（design world）尚未建立。

基于以上问题，教师对设计史课程有了以下三个定位：第一是认知，希望学生从仅是对史实的知晓，转化为对设计现象的理解；第二是推衍，希望通过课程，学生能从历史中获得经验，启发设计思维与设计实践；第三是价值，通过学习，逐步建立一套有效的价值判断，从树立专业价值观延伸到塑造社会价值观。"认知、推衍和价值"的三重定位，也契合了清华大学"三位一体"的教育理念，即价值塑造、能力培养与知识传授。"外国工艺美术史及设计史"这门课程的基本情况是：它涉及工艺美术史和设计史两个领域，内容庞杂，却只有 32 学时；在大一春季学期授课，针对美术学院全体大一本科生（约 280 人）。教学安排的限制带来的问题是：如何联通两史？如何保证内容量？如何把握和控制人数众多的课堂？由此，也产生了教学突破点。

通过重新组织教学内容，课程将讲述的历史时间范围确定为文艺复兴时期至 20 世纪末。其目的：第一，摆脱欧洲中心论，以全球史的视角看待这一时期发生的工艺美术和设计现象，联通世界和中国。第二，不割裂地看待工艺美术史与设计史，注重两个领域的共通之处，确定研究对象为大规模制造和大众消费的日用品。第三，研究视角从功能、文化与技术三个层面切入。具体而言，功能不仅探讨"实用"，更要挖掘工艺美术 / 设计的另一重功能——意义，即象征意义和文化意义。造物亦是一种文化现象、社会现象，所以将文化史、物质文化史，甚至一些社会学知识与工艺美术 / 设计研究相结合，开拓学生的学术视野。当然还有，不能忽视工艺美术 / 设计的技术语境，以及由技术变革所带来的社会转型。

在此基础上，课程以案例研究串起工艺美术史 / 设计史发展线索。案例研究的价值在于：首先在课堂上，还原、搭建社会 / 历史 / 设计发生的背景；继而呈现设计现象的复杂情境，认识影响造物的各种动因及其规律；最后形成联通——现象感受与观念思辨的联通、工艺美术 / 设计理论与实践的联通，以及西方与中国的联通。关注西方先进经验的同时，用课堂提问和布置作业，启发学生思考中国设计。每一个案例的背后，重在培养学生的"问题意识"。破除固有认知，树立新的设计观、文化观。在问题－解答的互动之中，展示"知识产生的过程"。"情境搭建"是这门课程的核心教学策略，它可以用三句话概括：第一，用讲故事的叙事方式搭建情境，联通知识性和感受性，激发学生的学术志趣与情感共鸣；第二，用可与现实呼应的历史案例，辨析设计理念，阐释发展规律；第三，围绕设计学教学内容，引入必要的设计伦理知识，升华情境，激发学生的共情能力、伦理意识与人文精神。

综上所述，"情境、联通和价值"成为设计史教学的三个关键词。在这三个关键词的指引下，让设计史教学有效地成为综合设计基础的一部分。此外，为使课上课下形成教学闭环，教学改变了以往的考核方式。每节课设置思考题、小调研报告、推荐参考书目。报告的格式体例，要求学生遵循学术规范并查重。经过两年的教学积累，我们取得了不错的成果。教师，是课堂"总体艺术"的创造者，不仅要努力让学生掌握显性知识，也要在潜移默化中让他们获得隐性知识，让设计不仅成为学生未来的职业，更是一种理解世界、认识世界的方式。

基于设计思维的跨专业综合设计课程设计

岳 威 安徽大学艺术学院

伴随社会发展和产业变迁，当前我们所面临的问题和挑战越来越复杂，单一学科所提供的知识体系、思维方式和专业能力，不足以支持解决当下多元的社会、经济、科学和生态等问题。设计教育也随着产业界的趋势而调整，这些调整包括了设计议题、方法和工具等。目前，许多企业已朝向跨领域合作设计的模式运行，但在学校教育中，有效的跨学科创新实践教学模式与方法仍在探索。在这样的背景下，针对大学生协同创新实践能力的培养，也成为目前设计教育中的重点。

斯坦福大学 ME310 课程——Design Innovation 最早于 1967 年开设，距今已有半个多世纪的历史，通过几十年的发展，为全球设计创新实践提供了成功的范本。课程中提出的"设计思维"（design thinking）方法在创新实践应用中，已获得一定成果和有效性验证。斯坦福大学的设计思维方法源自工程领域的创新，为设计专业的跨学科合作提供了很好的参考价值。安徽大学艺术学院2017 年开始与中国科学技术大学信息科学技术学院、合肥工业大学建筑艺术学院开设校际跨学科联合设计创新课程。来自三所院校不同专业与学科背景的学生（安徽大学艺术背景的设计系学生、中国科学技术大学非设计专业背景的学生以及合肥工业大学理工背景的工业设计系学生）组合成设计创新团队，结合企业资源，以仿真创新项目为载体，开展为期一年的协同创新实践。基于设计思维的跨专业设计创新课程教学实践已开展五年，通过不断调整课程组织形式与教学模式，试图探索与回答如下问题。

一、适合国内高校跨学科协同创新实践的教学模式

目前关于设计创新的跨学科教学模式仍大多以教师个体从实践中建构的经验主义为主。在五年的课程开展过程中，以斯坦福大学设计创新课程体系为轴，融合设计专业课程，通过不断调整课程授课内容、课程组织结构、课程目标等，尝试总结出行之有效并符合国内校际间跨学科协同创新实践的教学模式。

二、不同专业背景学生在跨学科设计创新实践中的差异化培养

在当前新文科、新工科教学改革背景下，理工科学生如何培养设计思维及艺术素养；艺术背景设计专业学生如何掌握技术与工程知识；工科背景设计专业学生与艺术设计专业学生在设计创新实践中的能力培养差异和侧重点有何不同？上述问题缺少相关的实证研究，我们也在基于设计思维的跨专业设计创新课程教学实践中试图回答上述问题。

三、跨学科协同创新方法与工具

方法包括教师设计指导方法和学生跨专业设计实践方法：不同院校、专业背景的指导老师优势互补，构成教师团队，引导学生开展设计创新实践；不同专业背景学生掌握协同创新的设计方法，减少各专业间的认知摩擦，协同完成企业的仿真命题；在协同创新的过程中，有效的设计工具可以帮助打破学科边界，促进认知统一。

五年的校际联合设计创新课程的实践过程中，我们针对上述三点的探索，已有些经验和有效方法；与华为、联想、美菱等企业开展的联合课题，也取得较好成果，备受企业认可。从实践中来，到实践中去，在日后的教学实践中，我们将继续总结跨专业合作的经验与方法，尝试提出能被量化验证的有效执行方式与建议，总结出跨学科协同创新实践的设计方法，为国内高校跨专业设计教育实施提供一定的参考。

从手到心——基于木材和布艺的阶段式设计动手实践教学探索

赵 颖 北京印刷学院

　　北京印刷学院在 1989 年开设艺术教育专业，2002 年建立工业设计系，艺术类和理工类共同招生，学校新建实验室，并采取专业老师负责制，2017 年设计学进入北京市高校的高精尖学科建设名单。综合造型实验室建成较晚，建设以来接待了教育部教学评估专家、教学评估分类指导专家、山东省泰安市副市长等专家评委领导的参观指导。本着动手实践为主的原则，实验室教学实践主要以木材和塑料加工的手动和电动设备为主。我在这里给学生们上课、指导实践，获得了一些感悟，总结起来就是"从手到心"。

　　"动手"的意义有四：一为补充，"动手"是对于设计手段的必要补充，手绘、三维建模渲染、视频制作和机器加工的设计表达虽几近全面，但手作作为一个多模态感官融合过程，可触、可视、可闻，却容易被忽略；二为体会，通过"动手"可以实现对材料、工艺以及产品实现关键环节的认知；三为静心，"动手"的过程中学生不受打扰；四为养成，制作过程中养成遵守工坊规矩的职业素养。

　　接下来分享木材和布艺的分阶段动手实践教学。我们将它分成三个阶段，第一阶段是课程教学，是主体部分，以整班教学的形式开展，培养学生动手制作的基本技能；第二阶段是毕业设计，是深化阶段，以导师组教学的形式开展，培养学生的综合技能；第三阶段是课外讲座，起到拓展技能的补充作用。这三个阶段都融入动手教学的理念，技能培养贯穿始终。以木桥设计课题为例，要综合考虑桥的强度、重量、美观、制作、材料等因素，并提升学生团队协作与创新能力。我们的学生曾用木材做了灯具和相应主题的文创（图 1、图 2）。

　　设计基础教学对学生后续的学习工作有着深远影响。有的学生甚至毕业之后还会回实验室来不断完善自己的设计。深入动手的过程让学生将对材料和工艺的了解变成习惯，也使他们更愿意去探索产品内部的结构。"纸上得来终觉浅，绝知此事要躬行。"希望借此促进学生动手实践能力的提高。

图 1　学生作品《木灯》
设计制作者：谢欢 李月轲 翁颖欣 邢程 王嘉齐
指导教师：杨莉

图 2　学生作品《走马灯》
设计制作者：姜露杨
指导教师：黄帅军 赵颖

以人类新的面向探索未来产品设计的新思路

高凤麟　中国美术学院

新时代人类的内心世界和外部环境越来越复杂，使得我们面对着各种各样新的问题，工业设计除了解决以往的功能性、舒适性问题之外，还会有一些新的面向和新的功能属性。从今年开始，我们的课题已经开始研究一些社会问题以及应对社会问题所出现的设计。下面举几个例子。

（1）固定不变与自然生长。通常大家认为家具是固定不变的产品，而我们的设计将椅子和一个植物生长装置结合起来，把植物属性带到家具设计当中，产生了一种全新的组合关系，使一件固定不变的家具自然生长起来。当使用这把椅子的时候，我们可以在底部的植物生长装置中种上草。植物会慢慢生长，陪伴我们阅读和休息，那么这件产品就有了独特的思维，可以变化和生长。

（2）觉知与能量。在当下的社会中几乎人人都会有压力过大的问题，我认为如果人能够留存住身体中的能量，将有助于解决这个问题。通过大量阅读全球关于冥想的书籍，总结相关专家的理论成果，我们发现了卡巴金博士提出的"正念"理论，他将佛教"八正道"这一名词运用到冥想思维方式上，并将它传到西方。从这一理论出发，我们开始思考"觉知感受"的问题。"正念"与"觉知"真正要讨论的问题是让人能够关注于自己当下正在做的事，以此去帮助解决精神焦虑、情绪压力以及抑郁方面的问题。为了帮助人们正确觉知自我的存在，集中注意力于当下正在做的事，以此来消除心理压力，我们团队开发了一个名为"心冥想减压"的 APP，通过设定不同形式的冥想、调息、觉知过程，引导人们留存身体的能量。

（3）时间的相对性。时间的概念不只是一个时间指向，还是一种相对描述。我们做了一款计算生命倒计时的 APP。人们可以用它来倒数，你和父母相处的时间还有多少，你能够给身体排毒的时间还有多少，你能够去完成一项任务的限制性时间还有多少，用颜色表达事情的紧迫性。我们未来可能会做的是对时间多重理解和表述的体系。

新语境给设计行业带来新改变。随着时代的巨变，设计的思考方向也要主动向大众不断变化的内心需求与热点社会问题靠拢。在新时代，设计要与如今用户的潜在需求或社会问题相契合，不能再仅考虑基本功能的健全或仅满足于工学的舒适、美学的形态或触感面料的合适。应当从细微处着眼，怀着爱与善意沉下心去了解、聆听用户潜藏于内心的声音，以此为宗旨的设计才能真正打动用户。传统的思路着重培养学生的基本功，但是许多学生的作品缺乏生命力；未来的职业竞争要求学生有对市场的敏锐洞察力，能用专业知识提出巧妙合理的解决方案，这样的思考模式才是新时代设计行业真正重要的。设计究其本质乃是以创造性思维智慧解决生存问题的学科。从现代语境看，设计所涉的领域可以更加宽广，对于各种哲学性问题的追问与理解，对原初的探究，都有助于我们设计出真正有价值的产品。

数字媒体艺术专业"设计基础"与动漫游戏产业结合的课程探索与实践

周 洁 华东理工大学

"设计基础"课程由平面构成、立体构成和色彩构成组成，源自包豪斯创建之初设置的课程体系，已有百余年历史。20 世纪 80 年代经由中国香港引入内地，逐渐成为国内设计类专业必修课程并沿用至今。随着整个社会的发展，信息服务设计、数字媒体这样一批新学科新产业的崛起对人才培养提出新方向和新挑战，对于设计基础教学的讨论和探索从未停止。

下面我从数字媒体艺术角度提出一些"设计基础"可以改革的方向。数字媒体艺术的专业特点决定其人才培养有新的要求，特别是科学与艺术的融合创新，这也是数字媒体专业中新兴文化创意数字内容崛起的背景。在奠定人文修养和人文基础之外，还要有技术分析与解决的能力和实践操作能力。动漫游戏产业的工作，都是要通过技术与艺术的协作，营造玩家更沉浸式的体验。目前，数字媒体艺术专业人才缺口大，动漫游戏产业领域亟须造型能力扎实、艺术素养深厚的人才。我们一方面特别鼓励我们艺术生进行跨专业选修，另一方面夯实视觉和造型能力尤为重要。从数字媒体艺术专业培养目标看，设计基础教学改革十分必要，原因有三：① 人才培养与产业需求的脱节；② 动漫游戏产业对美术造型能力要求的提升；③ 传统课程体系与媒介工具的更新转换。"设计基础"课程设计的理念是：以理论学习为基础，增强它的学术性；以实践教学和技术实现为特色，突出其中的实践性；以市场前沿为导向，突出它的前瞻性；以工作过程为主线，突出它的专业性。

下面概述教学设计的过程：我们的议题设置会选取人物头像进行造型训练。通过人物头像照片训练学生由二维到三维的观察方式，通过形体塑造训练平面到立体的表现方式；从塑造静态角色造型训练到形成动态产品，或传播模式；将游戏公司案例引入设计基础课程教学，实现产业向课堂的转化。教学过程中我们和手办公司对接，带领同学参观一线动漫公司，了解手办的设计和制作过程。把新材料和制作过程纳入课程当中，形成一个完整的商业化过程，为培养学生的技术和造型能力奠定良好的基础。希望学生通过流程化的训练，不仅进行静态的形体塑造，还要进行动态的完整的设计思维训练，如我们通过课程衍生出大创项目《节气物语》，也通过竞赛来促进了学习。课程训练学生通过文本知识系统，不断挖掘，用视觉化和形象化的思维进行设计，再借助传播媒介与年轻群体互动。课程采用直观演示法、练习法、现场教学、启发、互动、小组合作等多种方法，通过展板、网页和 APP 公众号展示教学过程与成果，鼓励学生投稿与参赛，并取得了一些成绩。

后续，我们会将基础课与专业核心技巧联系起来，将动漫游戏商业案例引入课堂，将基础教学与产业对人才的需求相结合，沿着将新时代的产业需求和课程训练紧密结合的方向继续探索。

工业设计人才队伍建设的危与机

梁 军　李启昕　黄山学院

　　我在 2006 年创办了培训机构"黄山手绘",至今学生已逾 2 万。我在很多文章里经常看到一个词——"工业设计教育大国",也在各种场合听到一句话——"我国工业设计学生培养规模全球最大",对于这个说法我是不认同的。

　　通过对工业设计教育招生规模、专业增长情况、毕业生质量以及应届毕业生择业与职业现状的调查统计与分析,我们总结出现阶段我国工业设计教育存在的一系列亟须完善与解决的问题。可以说,我国工业设计人才培养是滞后于社会需求的。从规模上来看,教育的发展已经滞后于企业的发展,需要进一步发展工业设计教育规模以匹配需求;从企业要求来看,工业设计企业更需要全面、稳定、高质量的人才支撑保障;从应届毕业生的择业意向来看,选择第二产业这一振兴实体经济主战场的比例极低,需进一步引导学生的历史责任感和行业使命感。

　　此外,根据企业提供的应届毕业生最需提高的能力结果显示,企业更需要工业设计教育直接解决的是毕业生的专业技能、基础能力、职业素养与工作能力的培养问题。专业基础能力与学习成长能力如得不到提高,入职后企业还将继续耗费大量的时间成本与经济成本来弥补教育的不足;职业素养与责任心如果得不到提升,工业设计行业的人才培养生态有可能整体恶化。我国正在规划工业设计产业在国家战略布局中的角色,制定了中国工业设计的发展战略,包括目标、路线、组织、策略、方法和工具,也规划了设计教育、职业培训和人才梯队建设(图 1)。一系列的国家政策标志着我国工业设计的国家战略已开始与我国制造业深度融合,工业设计教育需要进入一个新的阶段,为振兴制造业乃至民族复兴提供更强有力的创新设计人才。这既是国家发展的需要,更是工业设计教育的历史使命。

图 1　2012 年工业设计领域专业目录调整情况

产品设计专业课程思政教学建设探索

王赛兰　西南民族大学

今天在这里主要结合校课程思政建设课题"产品设计专业课程思政教学建设探索"教学心得进行分享。下面从设计课程与思政、课程思政教学设计、教学收获这三个方面进行分享。

为什么要在产品专业中开展课程思政呢？一方面是为了响应国家政策要求，利用好课堂教学渠道，在各专业课程中融入引导学生树立正确的价值观和世界观的内容，"融入"是关键。另一方面，设计专业课程思政建设有其背景：第一，设计专业课程思政教育缺失，只重实践、创新、设计"硬能力"，忽视道德品质、民族文化、职业精神"软能力"；第二，培养家国情怀与专业素养并存的未来设计师，立足本土文化产生强大的文化输出；第三，产品设计是携带着天然红色基因的专业，是中国制造业发展的缩影，反映了中国制造从学习到模仿再到寻求自主创新的艰难前行过程。

在教学设计上，考虑到"材料及综合工艺"普及性强，理论和实践兼具，课程开设在大四年级，便于思政教育的认知和理解，我在课程原有的构架上穿插了三个部分的思政内容，分别是"奋斗70年——从大国制造到大国智造""大国制造中的机遇和挑战""中国传统材料工艺与现代设计"（图1）。通过回顾过去70年，中国经历的20世纪80年代以劳动力活跃、改革开放促进中国制造业发展；90年代装备现代化生产效率提升，规模化经济发展；2000年后信息化与工业化融合从底层改变制造业，设计、工艺、管理模式创新带动制造业升级；同学们振奋不已。谈及中国设计在发展过程中遇到的挑战和机遇，压力和动力并存，在设计领域我们一直缺乏创新的精神和动力，"拿来"让创新变得艰难时，同学们积极讨论。将中国传统文化和材料工艺融入设计课程中，又唤起了学生热爱专业、愿为之投身并贡献力量的家国情怀，同时也给学生开启了取之不尽用之不竭的设计灵感宝库。

通过此次的课题，我也获得了一些教学体会。学生对本次课程思政热情很高；教师应本着客观、科学的世界观，和学生平等对话；注重课程中的穿插，即兴发挥有时效果更好。课程思政是产品设计专业教学中不可缺少的一个部分，教育学生懂得居安思危、立足传统文化、弘扬中国设计是我们设计基础教育不能缺少的环节。未来计划在本课程中将思政内容一直坚持下去，逐渐采用线上线下结合的方式，与时俱进，不断更新教学内容并更加广泛地开展。

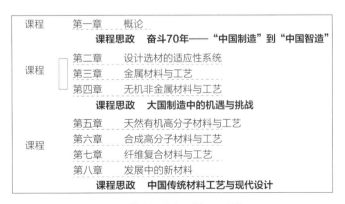

图1 "材料及综合工艺"课程安排

地方院校 2020 版工业设计培养方案探讨

王 坤 内蒙古工业大学

今天我在这里和大家分享一下我校作为地方院校在 2020 版工业设计培养方案制定中的一些心得。在培养方案目标的制定上，我们立足于内蒙古地区，培养方案由招生（入口）—课程体系—师资结构—教学效果—就业（出口）经过 5 年的跟踪评估和持续跟进，形成一个工程认证的闭环体系。而这个良性循环的闭环体系非常适合地方院校，每一次的改进和更新都会促进毕业生的质量提升。

我们的培养方案每 3~4 年就会有一个大的变化。内蒙古工业大学工业设计专业自 2001 年开始招生，迄今已有 20 年，生源情况和师资结构、教学效果也有明显提高。毕业生的能力和企业对毕业生的认可度是我们评价教学效果的唯一指标。我们一直坚持"在做中学"的模式，但这并不能有效丰富学生的社会能力，所以从 2015 年起，我们做了一个实践能力提升计划，规定大一、大二学生必须在寒暑假进行为期 2 周的社会实习，大三进行生产实习，大四进行毕业实习。这一连串的社会实习活动，使学生具有很强的适应能力，有对自己准确的认知，有较强的学习能力。对于西部学校而言，如果一味追赶发达地区的教育模式，只能始终跟跑，这是客观因素决定的。但是经由这样的实践提升计划，我们的学生很早就接受社会的磨砺与业界标准的衡量，他们在择业时表现出两个特点——对自己有清晰认知，而不是一味寻求高薪；优先选择能提升自己能力的岗位。我们专业就业率达到 80%，10%~15% 考研，33% 从事工业设计相关工作，33% 从事机械设计相关工作。

科学制订培养计划需要找到问题的本源，根据工程认证体系的标准，学生出口需要对应企业需求。将企业端的设计流程和设计教育流程进行对照，我们发现现有培养计划的三点改进方向：① 以企业需求为导向培养多学科交叉创新型复合人才；② 与时俱进，融入 AI、人工智能、大数据、互联网信息化的内容支撑；③ 要符合学生的认知和成长规律。

课程体系的工程教育主线，体现了工科背景的工业设计专业学生应该具有哪些能力：数学、语言、工程力学、产品结构设计、ProE、机械电子、材料工艺、开源硬件应用等；艺术教育主线里，社会学、认知心理学、概率论与数理统计形成了用户研究的课程群，增加了民族区域特色，如民族文化创意设计，和服务地方区域经济结合起来，同时设计管理、服务设计和产品界面设计拓展了设计能力，迎合业界对设计师更高端设计能力的培养需求。突出设计思维、设计实践是工程与艺术之间的桥梁，用中轴主线将创意设计—创新设计—系统设计这个全生命周期串起来，形成一个大综合，通过毕业设计来输出毕业生的能力，满足企业的需求。在专业建设里，最关键的是凝练自己的特色。作为西部院校，我们鼓励学生积极参加比赛，经过比赛锻炼，学生和老师都获得很大提升。我们曾参与扶贫服务设计项目，通过和地方政府的合作，解决当地的经济困难。我们还与当地企业合作开发康复医疗器械，逐渐形成服务地方经济的特色。

基础研究设计教学

陈阳露　景德镇陶瓷大学

汤重熹　广州大学艺术设计学院

今天将以格力项目为例对基础研究在设计教学中的重要性展开分享。当我们选择了合适的项目、确立了研究对象开始，就需要通过实地考察以及对理论的研究来制定基本方向和路径，并对"人""产品""空间"三个方面展开研究，最终得到设计研究的基础数据以及创新构想。在人的研究方面，主要是研究不同地区人的基本尺度和习惯动作，提出健康安全的创新思路；在产品研究方面，主要从结构、功能、材料三个方面进行，建立数据库指导设计应用，通过实验数据检测，提出新结构、新材料的构想；在空间研究方面，主要从环境条件和空间尺度两方面进行研究，通过实践分析出存在的问题，最终提出符合人需求的最佳空间与环境。在基础研究完成之后，进入设计研究程序，包括产品分析、概念创意和功能目标三个方面，最终通过实践研究得出新产品，从而完成设计研究的整个流程。

下面以格力项目为例进行分享。

项目介绍：格力项目是由珠海格力电器股份有限公司委托清美工业设计策略与原型创新研究所开展的关于现代年轻家庭厨房电器的研发项目。项目研究的主要内容包括现代年轻家庭的生活形态、生活模式、生活环境、饮食消费方式、厨房电器的使用状态及规律等。在此期间，调研小组进行了网络问卷调查、入户调研、用户访谈和观察、归纳厨房电器使用现状等工作，依据调研成果找出痛点，进而开始创新厨电产品的设计。

调研内容：围绕厨电产品为重点来展开研究，秉承事理学的设计思维逻辑，对"人""产品""空间"三个方面进行研究，它们之间是相辅相成的，不能脱离相互关系而进行孤立的探讨。对现有厨电产品的调研，进一步明确了人与它们之间的关系。通过入户调研和问卷调查，了解不同人群日常的生活状态、饮食方式，分析他们出现不同行为的原因，记录厨房空间图和用户体验图，最终构建典型的用户模型。独居、新家庭和三代同堂这三类用户比较有特点。目前很多人处于租房状态，按照操作流程对他们的烹饪过程记录成用户体验图，并发现了一些共性问题，如油烟与炒菜溅油难清洗、灶台与传统台面高度不匹配、调味品摆放杂乱和小家电收纳等问题。我们通过调研列举了重点人群一日三餐的时间线，对比发现租房用户与家庭用户在早晚餐质量要求上有较大区别，原因是家庭用户需要照顾孩子的需求。通过对用户的深入了解，用画像方式进行分析和特点归纳，并绘制不同人群的生活形态和饮食烹饪模型。

对于未来中国厨房空间的推测：小型化家庭呈上升趋势；制约厨房走向开放化的核心问题是油烟对环境空间的影响。

基础研究在设计教学中强调几方面："事理学"贯穿设计基础研究全过程；设计教学中需要针对目标进行系统性的内外因分析；引入基础研究性较强的企业课题，有利于营造自主学习研究的设计氛围，对学生学习能力、动手能力、创新能力的提高起着重要的作用。将基础研究引入教学，能够激发同学们研究探索的欲望；将基础研究融进教学方法，能培养团队协作精神；用基础研究整合科技资源，能有效提高学生的创新能力；把基础研究穿插在教学中，可以有效提升学生的全面素质。

日常中的非常——将设计心理学导入综合设计基础教学体系中的必要性

蒋红斌 清华大学美术学院

日本金泽市 2018 年开始启动的生活垃圾有偿化制度，是从公共事业的系统创新设计角度，融入大量社会心理学原理和人文关怀等因素而形成的全社会共建行动设计。"行动设计"是他们的关键词，其理念、体系、主要类型和执行情况等非常值得我们深入考察与系统分析。这里，我想选其中的一个重要特点，从他们如何以创造社会新伦理和新行为的"规范行动"角度，来分析所谓"行动设计"的本质和效能，并由此引发对未来设计创新的基础教育将会大量导入设计心理学的一个必然事实的思考。金泽市启动的生活垃圾有偿化制度显示了高度重视日常行为的公共设计，将是全社会治理和建设的一个入口。

在当代高速发展的城市化建设中，设计文明将从"塑造物质的美"转向"塑造精神的美"。设计的基本效能越来越趋向于社会创新和社会治理。放眼 21 世纪的前 20 年，绿色、生态、碳中和、脱贫和人类命运共同体等世界级问题，显示出人类社会治理的大格局时代已经来临。社会化的行为治理和伦理建设必将越来越多地与社会创新设计联系在一起，引发这个时代更为深刻的设计文明。那么，设计基础能力也将更多地从关心人的心理、社会伦理和人文建设等软科学性质的原理知识中寻求支持，设计的社会心理学基础知识必将导入设计的综合基础教育中。

下面我想结合这样几个发生在金泽市 2018 年启动的生活垃圾有偿化制度中的事例来予以说明：

首先，以社区、社群为单位，精细化地将日常生活垃圾资源化分类，并实施分站点的社会有偿回收制度。譬如我租住的社区，在东域的一个指定地点，每周三的上午十点到下午五点有专门车辆和人员来收取纸张和玻璃瓶等，并支付费用给居民。在社区的南部，有一个专门回收金属的站点，时间也是非常精确，专人专车。除此以外，这些可回收资源均不能丢弃在任何公共地方。这些行动指南是每个居民的集体公约，违者重罚。

其次，除了我们都熟知的、已经在日本全国运行了几十年的分日期丢弃不同类别垃圾的制度之外，金泽市还试点了更为精细的投放要求和社会公约行动。值得注意的是，全市取消公共垃圾桶。垃圾处理已经分解为家庭的，甚至是个人的日常行为。与之相必配的是行为的高度社会评价系统，褒奖、科普和指南性行动路径设计得十分贴切，具有很强的友好性和文明行为赞誉度。不论在商店，还是在路边，不设垃圾桶已经成为一个社会共识。对于一个外来人员，起初可能有些不适应，但是，全社会的引导和贴切的分类投放指南无处不在，之后几日便自觉起来，成为自然而然的事情。

最后，社会管理和知识普及，以及行为与行动路径的设计成为了现代日本设计师大量探索的领域。有偿生活垃圾的另一个机制设计就是捐赠或企业回购。大件且难得见到的工业产品，他们的处理方式亦非常丰富。如何处理生活中的废弃物已经成为一种新的市民管理城市行动。管理的指向不是物化的，而是文化的。

总之，设计科学崛起于当代，要求人才的创造性修养越来越综合，既要有严密的科学理性精神，又要有艺术的人文关怀。今天的设计类高等院校越来越需要建立一个可以服务于学生自我成长的、适应未来社会发展和变化要求的新型教学方式。不是知识、技能的传统问题，而是学习方式、成长路径和教学相长的机制的问题。这些问题对今天的中国设计基础教学也提出了新的要求和挑战。建构什么样的教学体系，如何在特定的社会环境中形成教学特色，如何将学生的学习能力与社会的精神文明结合起来，是当今世界范围内所有设计类院校共同面临的问题。

单元二
院校主题研讨
Academic seminar

本单元是以学院为单位，呈现不同学院在其教学系统中，设计基础的教学结构，教学理念、综合设计基础教学方法和课程体系，以及面对学生素质，教育目标，以及教学改革的思考与整顿。从另一个侧面反映的论坛所关注的域度。在特点和思路上完整地呈现了不同学校教学体系在设计基础教学上的方略。

——"现在课程中对问题的研究与分析越来越聚焦，不再是普适性的对象。我们需要践行系统思考理念，让宏观决策更科学，让微观设计实践和研究更有效率。"

——"综合设计基础课程组的教学目标，实际上就是通过一系列的理论教学和实践环节有效启发学生观察、分析、解决问题，初步确立批量化生产的概念。"

——"我们现在不是面对现实社会去培养工程人才，而是培养敢于否定批判、超越现实，并且能够想象和创造未来的人才。"

武汉理工大学设计教育再创新

武汉理工大学主题研讨

主　　持 柳冠中
主题发言 潘长学
　　　　　 汤　军
　　　　　 吕杰锋

中国工业设计创新发展的系统思考

潘长学

武汉理工大学这几年一直在不断地进行思考。武汉理工大学是由武汉工业大学、武汉交通科技大学、武汉汽车工业大学三所大学合并组建的一所行业特征非常鲜明的大学，曾经分属于交通部汽车工业总公司和教育部，在以往的教学中为相关行业培养了大量的工程技术人员和领军人才。因此我们的产品设计和工业设计这两个专业，近十年一直在努力地融入到这些行业。可以说经过十年的实践，现在已经实现了知识交叉的办学模式。

目前在工业设计学科体系里，我们针对工科生每年开设两个自然班，招生人数为50人；对于艺术类，我们开设三个自然班；全系共招生125人。现在武汉理工大学已经逐步建立了一种自己的教学、科研及产业的体系关系。去年我们又在海南组建了科教园，其中成立了游轮游艇设计研究院，通过这种方式帮助行业与地方教育融合。

我们以教学科研型为主要特点，现有30%~50%师资用于社会服务和科学研究，许多教学内容、研究方向和课程实践也是通过实际行业课题来开展的。所以，现在课程中对问题的研究与分析越来越聚焦，不再是普适性的对象。

同时，在中国的发展过程中，不同背景导致价值观更加多样，但是一个健康的社会、健康的国家、健康的环境发展是要有一个主流价值观的。我们能够用一些经过验证有指导性的理论、认知方法去指导更多的设计实践，在武汉理工大学的特色行业和特色背景下为国家服务，例如中国发展过程中的重大装备——无论是车、船还是未来的城市系统。我们现在也正是用这样的方法，在经济、文化、社会之间来平衡，建立一个最佳的、最合理的结构关系，使设计更先进、更具有社会意义的同时，又能驱动产业和经济价值的结构在我们的装备设计和装备研究中发挥出更好的作用，实现从简单装备到自主设计先进的制造装备。这个先进不是技术的先进，更多是集成的先进或思想的先进，同时以更合理的、科学的方式呈现出来，无论是在车、船还是城市公共设施和信息产品上面都需要建立这样一种价值。

基础教学确确实实决定了设计从业者在今后的设计实践和从业中的起点。正如我们在32年前接受工业设计教育的时候，柳冠中先生一直强调设计教学一定要注重思考，特别是关于系统的思考。关于系统性思考的"事理学"方法论自始至终贯穿在各种设计教学课程上，这保证了我们在设计教育和设计实践之间始终有着一种科学方法的引导，不会对任何一个对象或者问题产生既成事实的错误概念。

我们一直是按照事物发生的规律、表象和背后深层原因进行系统的思考分析，从而找到问题的真相。通过这样的观念，去发现事物的真相和事实。本质思考对于我们认识社会以及生活中看到的每一个事物都是至关重要的。当拥有了科学的、本质的认识，才会产生有价值的问题；有了真问题，我们的设计活动就可以展开。

过去我们的认识受到约束或者禁锢，导致了我们看待问题、看待设计的时候，观察的视野相对比较狭窄，对问题认识的深度和广度也不够。所以设计的价值就没有在国家的文化、经济、产业、城市发展中显现出来。我们把自己定位在文化、经济、产业发展的上游、中游或者下游，设计思维具有的科学性对经济、产业和文化所创造的整体价值最后就被削弱了。

经过30年的发展，我们今天认识设计的角度越来越丰富，新技术、新知识、新对象时常让设计实践者们应接不暇，总觉得设计是一种不断变化且有所谓先进与落后之分的概念。当返回到设计的本源，对于中国社会来说，我们觉得柳冠中先生对设计系统和设计事理的思考，更适合我们目前的状况。虽然我们面对由于快速发展而显现出来的问题无法先知先觉，但是如果看待问题和认识问题的系统性能够利用设计思维的先进性提前组建和构建起来，相信付出的代价就会相对少一些。西方工业革命以来有太多的经验和教训给我们提供参考，今天我们确实更应该对自身的认识论进行重新梳理。也许每一个从业者都会站在不同的角度来理解设计的价值，有的观点是商业驱动和资本驱动，而有的是设计所显现的消费行为等。但是站在消费驱动、商业驱动和产业驱动背后的是什么呢？其实现在设计对中国来说，最重要的就是人民的美好生活。"美好"是一个非常清晰的、可评价的愿景。

在这样的思想引领下，我们凭借柳冠中先生关于事理、系统的分析，就可以把"美好"的关系构建出来，把"美好"的评价体系建立起来，把"美好"跟所能够涉及的包括社会学、经济学、工程学、基础自然科学等学科属性非常清晰地描述出来。一旦做到，那所有的设计实践和设计活动将会具有更积极的意义。

武汉理工大学工业设计基础教学经验分享

汤 军

武汉理工大学艺术设计学院工业设计专业和产品设计专业在设计基础教学的过程当中积累了宝贵的教学经验和对人才培养的一些思考，本人在这里与各位高校的教师进行交流分享。

一、综合设计基础课程群简述

综合设计基础课程在我校工业设计专业已经进行了 20 多年，通过系统的、综合的基础教学实践和理论探索，基本上形成了一套较为完整、系统的课程体系，形成了一个完整的课程群，这个课程群内包括综合设计、设计材料工艺学、产品结构设计以及工业设计科学基础、课题设计等。在这样的理论教学环节和实践环节中，我们更加注重实践环节的部分。整个过程，实际上就贯穿了我们如何去引导学生发现并解决问题。我们有一组课题训练，是通过使用纸这种固定的材料，来设计盛放鸡蛋的安全包装和能够承受人体重的座椅。它突出体现的就是对于材料的极限性能的发挥。由于我们这个课题坚持了 20 多年，现在我们鸡蛋的包装由最初的不限定材料到现在可以做到用一张 A3 大小的纸张对鸡蛋进行有效的包裹，然后从四楼扔下来不碎。随着我们课堂的研究深入，也获得了一些成果。在上面两个问题的基础上，我们另外创造性地设置了一个课题叫做行走的铁丝。要求学生们组成小组，小组之间以比赛的形式，看谁用铁丝做的行走装置跑得最远。装置使用橡皮筋作为动力来源，能够充分发挥材料的极限特性。同时我们又开发了一些新的课题，其中一个是关于创造力测试的。我们提供给学生一个产品，让他们延伸扩展出更多新的、有创造性的方案，规定 20 分钟时间。同时还有发散性的视觉形态的测试训练。

二、教学目标及知识体系改革

综合设计基础课程组的教学目标，实际上就是通过一系列的理论教学和实践环节有效启发学生观察、分析、解决问题，初步确立批量化生产的概念。比如说我们的正立方体，是通过对材料进行加工做出一个单件的零件，充分利用材料的形态结构特点，在尽可能不利用标准件连接的方式上，让材料发挥出自己的特性和能力来进行连接，从实际上体现出批量化生产要尽可能降低对标准件的消耗，也就降低了成本，整个过程要启发同学们逐步建立工程的概念。设计是通过大量的批量化生产工程的概念来实现的。学生在高中阶段，通过升学的训练，脑子里充满的就是漂亮不漂亮、美观不美观，他们会局限于只考虑外在形式，是一个单向思维模式。我们要通过这样一系列的训练，使同学们逐步过渡到能够系统整合多学科知识并且交叉运用的综合的、系统的思维模式。要做到这一步，只有通过系统的训练、循序渐进的启发才能够获得满意的效果。另外一个就是培养有科学的专业基础、有系统分析自我评价和创新能力的人才，在这一系列课程里面我们会引导学生逐步建立起在设计之初就要建立评价标准的做法。

在整个教学过程当中，我们一直在思考，工业设计人才到底应该具备什么样的知识体系？我们从物理上、使用上、制造上、社会上以及审美的角度，构建了工业设计思维的评价体系模型。设计的整个思维、模式，分析问题、解决问题的路径都要符合思维评价体系的标准，也就是说在产品环节要符合技术原理、企业管理方面的标准，它是一个企业的视角，它充分体现出制造工艺技术方面的应用、研究。到了商品环节，商品要面临竞争、要美观，它是一个审美文化环节，它又是市场营销的环节，所以说它是消费的一个视角，美学、文化、社会的一种物流方式的研究。买到家里又叫用品，它是一个用户心理、用户行为、用户的人机关系的研究，它是一个社会的视角。这个环节很重要的就是引导学生对生活方式进行研究。到了废品回收阶段，它是要以一个社会的视角、一个生态的视角，也就是我们现在提到的美好生活，那么我们的产品要节能、要方便回收、要便于再利用，它是一个可持续发展绿色设计的研究。综上，看似这是一个非常基础的综合设计的课程组，但实际上贯穿了工业设计的整个流程。

三、具体课题案例

"产品结构认知环节"课题，是针对产品结构认知环节设置的一个课程。我们制作了展示产品结构的模型，通过购买一些二手电器，将它们锯开，做成典型家电结构认知的模型（图1）。我们课程中会有跟企业联合的实际项目，当时跟海尔有合作，海尔武汉维修站的师傅提供了两台洗衣机，一台波轮式的和一台滚筒式的。我们在课堂上带着学生们进行拆机，对结构功能之间相互实现的关系进行认知学习。冰箱都是被我们锯开的，洗衣机也拆开了。其目的是通过讲解功能和结构之间的密切关系，让学生们通过了解产品实物和对产品进行实际测量来对功能和结构进行比较深入的理解。要实现什么样的功能，在现有的技术条件下，在现有的生活形态、生活方式以及经济价格各种限制性条件下，它是一个以什么样的结构来呈现的，来实现这个功能的。所以说这个课程在我们基础教学当中是一个非常重要的环节。

"工业设计科学基础"这个训练是由我们刚刚引进的孙帙博士来任课。它是工业设计交叉课体系实践型创新的一个重要环节，其目的是让学生们掌握智能硬件的设计开发方式、开发方法。课程中同学们会参与制作一些机械结构、智能硬件，如自由度机械臂的模型（图2）。同时，我们每一个课程结束之后，都有课程展示和汇报的环节。我们学院的综合设计基础课程组的特色就是通过以上一系列的课题制作实践，在设计和制作模型的过程当中，启发学生们去理解设计思维。在这里介绍的就是以各种材料应用为基础的制作课题，它有一个非常突出的特点就是在实践中学习，完成具体的制作过程，实现你的想法、实现你的设计。可以看出这一系列的课程需要非常完善的实验室建设才能够落地。

图1　典型家电结构认知模型展示　　　　　　图2　展示和课题作业点评环节

从学院的专业定位来说，在专业建设方面我们是紧紧融入武汉理工大学的大学文化，面向建材、交通、汽车这样一些重大的优势行业、领域培养人才。需要将设计专业和船舶海洋工程进行融合，和我们的材料学科结合，比如说硅酸盐材料、绿色建材、玻璃陶瓷这些产品的创新应用，以及将我们的设计融合到汽车工程、智能家居、智慧城市、智能汽车信息设计等等之中。实际上就是突出面向中国未来社会发展对设计创新人才的需求。

四、反馈提升

每一门课程我们都进行了调研，课后由潘院长亲自主持 "说课" 活动。通过大家群策群力，对老师们的课程提出建议来帮助课程得到整体的提升。课程中也会采取学生的成果汇报以及自由探索、工程实践、小组评价、课程调研、课程展览等形式，总的目标就是整体提升基础教学的水平。

工业设计人才所需的"新"能力

吕杰锋

我分享的内容更偏向于对未来发展方向的理解或思考。这个思考有一个背景,大家现在都知道在教育部倡导之下,我们全国都在开展如火如荼的新工科建设项目,先后形成了一系列重要的文件。针对工业设计人才所需的新能力,我制作了一个简单的表(表1)。总体来说,对于今天我们正在培养的工业设计专业人才来讲,他们未来可能要面临一些新的问题,具备一些应对问题的"新"能力。

第一,就是所谓的新对象的适应能力,现在我们身边的所谓的新产品层出不穷,同时出现很多新的问题,但是这些新问题,在本质上和传统产品当中存在的问题是一致的。比如造型的问题、结构的问题、人机的问题等等,就像过去自行车有,那么未来的智能音箱和扫地机器人也会有。对新对象的适应能力,实际上要求我们能够将工业设计的基本方法、技术和理念迁移到新产品的具体问题的解决当中。

第二,未来的工业设计人才需要具备的新能力是能够运用新技术和新方法,比如参数化设计、3D打印、开源软硬件等,去解决一些创新设计中的突破问题,例如这种设计原来在我们不掌握该技术和方法的时候,是做不出来的,现在借助这些新技术,我们可以突破原来设计的天花板。

第三,是对于新场景的构想能力,它可以分为两个方面。一个方面是能够洞察时代、社会、科技、用户、文化等诸多外部因素的变化,能够前瞻性地根据这些变化,构想人类未来能与之相匹配的生活方式和场景。举个例子,现在的无人驾驶技术已经到了突破的紧要关头,可以想象不远的未来一定是无人驾驶占据道路的主流,那么我们作为设计师,是不是就应该根据这种科技的变化,考虑在未来的无人驾驶的汽车当中,它的内饰是什么样子的?它不需要驾驶位了、不需要方向盘了、不需要仪表盘了,这将会导致设计的革新。另外一个方面,新科技在不断地涌现,这些革命性的科

表1 工业设计人才所需"新"能力

工业设计人才所需"新"能力	含 义	当前教育满足程度	原 因
新对象适应	能够将工业设计的基本方法、技术和经验,迁移至创新产品的具体问题解决中。(如智能语音音箱、扫地机器人的造型、结构、人机、体验设计等)	☑	变换课题对象即可
新技术运用	能够运用新设计方法和技术(如参数化设计、3D打印开源软硬件等),解决创新设计中的突破性问题	☑	需要引入新的知识和训练
新场景构想	能够洞察时代、社会、科技、用户的变化,前瞻性地设计人类未来的生活方式和场景(如无人驾驶汽车的内饰设计);能够理解革命性科技、业态对于人类、社会的价值与可能性(如人工智能、云平台),构想新科技、新业态的转化与应用场景	☑	需要培养创新设计思维;需要跨学科教学
新产链聚合	能够整合新产业链的知识、技术、资源等(如互联网+、SPSS等)或以创新模式主导创新发展方向(如Copyleft、分布式设计等)	✗	需要产业界参与教育
新产业开创	能够预见重大机遇或趋势,以重大设计创新引领或开辟产业领域、变革传统产业形态和模式(如SpaceX、iTune App Store等)	✗	需要人格培养(领导力、决策力、行动力等)

技、业态，对于我们的人类社会又有什么样的价值和可能性呢？比如说，我们都知道谷歌出了一个"阿尔法狗"，深度学习的人工智能。人工智能本身是个技术性的突破，谷歌设计"阿尔法狗"绝对不只是为了下围棋而已。这种深度学习，对于我们人类的生活还有哪些影响？我们作为设计师应当去构想这种新科技新业态的转化与应用的场景。比如云平台，前两天刚刚出了一个云电脑平台，这是一个技术上的突破，把它用在电脑上的时候，我们就不再需要主机，这就需要设计师具备新场景构想的能力。

第四，随着技术与工业体系的变化，工业设计所要面对的产业链一定会较以前发生改变。举个例子来讲，工业设计以前上游是材料，我们叫产品策划，下游可能是模具、制造等产业制造，但是工业设计参与芯片设计可能上游就变为计算力，下游是服务、互联网，工业设计人才能不能整合新产业内的知识、技术和资源，以创新的产业链的聚合来主导产品的创新发展方向变得十分重要。这就是未来工业设计人才需要的第四个新能力。

第五，知识创造当中有一种说法叫做 copyright，知识产权。但是现在我们知道以开源软件为代表，这个知识创造是一个人在其他人的基础上，不断地去叠加，并且始终对外开放，产生出一种新的创新发展模式，这是第五个能力。

我们今天看到的这些智能语音音箱也好，扫地机器人也好，所谓的创新产品，我们可以看到它们基本上都是没有受过创新产品设计训练的设计师做出来的。这说明我们的教育是可以满足这方面需求的。这个原因很简单，设计本质是一样的，在设计对象的时候我们加以变换就可以，但是也有一些我们做得还是不够，比如说新技术的运用。实际上这需要我们在教育中引入新的知识和训练，比如我们提到的参数化设计、3D 打印、开源软硬件等可能需要我们开设专门的课程，或者在实践的过程中引入新技术运用的环节。其实很多院校都已经在这方面迈出了第一步，包括武汉理工大学。

我们设有专门的参数化设计课程，有专门的开源软硬件的课程，我们的科学基础课叫科学设计基础。我们会用 Arduino 开源平台来达到一些信息传感、操纵控制等目标，从而解决以前这些方面工业设计师可能解决不了的问题。比如 3D 打印，它只是个工具而已，我们在毕业设计造型基础的模型阶段都可能会用到，这个并不难。当然，随着技术的不断发展，可能还要引入更多的知识到教育体系当中来，还需要更好地组织和提炼。关于新场景构想这方面的能力，我们学校做得也不错，上午各位专家举了很多例子，充分展现了我们的同学们对于未来场景的构想，包括对于一些技术的理解。但是还有一些我觉得我们现在可能还没有能解决的问题。比如说，新产业链的聚合，为什么它解决得不够好呢？其实我们也看到了一些突破。比如服务设计，现在有很多我们广泛应用的比如说饿了么、小黄车。但是很可惜，这些都不是由工业设计人才开发出来的。问题在哪里呢？我个人认为，这可能不是一个工业设计专业所能解决的问题，这是需要整个产业界共同谋划的一个教育问题。不是说请一个业界的老师来上课就可以了，而是需要业界各种资源、各个环节的支持，与实践平台进行深度整合。仅靠一个工业设计系的教师是解决不了这个问题的。

工业设计的能力远不只是解决一些具体的工程或者产业的问题，还有诸如对人的关怀、对文化的传承、对精神的关照等。这里讨论的问题，主要是在新工科背景下的要求。那么面对这样一些问题，我们应该怎么办？我们在做了很多思考的同时，也广泛关注了世界范围内对工程教育、创意教育的新思路、新办法和新成效，也许其中会有一些能够给我们提供借鉴的地方。这些年来很多发达国家的著名高校，都在这方面展开了思考。可以看到其实大家关注的问题都比较接近。比如说 CDIO 的工程教育模式，实际上是由麻省理工还有其他的技术院校共同牵头研发的，它构筑了一个跨学科工程教学的基本模式，现在其应用已经比较广泛了。还有普渡大学的 MDE 项目，在工程教

图1 MDE 项目课程体系中的通识教育模块

育中也是享有盛誉的。它也是解决跨学科的一个问题，普渡大学的工程教育，根据自己内部的交叉和融合创造了新的专业或专业方向，基本的方法就是将课程模块进行组合。图 1 所示为 MDE 项目课程体系中的通识教育模块，学生可以对教育模块进行自由交叉和组合，形成新的专业方向。

工业设计归根到底是运用工程方法、技术去解决人的问题，当然这个人不是指特定的某个用户，而是包括个体用户在内的某个人群存在的问题。我们工业设计师最终还是面向人的。从培养目标来讲，各种类型的人才都需要，但是我们在培养的时候是逐步提升的，从最早的培养设计师，再到培养工程师，最后到培养拔尖型人才，很多地方都已经有这样的人才培养项目了，可能设计教育更需要考虑的是培养具有整合产业链能力的人才。这个转型方向当然有很多，在此试探性地提出几个：比如在新技术和新产业推动下的新方向、服务设计、传统方向的转型改造和升级。交通工具设计方向可能以前比较聚焦于汽车，现在随着国家战略的需要以及整个业界的发展，我们提出了船舶和游艇设计的新方向。学科交叉所产生的新生设计方向以前是没有的，现在可以尝试将不同学科交叉应用，例如把人工智能和设计结合可能就会诞生新的计算化设计的新方向。

随着工业设计的不断发展，我们现在所能做的事情远远超出了几十年前工业设计师所做的事情。但是拓展没有边界，换句话说，工业设计培养出来的人才相比于其他专业，他的核心竞争力是什么？我们倾向于加强工程基础，但是工业设计教育可能牵涉到工程基础非常宽，包括结构、材料、制造、机械、电工、控制、编程，这些都有可能会成为设计具体项目的基础技能，但是又不一定全部使用到，如此一来针对工业设计的工程基础教育到底挖掘多深，这个度怎么把握？我们强调坚持学科交叉的原则，但是现实是各个学科之间存在壁垒。我们有没有实现学科交叉的师资背景，我们的教育能否解决工程领导力培养的问题？以学生为中心的理想和现实的矛盾，个人能力和社会、产业、学科之间的矛盾应该怎么去面对？ 还有很多可能在我们未来的发展中会面临的问题，有待我们进一步探索。

对话与讨论

————工业设计人才所需的"新"能力这个问题，的确是我们设计专业及今后发展需要深入思考的。那么这个"新"新在哪儿？仅仅是教学内容的新，还是什么新呢？这是大家今后回避不了的。我们都说要为未来设计，我们设计师要改变未来，未来的知识在膨胀，未来的社会背景在发展，未来的科技在进步，人们常常谈论无人飞机、无人驾驶、无人商店、无人礼堂、无人酒店，那么人应该去哪儿？

————武汉理工大学的教师们开始思考了，而且在做很多具体的研究分析，非常值得我们学习。设计今后还会再发展，那么设计师自己怎么定位？现在像物理、化学、数学这些学科都有自己的整个体系，它成为一门科学，有自己的专用词汇，还有自己的逻辑。可我们的设计呢，好像是飘浮在水面上的莲花，什么都有点儿，但好像什么都不是我们的。如果设计师也去做商业模式，那么何必要设计师呢？设计到底是什么？还是要回到中心：为什么要设计，设计是怎么产生的。

————我认为设计是人类最原始的智慧，在还没有科学、没有技术、没有专业、没有艺术的时候，设计就存在了。设计是人类与生俱来的一种智慧——遇到问题要解决问题。未来的社会越来越复杂，技术越来越先进，节奏越来越快，人口越来越多，资源越来越少，那么设计扮演着什么角色？设计肯定不是外观造型，也不是商业模式，那么设计最核心的本领是什么？设计的本质是什么？我们看现在的很多互联网产品，这些并不是由设计师开创的，但是不等于他们没有运用设计的思维。设计相较于科技、商业或者艺术来说，离人是最近的。设计以人为本，这是最具核心、最靠近人需要的本质，所以设计要跟科学、艺术、商业协调和博弈，要体现自身的价值。设计应该有不同的课程、不同的教育方法，因为知识在发展，设计师要认识世界才能改变世界。我们对世界的认识如果存在偏差的话，那就像盲人摸象，不能系统地看待问题，所以设计实际上是综合交叉的一种思维方法。然而在学校的四年时间里，到底要教会学生什么，是技巧吗？我相信职业学校就足够了。所以设计应该教什么？工作对象是什么？我认为是要训练学生的认识思维朝着纵向和横向扩展。所以我们的眼界要宽，格局要大，观念要新。

——设计这个专业或者这个学科，就是让人的发展能够适应变化，也就是中国人说的以不变应万变。今后的设计基础教育应当回到初心，现在的知识扩延得太快了，我们一天 24 小时不睡觉都学不完，所以在大学的设计教育中，我们到底怎么教、教什么就更为重要。我们要使学生获得能力，而不是仅仅教授知识，不是给鸡鸭鱼肉，而是要教学习方法，让学生自己根据不同的实践不断地扩展。这就是我们设计教育以及综合设计基础的一个最核心的问题。现在回过头来，我们综合设计基础到底教什么？我认为还是教认知论，它可以适应不同的场景、不同的社会。正如老师们的分析，当前的设计教育能够适应一些领域的新产品开发，但是对于今后新产业的诞生，目前的教学方法恐怕不能胜任，那么大学设计教育就需要做准备了。

——"社会和科技的发展日新月异，作为以解决问题为目标、强调创新能力的工业设计专业，应该紧跟时代发展步伐，聚焦新科技、适应新发展，不断探索符合专业、学校和地域特点的人才培养模式，培养出满足产业发展和国家新需求的设计类人才。"

——"一个完善的专业课程体系，是根据毕业生应该具备的基本能力进行倒推的，我们要培养合格的毕业生，首先需要让他们具备设计基础的知识、设计表现能力、设计创新能力和设计整合能力。这些能力的培养往往需要一些相应的课程支撑。"

——"作业的目的是把抽象的、理论性的知识，让学生在对物品探索的过程中获得一种生动的记忆和感性的认知。"

——"为了培养新的专业人才，需要营造管理和教育专业人才的环境，并且以教育者为主的理论课和实践基础课应该发展成为以学生为中心的课程，提高学生的参与度，增加学生参与讨论和发言的机会。"

根据合格毕业生应该具备的基本能力倒推专业课程体系

武汉工程大学主题研讨

主　　持　蒋红斌
主题发言　赵军静
　　　　　　王雅溪
　　　　　　王圆圆
　　　　　　KIM UN（金云）

面向产出的工业设计"循环"培养体系

赵军静

以输出为导向（outcome-based）的理念广泛应用于美国和澳大利亚的基础教育改革中，被认为是追求卓越教育的正确方向。这一理念由学者 W. D. Spady 于 1981 年率先提出，目前广泛应用于本科教育评估和工程教育专业认证标准之中。2015 年我国《工程教育认证标准》完全采用了《华盛顿协议》最新版本（第三版）中毕业要求的 12 条框架性要求，该要求正是面向产出理念的具体体现。武汉工程大学艺术设计学院工业设计专业目前为工科招生，为了培养学生的综合能力，适应时代和产业的需求，正在摸索建立面向产出的"循环"培养课程体系。

一、课程体系设置背景

工业设计专业学生在毕业时需要什么样的产出？应该达到何种要求？这是专业课程体系设置的风向标，因此我们在设置课程体系时考虑了四个方面的背景：第一个背景是时代特征。目前处于 VUCA 时代，VUCA 是 volatility(易变性)、uncertainty(不确定性)、complexity(复杂性)、ambiguity(模糊性) 的缩写。适应新时代发展的人才，需要具备强大的个人适应力，具体来说包括积极性、专注力、灵活性、组织能力和主动性。第二个背景是新工科发展的需要。相对于传统的工科人才，未来新兴产业和新经济需要的是实践能力强、创新能力强、具备国际竞争力的高素质复合型新工科人才，这促使所有的教育者都应该深入系统地开展新工科研究和实践，从理论上创新、从政策上完善、在实践中推进和落实。第三个背景是学校及专业现状。武汉工程大学为省属的以工科为主的院校，学校除了设计专业之外还包括机械、计算机、化工等一批有实力、有特色的优势专业，这些都是我们学校比较强势的、发展较好的专业，工业设计专业面向产出的培养可以与这些专业相结合，达到资源共享、优势互补，充分利用资源达成培养目标。第四个背景是企业及行业需求。以往的人才培养，有部分同学在毕业时没有达到毕业要求，毕业之后到达工作单位，短时间也不能适应行业的要求，企业给予的反馈是刚毕业的学生能力还有所欠缺，毕竟目前产品设计的工作大多需要解决一些复杂的工程问题。了解企业及行业需求有助于提前制定课程要求，明确需要产出什么、达到什么标准。

二、课程体系设置

提出以"产出"为导向的目标后，专业根据实际情况提出了产出的五个具体目标：

（1）能够综合数学、自然科学、工程基础理论及专业知识，分析解决工业产品的设计、制造以及其他相关的综合性复杂工程问题。

（2）能够对现代设计的新需求进行信息综合和问题阐述，提出合理的解决方案并体现创新思维。

（3）熟悉产品创新设计相关的经济、安全、法律、文化等知识，并仍在产品创新设计实践中坚定践行社会主义核心价值观。

（4）具备团队合作、管理决策及组织协调能力，能在多项目团队中与他人有效沟通和行使职责，在企业能够从事设计总监、产品开发经理等设计创意和设计管理等工作。

（5）具备利用现代技术手段进行终身学习和适应新技术发展的能力。

有了具体的产出目标之后，课程体系设置的总体思路是以创新设计和工程实践两个维度为主进行课程体系的安排，同时插入自主学习、终身学习、国际化视野、管理和市场、学科交叉融合的课程学习内容做辅助，对学生进行总体的教育培养（图1）。

在具体的课程体系安排中以设计和机械为主要课程，同时插入交互信息、管理、人工智能、电气等作为辅助性的课程。通识课程占着很大的比例，学科基础内容包括造型设计基础、视觉设计基础、艺术设计概论、工程制图、设计表现等，还包括专业主干课、专业选修课、实践教学等课程安排，其中实践教学包括工程实训B、计算机辅助工业设计、设计表现实践、电工电子实训、课程设计1（机械综合）、课程设计2（人机工程学）、传统文化研究、课程设计3（产品交互设计实践）、专业考察、课程设计4（整合设计实践）、专业实习、竞赛专题实践、毕业设计（论文）1、创新学分（创新创业）、毕业设计（论文）2等课程，希望通过此课程体系培养出"T型"的人才，在横向上具备逻辑思维及一些基础知识、人文素养与国际视野、设计思维与综合表达、先进技术与设计实现、资源整合与协同创新的能力，而在纵向上希望学生能够达到解决复杂问题与知识求解、工程实践贯穿整个课程的目标（图2、图3）。

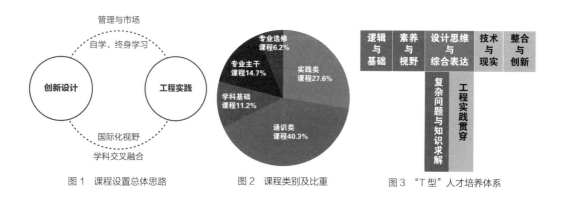

图1 课程设置总体思路　　　　图2 课程类别及比重　　　　图3 "T型"人才培养体系

三、面向产出课程体系的三个循环

在整个课程培养过程中，希望能够达到理论知识与工程实践、评价与改进两个"循环"，通过循环实现课程体系的持续优化，达到"产出"的目标。

1. 理论知识与工程实践的循环

理论知识和工程实践是相辅相成的，理论知识可以很好地指导工程实践，而工程实践也能深化理论知识的学习。在具体的实施上主要表现为两个方面：一是在课程内的理论跟实践的循环，针对某门课程的理论知识设置相应的课程设计实践环节，如机械设计原理和产品交互设计等课程，在理论知识讲授完成后，都会安排两周的课程设计时间，引导学生将课堂的理论知识运用到具体的设计实践中。二是实现"课内+课外"的理论知识和工程实践的循环，利用专业实习、专业考察、传统文化研究、竞赛专题实践等课程达到理论和实践的结合；另外通过设置本科导师制（全员式的）、工作室制度，学生可以加入老师的工作室，老师在上课的同时带领学生进行科研，在上课与科研之间达到一个良好的理论与实践的循环，将理论知识与工程实践有机结合起来。

2. 评价与改进的循环

评价分为两类。一类是形成性的评价，在整个课程培养过程中，会在课程培养大纲上面明确写上课程培养目标，并且将课程目标与毕业要求相对应，清晰地标明毕业需要达到的条件；在评价过程中需要了解课程目标是否已经完成，如果课程目标能够完成，那么毕业要求完成的可能性也是比较大的。以人机工程学课程为例，在我们上课过程中会设置一个比较明确的课程目标，如表1所示。

表1 "人机工程学"课程目标

课程目标	毕业要求指标点
（1）使学生掌握在设计中需要考虑人机尺寸等多种因素的关系，了解人机界面的基础知识，掌握人机界面的设计过程和方法、人机界面设计和人机机能分配的原则等主要内容	2.3 能查阅毕业文献并综合信息，分析和评价当前工业产品设计领域面临的复杂工程问题
（2）引导学生在做相关设计和课程时，综合考虑用户生理特征以及人的感知和认知特征，研究人的行为特征，设计出的产品符合用户的安全性、舒适性、高效性需求，为后续专业课程打下基础	3.2 在各类工业产品系统设计、研发和制造过程中，能综合考虑社会、健康、安全、法律、文化和环境等因素，并能够采取恰当的应对措施
（3）坚持理论教学与实践教学相结合，学生在学习相关理论知识后，在教师的指导下进行专题研究，然后以小组的形式进行研究成果汇报。一方面激发学生的学习兴趣，提高学习效率；另一方面锻炼他们的研究性学习能力	9.2 工业产品设计相关多学科背景下进行团队管理与合作，具备一定的组织、管理与协调能力，能有效完成团队合作任务

我们所有的课程目标跟毕业要求之间是一一对应的关系，如果所有课程目标能够达成，学生的毕业要求基本也是可以达成的，我们除了有一些相应的课程指标外，每门课程还有一个目标达成度的评价表（表2），方便后续进行改进，这是一个循环的过程。

另一类是多维度评价，主要融合学生、教师、企业和竞赛四个维度。本专业以前的设计类专业课程评价主要由任课教师自拟一个设计的课题让学生去做，任课老师根据学生作品效果打分，再结合平时成绩（整个课程的考勤）算出最终的得分，其中学生作品分数占比70%，平时成绩占比30%。但是这个评价方式比较单一，学生有没有达到这门课程目标是不清晰的。所以我们准备打造一个多维度的评价体系，在这个体系中第一个维度是学生有一个自评。课程结束后学生根据课程的目标和毕业要求，填写课程目标达成的自评表。在毕业时同样需要填写一份自我评价表，这个表就包括学生自我评估有没有达到毕业的种种条件，如果没有达到要求，在哪个地方没有达到？原因是什么？系部每年由专门的老师负责收集整理学生的自评表，方便后期对课程培养目标进行优化调整，并据此对课程教学进行持续改进。第二个维度是教师的评价，这个维度延续了传统的评价方式。第三个维度是企业的评价。企业的评价体现在两个方面：一是很多课程是由学校在职任课老师和企业兼职指导老师一起进行讲授和指导，在指导或者是上课的过程中，学校和企业可以对学生有一个比较直观的反馈；二是学生毕业以后进入一个企业，学校会跟企业保持联系，定期回访，看看我们的学生在毕业以后是否能满足企业的工作要求，哪方面的能力还需要补强。第四个维度是我们每年都会组织参加设计类的学科竞赛，通过竞赛的参与情况、获奖情况对我们平时上课的效果进行评价。

表2　"计算机辅助工业设计"课程目标达成度评价表

课程名称 计算机辅助工业设计									
开课学期	2019-2020 第2学期		学分	3.5	评价人	"计算机辅助工业设计"课程组			
年级	2018		班级	工业设计	人数	44			
课程达成度评价信息									
预期学习成果	支撑毕业要求指标点	预设学习任务	观测点	目标分值（满分）	学生平均得分	教师考评结果K_i（考评成绩＋评分分析法）	学生自评Q_i（问卷自评法）	综合评价结果P_i	
课程目标1	毕业要求4.3	实验	实验一、三、五	30	23.31	0.784	0.798	0.784	
		作业	习题1	5	3.95				
课程目标2	毕业要求5.3	实验	实验二、四、六	30	22.88	0.793	0.785	0.785	
		作业	习题2	5	4.12				
课程目标3	毕业要求9.2	实验	实验七	10	7.35	0.784	0.813	0.784	
		作业	考试作业	20	16.65				
课程目标达成分析及持续改进意见									

　　课程目标1：主要培养学生建构工业产品模型的能力，模型建构方法与思维，工业产品的装配与关系研究，工业产品六视图、工业爆炸图制作方法等。其达成度为0.736，表明学生已经掌握了大部分的相关知识。

　　课程目标2：主要培养学生渲染工业产品效果的能力，理解渲染的必要性与重要性，掌握灯光和材质的编辑操作等渲染知识。能熟练渲染出工业产品的逼真效果图，如爆炸图效果图、结构效果图等。其达成度为0.736，表明学生已经具备了基本的工业产品的渲染能力，但不理想，有待提高。

　　课程目标3：通过大量的上机实验练习，培养学生设计理念转化为设计图纸的方法。加强实践动手能力，为以后工业产品设计打下基础。同时，在实验操作中加强创造性训练，提高学生的创造能力。

　　社会和科技的发展日新月异，作为以解决问题为目标、强调创新能力的工业设计专业，应该紧跟时代发展步伐，聚焦新科技、适应新发展，不断探索符合专业、学校和地域特点的人才培养模式，培养出满足产业发展和国家新需求的设计类人才。为了实现这一目标，课程体系应该瞄准需求、面向产出，同时通过实践与理论、评价与改进的循环实现课程的持续改进。

关于用户研究课程群建设的探索

王雅溪

一个完善的专业课程体系，是根据毕业生应该具备的基本能力反向计划性构建的。我们要培养一名合格的毕业生，首先需要让他们具备设计基础知识、设计表现能力、设计创新能力和设计整合能力。这些能力的培养往往需要一些相应的课程支撑，比如说设计基础类的这些课程。今天，主要跟大家聊一聊我们关于用户研究课程群的探索。产品设计专业以"服务社会生态"的理念为引领，形成以社会问题意识、跨学科和多元化为特征的复合型设计人才培养模式；课程体系围绕"人文素养与设计基础""材料工艺与可持续设计""信息技术与资源整合""服务设计与商业生态""产品设计与传统文化"五大核心课程群为基础展开（图1）。最大化利用学校综合院校优势，整合"艺术 + 工程 + 管理 + 商业"等多学科教学资源，与我校机电学院、材料学院、计算机学院、管理学院等建立全面的合作培养机制（图2）。

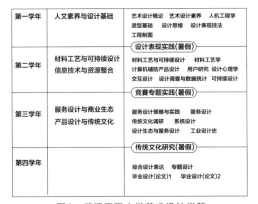

图1 武汉工程大学艺术设计学院
产品设计专业课程体系

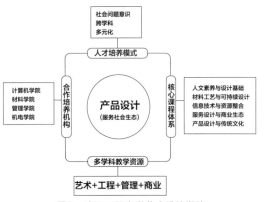

图2 武汉工程大学艺术设计学院
产品设计专业课程培养机制

一、用户研究发展概况

经过设计思想、设计潮流的变革，设计创新从以功能为核心转变为以人为中心。"用户研究"是以人为中心设计的第一步，是帮助设计师认知用户的一种方式，逐渐成为设计师的必备技能。国内的公司、企业逐渐认识到用户研究对产品开发的益处，开始重视用户研究。百度、腾讯、华为、中兴、烽火等IT企业以及联想、美的、格力、海尔等制造企业都陆续设立了用户研究及用户体验等相关部门。相关部门和岗位的设置，带来的是对用户研究专业人才的迫切需求。高校设计类专业探索用户研究课程建设以及相关人才培养的模式与方法，为国内公司、企业提供专业人才，也有助于国内公司、企业用户研究从业人员专业素养的发展。用户研究离不开对信息的获取、理解和分析，其结果直接关系到其他课程以及设计活动的开展质量。国内外各大设计院校都很重视用户研究的教育教学，或在相关课程中涉及用户研究的相关知识，或单独开设用户研究课程，甚至有些院校构建了围绕用户研究的核心课程群。发展用户研究课程要厘清用户研究在设计中应担当的角色，恰当地开设用户研究课程；关键是完善用户研究课程体系，开设配套的进阶课程；加强实践能力的培养，阶段性设置教学内容。

二、教学实践

武汉工程大学用户研究课程群的必修课程包括设计调查与数据统计、用户研究和传统文化调查。设计调查与数据统计属于定量研究，用户研究主要讲授定性研究的内容，传统文化调查这门课属于全程实践。方向选修课程包括可持续设计与生活方式研究、消费品体验设计等。必修课程是用户研究教育的基础课程，对学生的学习具有引导性和概论性作用；选修课程是专业方向的进阶课程，在专业领域基础上继续加强学生对用户研究的学习。必修课程与选修课程之间是相辅相成、层层深入的关系，必修课程是选修课程的基础，选修课程是必修课程的应用和多元拓展。我校设计学院用户研究课程群的教学由教师讲授、文献研读、课堂讨论、实践作业 4 部分组成，因课程内容不同各有侧重，其特点为理论与实践相结合，并强调层层深入、循序渐进的学习过程。用户研究课程群在设计学院的课程中起到理念指导、信息支持等关键作用，在用户研究课程中建立的"以用户为中心"的设计理念以及进行设计调查研究的原理准则和流程方法在其他专业课程和工作坊课程的学习和实践中均有应用。本课程群覆盖了定量、定性和综合应用这 3 个模块，感知目的、获取信息、获知用户、建立洞见、探索概念 5 个步骤，占据了创新程序的大部分内容。

在课程群当中，我主要讲授两门课程，一门是设计调查与数据统计，另一门是用户研究。

1. 设计调查与数据统计

课程开设情况："设计调查与数据统计"原名为"设计调查研究"，经过近五年的探索实践，依据中国传统文化中以家庭、校园为核心的结构特点，设计了以人文教育为切入点的核心课题、以社会调查为基本方法的课题完成模式。学生通过课程完成了 20 份"家史调查报告"、120 份"武汉市高校工业设计课程情况及满意度调查报告"、120 份"高校应急防疫系统现状及满意度调查报告"以及"武汉市红色文化老区现况访谈"等，在武汉市各大高等院校在校师生及武汉市部分区域居民中开展了问卷调查，访谈师生及居民近 3000 人。

课程改进与优化：2019 年修订本科教学培养方案后，本课程除了更名为"设计调查与数据统计"外，在教学方式上也进行了改进。为加强学生深入研究的能力，采取课堂教学与课下实践相结合的方式。课程由原来的一学期课程分为上、下学期两个部分进行，上学期 16 课时主要讲授调查研究的定量调研方法，制定问卷框架，让学生利用假期时间充分阅读海量相关资料、梳理桌面调研信息之后，再进行问卷调研实践活动；下学期 16 课时要求学生将收集的问卷数据进行问题反馈后，主要邀请管理学院的专业教师来教授学生利用 SPSS 进行数据统计，完成统计分析。课程改革特点为由单一的艺术类传统调查方式转化为加入管理学院师资的跨学科团队授课形式。并且以本课程为基础，后续延展出用户研究、传统文化调查等系列课程，细化了调查研究的不同类别，以层级递进式逻辑分析方式、用行动和行为表现描述不同类别的具体特性。

改革后的课程特点包括：①实行问题导向的教学模式。课程内容贴近社会现实问题，关注时政热点，注重对现实问题的分析和应用，这种紧密结合现实问题的课程内容，有助于学生思考社会问题，增强利用所学习知识服务社会的意识。②课程设置体系化，关注层次性与逻辑关系。本课程是产品设计与工业设计专业的基础课程，是先修课程，覆盖面广，影响力较大，且与后续延展出的用户研究、传统文化调查等系列课程联系紧密，各门课程之间有严格的层次关系和逻辑联系，注重课程难易程度、深度广度和内容衔接，注重知识间的内在逻辑与融会贯通，注重跨学科、多角度思考问题，能够系统地培养学生的人文素质，深化专业课程教学效果。③强调过程体验。最好的学习方式就是亲身体验，从发现问题、查找资料、归纳整理、调查分析到总结反思的每一个环节都要学生独立完成。在此过程中，教师可以引导学生开拓调研思路，增强同理心，发扬实事求是精神，在学习实践中提升自我价值。

2. 用户研究

课程开设情况：用户研究的授课对象为产品设计、工业设计本科二年级学生以及一部分研究生，教学学时为32课时，通过教师讲授、学生讨论、课后实践、作业讲评，以及工作坊策划的教学形式向学生传授观察、描述和分析用户行为的定性研究方法，让同学们通过学习掌握用户研究的基本方法和技巧，理解用户研究的基本流程和核心价值。课堂出勤、描述分析、课后作业各占最终成绩的1/3。

课程改进与优化：2020年是特殊的一年，为防止新冠病毒肆意传播，全国大部分高校采取线上授课。以此为契机，用户研究课程也在有限条件下总结出新的教学经验。传统的调研课程一般提倡"走出去"，强调在实践中获取信息，但是在疫情影响下，原有的调研模式受限，如何足不出户教授该课程为授课教师带来了新的挑战。其实一门用户研究课程想要让学生完全掌握研究方法并熟练应用，基本上需要经历好几次的反复试错，但由于研究对象的各种复杂因素，经常会导致课程中无法反复实践，甚至很难在课程有效期内招募到真实的研究对象。2020年上学期给研究生上课就遇到这样的情况，课程进行中，短时间内很难进行实地调研，于是就只能采取学生自己研究的方式。同学们以进行角色扮演的方式完成了课程，并以这种方式进行可行性内测。同学们都很给力，也做出了一些有意思的课堂小练习（图3）。

比如有些小组希望了解的对象是阿尔兹海默病患者，现实中他们找不到，于是就一边通过看电影、看综艺、看论文等方式来了解，一边把二手资料拿来分析，做成了用户画像和用户旅程图。其实，为实践过程提前做准备和实践本身一样重要，调研规划本来就应该是一个谨慎思考的过程，而不是一个快速反应的过程。在出去调研之前养成制定清晰规划并且进行内部试错的好习惯，更有助于准确实现研究目标。为加强学生深入研究的能力，培养学生认真计划的习惯，本课程在线上授课的同时改良了教学思路，将用户研究调整为"以教师讲授—课后阅读—规划筹备—可行性测试为主"的教学模式。

图3　课堂小练习

设计与艺术设计概论

王圆圆

今天我针对"艺术设计概论"这门课程谈一些浅见，主要围绕三个问题：①如何看待艺术设计概论这门课程？②艺术设计概论课程的教学理念是什么？这门课程能培养学生什么样的能力？③如何在有限的条件下组织构建这门课程？

一、如何看待艺术设计概论

对艺术设计概论课程的性质和定位，我认为：第一，这是一门设计类专业必修的基础课程，是学生进入专业设计学习的综合性和指导性理论素质培养课程，旨在引导学生认识设计，理解设计。艺术设计概论课程不仅对学生来说是一门重要专业课程，而且也是高等艺术设计教育体系中一门举足轻重的课程。第二，艺术设计概论课程是一门偏重理论性的课程。相较于具体的设计实践类课程，艺术设计概论课程会涉及理论性的问题，但是所涉及的理论性问题并不会太深，某种意义上而言，艺术设计概论为学生打开了一扇认识设计现象、思考设计问题的大门，它只是让初学设计的学生获得对设计学科、设计专业的感性认识，了解未来设计学习中所涉及的一些专业性常识，通过掌握一些常识性的理论知识促进设计实践活动。第三，艺术设计概论课程是一门设计专业类通识性的课程，一般的艺术设计概论教材中多会涵盖艺术设计的发展历史，艺术设计的基本原理、基本特征、设计思维等，涉及的内容比较多、比较系统，涵盖的面也比较广。由于内容比较多，所以使得它成为一门"博而不深"的课程，"博"是"广博"之意，说明艺术设计概论课程具有宏观性的特征，它具有丰富的内容，可以开阔学生的视野，拓展学生的思维，使学生能够通过这门课程获得对设计专业和设计领域的基本性知识。但是，艺术设计概论课程同时也具有"不深入"这个特征，该课程相较于其他课程而言，某种意义上具有"抛砖引玉"的作用，它会涉及一些其他课程中的内容，但是不会太深入，也不会太系统，那么，更专业和更深入的内容会在以后的专业课程中进行系统学习。第四，艺术设计概论是一门人文性的课程。艺术设计本身具有多重探讨的维度，艺术设计与文化、审美、技术、社会经济等有着紧密的联系，具有丰富的人文内涵。因此，人文性也是艺术设计概论课程的应有之义。李砚祖先生曾指出"艺术设计既有人文学科的属性又与自然科学相关，既有实用功能的限定又有审美的心理的要求；既有文化的传承又要求创新；既要求以人为本但又总受商品生产和价值的制约"，张道一先生认为"要站在设计之上和设计之外来看设计"，即要具有丰富的人文素养，艺术设计的人文性是艺术设计概论这门课程的底色。所以基础性、理论性、通识性和人文性是我对这门课的一个基本的认知和定位。

二、艺术设计概论教学理念及培养目标

关于第二个问题，我认为艺术设计概论课程相关知识点内容不会很深，与其他专业课程相比，重在横向贯通相关知识面，拓宽学生对专业的认知视野，打开学生对专业的学习思维。因此，在教学理念上特别讲究由浅入深，循序渐进，注重理论联系实践，以实践促进理解。武汉工程大学的艺术设计概论课程主要授课对象是大一的学生。理工类考入的工业设计系学生和艺术类考入的产品设计系学生都会学习这门课程，这两个群体的学生的知识背景和基础是不同的。艺术生已经有了一个对于艺术设计基本常识的掌握，但是理工类的工业设计学生是没有这个基础的，艺术设计对于他们完全是崭新的领域。他们的理性思维比较好，好奇心也会更多，他们会问老师，艺术跟设计有什么

关联，艺术领域里面的一些常识性的内容也是他们所感兴趣的，所以针对工业设计的学生，我会将从艺术到设计的一系列发展脉络讲述得多一些。而产品设计系的学生本身已经有了艺术基础素养，对于从艺术的逻辑过渡到设计的逻辑，这样的一个思维变通可能更重要。但是，也有一个现实，不管是哪个知识背景的群体，学生普遍性对理论性课程的兴趣不是特别高，所以我会思考如何循序渐进，使学生对理论性课程更有兴趣。

三、课程组织方式

我的方式就是以作业为契机进行一个由浅入深、循序渐进的教学过程，学生每堂课上完之后，会布置一系列主题作业：感受设计→再现经典→发现"老物件"→酷炫"新设计"→思考设计，基本思路就是使学生从感受设计到最后思考设计。感受设计的作业，我会让学生在身边寻找三件经过设计的商品，或者找三件设计得很差的商品或者找三件设计得很好的商品，这个作业的目的就是让学生去感受设计，去感性地认知，对设计产生兴趣。再现经典的作业，让学生通过查阅文献，对工艺美术运动、新艺术运动、装饰艺术运动中的一些经典的纹饰图案或者设计作品进行模仿绘制，甚至是再创造，这个作业是在大学生已经掌握了基本的理论常识之后布置的第二次作业，目的是让学生能够走近设计。发现"老物件"，让学生在课余时间去发现一些旧的、老的物品，并对其进行特征描述，比如老物件使用的年代、如何使用、何人使用、使用的功能和方法以及与这个老物件相关的故事，还有老物件如今的安置等。设计非常重要的内容就是物和人之间的关系，这个作业的目的就是让学生去感受物，它不仅仅是一个物品，它是有温度的、有人文内涵的，这个人文内涵怎么去发现、怎么去挖掘，就是在这样一个寻找、发现的过程中使学生感受到"物品"在"物性"之外所蕴含的人文的内容。"物"也是有温度、有情感的，这个物品本身所反映出的"时间性"，它能够体现出怎样的一种时代变迁和审美流变，通过这样"以小见大"的方式探索"老物品"的底蕴，让物和人之间产生一种联系。酷炫"新设计"这个作业，是在前面作业基础之上让学生寻找一些他们认为比较前卫、时尚的产品。要找到能够体现新设计的一些特点，比如它的造型是否酷炫，或者是否有比较高的科技含量，或者是使用材料比较先进，或者是设计理念比较先进等。这个作业的目的是把抽象的、理论性的知识，如作品分析、设计评价、设计思考等抽象的理论知识，让学生在对物品探索的过程中获得一种生动的记忆和感性的认知。在完成这些作业的基础上，再指导学生通过查阅书籍、资料文献进行设计思考，去思考未来设计将走向何方等，这其实是一种设计思维的培养。

通过这门课程的学习，重在培养学生三个方面的能力：①对设计知识的掌握能力。对知识的掌握是教育的基本要求，也是学生最基础的能力。如前面所言，该课程涉及的知识面比较广，博而不深，真正的教学课时又并不长（32学时），但学生必须掌握一些关键性的概念，比如设计定义、设计理念、设计程序、艺术设计类型、设计范围等。这就需要学生除了通过一般常规记忆和理解的方式外，还需要通过交流、现象分析、独立思考，甚至实验等方式来加速和加深理解。②对设计现象的分析与批判能力。对设计作品和现象进行分析与批判是要学生将知识学"活"，通过"活"知识促进理解，这既是让学生掌握知识的手段，也是教学的目标，不掌握分析和批判的基本能力，就不会分析问题，今后就难以进行良好的设计实践。在艺术设计概论课程教学中会列举大量案例，也会针对一些设计现象进行提问，引导学生思考，还会布置课外任务要求学生进行设计现象的分析和批判。③对未来设计的独立思考与探索能力：熟悉过去、把握当下、思考未来，这是一般专业必须涉及的三大问题。艺术设计概论作为学生进入设计学习的一门综合性和指导性课程，必须引导学生思考未来的设计。思考未来的基础是对当下和过去有足够的了解，对未来思考得越多，就越能促进设计进步。对未来设计的思考和探索能力既能体现学生对相关基础知识的掌握情况，也能反映学生的创新潜能。需要强调的是，三种能力的锻炼不是独立进行的，三种能力相互联系，相互影响。对设计知识的掌握是基础，没有基础就难以对设计想象进行分析和批判，而不能对设计想象进行分析和批判就不能理解相关知识；没有知识基础和批判能力，就无法对未来设计进行独立思索，不面向未来，只停留在过去和当下，无益于设计教育和实践的进步。对三种能力的锻炼贯穿在课程的整个教学过程之中，只是前期侧重基础知识掌握和基本设计现象的分析，后期更侧重设计批判和对未来设计的思考。

如何在有限的条件下组织教学活动，构建课程安排，获得比较好的教学活动，也是我们一直在思考的问题和逐步探索的过程。从 2019 年开始，在教学团队的倡导下以及院系的支持下，艺术设计概论课程教学采取了一些新的举措：

（1）教学时间重新分配。在教学时间的安排上，学分和学时没有变，但是开课的时间上进行了变动，由大一上学期开课改为了大一上学期后四周（16 学时）和大一下学期前四周（16 学时）分别开课，其中包含了一个寒假的时间。这个时间的重新安排，除了和院系教学部门之间沟通，我们还和学校教务处进行了沟通，因为跨了两个学期，所以上下两个学期教务系统中都会显示成绩登分，究竟如何给学生打分，是登一次成绩还是上下两学期分别都登分？ 因为以前没有课程有这样跨两个学期的先例，所以我们也和教务处反复沟通这是一门课，最后教务系统进行了调整，只在大一下学期进行成绩登分。为什么学时不变的情况下，把寒假放入整个教学活动中呢？我们的初衷就是希望能够利用寒假时间，布置一些与课程相关的社会实践活动，以及课外阅读与课外作业，使学生能够更合理地安排寒假时间。这其实也把整个艺术设计概论课程时间拉长了，虽然放假了，但是课程学习并没有结束。利用寒假时间，教师也能够指导学生学习，学生也会就社会实践和阅读书籍中存在的问题与老师进行线上沟通交流，这种方式也增加了师生之间的互动。

（2）教学内容合理调整。艺术设计概论课程本身涉及的内容比较广泛，其中涉及设计史的内容比较多。但是一般在大二大三左右，也会有设计史专门课程。我们工业设计系以前是只有艺术设计概论课程，没有设置设计史课程，所以在讲艺术设计概论的时候会融入大量的设计史，一定程度上是融合了设计史的课程。但是从 2019 年开始，我们进行了课程改革和课程调整后，学生大一入校时会上艺术设计概论课程，大三会上工业设计史课程，那么艺术设计概论课程的内容相应也要做出调整。所以我也会思考，如何将工业设计史内容融入艺术设计概论课程，使大一上了我的艺术设计概论课程的学生到了大三依然对我上的工业设计史课程有兴趣。所以，对这两门课程内容，我也要先做到定位分明，我认为这两门课程的关系亦如行文之章法与笔墨的关系。艺术设计概论偏重于宏观概述，开阔视野、启迪思维；工业设计史是针对具体的设计对象与产品，进行具体的设计历史知识讲授。所以，艺术设计概论课程中多宏观性与开放性主题，设置了艺术设计的本质、艺术设计的风格、艺术设计与审美、艺术设计思维、当代艺术设计的多重维度等内容，使课程内容更加符合概述的特征。

（3）教学方式多元化。启迪式教学，翻转式课堂，将每堂课的内容提炼为几个主要问题，课堂采用问题导向的形式，激发学生的好奇心和学习热情。通过问题启发学生思考，再进行归纳总结，使学生对设计的认知逐渐从感性步入理性，而这个认知的过程也融入了学生的思考，是生动的认知，而不是干瘪枯燥的理论。除了设置问题让学生进行思考，在教学过程中，也会想办法调动学生提问的积极性。我认为一个好的问题或许比答案更有价值，所以在课堂上会积极鼓励学生提问，甚至会和学生进行角色调换，由他们提问我来回答，然后由学生来点评我的答案，在互问互答的过程中，使课堂气氛更加融洽，也使学生能够主动思考。此外，利用丰富的网络资源，采用线上线下结合的方式构建课程，搜集艺术设计概论相关的优秀网络课程安排学生假期学习。同时，积极筹备艺术设计概论的线上课程。

复合型人才培养趋势与教学建议

KIM UN（金云） 外籍教师

我今天主要谈两个方面：一是复合型人才的培养的趋势，二是培养复合型人才的相关教学建议。

一、复合型人才的培养的趋势

现代社会的设计已经不受产品（空间）的限制，融合了时间、人、空间等多种复合要素，扩大了设计师的作用。设计基础课程也应根据现代社会的发展变化进行调整。过去被归类为基础课程的理论或者实践课程中的内容，很多已随着技术的发展不再被使用，被归类为进阶课程的理论和技术中的一部分也已经普及化，甚至成为了毕业的必要条件。大学基础课程也需要重新整顿，以培养复合型人才。"复合型人才"在 2016 年瑞士达沃斯举行的世界经济论坛上被提及，刚开始只是 ICT 领域的新造词，但是在第四次产业革命的同时，结合产业的发展方向，成为了综合性的用语。

世界经济论坛上的新教育蓝图对复合型人才需要具备的技能做出了整理（图 1），该论坛上探索了如何改善未来教育，以及教育作用存在的潜在可能性，研究并发表了提高学生能力和素质的方法，特别是梳理了符合今后时代的特点，将过去的社会感性技术重新定义或制定标准。美国在 2000 年小学、初中、高中课程中引用了计算机科学相关教育，之后通过修改强化了计算性思考概念的教育，2013 年制定了相关标准；英国将 2014 年指定为代码年，按年级细分课程规划，特别是 6 年级的教育课程，以企划、市场调查、制作、设计、营销等相关领域的内容来培养学生综合思考的能力，构成多元融合的教育模式。中国 2001 年开始在小学教育中实施信息技术教育，可以说

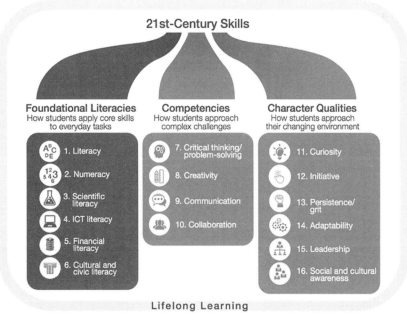

图 1 21 世纪复合型人才需要的 21 项技能
（图片来源：World Economic Forum）

学生的基础能力已经得到了很大提高。除了基础教育中呈现培养复合型人才的趋势，培养复合型人才也是高等教育所呈现的主要趋势

二、培养复合型人才的相关教学建议

充分利用现有资源，为了能让学生更好地适应未来产业社会，大学的课程也需要变化。基础课程不再是单纯的理论和实践，而是学生自己为了寻找适合自己的设计，为了强化综合能力而进行的基础学习。从整体上看，从多个国家相关教育方案中可以看出硬件和软件利用率相对较低。为了培养新的专业人才，需要营造管理和教育专业人才的环境，并且以教育者为主的理论课和实践基础课应该发展成为以学生为中心的课程，提高学生的参与度，增加学生参与讨论和发言的机会。为了形成讨论的指导方针和氛围，教育者要一起参与，重要的不是提出标准答案，而是引导学生找到通往答案的途径和改正错误的方法。

复合型人才的核心力量是自我管理、知识信息处理、创意性思考、共同体意识、沟通、审美感性（图2）。为了强化基础课程的核心力量，我努力将过去以教师授课为主导的教育转变为以学生为中心的课程，基础课时间被安排为 40～56 小时，同时利用视频为上课困难的学生提供复习的机会，准备了很多不同难易程度的课程，根据班级水平灵活运用，即使不是上课时间也能通过微信进行交流。为了促进学生之间的交流，一起解决问题，我们组成小组来达成目标。最终的评分根据同学们各自分担任务的不同，评价标准也不同，在各自的任务催动下努力完成作业。

以下总结几点我授课的流程：① 课程开始时提前提示最终课题的主题，完成课题的日程管理是通过中期评价来管理的；②引导学生为完成最终课题提出实施框架，为最终的设计效果收集有用的图片和信息；③ 小组课题要记录学生承担的任务、进行情况，以及会议内容；④ 利用网络，反复提出符合课题主题的优秀案例，通过体验强化审美感性；⑤ 最终结题时必须提交结果和全部过程内容。

| 自我管理 | 知识信息处理 | 创意性思考 | 审美感性 | 共同体意识 | 沟通 |

40～56 小时　　在线复习　　分级学习　　高度沟通　　小集团形成　　新评估标准

图2　复合型人才培养体系

对话与讨论

—— 武汉工程大学工业设计专业有着优越的技术资源，能够将科技与设计巧妙地结合起来进行人才培养。赵军静老师提到三个循环课程教学方法，强调课程理论需要跟工程实践结合起来，然后还细分成课内的循环、课内到课外资源的循环。这个培养体系是在新工科背景下进行的教学改革或者是战略拓展，依据最终人才培养目标来指导甚至建构各个课程，为在四年学习后毕业时输出优秀人才。

—— 王雅溪老师首先强调为了培养合格的人才，专业课程体系是要根据毕业生应该具备的基本能力进行倒推的。而现在国内企业逐渐认识到用户研究对产品开发的益处，开始重视用户研究，因此课程应该支撑起学生的用户研究能力培养。武汉工程大学用户研究课程群覆盖了定量、定性和综合应用这三个部分，王老师重点讲解了设计调查与数据统计的"定量研究"和用户研究"定性研究"的课程内容。关于定量，课程邀请管理学院的专业教师来教授学生利用 SPSS 进行数据统计，这种跨学科团队授课形式值得参考；关于定性，课程强调为实践过程提前做周详准备和实践本身一样重要。除此之外，王老师提到的角色体验也是非常重要的一种研究方式。

—— 王圆圆老师首先分享了她对艺术设计概论课程的基本的认知和定位：基础性、理论性、通识性和人文性。王圆圆老师认为艺术设计概论课程重在拓宽学生对专业的认知视野，打开学生对专业的学习思维。在课程建构上，突破枯燥的理论单向灌输，而是希望学生通过好奇心，以及在对物品"温度"与"情感"的探索过程中，获得生动的记忆和感性的认知，而不是干瘪枯燥的理论。课程将理论与实践考察结合在一起，循序渐进地让学生感到设计，激发学生们主动学习，引导学生宏观思考设计学科，这实际上是非常重要的。

—— 金云老师的视野很宽阔，从全球的动态角度来看这个问题。金老师谈到了设计基础课程也应根据现代社会的发展变化进行调整，以培养复合型人才，并给出了新教学体系的想法——学生为了寻找适合自己的设计、为了强化综合能力而进行的基础学习。金老师认为现在以及未来的人才发展趋势是注重复合型人才的培养，把自我管理、知识信息处理、创意性思考、共同体意识、沟通、审美感性纳入培养体系中，将过去以教师授课为主导的教育转变为以学生为中心的课程。

——"在教学过程中，突出学生对产业活动和地方经济社会发展的参与度，将设计下乡、精准扶贫等复杂社会问题引入到教学活动中，以真实社会、生活和产业问题为导向，突出社会责任与产业责任养成，以及团队协同解决复杂设计问题的系统性思维和沟通、协调、管理能力。"

——"以项目的形式，将理论知识视觉化、图形化，教学模式多元化，由近及远、由表及里地引导学生，把家国情怀自然融入课程。"

——"利用优秀校友企业资源和网络优势，邀请北京玖思、深圳果壳、广东新宝电器等多家企业的专家和一线设计师走进课堂……将理论课堂与企业项目深度融合，推进了产教融合、校企结合。"

——"通过培养学生对色彩的感性认识到科学性研究，培养专业性更强的实用人才，并运用到实际的项目中。"

围绕产业价值链和设计创新链构建设计教学

湖南科技大学主题研讨

主　　持　蒋红斌
主题发言　吴志军
　　　　　　吴　寒
　　　　　　杨　元
　　　　　　黄　莹

湖南科技大学设计教育范式介绍

吴志军

湖南科技大学在人才培养方面，立足湖南的区域产业和社会经济发展情况与趋势，针对人才培养与产业需求脱节、毕业生综合性创新能力和价值创造能力不足等关键问题，突破"应用艺术"和"应用科学"的传统设计教育范式，面向打包服务与全产业链创新的业务模式，构建了以融合创新为特征、以产业价值创造为输出的设计教育能力范式（图1）。基于学院工艺融合的大设计平台，强调各专业之间的跨界合作，各个专业以人的需求层次为核心，通过设计载体的协同融合、设计价值链的延伸整合，构建以本专业核心载体——设计为中心、与其他载体不同深度交叉融合的设计教育体系。

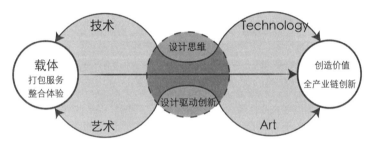

图1　设计教育的能力范式

第一，在教学内容方面：

（1）横向延伸产业价值链，围绕价值链构建设计创新链，围绕"设计创意→技术创新→产品创新→营销创新→服务创新"这一创新链，构建设计知识链与设计主干课程体系，满足企业对产业链全流程整合创新与价值创造的人才需求。

（2）纵向融合设计载体，整合设计知识，构建跨专业设计基础课程群，支持跨领域设计的打包服务和整合创新，满足消费升级后用户对整合体验的需求。

（3）与产业和区域社会发展结合，跨专业协同设计复杂课题，开发跨专业课程模块。不同专业的学生，以问题为导向，基于共同的主题研究和场景创造，从不同视角开展多领域协同设计。模块课程既有助于学生根据兴趣、特长和职业发展规划选择学习内容，也有助于培养学生的团队协作精神，形成领域比较优势和整合创新优势（图2）。

第二，在教学模式方面：树立广义的课程观，实施"以学习者为中心"的教学范式。以设计任务为依托，"课程—项目—竞赛—展览—活动"五位一体，协同课内与课外，组

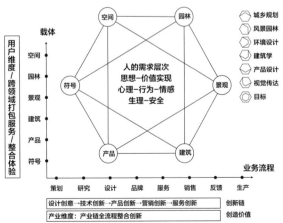

图2　纵向融合、横向延伸的专业设计教育体系示意图

织教学活动，在"做—学—做"的过程中引导学生将知识与体验融合，突出学生学习的主体性，提升跨专业设计团队的协同创新，扩展师生对教学活动的参与广度和深度。在教学过程中，突出学生对产业活动和地方经济社会发展的参与度，将设计下乡、精准扶贫等复杂社会问题引入到教学活动中，以真实社会、生活和产业问题为导向，突出社会责任与产业责任养成，以及团队协同解决复杂设计问题的系统性思维和沟通、协调、管理能力。这是我们在整个学院的设计教学体系改革的一些想法。

在产品设计专业的特色方向上，聚焦湖南省优先发展的"先进装备制造"和"文化创意产业"等支柱产业，以及社会刚性需求的"人民日益增长的美好生活需要"，产品设计专业的教学团队开发了大设计课程模块，即"智能装备产品设计""生活创新产品设计"和"文化创意产品设计"。模块课程紧密对接新科技革命背景下智能技术、生活体验、文化自信的时代要求与发展趋势。学生可以根据自身特长、兴趣和职业发展规划，选择任意模块。产业领域模块课程既有助于学生根据兴趣、特长和职业发展规划选择学习内容，也有助于培养"行业引领性的深度原创设计"能力，形成领域比较优势。

第三，基础教学改革的整体思路：从理念方面来讲，学院首先树立了综合设计基础教学在人才培养体系中的核心地位。综合设计基础是设计的核心能力和基本素养，是综合性设计创新能力和价值创造能力培养的基础，是培养学生个性化发展和终生学习能力的根基。同时，综合设计基础教学必须为实际的设计任务和目标服务，具体来讲，就是为打包服务与全产业链创新的设计业务能力培养提供服务。结合新科技革命背景下设计产业转型与互联网时代的学习变革，我院综合设计基础教学超越了纯粹的艺术基础或技术基础的设计基础课程范式，在教学内容方面，紧密围绕全产业链创新的知识和技能要求构建综合设计基础教学体系。产品设计专业的综合设计基础课程主要包括四个方面的内容：

（1）视觉培养：基于视觉感知现象和审美能力的练习与实验，如色彩、2D 与 3D 形式、空间与场景等；

（2）表现方法与实践：展示设计结果、设计创新链、场景与过程、定量关系与定性关系的可视化表现技法（涉及徒手画和制图）、Python 语言程序与设计、2D 和 3D 软件、模型制作、结构与材料、信息可视化设计等；

（3）设计思维与方法：发现问题、分析问题、洞察机会和构建设计方案的思维、技术与方法，如用户研究与产品定义、设计程序与方法、系统设计方法、设计思维、设计管理、创业基础等；

（4）文化综合与跨学科知识方面：开设传统文化、设计与艺术史、哲学、心理学、社会学、政治学、人工智能、经济学、生态学、伦理学等方面的课程，举办学术讲座和研讨会。

在教学模式方面，设计基础课教学强调以任务和作品输出为载体，以解决"复杂设计问题"的能力培养为导向，着重培养学生的创新基因、分析和解决不确定性复杂设计问题的思维能力、专业的社会责任和价值情感。在专业能力方面，着重培养观察、趋势判断和机会洞察能力，系统定义问题和解构问题、结构化问题解决过程的能力，变量分析、相关性分析与因果关系分析与可视化表达能力，数据统计生成与理解转化的能力，形象—抽象转化与可视化表达能力。在专业基本素质方面，着重培养审美感受力、终身学习习惯、强烈的社会与产业责任感、拥抱变革与不确定性的勇气和自信、乐观包容的生活与工作态度、系统性与批判性思维、分享与创业精神。以上就是关于我们学院和产品设计专业的一些设想与改革探索。

形态训练与相关课程改革的理念、做法与案例分享

吴 寒

我主要承担产品设计专业造型基础课程的教学工作，也负责这些课程的教学改革。下面主要从产品设计专业造型基础课程在综合设计基础教学改革背景下存在的问题，包括改革的目标、路径和具体实施案例做一些分享。

一、课程存在问题

在综合设计基础教学改革背景下，造型基础设计课程存在一些问题，传统产品设计基础教育侧重于培养"产品造型""灵感创意""绘图技能"的人才，强调艺术表现，课程总量偏多、内容单一、结构松散，难以达到"整合应用工程技术、商业、美学、社会学等方面的知识与技能，系统解决'复杂产品设计问题'"所需的专业设计基础的能力要求。

针对产品形态训练的造型设计基础课程，往往也只注重单一课程内容的训练，各自处于封闭环节，课程间缺乏联系，设计实践实效性不够。然而在产品创新链中，产品形态的创新只是其中的一个环节，产品设计中的"形"受到技术、材料、工艺、人机尺度、审美理解力等诸多条件的限制。如在产品形态训练的课程中，缺乏对产品的功能、结构设计的了解，缺乏对新材料、新技术的应用，将会影响产品整体的创新。

二、改革方向及措施

在整个专业改革的大背景下，产品设计专业围绕产业价值链和设计创新链构建综合设计基础课程体系与教学平台，依据产品创新链在不同阶段的任务，开设综合性的造型设计基础课程，注重艺术与科技、感性与理性的融合创新，着重培养学生的创新基因，深入提升学生的审美感受力、联想能力、观察能力、表达及沟通能力。

（1）在课程实施过程中，首先结合制造业产业链，以设计任务为依托，在"做一学一做"的往复过程中开展互动性体验式教学。

（2）在教学策略观上，修正传统"教师讲，学生听""作坊式的动手操作"及"个人创意训练"的基本模式，建立项目意识，鼓励学生参与真实项目设计，培养学生自主获取、构建和运用知识。

（3）突破单一课程内容的限制，围绕产业价值链和设计创新链，把握形态的科学性与系统性，构建综合造型基础平台，协同艺术、科学、文化三大知识体系进行产品形态创新（图1）。开展"形态的模块与组合""形态与内部结构的协同研究""传统形态的演变与提炼"等训练内容，运用造型基本构成法则，借助新的科学技术、材料工艺，汲取传统器物的造型元素进行多维度创新，完善造型基础课程的内容，加强课程间的"榫卯"关系，以多元交叉融合的教学方式更新课程教学。

扩大教学内容外延，探索以思政元素作为课题的创造性转化。以项目的形式，将理论知识视觉化、图形化，教学模式多元化，由近及远、由表及里地引导

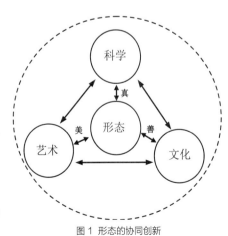

图 1 形态的协同创新

学生，把家国情怀自然融入课程。这是整体教学改革的目标和路径方法。

三、具体实施案例

在综合设计基础教学改革背景下，针对造型设计基础的训练应整合形态基础、机械原理、材料基础、结构基础、工艺基础、美学理论等课程内容。

例如，针对形态与内部结构的协同研究的教学内容，可以整合造型、技术、工艺、材料等多方面的内容进行综合基础性训练，可分为多个阶段，由单一到多元指导教学：

（1）单一基础知识学习，了解材料工艺与模型制作相关知识和理论，进一步熟知材料特性、加工方法，并能够适当地运用到模型制作当中。将容易理解和好用的材料通过单一模型制作来使学生深刻了解材料特性和加工原理，对其进行引导，逐渐扩大到目前市场上常用材料的种类、加工原理及快速成型工艺等。

（2）多元知识综合运用，结合实际设计任务，进行产品形态创意构思，依据基础知识选择适当的材料和工艺对设计作品进行创造，进一步调整和审视造型的美观性和准确性，并综合考虑材质、表面效果、实用功能、成本等方面，以便保证其质量。根据设计要求进行材料选取和模型制作，帮助学生更直观地了解和改善其作品的不足之处，同时对材料、工艺进行创新，力争为形态设计带来新的思考与发展。

再如，可结合传统艺术设计史论课程，进行形态的提炼和演变过程的展示训练，中国的传统器物都是历代能工巧匠不断地研究新工艺、发现新材料、创造新形势下的产物，通过学习可以培养学生的形态审美能力和系统分析能力，在感受传统美的同时增强学生的文化自觉和文化自信：

（1）总结性分析传统器物的形态、功能、价值。传统器物的设计和生产首先是符合时代审美的特征，同时在长期的历史发展过程中，器物的功能也慢慢从实用器演化为陈设器和礼器。中国传统的器物不仅具有实用价值、审美价值，其中所蕴含的伦理道德观念，能指明人的伦理道德方向，积极引导人们关爱生命、珍惜生命、热爱自然，都对当今的德育有着重要的启发意义（表1）。

（2）从形态设计的角度挖掘传统的点、线、面、体、结构、纹样、部件、装饰、色彩、材料等要素，并进行归纳整理，以图示的方式展示某一器物形态的演变过程，保留传统形态的精神内核，继续发扬传承。

表1 学生练习——湖南马王堆漆器设计特征及文化分析

器物图例					
器物名称	云纹漆鼎	云纹漆案	漆匜、漆盘	九子漆奁	漆变几
礼仪制度	伦理制度	分餐制	沃盥之礼	仪容礼仪	席地而坐
设计理念	以器载道	人性化	整体理念	组合、系列	多功能
文化内涵	秩序、伦理	健康、安全	道德、规范	美观、整齐	实用、舒适

设计技术与方法相关课程改革的理念与做法

杨 元

我所在的课程组主要负责设计技术和方法相关的课程教学。下面介绍一下这类课程改革的具体情况和做法。对于这类课程，课程组教师对部分高校的教学现状进行了一些调研和反思，总结发现了一些不可忽视的问题，这些问题大概有 4 种表现：

（1）侧重关注理论知识和技能的训练，忽略了对学生设计思维和综合能力的培养。产品设计专业学生需要掌握设计基础理论与方法、设计美学、艺术学等理论知识，同时还需要具备各类表现技法（如手绘、3D 制图等），因此，部分教师在课堂教学中侧重于理论知识的灌输和技能训练，而在一定程度上忽视对知识、技能的综合运用能力和创新能力的培养，导致学生缺乏创新意识，创造能力较难提升。

（2）学生以完成课程任务为目的，缺乏主动学习的积极性。虽然目前提倡以学习者为中心，但是传统的课堂教学大多还是以教师为主导，学生在课程中按照教师要求完成学习任务，结合课程要求完成考核。整个学习过程中，学生缺乏主动学习的动力，进而失去学习的兴趣，并进一步导致学生缺乏主动探究问题的能力。

（3）缺少实际项目和案例，不能较好地培养学生对知识的综合和整合应用能力。目前大多课堂教学采用虚拟项目或案例，无法较好地让学生了解企业研发产品的实际情况，进而无法真正了解基于全产业链创新的设计逻辑、知识体系以及对相应知识的综合应用情况，也没有办法引导学生关注产业发展趋势，从而导致创新设计人才培养与产业需求脱节、整合创新能力和价值创造能力不足等问题。

（4）课程评价较为单一，不能真实反映学生的学习情况。目前多数课程的考核以教师单一评价为主，以试卷或者设计成果作为评价依据，缺少对学生学习过程的监控与评价，且无法较好地把握学生是否深入理解和运用了相应知识；同时，教师单一评价存在较多主观因素，难以客观反映学生的真实水平。

基于上面提到的这些问题，课程组的老师进行了一些教学改革的思考与尝试。我们树立了一个课程组的改革目标，主要围绕院领导提到的"为了适应新科技革命背景下的产业竞争模式和教学范式的转型"，针对培养的设计人才综合性创新能力和创造价值能力不足、知识的整合和综合应用能力不足等关键问题，实施综合设计基础课程的设计任务驱动式教学模式，以锻炼和培养学生的知识和技能，迎合产业需求，提升自主学习能力和融合创新能力。

主要的改革举措是在主要课程建设过程中，注重在教学中整合运用企业资源、实际设计实践案例和教师科研成果，"课程—项目—问题"协同融合，教学内容紧密结合产业真实需求，将企业设计研究与实践资源融入教学内容，或将科研成果转化成教学资源。在设计任务驱动式教学模式基础上，引导学生自主规划设计任务、自主洞察产品创新机会，培养学生新产品定义的能力、构建系统性设计思维的能力和设计表达能力。

同时，对这类课程的教学，老师们依照项目任务设计学习内容，教学过程遵循五项原则，以调动学生主动学习的积极性，实现较好的教学效果：①教师聚焦于设计任务的规划、设计进程的促进、组织讨论、提供案例示范；②设计任务所要解决的问题一定是客观存在的；③教学以设计任务的完成为导向，强调设计创新链各步骤的完成度，按照设计创新链的逻辑展示成果；④鼓励团队协作完成设计任务；⑤关注学习活动本身，实施形成性（学习活动）评价和总结性（学习结果）评价、个体评价和团队评价相结合的评价机制。这就是我们在设计技术与方法教学改革方面的一些思考。

以去年的"产品设计程序与方法"课程为例，这是产品设计专业学生第一次接触较为完整的设计流程和方法的综合设计基础课程。这次教学当中，进行了整合运用企业资源、企业项目式教学模式，利用优秀校友企业资源和网络优势，邀请北京玖思、深圳果壳、广东新宝电器等多家企业的专家和一线设计师走进课堂，因疫情原因，这次课程主要是在线课堂形式，开展校企深度结合的设计课程教学。课程完全按照设计任务驱动、以学习者为中心的教学范式组织教学，企业为课程提供实际项目课题用于设计实践。同时，企业和授课教师为课题设计每一步的开展提供优秀案例示范，企业专家、设计师和授课教师按照项目进度开展课程教学、设计师在线讲座、设计答疑，企业设计师在线参与设计流程的指导和成果的评价。此外，课程充分发挥在线教学优势，将理论课堂与企业项目深度融合，推进了产教融合、校企结合。学生对这一面向产业需求的在线教育形式反馈较好，与企业设计师、授课教师形成了密切的交流互动，并表示对课程内容和产品设计专业发展趋势与前景均有了更深入的认知和理解。

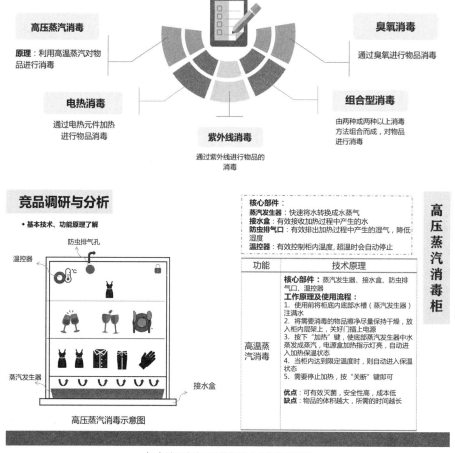

（a）消杀类产品功能与技术分析作业案例

用户旅程图·晨间护肤

阶段	洗手	洁面	爽肤水	乳液	眼霜	防晒	唇膏
行为	打开水龙头清洗双手（保持手部干净再开始护肤）	不使用洗面奶，温水洁面	将爽肤水倒在手心，稍搓热，轻拍到脸上及颈部	将适量乳液在手心，稍提热，涂抹在脸部及颈部	取适量眼霜，轻抹在眼睛下方，稍作提拉按摩	将防晒乳液直接挤在脸上，全面涂抹开，脖子也要擦	滋润型唇膏厚涂在嘴唇上
思考	早上起床面部出油好严重，怎么改善？	使用感舒适	保湿型乳液为何还是面部会起皮呢？使用感黏腻	眼霜应该如何正确进行按摩？有时忘记擦	防晒霜擦够了吗？是否涂均匀了呢？	嘴唇不擦唇膏就会蛮干的，会不会产生依赖性了？	

情绪：清面油光 / 使用感舒适 / 使用感不好 / 时间忘擦 / 擦够了吗怕晒黑 / 可以开始化妆啦

| 痛点 | · 面部泛油 · 毛孔粗大 | | · 护肤品种类可能没选对 | | · 忘记擦护肤品 · 防晒量擦够了吗 | | |
| 机会 | · 记录油脂检测看变化趋势，给出改善方案 | | · 护肤品成分配方知识库 · 皮肤分型测试 | | · APP增加提醒功能 · 考虑增加检测防晒均匀度及使用量的功能 | | |

用户旅程图·夜间护肤

阶段	卸妆	洁面	爽肤水	精华	乳液	眼霜	功效型产品	唇膏
行为	先用眼唇卸妆液卸眼影口红，再用卸妆油卸全脸	打湿全脸，取适量洁面乳，揉起泡后在脸颈打圈清洗	将爽肤水倒在手心，稍搓热，轻拍到脸上及颈部	取几滴精华滴在脸上，用手上推或轻拍，使其均匀涂抹在脸部	将适量乳液挤在手心，稍提热，涂抹在脸部及颈部	取适量眼霜，轻抹在眼睛下方，稍作提拉按摩	将适量涂抹在特定区域	滋润型唇膏厚涂在嘴唇上
思考	有没有哪里没卸干净？嘴边长的闭口是不是就是唇妆没卸干净？	使用感舒适	效果明显，能肉眼感觉到自己变白了？使用感不好	保湿型乳液为何还是面部会起皮呢？使用感不好	眼霜应该如何正确进行按摩？有时忘记擦	又有粉刺痘痘了！使用频率应该多久一次？	嘴唇不擦唇膏就会蛮干的，会不会产生依赖性了？	

情绪：会不会没卸干净 / 舒适 / 效果明显 / 使用感差 / 昨天又忘了擦 / 又长闭口了 / 护肤结束啦

| 痛点 | · 彩妆残留 · 皮肤问题原因不清楚 | | | · 护肤品效果不明显 · 忘记擦护肤品 · 出现皮肤问题 | | | | |
| 机会 | · 增加检验彩妆残留功能 · 定期给予调查了解用户习惯，分析皮肤问题、原因 | | | · APP显示护肤品与用户肤质的匹配程度 · 给予皮肤问题改善措施 | | | | |

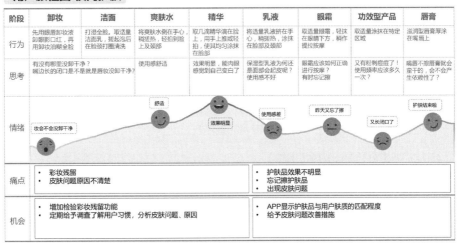

（b）家用美容仪类产品用户需求分析作业案例

图1 大二学生阶段性作业案例

　　这类项目式、设计任务驱动的教学模式，在校企深度融合、创新教学范式、多方协同开展课堂教学的基础上，使学生熟悉和理解现代产品研发流程和方法，培养学生对专业知识和技能的整合和综合运用能力，培养学生在设计过程中自主发现问题、分析问题、解决复杂设计问题的能力（图1为部分大二学生作业），同时也锻炼了学生的创新能力、团队协作能力和沟通表达能力等。

　　课程系统的改革优化会继续进行优化迭代，希望通过整体改革，能够让学生更加深入理解设计逻辑掌握结构化的问题解决能力。

设计色彩与相关课程改革的理念、做法与案例分享

黄 莹

我主要进行设计色彩基础课的教学，下面针对这一课程的改革与做法进行分享，主要从培养目标、路径方法、教学内容与案例分享几个方面展开（具体模式见图1）。

设计色彩基础课的目标是为了培养学生对色彩的感性认识与科学性研究，包括色彩感受、色彩理性提炼与规划、品牌的色彩设计战略等。通过培养学生对色彩的感性认识到科学性研究，培养专业性更强的实用人才，并运用到实际的项目中。

我将设计色彩课分为三个阶段来进行，训练学生的感知能力、设计能力、应用能力，达到这门课程的培养目标：第一阶段，培养色彩感受；第二阶段，训练色彩理性提炼与规划；第三阶段，品牌的色彩设计战略综合运用。这三个阶段在内容上有区别，教学上有逻辑性，循序渐进地引导学生学习。

一、第一阶段：培养色彩感受

授课班级的学生为美术生，美术生虽然具有一定的绘画功底，但是大多是为了高考的需要，程式化的训练让学生对色彩的理解单一，色彩的表达方式与设计专业所需存在很大的差异。在第一个阶段培养色彩感受方面，主要的教学内容包括色彩语言的表达、色彩心理的探究。一方面通过引导学生将具象色彩转化为抽象色彩表达（如自然色彩），转变色彩的观念和加深对设计色彩的理解；另一方面分组进行不同主题、题材的"黑白连环画"上色来加强色彩心理的感受，并通过传统色、民间色、图片色等练习方法，了解生活美学、传统文化所带来的色彩情感，加强学生对生活中色彩的理解，将主题与情感相联系来提升学生对色彩的感性认识。

二、第二阶段：训练色彩理性提炼与规划

色彩理性提炼与规划是设计色彩走向实践教学的重要环节，是色彩的分析和研究阶段。在教学过程中引导学生分析研究现有产品的色彩表现，主色、辅助色与次色之间的规划与比例关系，并通过反复训练、多次实践，总结出用色的规律。产品色彩是产品 CMF 设计中很重要的一块，是设计流程中的重要环节，能够作为亮点对市场起促进作用，提升产品竞争力。

三、第三阶段：品牌的色彩设计战略综合运用

品牌的色彩设计战略综合运用要求对设计色彩的科学研究，以前面两个阶段的学习作为基础。这部分的教学内容主要是通过产品色彩的表象层、情感层以及战略层的练习来达到产品色彩的结构

图1　设计色彩教学模式

模型。在表象层的教学中，指导学生将产品分类后，基于日本的 PCCS 色彩系统将产品的配色，按照色相、色调分布及统计，得出同一类产品出现频率最高的色彩以及用色取向。在情感层的教学中，突出训练色彩心理和色彩联想引发的特定情感。战略层上的训练通过色彩的主题练习和模拟实际项目，引导学生从不同的角度去理解、多做几套色彩效果草图来优选，并进行反复的分析研究，不断探索最佳的配色方案。

从教学目的到教学内容，从学生的实际情况出发进行实践与改革，通过循序渐进地引导学生，达到色彩的感性与科学性研究的目标。提高了学生的学习自主性，使学生敢于实践，敢于创新，用色大胆且严谨，为后续的专业学习打下坚实的基础。由于课时所限，有些阶段的训练时间不够，可能导致学生对某些色彩方面的理解不够深入。不足之处会在后续的教学过程中继续完善，不断改进。

对话与讨论

———— 吴志军老师非常系统和全面地将湖南科技大学建筑与艺术设计学院的教学做了非常详实的介绍。课程内容上，致力于培养满足企业对产业链全流程整合创新与价值创造需求的人才；强调各专业之间的跨界合作，支持跨领域设计的打包服务和整合创新；让教学与产业、区域社会发展结合，聚焦于湖南省和国家的支柱产业。在设计教学模式方面，以真实社会、生活和产业问题为导向，突出社会责任与产业责任养成，以及团队协同解决复杂设计问题的系统性思维和沟通、协调、管理能力。不仅是产教融合，同时吴老师还注重人才培养当中学生心理、观念、精神上的协同。

———— 吴寒老师认为产品设计中的"形"不能忽视技术、材料、工艺、人机尺度、审美理解力等诸多要素。在课程实施过程中，首先结合制造业产业链，鼓励学生参与真实项目设计；还要突破单一课程内容的限制，加强课程间的"榫卯"关系；其中，把家国情怀自然融入课程这个想法，对未来设计师的人格培养是十分有助益的。

———— 杨元老师根据丰富的一线教学经历对高校的教学现状进行了反思，总结了一些不可忽视的问题：课程忽略了对学生设计思维和综合能力的培养、学生缺乏主动学习的积极性、缺少实际项目和案例、课程评价不能真实反映学生的学习情况等。杨老师认为课程应该锻炼和培养学生的知识和技能来迎合产业需求，提升学生自主学习能力和融合创新能力。杨老师还提到充分利用优秀校友企业资源的优势，邀请多家企业和一线设计师走进课堂，将理论课堂与企业项目深度融合，推进了产教融合、校企结合。

———— 黄莹老师强调设计色彩基础课的目标是为了培养学生，从对色彩的感性认识到对色彩的科学性研究，输出专业性更强的实用人才，并投身到实际的项目中。

——"教师还要多观察学生的学习进展与理解程度，及时予以启发和示范，这在教学中也非常重要，一方面为学生指明克服困难的方向，另一方面，也增强了他们克服困难的信心，让学生感受到，老师是在与他们一起面对问题，不再迷茫，不用害怕，勇敢面对困难，困难的彼岸就是他们必备的能力。"

——"希望学生去拓展一些知识面，比如说从心理学的角度，传播学的角度，甚至还可以在符号学建筑学领域去引导如何创造一个好的叙事结构。"

——"设计的基础教育可能需要培养学生具备一些有共通性的能力，包括以下几个方面：感知力、思考力、表现力、创造力。"

——"工业设计是一个交叉性学科，一个产品从概念到商品需要经历很多过程，需要学生学习多学科知识，而其中很多则可以通过动手制作进行带动，例如产品内部的结构设计、电路设计、材料连接知识等。"

设计是伴随着人类文明与时俱进的动态系统

北京印刷学院主题研讨

主　　持　蒋红斌
主题发言　叶　蓁
　　　　　　陶海鹰
　　　　　　张馥玫
　　　　　　赵　颖

工业设计基础课程教学经验分享与反思

叶蓁

2019 年之前，基础部一直开设传统的课程，如素描、色彩、三大构成、装饰等，这样的课程安排在我校延续了多年。但是学生在做课程作业和毕业设计时呈现出许多基础课程没能解决的问题，其中最主要的就是形式美的问题。高年级学生对形式美的概念非常模糊，以至于到了毕业的时候不知道如何用一种明确且新颖的形式语言来表现自己的创意。形式语言对于每一个从事艺术专业的人来说都是需要终生不断追求和攻克的专业课题。此外，现在的学生是看着各种媒体上可爱、甜美的动漫卡通形象长大的，他们一动笔就是那些圆圆胖胖、大眼睛、尖下巴、语言单一的卡通形象。所以，形式美应是当下基础教学格外重视的问题。

针对这一问题，基础部面向我校两个学院，即新媒体学院和设计艺术学院，做了一个全面的课程调整，整个一年级的课程皆着重围绕形式美展开。我们一直强调培养学生的创新能力，但是如果学生不具有一定形式美的表现能力，那么创造力就会受到制约。于是从 2019 年开始我们基础部就调整了所有一年级的基础课程，构建了围绕形式语言创新能力培养的全新课程体系，并于 2020 年正式实施。如何让学生在有限的课时内去慢慢地学会发现美、认识美以及创造美的艺术语言，需要为学生"搭建"一个通向美的台阶，引导学生从模仿美到创造美。我在课程中采用的形式语言教学法具体分为四级，即形式语言的平行转换、交叉转换、综合转换、联想转换。这四级转换，如同从低至高的台阶一般，难度逐步增加，层层递进，环环相扣。在这四级转换训练中，所有范图都是由教师课上提供的，这样能够有效避免学生抄袭的现象。因为在网络时代下各种资源太容易获取了，所以教师要想办法杜绝学生抄袭，带着学生直面学习中的困难，真正获得能力。同时，教师还要多观察学生的学习进展与理解程度，及时予以启发和示范，为学生指明克服困难的方向，增强他们的信心。下面具体介绍一下四级转换：平行转换就是给学生很多种形式语言的范图，然后让学生从中选择一种形式语言，再根据命题图片进行转换，例如命题是花卉，形式语言的范图也是花卉，学生需要完成从花卉到花卉的转换；交叉转换的难度增加，形式语言范图和命题的主题属于不同的类别，例如形式语言范图是建筑，而命题是花卉，学生要从建筑到花卉进行语言转换（图 1）；综合转换不同于平行转换与交叉转换的单个物象主题，而是将多种主题综合在一起；联想转换让学生逐渐从模仿美走向创造美，例如让学生选择生活中最有美感的物象，再从这个物象的造型、质感、结构等特征中寻找形式语言，并转换为一个创新图形。

为了与其他专业课程相衔接，我在教学中还强调了两个方面：一是形式语言如何在各设计专业中应用，为学生进一步指明学习形式语言的方向；二是让学生明白不同专业的形式语言表现是不同的，只有选择适合的语言才能创造和谐的美。此外，在一年级的基础课程教学中，教师不仅要引导学生从生活中发现美，还应带着他们感受传统形式语言无穷的魅力和学会转换与创新，进一步培养学生对于美的观察力、感受力、分析力和创造力。希望他们在学习表现美与创造美的过程中既释放出自己的感性，也要启动自己的理性思维，从多方面提升基础能力。

图 1　同一建筑主题的多种形式语言转换训练

展示设计与相关课程改革的理念、做法与案例分享

陶海鹰

北京印刷学院没有传统的空间设计专业，所以我们在发展这个方向的时候是依托在视觉传达设计专业下面的，我们的学生培养方案可能会跟其他工业设计专业下的展示，或者是在环艺设计下面的展示还是略有一些不同的。我们会开设少量和展示相关的视觉传达基础课程，如字体版面，此外还会融入展示概论策划、制图等方面的课程。未来展示设计会向艺术与科技结合的方向发展，那么对设计基础课程也应该做相应的调整。设计基础可以从三个方向开展：一是对形式美的训练，让学生的设计作品能体现出形式的美感；二是展示方向需要掌握综合能力，比如原来我们要学习一些基本的建模的软件，现在的基础课我们正在考虑增加虚拟展示、增强现实等方面的内容，这两年也正在引进来自各个学科背景的老师；三是做展览不仅仅是做设计，离不开展览的整个产业链，因此学生需要进行思维训练。

由于北京印刷学院的独特院校定位，展示策划课程中我们曾经让学生将一本书变成一个展览，让学生在策划中讲故事。很多同学往往更注重设计的表达和实现，但是他们的知识结构和思维能力会弱一些，于是我们会在课程中给学生融入一些思维训练。我自己总结了情景叙事法，先给学生做专业整体介绍，因为学生上这门课是在刚学完大一的设计基础课与进入专业课之间。我们先介绍展示涉及哪些领域，比如策划平面、空间影像、艺术品、绘画等领域，让学生明白展示担任的是一个运筹帷幄、统观全局的角色。在第一周的课程中，我会把叙事和叙事学的概念介绍给学生，叙事实际上是一个学科，也是一个文学的概念。我还会向学生介绍背景知识，如一些法国的文学家、电影作品、连环画等。接着就进入到展示设计中，我会带着大家分析一些景观叙事案例，同时让学生也去寻找一些这样的案例进行独立思考，体会设计师的创意和灵感以及背后的故事。

进入第二周时，大家通过反复沟通学会如何讲更特别的故事，并写一些简单的脚本，接着教师对方案进行指导和调整建议。另外我们还希望拓展学生的知识面，比如心理学、传播学、符号学、建筑学、哲学等领域，并把这些多学科知识应用到构架叙事的脚本上，接着再把脚本细化，确定形态、色彩、空间、材质影像等要素来铺设情节。最后的展示作为载体将情节线索呈现出来，形成一定节奏感。我们跟学生强调要注重体验，让学生知道展示设计不是仅仅做一个形式，更重要的是挖掘展示对象本身的寓意，使展览和观众之间产生心智的对话和情感上的交流。仅仅谈理论是比较空洞的，我们需要为学生们分析技术、意境营造等不同方向的实际案例，有些案例打破常规，将人物在空间中灵活运用，让观众感觉到自己就像穿梭在情景剧中一样，比较经典的案例包括用情绪、节奏来影响观众的美国大屠杀纪念馆，还包括现在一些数字化的展陈，就像大英博物馆的《女史箴图》电子展示，给人古代画卷慢慢铺开的感觉。

到第三周、第四周的时候，学生需要把脚本策划深化成一个具体的设计方案，包括运用流线、效果、亮点、数字化的手段，采取讲故事的方式。我们的重点还是在强调叙事方法的运用，聚焦于讲什么样的故事、如何讲故事，在评作业的时候注重学生的新想法，而不仅仅看最后方案做得多么成熟。

学生的思维训练非常重要，不能到最后呈现毕业设计的时候才发现学生缺少思考。未来我们想一直不断拓展，在艺术与科技方面还要增加一些基础课程的内容。我希望设计基础课让学生认识到设计究竟该做什么。

设计史论与相关课程改革的理念、做法与案例分享

张馥玫

　　北京印刷学院现在还没有史论专业的本科生，艺术学理论的硕士刚招了第一届，培养方案与各个培养环节正在不断调试中。我负责的教学工作主要是给视传、产品专业的本科生上设计基础课程里的理论课部分。

　　给视觉传达专业学生上的课程是设计学课程，以三个版块内容来组织，共 64 学时，课程内容包括世界现代设计史的历史线索串联、基础设计理论点和设计批评。基础设计理论点包括设计伦理、设计师的主体身份、设计师的社会责任、设计与科技、设计与艺术、设计与人文等关系的探讨。对于当代一些设计现象的分析和讨论属于设计批评部分。

　　我还给产品设计学生专门开过产品设计史的课程，共 32 课时。这个课程的时间更短，意味着内容更需要集中。我从产品设计的角度出发，给学生们串联起自工业革命以来的现代设计发展历史，从艺术与手工艺运动一直到后现代主义设计，形成从产品设计角度出发的设计史线索，先给学生描绘一条较为清晰的历史线，再从这一历史线索中去选取有代表性的设计事件、设计师与设计成果进行深入的介绍。在设计课程内容时，我也在考虑如何让学生们能够更好地参与到课堂中去，而不是传统式的老师讲学生听。很多时候设计实践的学生并没有很重视理论课程，后来我想了一个提升与学生之间互动性的办法——在课程里边引入设计新闻，比如《财富》杂志评选的 100 件这个时代最伟大的设计产品，这些产品的人文因素与历史背景也是设计史上的典型案例，当时我让每一位学生去了解这份设计榜单里的产品，结合设计史发展的历史线索，让他们从中挑选自己感兴趣的案例去做深入的个案分析，我把这种教学方式称为结合历史背景的产品设计案例分析。在每一次课的最后或者穿插在课程内容中，大概安排 15 分钟左右的时间让一名学生做案例汇报。这个作业最终呈现的教学效果还不错，充分调动了学生的积极性，学生们选择自己有兴趣的作品，并在后续的调研过程中与老师做课后交流，在交流的过程中老师引导学生在资料检索的过程中形成自己的理解。当时一个学生分析日本索尼随身听，这个设计事件确实是工业产品里一个很重要的通过设计创造市场的典型案例。学生在做讲演的时候，他把索尼随身听从第一代产品到后来不同历史时期的设计改良与产品系列都做了详细的挖掘与梳理，还搜集了当时具有创新意味的、能够打动人的随身听广告等，并在课堂上做了生动的介绍。

　　作为一个史论方向的老师，我想从另外的角度谈谈综合设计实践在设计教育里的历史渊源和对设计基础教育的未来展望。

　　第一，设计是伴随着人类文明而生的、随着人造世界的不断进化而不断演化的一个概念，也在现代社会中发展成为一个特定的专业领域。设计教育根据社会需求的设计能力构建培养体系，是与时俱进的一个动态系统。

　　第二，从设计教育的历史上来看，对于设计基础训练里的综合性的设计实践和相关讨论，我们可以看到有很多不同的记录。中国现代设计教育最早引入的是包豪斯三大构成的设计基础课程，对于中国的现代设计教育起到了重要的奠基性影响。包豪斯作为最早探索现代设计教育的院校与机构，是现代设计教育的集大成者。翻看相关资料的时候，我们会对它们的基础课程有更进一步的了解：包豪斯的基础课程从 1920 年代便已经开始设立，从约翰·伊顿，再到后来从 1923 年起接手基础课程的莫霍里·纳吉。通过莫霍里·纳吉在包豪斯所开设的基础课程的情况，能够看到其中的

一些课程是把培养学生的感知能力作为核心训练的主题内容。通过莫霍里·纳吉所设置的这些课程内容，以及包豪斯的学生们所完成的习作来看，当时的一些课程已经具有一种综合设计训练的意味了。在包豪斯的基础课程里，学生接触到的材料非常丰富，包括纸、金属、玻璃纤维以及当时其他的新兴合成材料，然后开展对形状、颜色、质地等方面的相关研究与试验，再通过这些研究训练学生对于材料物质的感知能力，最后形成一种综合应用材料的能力。莫霍里·纳吉本身是一个在艺术探索上横跨了绘画、摄影、平面设计、雕塑、电影、动态装置等多领域的艺术家和设计师，他的创作实践也影响了他对设计基础课程的理解与安排。后来，在莫霍里·纳吉离开包豪斯之后，约瑟夫·阿尔伯斯继续负责基础课程，他与纳吉有着比较一致的教学目标，通过基础设计训练，引导学生去打破原有的惯性思维，从而去激发学生形成一种具有创造性的设计能力。莫霍里·纳吉在1920年代出版的《新视觉》是对包豪斯基础教育的总结与反思，而他在1947年出版的《运动中的视觉》则是对在美国芝加哥艺术学院教学内容的反映。他的设计教学实践也是理论研究的重要基础。他在前言中谈论"专家"的概念时，便对当时的设计教育提出了批评，当时美国的工业体系已经高度发达，各行业也形成了分工越来越精细的专家系统，学生学到的局部知识可能越来越深入，但对于知识的整体性认识就可能越来越缺乏。他批评学校在教授知识时忘却了最优秀的潜质——对于综合能力的培养。在中央美术学院周博老师团队翻译的文本中，他以"综合能力" 来翻译英文的 university，这个对应关系也很有启发性。纳吉的批评实际上涉及设计教育中对"专业性"与"综合性"的关系的讨论。

第三，在当下跨学科的教育发展背景之下，设计实践中的综合性的视野、方法与能力的训练是很有必要的。中国当下的设计现实，随着国家经济实力与科技实力的提升，设计也成为一个认知度越来越高的概念。但当代设计师们所面对的社会现实，相比起100年前的包豪斯的设计先驱来说，要复杂得多。从中国设计教育的调研来看，中国是设计教育大国，有着可以说是全世界规模最大的设计教育体量。在中国开设设计专业的院校有着不同的类型，大致可以分为专业艺术院校、综合性大学中的艺术院系、师范类学校中的艺术院系，以及农林理工类学校中的艺术院系，这些不同类型的设计院校中又可以细分出许多二级学科与专业方向，它们在具体的课程设置上的差异性可能是很大的，各行业对于设计能力与设计知识的具体需求又可能是差异性极大的。比如说，在当下最前沿的人工智能设计领域，像马斯克等人提出的脑机接口研究与人体机能的提升设计，与时尚产业中倾向于传统和复古的工艺品设计，两者都是设计，但在进行对象的终端设计时，所需具备的知识与能力几乎是完全不同的。面对这样的情况，设计基础到底指的是什么？我们可以看到设计的学科边界在不断拓展。短短十几年的时间里，我们也可以看到专业的名称发生了很大变化，从一种边界相对明确，再到跨专业跨学科的交叉合作，再进一步发展出更为综合的一种专业描述，有着更为综合多元的变化与发展倾向。

在针对各专业的设计基础教育和能力培养之外，是不是还有一些普遍性的指导思想或设计原则？就像我们所谈到的设计基础理论，是对设计专业学生起到人文背景知识的积累和启发作用。我觉得，设计的基础教育可能需要培养学生具备一些共通性的能力，包括以下几个方面：

（1）感知力。感知力不仅是对自然、对社会的感知力，也包括我们前面所谈到的对物质世界的感知力，例如对材料质感、色彩、温度、湿度等因素的感受力。在艺术设计的基础教育里，更需要强调的，同时也是最为基础的，是对于审美对象的感知力和感受力。

（2）思考力。对于艺术生来说，从感性认识上升到理性认识的过程，可能比其他学科的学生会更难一些。因为艺术生所受的逻辑思维训练相对比较少，所以也应相应去加强思考力的训练。思考力跟学生的设计思维能力有关，也是对学生发现问题、解决问题的问题意识的培养，所以进行逻辑架构和思考分析能力的培养和训练在设计基础的课程里是很有必要的。

（3）表现力。表现力与设计的过程和设计对象的物质性密切相关。设计师在感知世界、思考构思之后，设计最终是要落地的，是要完成一个能够自圆其说的设计表达的。虽然各个设计行业具体的表现方式以及设计成果的最终呈现效果可能是千差万别的，但我认为培养学生对于设计的表现力，主要强调的是对意识与知觉方面的引导。从基础训练的阶段就让学生知道不仅要关注设计的过程，同时也应该对最后可能完成的设计结果有一定的预期，并且形成有意识地根据设计预想不断调整的能力，最终形成更为理想的设计结果。

（4）创造力。大家讨论创造力最多，但它确实在设计教育过程里很难量化描述。我们在设计史中看到的一些非常具有创造力的、大浪淘沙所留下来的设计成果，往往是一些能够打破惯性思维，或者是站在巨人的肩膀上再往前走一步的设计。创造力还可以进一步拆解为破局的能力、连接的能力、批判的能力、继承文化遗产并有所创新的能力。

最后，在当下瞬息万变的社会环境中，设计教育的开展应当是动态调整的。人所面对的真实世界与虚拟世界处于不断交织和整合的社会现实之中，科技的进步和效率是远远超乎我们想象的。因此，设定设计教育的基础框架，对于教师来说是对设计教育具有了整体性的框架认识，对于学生来说是保证了其在设计能力上的综合。

工业设计与相关课程改革的理念、做法与案例分享

赵 颖

我负责过多门跟设计基础相关的课程，课程中会尽量插入一些动手制作的环节。虽然现在大家已经越来越少去动手制作了，但我觉得在课程中动手制作有几个作用：

第一是补充的作用。因为我同时也会教学生电脑建模、手绘或者是其他的一些计算机辅助设计的课程，但实际摸到跟看到的效果还是很不同的。

第二是有让学生静心的作用。大家现在每天面对各种屏幕，动手可以让学生从这种生活之中抽离片刻。

第三是使学生认知材料和工艺的关键环节。电脑建模是我们做设计表达的重要手段，但不能仅仅依靠电脑，例如设计一款椅子，从电脑效果图中看不到连接方式和材料，而这个问题是实际工作中不可回避的。

第四是起到让学生养成操作规范的作用。学生在操作之间需要经过培训，他们要注意用完一件东西必须要放回原处。

动手制作有利于学生对于新材料和其他学科的学习。工业设计是一个交叉性学科，一个产品从概念到商品需要经历很多过程，需要学生学习多学科知识，其中很多则可以通过动手制作进行带动，例如产品内部的结构设计、电路设计、材料连接知识等。我们曾经连续多年带领多个年级的学生参与"鸢明"系列灯具产品的设计和制造，学生参与了方案设计、零件购买、模型修改、电路设计、结构设计以及样机制作的全过程，其中从模型修改到样机制作的后期加工过程都是以学生与工程师动手合作为主进行推进，这让学生进一步加深了对工业设计全流程的理解，尤其对设计项目中可能遇到的问题有了明确认识，今后能够有所规避。

我们设计的灯具系列是以北京传统手工艺沙燕风筝为主题进行创作的，名为鸢明，像在飞的小风筝一样。这些沙燕风筝的造型来自于曹氏风筝，我们都知道曹雪芹创作了《红楼梦》，实际上他也非常喜欢扎风筝。还有一款以沙燕风筝为主题的吊灯设计，整体呈扁球型，包括红、黄、黑三色，中间部分看上去是透明的，实际是使用了导光板，打开灯以后就会有透明的效果。"鸢明·摇"系列有三种造型和色彩，瘦沙燕比较高比较瘦，是从汉代赵飞燕的形象中提炼出来的，纤细柔美；胖沙燕比较雄壮，寓意男性。之后，我们又进行了变形和创新，取名为"鸢明·影"，有两个灯源，上下各一个灯源，上为实，下为虚，上面是沙燕实体，用半透明的塑料材质 3D 打印制成，底部是一个沙燕的镂空形，下面的影子可以照出来。学生在模型加工厂技术人员的帮助下进行了全部的产品设计和样机制作（图 1）。

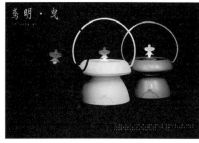

（a）"鸢明·曳"小夜灯 　　　　　　（b）鸢明·吊灯

图 1 鸢明系列灯具

对话与讨论

—— 叶藜老师根据教学经验，提出很多学生对于形式美的概念非常模糊。基础教学中，叶老师认为引导学生在有限的课时内去慢慢地学会发现美、认识美，以致创造美的艺术语言，是非常重要的任务。四级转换训练方法，是层层递进、难度逐步增加的。前面三级转换先让学生能够熟练掌握形式语言的模仿转换能力，最后一级的联想转换则是让学生逐渐从模仿转向形式语言的创新，从模仿美走向创造美，学会从万事万物中寻找和发现美。同时，叶老师认为教师还要多观察学生的学习进展与理解程度，及时予以启发和示范，让学生感受到老师是在与他们一起面对困难。

—— 陶海鹰老师介绍了未来展示方向会朝艺术与科技专业发展，那么设计基础课程也进行相应调整，所以可能对技术方面要有一些拓展，如虚拟展示、虚拟漫游、增强现实。陶老师利用文学上的概念总结了一种方法——情景叙事法。借助这种方法，通过教学引导学生不断交流，还要充实一些心理学、传播学、符号学的知识，再去创造一个好的叙事结构。确定好提纲，然后用形态、色彩、空间、材质、影像等设计手段来铺设情节、讲述故事，最后让展览和观众之间产生情感上的交流。展示设计的基础应该是人文精神。形式会随着时代变化，就像一件初中时候极度喜爱的衣服，当你到了大学的时候再从箱底里面拿出来，它是没办法穿的。服装还是原来的服装，但时代变了，所以形式很难固守。可是人的温暖和人文精神却一直贯穿始终。当一个学生去关怀人的温暖，这就是种出色的能力。

—— 张馥玫老师分享了基础理论教学方面的内容，实际上史论是很难讲授的。因为史论教学是理论研究的输出，但理论实际上又是源于实践、高于实践的人类智慧。理论课程又需要让一个普通的、才刚入门的学生来接触和学习，这些比较抽象的知识内容接受起来是不太容易的。张老师的教学首先强调互动性，激发学生能够去了解社会，然后跟当下的批评以及历史上的评价结合起来，这样学生的兴趣点自然会提升。采用引入设计新闻等方式，去激发他们带着时代的节奏理解知识，是一种不错的方法。张老师提到设计是伴随着人类文明而生的，是与时俱进的一个动态系统。这实际上跟柳冠中老师所提倡的事理学也很有关系，他的理论的核心是你如何看待事物的变化，你只有一个办法才能够了然——结合那个时代的变化。除此之外，张老师提到设计要跟中国的当代背景相结合，现在的基础课的复杂性远远超过包豪斯时期。设计的基础教育需要培养学生具备一些有共通性的能力，包括感知力、思考力、表现力、创造力。

—— 赵颖老师介绍动手能力培养的优点：动手能力是对于建模的一个补充，真实摸到实物跟看到的效果还是很不同的；动手能让学生从屏幕轰炸的生活之中抽离片刻，有让学生静心的作用；动手制作使学生对于材料和工艺的关键环节有认知。实际上动手的目的不是让学生成为一个匠人，而是在他动手的过程中知道制作的程序。"综合设计基础"的核心是能不能展开跨领域的合作，能否从设计的总目标去看待技能，那个时候技能就会被整合，或者是新的技能才会被导入。而导入新技能是因为对这个目标的深刻认识，才需要这种综合性的、以课题为核心的方式来调动学生跨领域的能力。这种探索能力本身就是现在应该锻炼学生的基础能力。

——"对于工业设计师而言，需要掌握的四个最重要的象限知识就是需求、商业、技术和美学。"

——"学生在学习的时候，要学会如何把线上和线下资源融合起来。"

——"随着技术的发展，我们已经进入到智能互联的万物联通时代，日常生活中智能产品也越来越多。"

——"实践是让学生从真实的设计活动的锻炼中理解自己的创意概念在现实世界中的可行性。"

——"设计师的关怀能力还体现在必须要借助他在设计活动当中所能影响到的产品和客户，通过他们去关怀他们周围微环境中的人、事、物。"

在技术的发展现状下认知的变与不变

华东理工大学主题研讨

主　　持　蒋红斌
主题发言　丁　伟
　　　　　　王　焱
　　　　　　叶俊男
　　　　　　李雪楠
　　　　　　姜　颖

"设计原理"课程教学分享

丁 伟

　　"设计原理"是给本科二年级学生上的一门课程，是学生认识设计的开始，其既包含设计的主要框架和方法，又包含今天设计的变化和指向。过去几年我一直在思考，在产业和设计都不断发生变化的今天，如何去认知这种变与不变。"变"可能指的是行业的变化，是一些工具，也可能是一些设计对象和商业的问题，而"不变"的是设计背后的设计思维方法。学生通过学习"设计原理"能够建立起对设计的系统认识，是这门课最重要的目标。

一、跟工业设计有关的四个问题象限

　　（1）"需求"是设计的根本任务。当然用户的需求来自个体的人、群体的人以及社会的人。从个体的人方面来看，包含人机关系等问题；从群体的人视角来看，包括群体特征、族群等问题；而社会的人就要研究人与自然、绿色可持续设计等问题。

　　（2）"商业"。今天的商业在不停地变化，有线下的商业，也有线上的商业，有 B（to business）端的商业，也有 C（to customer）端的商业等。那么怎么来认识这个商业系统呢？我将所有的企业按照企业性质的不同分为了形式、形象、需求、生态四个层次。形式是最表层的内容，是我们对于产品美学层面的研究，也可能是风格趋势等；形象层面的设计是塑造产品不同的形象和风格，当企业发展到一定阶段，就需要通过产品的设计来打造企业形象，从而带动企业系统的成功；需求层面的设计关注用户潜在的需求，更加面向用户视角；第四个层次是生态，今天的商业更关注系统竞争，而非个体的突破。当然，在商业领域还有许多的问题，涉及行业、企业、设计管理、产品生命周期等。

　　（3）"美学"。为了实现需求和商业的目标，还需要这个重要的手段。在美学范畴内，我们要研究形式美的法则、美的流行趋势、CMF 色彩材料构成等问题，也需要深入研究对形式的表现和处理方法。

　　（4）技术是实现设计目标的另外一个手段。技术包含材料、产品的制作工艺、表面处理方法等，也包含着设计跟技术的协作关系。

　　对于工业设计师而言，需要掌握的四个最重要的象限知识就是需求、商业、技术和美学。在每个象限当中，又会涵盖若干的问题。360°设计观（图1）从最基础的角度探析了 31 个问题，从而让学生对设计有一个基础而立体的认识。

二、商业背景下的设计图谱

　　学生往往会忽略设计中的商业性，因为商业规律一直在变化，很难去捕捉。另外，作为学校老师的我们，对商业也没有那么敏感。但是，设计的直接目标是要服务于商业，所以设计师、教师还是应该时刻对商业保持敏感。在商业设计系统中，有九个问题是值得我们去研究的（图2）：

　　（1）设计策略，重点关注企业需求层次多样化下的设计策略。企业分为小企业、中企业、品牌企业以及生态型企业，我们要用不同的设计策略来对应不同类型企业的需求，也就是形式、形象、需求、生态问题。

　　（2）行业特征。我们常说从口红到航天飞机都是设计的范畴，但行业是一直在变化的，不同的行业有不同的特征。比如医疗行业，产品的色彩往往是浅色而温润的，因为要表达干净、科技的

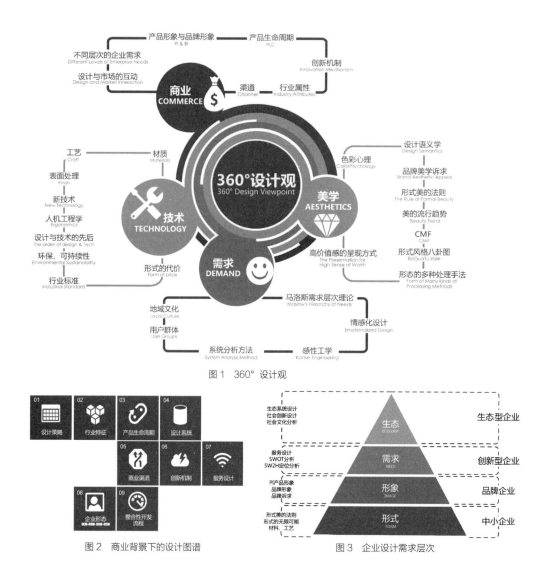

图1　360°设计观

图2　商业背景下的设计图谱　　　　图3　企业设计需求层次

气质；在汽车领域，电动车跟传统车在风格上会有很大的区别。我们经常讲"隔行如隔山"，但是"隔行不隔理"，我们应该辩证地看待行业，理解它背后的规律。

（3）产品生命周期。当一个产品进入商业系统之后，它会经历一系列的演变。对设计师而言，必须要理解导入期、成长期、成熟期、衰退期的产品呈现出不同的设计特征，这样就容易设计出用户真正需要的产品。

（4）设计系统。一个企业要导入设计系统需要有完整的规划，这包括五个重要的组成部分：环境识别（EI）、视觉识别（VI）、行为识别（BI）、产品识别（PI）、理念识别（MI）。这五个部分构成了从空间、产品到理念再到视觉之间的关系，理解这个系统我们才能够更好地帮助企业建立起设计架构。

（5）商业渠道。今天的商业渠道有线上、线下、众筹、短视频等。商业渠道的变化也对产品设计产生了影响，好的产品设计要与商业模式融合，让产品拥有自传播的属性、服务的属性，这种变化的背后是渠道对它产生的反向影响。

（6）创新机制。我们经常讲设计管理分为三个层次，从最基础的项目层到组织层再到战略层。"授人以鱼，不如授人以渔"，与其帮助企业设计一个产品，不如帮它建立起优秀的创新机制，依靠其背后的组织力量来不断推进创新。

（7）服务设计。我们从关注物到关注信息，再到今天关注服务系统，服务设计已经变成了一个很重要的领域。它串联产品、空间、商业、用户等内容，给用户与商业带来系统的价值。

（8）企业形态。企业的商业竞争形态是不同的，在产业链当中处于不同的位置，从 OEM、ODM、OBM 到 OSM。OEM 以制造为核心，ODM 以产品为核心，OBM 以品牌为核心，OSM 是以系统为核心。只有理解企业的竞争形态，理解其价值创造的本质，才能够更精准地把握它的需求，从而提供更完善的设计方案。

（9）整合性开发流程。我最新的研究架构叫"四链融合，七步创新"。这七步包含洞察、定义、开发、设计、结构、供应链和传播。这不是一个狭义的设计概念，而是串联了整个开发过程，从最早的需求挖掘一直到市场传播的全过程。

三、企业多层次设计体系

在 360° 设计观的商业系统板块，我重点分享的问题叫做"企业需求多样化下的设计策略"（图3）。我们在给企业做设计的过程中，应该更充分地关注企业的发展层次，例如：中小企业往往偏向加工制造，其抗风险能力较弱，所以它往往是以产品的改良设计为主，更加关注形式层面的创新；品牌企业更加关注企业形象的提升，当企业成长到一定阶段之后，企业才会更加关注产品形象和品牌形象之间的关系；创新型企业需要了解用户的潜在需求，其更加关注的是未来设计；生态型企业则更加关注不同企业主体之间的关系，用价值链来形成一个完整的生态。例如小米公司，它的生态分为三圈，第一圈是手机，第二圈是智能产品，第三圈是生活消费品。当它构建起生态链之后，就拥有了完整的竞争能力，形成商业护城河。中小企业、品牌企业、创新型企业和生态型企业，各自运用的设计策略是不一样的：中小企业主要是靠成本控制和生产效率来取胜，作为设计师更多研究的是形式美法则、潮流趋势、竞争性研究等；品牌企业更关注消费者对品牌的印象和心智模型，设计师则更多地研究产品品牌调性、产品家族设计等问题；创新型企业则更多关注用户，关注生活形态和社会变化，关注创新策略；生态型企业强调的是全流程的体验，强调完整的设计架构和完整的服务，包括多种要素链接所形成的竞争壁垒。

当然，企业需求也是交叉的，并不是说关注需求的企业不会关注形式，关注生态的企业不会关注品牌。而是从大概率和企业专注点来看，会整体呈现出这样一种面貌。

综上所述，我通过三个层次对设计原理课程进行了介绍。首先是四个基础象限的内容，从需求、商业到美学再到技术；第二部分重点介绍四个象限中的商业设计系统板块，重点阐释与商业有关的九个问题；最后对"企业需求多样化下的设计策略"问题进行了解读，并辅以实践案例进行了说明。最终，希望学生通过学习设计原理课程能够让学生建立起对设计和变化趋势的整体认识，最终成长为能对社会、城市、产业做出贡献的设计师！

设计史论与相关课程改革的理念、做法与案例分享

王焱

　　我教授的课程是"工业设计史"，工业设计史也讲了很多年，每一年讲都有不同的感受。有一些之前讲过的东西，后来会产生怀疑，可能感觉自己讲的也不一定对。所以，工业设计史的学习其实是一个不断深入的过程，没有尽头。今天从工业设计史课程的五个方面进行分享（图1）：第一，"学以致知"和"学以致用"之间的关系；第二，中国和西方设计史之间的关系；第三，过去与当下之间的关系；第四，线上（学习资源）和线下（学习资源）之间的关系；第五，人、事、物三者之间的关系。

图1　工业设计史授课包含的五种关系

　　第一个叫致知与致用。西方哲学史其实讲了很多相关内容，中国人民大学有一位已经去世的老先生——苗力田，他认为西方哲学重超越，尚思辨，学以致知，喜欢进行思辨，像苏格拉底、亚里士多德他们，知道这个事情就很开心了，而不是说这个东西一定要有什么具体用处。中国的哲学归纳是重现世，尚事功，学以致用。就是看重现在这个世界，这个里面其实涉及很多东西。对学生而言也一样，他们学习设计史有些东西是能够用到的，但更多的东西是不能直接使用的，只是去了解这个知识，它或许能作为一个深层的底部养料来滋养他们。所以，就需要知道哪些东西是要开启学生的心灵，凝练学生的思维，哪些东西是要对学生具体的设计手法和形式塑造产生作用。这在设计史教学过程中要有一个思考，不是每一块知识都能够直接使用在设计过程中。

　　第二个讲的是中西方文化，我们讲文化的传承一般分为三方面。一是制度文化，这是不容易看到的一方面。婚丧嫁娶的一套制度是没有人敢违背的，结婚就一定会举行婚宴，会有给父母敬茶的流程，这是一种制度性的传统文化。二是行为传承，比如不同区域的人群的生活行为方式、饮食方式以及对于艺术的践行方式都是有区别的。三是器物传承，典型的就是筷子和刀叉。我们讲设计史的时候要对比来讲，这里面有一个比较麻烦的内容——工业设计起源于西方，如何讲好我们古代也有这些东西，就要求要有实事求是的态度，不能牵强附会，同时要能讲清楚。在充分尊重别人成果的基础上，不让自己丧失信心，并且能在别人的基础上去寻求一些结合自己文化的突破，这可能是很重要的一点。

　　第三个讲的是过去和当下。时代的发展会带来不同的解决方法。以居住为例，从最早的穴居慢慢到低矮建筑，再到现在的摩天大楼，这里面同样都是居住的问题，我们为什么会产生不同的手段？要讲清楚。另外，随着时代的发展，生态环境有各种变化，有些问题在消失，有些问题在产生。

比如今天我们沉溺于手机，很多事情都是通过这种无线的方式来操作。那么我们在这些问题上，应该会有什么创新性的手段呢？这里面就产生了一个老问题有没有新办法的问题，那新问题又应该怎么来解决？这其实是涉及设计史里面的过去与当下的一个思考。

第四个是学习资源。现在的学习资源跟以前不一样了。以前学习的时候，能找到几本不同的书看已经很开心了，现在除了大量的书籍，还有很多视频、数据库资源。而且现在交通也很方便，原来要说今天去苏州、明天去北京看看博物馆，其实是一件挺困难的事情，现在就很方便了。学生在学习的时候，要学会把线上和线下资源融合起来。以前做不了的拓展活动，现在有机会去做拓展了，以前我们会去听武汉大学的哲学史，因为设计史背后隐藏了很多哲学思想。我们现在可以去找最好的慕课课程，去看看他们是怎么思考的。所以，线上的一些不同专业课程的资源对学生来讲是很好的课外辅助，应该鼓励他们去多看多思考。另外，线下的资源，比如清朝家具满雕密饰，如果学生去上海博物馆的明清家具馆，是真的可以看到什么叫满雕密饰。这对他们来讲就不仅仅是一个书本上的形象，就变成一个真正的视觉的实体形象。我们也鼓励学生去类似恒隆广场这些商场去看一看。因为有些奢侈品品牌其实是传承了百年的，它可能还有百年前的手工艺痕迹在，看看它是如何在传统和当代、手工和机器之间去寻求平衡的。我们也希望学生在线下去看看这些东西。

第五，其实历史的节点终归是由很多人物、很多事件、很多器物构成的。把一些大师、把一些大事、把一些经典产品讲透，这对学生来讲，会形成记忆的节点，帮助他把整个历史贯通，就像康熙、雍正、乾隆这些皇帝是贯穿整个清朝的节点。我们会讲到"二战"这个大事件对于工业设计的影响，汽车这个交通工具产品脉络的梳理等，这些东西可能会对学生将来的设计有很大的帮助。

开源硬件与编程相关课程改革的理念、做法与案例分享

叶俊男

　　我主讲的"开源硬件与编程"课程主要是从偏技术的角度进行课程的开展。从课程名上来看，会让人感觉是属于信息学院的基础课程，在上海，最早开这个课的是同济大学的孙效华老师，他们的课程取得了非常好的效果。我也参加过他们的课程，感受到未来的工业设计专业很需要这个课程。在 2015 年之前，我们很多学生的毕业设计其实就只是一个造型，在智能交互方面的考虑是比较少的，实现人和产品之间交互的内容也比较少。2015 年之后，随着技术的发展，我们已经进入到智能互联的万物联通时代，日常生活中智能产品也越来越多。因此这个课程就很必要。

一、课程背景

　　当今我们已经进入到万物互联的 5G 时代。5G 时代给我们带来这些变化：一是信息容量变大，二是接入速度和传输速度增长，包括延时性的减少。它带来三个应用场景：第一是宽带方面，因为延时性减少了，所以我们的高清视频，包括一个云会议就能够轻松实现；第二是海量的通信，包括智慧城市下相关产品设计就都可以实现了，如智能家居产品设计、智能交通产品设计；第三是在工业自动化方面，它提供了一个超高可靠的低延时体系，所以自动驾驶、移动医疗等就更易实现。我们现在的世界，正在通过传感器等设备建立一个数字神经系统，这样所有的产品都能够联系在一起。现在有些企业已经在做这件事，比如小米的生态系统就是一个很好的例子，它提供了很多方面的场景应用，像智慧家居中的智能产品，以及运输、健康、建筑、城市等方面的应用场景（图 1）。

图 1　智慧城市背景下的智能场景应用

　　在这里面我们可以发现，工业设计专业很多的设计内容，都需要在这个背景下完成。我们现在做的智能产品，其实是传统产品信息化的一种发展方向，它是以电子信息为基础，依托互联网技术和云计算技术发展起来的。在我们现在的产品开发设计过程中，原型产品设计是不可或缺的一部分，因为它可以使我们的产品概念形象化和具体化。同时，设计师也可以通过产品原型进行快速的设计测试和评估。这几年我们学院的学生在参加全国挑战杯、互联网＋等竞赛中取得了较好的成绩，从中发现获奖作品都需要通过原型设计过程中的技术实现来达到概念设计的产品落地，而我们工业

设计专业的学生对于产品交互实现过程中的传感器等智能硬件应用还缺乏理解与实践。

　　Arduino 是一款便捷灵活的开源电子原型平台，包含硬件（各种型号的 Arduino 开发板）和开发工具（Arduino IDE），网上有丰富的开源代码可供参考，也有很多基于 Arduino 的图形化编程软件，目前在国外院校智能产品开发中已经得到普遍应用。Arduino 平台易于实现通过各种各样的传感器来感知环境，通过控制 LED 灯、马达和其他装置来反馈、影响环境，达到与环境互动的效果，适宜工业设计、产品设计专业学生做一些产品交互原型设计。

　　我主讲这门课程已经是第三年，在课程的开展过程中也发现了一些问题。其中最重要的就是编程语言的理解与学习。我有一定的计算机语言基础，因此进行开源代码的理解与修改并不难，但是对于没有学习过计算机语言的学生，课程开展与实践就存在着较大的难度。2019 年开始，可视化编程越来越多地被运用到智能产品原型设计中。我在去年疫情期间的线上课程中，就采用了 Scratch 可视化编程，课程效果就比之前用 Arduino IDE 写代码高效很多。可视化编程其实就像搭积木，只要理解产品交互逻辑原理，同学们就能轻松地将程序原型搭建起来，实现一些智能交互的功能。

二、课程目标及内容

　　课程目标是通过开源硬件以及相关编程理论的学习，培养学生架构信息的逻辑能力，使学生掌握使用基于 Arduino 的智能产品原型的设计新方法与设计过程，为未来相关产品创新设计研究和实践提供参考，有效进行交互设计思维和方法训练，减小设计智能产品原型的阻力，能够将概念设计合理地转化为具体的产品原型设计。

　　课程总学时为 48 学时，学分为 2 个学分，分为 16 个学时的理论课和 32 个学时的实验课，课程在我们学校大一第二学期开展。在课程内容安排方面，前三章是对现在的智能硬件背景，包括程序开发的架构以及一些基本工具做一些介绍和讲解，从第四章开始都是一些具体传感器的应用与相应编程语言学习。在学完第十章之后，会有 1~2 周的时间将前面学习的开源硬件进行综合运用，我会让学生通过调研去发现生活中的一些问题，然后思考如何运用智能硬件去解决这些问题，形成一个有效合理的设计方案，这也是课程对于学生的最终考核。

三、课程特色

　　在课程特色方面，在去年疫情期间我已经将线上课程内容搭建完成，未来教学中将采用线上线下混合式教学。线上进行基本的理论知识讲解，线下进行实践训练，跟学生具体地探讨他们在操作过程中遇到的一些问题，并及时去帮他们解决。课程中安排了 24 个设计案例，循序渐进地进行开源硬件与编程的学习，通过编程与设计案例，引发学生进行思考并展开分析和讨论。课程特色还包括自主学习、动手实践、课堂分享等方面。在最后的课程大作业中，我还要求同学们将自己针对设计问题设计产品原型的过程做成一个视频，视频内容包括原型演示以及制作过程两个方面，这个方式也进一步锻炼了学生的设计表达能力。

交通工具设计与相关课程改革的理念、做法与案例分享

李雪楠

我今天分享的是"交通工具设计"这门课程。

首先，为什么在本科阶段大三下学期要学交通工具设计这样的一门课程呢？无人驾驶已经成为一个时代趋势。在未来，车跟人类的生活都会发生巨大的样态的变化，我们不能仅仅把它视为一个工具了。换言之，出行作为我们人类生活衣食住行中的四大核心组成部分之一，它的重要性以及它跟人的行为的这种相关性是有着非常紧密联系的。未来在交通工具的发展上，智能网联化是一个重要的趋势。在这样的一个趋势下，"智慧"出行的趋势和需求就变得愈发显著，就是说未来交通工具承载的其实是一种生活行为了，它不单单是一种工具了。具体到这门课程来说，交通工具设计恰好是一种典型的融合技术与人文的复杂系统设计，那这就是我们这门课程本身聚焦的专业内容与特色。

一、什么是交通工具

在当今社会背景条件下，什么是交通工具，就是我们怎么去定义这个设计的范畴和领域。从本质上来说，交通工具是一种将人或者物从 A 点移动到 B 点的一种动力工具。这样的一个概念其实帮我们清晰地界定了我们设计对象的边界。这个边界同时也映射了它所对应的在这个领域下的法律法规、伦理道德，甚至是未来的商业模式与形态。在我们这个课程范围内，交通工具有什么类型呢？它不仅仅是指我们路上常见的汽车，其实有非常多的样态，包括飞机、游艇，甚至还有埃隆·马斯克的火箭。它们都是一种移动的动力工具，都是为我们人类的需求服务的。以上就是我们对交通工具一般类型的定义。其实交通工具的设计也是在整个大设计范畴内。因为设计的本质是发现问题并解决问题，无一例外，交通工具设计的本质也是在发现人类出行中大大小小的问题，然后通过设计思维和设计方法把它解决。例如针对出行不便或是行动有障碍的人群，我们如何去关照这样一群人的真实需求，这就需要通过设计的方式形成一种自主化的、零依赖性的出行方式，这也会成为未来城市日常出行中常见的解决方案，在不久的将来就会变成现实。

二、汽车设计

具体到汽车设计本身的设计与开发流程，因为这个课程的架构与时长关系，不太可能去把所有的交通工具类别都去训练一遍。我们选取的是一类典型的、具有全流程意义的交通工具进行授课，也就是汽车设计。汽车是跟我们每个人的生活息息相关、普通老百姓都能接触到的一个典型设计类别，因此将其贯穿整个课程中进行讲解。具体到设计这一块，其实不管是汽车设计，还是其他类别的设计，都集合了感性和理性两个部分。在专业的汽车设计领域或是在一些设计团队里面，汽车设计流程有可能是通过感性驱动的，也有可能是通过工程布局与硬点确立这种理性的方式驱动的。比较理想的情况是感性和理性和谐同步开发。然而在真实的开发流程中，这种理想的情况是不存在的。通常状态下开始是感性主导的，也有可能开始是这种理性的硬点布局的设计主导的。我们可以通过宝马设计总监 Chris Bangle 的视角来具体看一下汽车到底是什么。在他的视角下，对车进行了四种不同维度认知的解读。第一，他认为车其实可以反映我们人类生活的方方面面，汽车可能在某种层面上是我们生活的影子。第二，他从美学的角度去理解汽车这个对象。在未来汽车可能就不叫汽车了，因为未来可能就不需要驾驶员了。从美学的角度，Bangle 认为汽车是一种雕塑，从一个三

维空间的层面，从美学层面去理解它是一种美的雕塑。第三，从哲学或者精神层面去理解，他认为车是一种思想的化身，就像阿凡达，这是某种精神或者说是意象，代表了某种思想或者某种信念。第四，他认为汽车其实是人类行为的一种延伸，即"Car is the expansion of yourself"。在没有工具的时候，以前我们的出行是非常受限制的。这种限制不仅仅体现在物理边界上的限制，也限制了我们精神边界的拓展。现在我们有无人驾驶技术，有 5 G，甚至到未来的 6G，在这样强大的技术背景下，我们的物理边界和精神边界会被大大拓宽，当前的习惯与思维会被全部打破。因此，在我们的学习过程中也可以去思考我们是如何看待自己的设计对象、我们是为了什么设计、我们是要解决什么问题、未来人们的需求是什么，以及生活样态还有可能是什么，等等。

三、课程设置情况

交通工具设计是我们工业设计系在本科第六学期的专业选修课。之前是 64 个学时，教学目标主要有 5 个。第一个目标，是让我们的学生去了解基本的交通工具设计领域常用的理论与方法。在这个层面的基础上，第二个目标，通过一些国内外的案例，让学生去理解交通工具具体到技术和人文的复杂性到底在什么地方，以及未来如何从这个领域里去发掘问题和解决问题。第三个目标，就是如何学以致用，其实就是在"用"的这个层面。第四个目标，是学习当前交通工具领域一些先进的数字技术技能以及软件等，为未来学生进入这个行业或者相关行业打下基础。因为汽车行业是一个上下游产业链非常庞大的行业，所以基础技能可以帮助我们对未来的行业趋势和新需求进行判断。这对学生的未来发展有直接的帮助。在第五个更高的目标层面上，交通工具设计领域是工业的重要领域。在这个领域内去发展、去研究、去学习，其实是带有某种层面上的职业道德与职业使命感的，甚至是国家情怀的。因为汽车行业对我们国家的发展来说十分重要。通过我们这门课程的教学，让我们的学生感受到学习的不仅仅是一门技术，而且能够认识到学习这一门课程的社会价值和意义。以上五个目标也是严格对应了我们学院对学生毕业要求的指标点，这就是整个课程目标的情况。

四、教学模式

教学模式方面，主要是有四个部分的内容。

第一部分是以主题竞赛制贯穿整个课程，包括设计主题的命题。我们会以当年的一些竞赛主题作为引入，将这条线融合在教学过程中。因为交通工具设计每年都有很多新趋势和变化，所以学习当年最新的一些主题发展趋势，有助于学生了解当前社会的样态、未来有什么新的需求变化，这样能将产、学、研紧密结合。

第二部分是学生与学生之间、学生与老师之间，甚至学生与校外的"飞行嘉宾"之间，进行讲评互评。通过这种形式让学生能从更多的视角去理解自身的设计。这样就有一个更全面、更客观的对于成果的评价。

第三个部分是团队协作，团队协作能力的训练是非常重要的，所以我们设置了一些分小组的讨论思辨流程。在这个过程中，我们会邀请 ACCD、考文垂等顶尖的汽车设计院校的专家以及福特、雷克萨斯等知名车厂的设计师参与我们的主题思辨讨论。去年因为疫情的关系，这个课程是在线上开展的，我们邀请到了上汽的设计师作为线上嘉宾，在线上有非常好的互动效果，通过这种形式很好地激发了学生们的学习热情。通过嘉宾的讲解，让学生们真切地感受到社会对交通工具设计需求的转变。我们在未来也会把不同汽车产业线上的设计师以及其他相关流程的专家请到课程中，让学生在产、学、研这个链条中形成对知识的全面塑造，为学生打造坚实的知识基础。

第四部分是设计表述能力的培养。课程最后会有一个结课汇报展示，这个汇报展示要求学生一定要自己去展示和汇报。

以上这四个部分构成了我们交通工具设计课程的主要教学模式，这些教学模式不是凭空而来的，我们沟通了包括了 ACCD、英国考文垂大学、德国普弗茨海姆应用技术大学等一些世界上排名前列的汽车设计院校，了解他们的教学模式，作为借鉴与参考，拿到我们学院的课程体系下，我们又做了一些适用于当前我们教学模式的改进，这就是我们教学模式的一个来源与特色。

五、课程架构

在课程架构部分，教学时长上理论部分占 50%，实践部分占 50%。交通工具设计课程是非常注重实践的，理论也必不可少。实践部分是让学生从真实的设计活动的锻炼中理解自己的创意概念在现实世界中的可行性。让学生了解这其中耦合的部分在哪里，有差异悬殊的地方在哪里，课程时长的配比也是出于这样的一个原因。具体到课程内容梯次的设置，主要分为 8 个小节，理论与实践是交叉并行的。理论知识部分主要讲述汽车发展脉络以及开发流程等。比如市场需求、总布置的概念、尺寸与比例等，无论未来的工程结构如何变化，都离不开这些内容。我们在设计实践之前要有一个理论知识的前期输入。

实践部分是基本的草图训练，表达概念的能力对于设计师来说十分重要，想象得再好，也一定要能够表达出来，所以基础技能的训练非常重要。在草图之后，我们会有一些效果呈现技法的训练，包括给学生演示，让学生了解在真实的主机厂里面，这些设计师是怎么工作的，而不是仅仅通过网络去看汽车设计师设计的结果，目的就是让学生们了解真实的设计流程。当经历了草图、效果图阶段，整个方案创意草图表达阶段完成后，三维建模就要在这个阶段介入。我们会给学生演示一些常用、常见的三维设计构造方法。三维造型后就是油泥模型的制作，我们会介绍真实的主机厂里油泥模型的开发流程，最终整体模拟一个真实的开发流程，这就是整个课程的主要架构与内容。

以关怀为导向的设计思维

姜 颖

我分享的主题是"以关怀为导向的设计思维"。这并不是一个具体的课程名字，而是把"关怀"的设计思维贯穿到本科四年的教学过程里。本次论坛主题为"综合设计基础"，其中"基础"的概念并不等同于"初级"，比如在一年级和二年级教授初级的理论与技能，而是指一种主要和重要的思维与能力。基于这个观点，四年课程都要学习"关怀"，而且它可以把所学的知识内容组织成一个有机结构，如同一个纽带把散乱的珠子串联起来。

"关怀"的概念源于可持续发展不可逃避的趋势。我们的设计教育一直强调创造与创新。创造所产生的后果有可能是积极的，也有可能是消极的。我们却很少提及这些消极的方面。我们在解决一个问题的同时可能会引发新的问题出现。如果设计教育把可持续发展作为目标，如果设计师选择承担社会责任的价值立场，那么设计基础教育就必须告知年轻设计师他们行为的后果，让他们在知道自己可能造成破坏后果的前提下去参与设计活动。打一个比方，设计教学就好似一个跷跷板，两头分别是创造与破坏（图 1）。如果我们侧重在一边着力，那就产生不平衡。为了平衡创造与破坏的冲突关系，"关怀"在之间就起到一个平衡点的作用，明确设计师作为设计活动的代理身份。如果希望设计活动产生可持续的积极影响（尽可能克服破坏），那么设计师必须具备可持续的意识和行为，即关怀能力。

可持续发展作为导向　　　　　　忽视设计师代理身份
设计范式转变中整合　　　　　　单一化理解产品设计

图 1　关怀：化解创造与破坏

理解"关怀"有一个基本的理论框架（图 2 左）。在这个同心圆的图中，中间深灰色的圆形指设计活动，简单概括为由设计师、客户和设计产物所组成的互动关系，设计师必须关怀客户与产品。外围的圆形是指设计活动之外的环境系统，其中微环境是指客户与设计产物所能影响到的其他人、事、物与自然系统等。但是，在这张图里面我们会发现一个困境：在设计活动的有限时空条件下，设计师无法直接触及到微环境中的所有人、事、物。那么，设计师如何去真正关怀微环境？是否可持续设计只是一个理想目标？因此，设计师的关怀能力还体现在必须要借助他在设计活动当中所能影响到的产品和客户，通过他们去关怀他们周围微环境中的人、事、物。"关怀"的意思具体到：设计师促使客户和产品进行自我转换（从关怀接受者转换为关怀给予者），从而满足微环境的需求（图 2 右）。一个完整的"关怀"系统包括五组关怀关系：

（1）设计师关怀人造事物：设计师仔细设计人造事物。

（2）设计师关怀客户：设计师认真了解客户的背景，关心他们的真实需要。

（3）人造事物关怀客户：人造事物满足客户的需求，同时对客户不产生伤害。

（4）人造事物关怀微环境：人造事物的产生不对微环境造成负面影响。

（5）客户关怀微环境：客户能够照顾到微环境中的其他人、其他人造事物和自然生态的需求，尽量不对他们造成负面影响。

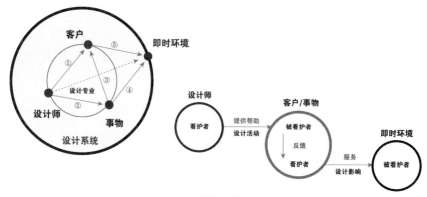

图2 关怀的完整理论框架

这个理论模型是个非常抽象的概念。我在很多课程当中试图去开发一些具体学习工具，辅助学生对完整关怀系统和每组关怀关系能够产生切身的体验和感知。下面举两个课程例子。

案例一："产品开发设计"课程。该课程是从包容性设计的视角去提出产品创新概念。包容性设计强调一个产品尽可能满足不同能力用户的特殊需求。研究用户能力的多样性是课程中的重要内容，其中涉及大量用户研究方法的学习。当初次接触研究方法和大量信息时，学生实际上很难一次性消化。这时可以借助工具帮助学生了解用户能力，并学习关怀用户的特殊需求。比如，采用剑桥大学开发的手套工具去辅助学生体验手部灵活能力衰退者的日常行为，帮助学生体会和共情这类用户的生理和心理感受，从而比较手部灵活性的差别对产品设计的要求（图3）。

在学习用户访谈方法的环节，笔者设计了一套游戏工具"我的家"，包括三个组件：一张空间地图、12张日常活动卡片、一套表达家庭角色的彩色标签（图4左）。这是两位同学为一组的交互游戏，学生们被带入到"家"的具体情境中更容易学习关怀。其中一个同学扮演设计师，另一位同学扮演用户。这个练习探讨在"设计师"与"客户"的交流过程中，如何帮助设计师促使客户关怀他们的微环境。"设计师"借助卡片中的活动插画提问"客户"在做具体活动时的特殊需求和对具体空间的设计要求，"设计师"和"客户"可以在地图上记录和勾勒未来的生活情景（图4右）。一方面，"设计师"学习如何关怀"客户"的需求，在一问一答和对话交流的过程中，双方分享自己与家人相处的关怀例子，参考对方的关怀经历会启发学生发现自己不够关怀，从而意识到应该去关怀。另一方面，"设计师"的提问也会触发被问者去回忆和关心他的家人需求，以及他所在这个家庭微环境中的人、事、物对空间的设计要求。

案例二："专题设计"课程。以往这是一门聚焦文创产品设计的专题课，在传统的基础上我融入了以关怀为导向的可持续设计内容。可持续设计的演变经历了绿色设计、生态设计、产品服务系统设计和社会创新。内在的变化规律是从产品设计后干预、设计中干预，转向用服务代取物质，进而干预消费者的行为。这个过程也可以概括为三个阶段：造物、谋事和化人。早期"造物"阶段强调绿色产品或生态设计，让物质性产品去关怀微环境，减少材料和能源消耗与污染。"谋事"阶段强调系统设计和服务设计。"化人"阶段更多强调使用者行为和性格变化对可持续发展的积极意义。

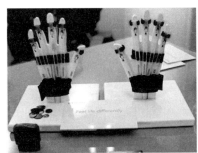

图3　剑桥大学模拟手套与手部灵活性体验

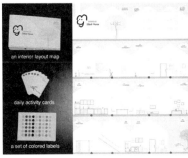

图4　交流游戏"我的家"与一组游戏互动场景

虽然社会创新呈现出一些客户和用户群体参与当下环境可持续发展的作用，但是如何促使用户主动关怀他们周边人、事、物需求的问题还没有充分研究。为提升用户的可持续意识和行为，我建构了一个以关怀为导向的设计过程模型。这个新的设计过程强调了设计师在促进客户和产品关怀微环境方面的作用（图2）。为了更好地运用这个模型，我发展出一套指导学生开展设计实践的五个画布工具，每个画布对应设计过程的一个阶段。这套工具帮助学生明确整个设计过程的逻辑，以及每个阶段的设计任务。我希望这个工具可以帮助学生在真实的设计实践中去理解抽象的可持续设计问题，同时提升设计师和用户的关怀能力。

上学期专题课程作业的主题是校园文创产品设计，典型用户为大学生群体，产品应用的场景为校园环境。这个作业要求尽可能满足完整关怀框架中的系列关怀关系，同时尝试探索是否能够充分利用小产品机会对校园内或校园外的微环境可持续发展产生积极影响。设计过程的五个阶段分别是：①观察和学习生活中的关怀案例；②发现校园环境中存在的关怀与不关怀的关系，并分析原因；③基于前面分析的冲突关系，构思一个关怀情境故事去化解问题；④把抽象的设计概念转为具体的产品设计方案；⑤小组之间互相评价每组作业是否满足五个关怀关系，讨论和总结关怀的概念对可持续环境发展的意义。这其实是一个往复循环的设计过程，当我们在第五个阶段对关怀产生新理解时，事实上又促使学生们回到第一阶段再去发现周围生活中关怀的新例子，从新的高度再去进行关怀设计，一轮新的设计过程又可以随即产生。在课程结束后，学生们的设计方案不仅都满足了关怀校园微环境的目标，而且效果远远超出我们的预期，因为一个小产品甚至可以影响到校外微环境之外的更广阔范围中的人、事、物。文创产品是非常小的设计，可能是一张纸质明信片、图书馆的代书板、校园地图、分享多肉植物的自制花盆等，但是事实上一张很小的卡片同样可以具有传递关怀到很远范围的强大力量。

以上就是以关怀为主题展开的教学思路和教学工具的分享。通过采用和开发一些具体的学习工具，可以帮助学生更好地去理解和运用抽象的可持续设计理论和方法。

对话与讨论

—— 丁伟老师的这个课程为设计原理，这个课程是从系统和整体的角度让学生去学习。360°设计观就是从全局的角度认知设计。中国原来引入了一些西方的教学方案，它往往是切分成具体的课程，比如色彩是色彩，平面是平面，然后立体是立体，到大四才去综合这些课程。而中国人的思维本来就是整体思维，是一个接近于自然观的哲学思维。实际上，中国的学生可以用我们本身文脉中的优势来理解设计，而不是像西方那样拆解，在具体的逻辑系统里去寻找一些局部的合理，最后再形成系统的整体。丁老师做了一次非常完整的教学实践，他让学生从非常简明的架构当中，能够全方位地理解问题。模型的全面性能够提升学生对整体知识的驾驭能力。这种知识图谱的方式，能够系统地展现很多内容，从四个象限的角度来解释商业、技术、美学和需求，然后又着重从一个点来展开。

—— 工业设计史是设计基础课中非常重要的部分。王焱老师用学以致用引出了东西方在哲学上认识的不同。我们要在充分尊重别人成果的基础上，不让自己丧失信心，并且能在别人的基础上去寻求一些结合自己文化的突破。由于时代的变迁，有些问题在消失，有些问题在产生。学习方式也会发生变化。越来越多的年轻学生的学习资源非常丰富和便利，如果要在很短的时间里获得大量有效的资讯和真切的体验，需要结合教学的线上和线下方式。线上的资源作为课外辅助，线下的资源让同学们能真正见到实体。最后，王焱老师用人、事、物之间的关系来做总结：人，可以小至对自己生命的理解，也可以理解成整个人类；事，设计本身就是在寻找适当的关系去调和；物，就是我们生存的基本的物质状态，小到产品，大到建筑、社区。

—— 整个世界和中国的信息技术发展变化迅速，互联网移动端充斥在人们的生活当中，跟我们的教学也产生了很大的冲突。传统的工业设计通过产品的硬件来吸引他人，但现在很多设计就瞬间变成一个交互式的界面。叶俊男老师这个课程是应用在变革的时代当中的重要设计基础课。开源硬件和编程能力以后将成为每一个工业设计师所必须具备的基本素养。通过课程能够把学生引到一个自己动手设计的实践过程中，即使在疫情的影响下，仍然能够出色地完成全流程的原型产品创意设计。学校教学理念很先进，已经注意到了物联网、5G 和大数据等新趋势给设计基础教育带来的变化。叶老师能及时发现问题，并对课程教学方式与方法进行调整，将工业设计专业学生很难在短时间内掌握的传统的计算机代码编写改换成可视化的编程，并从多个角度来进行线上线下混合教育，取得了较好的教学效果。

　　—— 李雪楠老师的课程构架，在整个交通工具领域里面做了一个非常完整的教学实践。李老师强调未来交通工具不单单是一种工具，而承载的其实是一种生活行为。具体到这个课程，交通工具设计是一种融合技术与人文的复杂系统设计。教学模式方面，以主题竞赛制贯穿整个教学过程，因为交通工具设计每年都有很多新趋势和变化，所以结合当前最新的发展趋势学习，有助于学生了解当前社会的样态与未来需求的变化。然后还会邀请一些资深的行业和产业界的设计专家来参与到教学活动中，进行评价并与学生互动等，这些多维度的评价，对于设计的修养非常重要。交通工具不是个人完成的，所以团队之间的协同也是一个很重要的能力。同时，学生的汇报能力是非常重要的。

　　—— 姜颖老师始终强调设计师的本质：关怀。她用人文关怀的线索串联自己讲授的所有课程。姜老师的分享里边有两个非常精彩的地方：一是，她说这个论坛在讨论"基础"，似乎我们所有老师谈起的"基础"发生在大一和大二，但她理解"基础"始终贯穿大一、大二、大三、大四；第二，她从自己独特的视角去梳理设计者、用户和产品的关系，然后从不同的维度看到他们所形成的一些微环境。她把设计研究融入学生的课程实践，思考用什么样的办法引导学生关怀微环境。创造可能会带给整个自然或者社会一些副作用，所以她用"关怀"来平衡"创造"与"破坏"的冲突。她还将课堂练习和课程作业作为学习关怀的切入点，让同学们能够利用自己周遭生活和学习的校园环境，在设计实践中进行关怀导向下设计思维的训练。她把对"基础"的认识转变成了设计哲学，把我们的设计灵魂和信念结合起来，这样能够超越现在可持续发展中一些教条的束缚。因为可持续发展实际上是因为人类生命不可持续才被提出的，总体来说设计本身就是关怀人类，而姜老师的思考正是在揭示人文关怀。

——"随着时代的发展，设计教育理念也在顺应着时代的要求不断革新。传统的设计造型基础课程切片式的教学模式割裂了各个造型要素之间以及人、物、环境之间的联系，已经不再适应现代的设计教育理念。"

——"如今我们面对着无穷的图书、海量的公众号和无尽的线上直播，老师不再占据着知识的制高点，网络的便捷逐渐将老师和学生的知识面拉平。"

——"希望学生自己去找到一些方法和资源，同时利用他们碎片化的时间就能将一些小的设计方法和设计原则掌握。"

——"信息化的时代、碎片化的时间、知识的对等性，都在更多的新材料、新造型、新工艺、新结构上面有所体现，要把这些更新的东西加入到课程设置当中。"

——"现在是信息时代，有些东西不是老师给学生讲学生才会的，学生自己去找的东西，学起来不仅有兴趣，而且学得又快又扎实。"

——"更多的是听学生们的想法，跟他们聊天、聊生活，在业余时间去发掘每一个人的特质，然后帮助他们发现自己的闪光点。"

信息时代下对学生主动学习的引导

内蒙古科技大学主题研讨

主　　持　蒋红斌

主题发言　韩冬楠

　　　　　　魏　栋

　　　　　　边　坤

　　　　　　郭媛媛

　　　　　　刘　薇

　　　　　　吴　琼

设计造型基础课程教学经验分享与反思

韩冬楠

设计造型基础是一门以造型为主要目的的设计基础课程。该课程的主要目标是通过探讨符合时代特征与设计思潮的共性事物，迅速有效地提高创造力、美感等综合素质，为进一步地向专业过渡奠定良好的基础。

同时，设计造型基础也是一门动手能力与思维能力密切结合的专业基础课，是连接基础课与专业课的纽带，是科学技术与艺术审美相结合的经典课程。通过该课程的教学，能够让学生掌握形态创造的基本规律和知识，培养其对形态的整体感知能力，锻炼其对形态的塑造和审美能力。

我们学院一直非常重视专业基础课程建设与改革。专业基础课是基石，高楼大厦平地起，只有基石打得好，学生后面的专业学习才能学得好。因此，我们学院的设计学相关专业都将这门课作为重要的专业基础课程和设计学的主干核心课程进行重点建设，由本专业的骨干教师依据不同的专业特点进行差异性课程设置。课程开设以来，虽然都是以传统的三大构成为基础来设置课程内容，但是由于各个专业对于这门课的理解不尽相同，所以各个专业其实是各自为战，自成体系，慢慢形成了各自的特色。环境设计专业主要围绕三维空间的造型要素的构成表达，工业设计和产品设计以物品的造型设计为主，视觉传达主要在二维平面上做文章。

我们知道"设计造型基础"并非新兴课程，它起源于包豪斯所构想的教育方式。随着时代的发展，设计教育理念也在顺应着时代的要求不断革新。传统的设计造型基础课程切片式的教学模式割裂了各个造型要素之间以及人、物、环境之间的联系，已经不再适应现代的设计教育理念。时代要求我们更加注重培养学生的整体性思考能力和进行设计思维的能力。这就要求我们打破专业壁垒，加强专业之间的联系与沟通，加强老师们的交流，同时积极学习其他院校的先进教育教学方法，在该课程的教学目标、教学方法、课程内容设置、授课方式等方面都要与时俱进，考虑设计的整体性、综合性、联系性。我们下一个阶段的教学改革目标之一就是将我们学院的设计造型基础这门课程打造成既有先进的教学理念和教学方法，又符合内蒙古的地域文化特色和我们自身办学特点的优秀课程。

今天集合的都是讲授设计造型基础课程的老师，我们做本科教学就要从最基础的教学开始做，围绕"从教学中来，到教学中去"去做，这样才能使更多的学生受益。所以今天我把工业设计、环境设计、产品设计、视觉传达设计的六位担任这门设计基础课程的老师聚集在一起，一起探讨这门课程的改革。接下来我简单介绍一下几位老师。环境艺术系讲授设计造型基础课程的老师是魏栋老师和王兰老师，今天主要是魏栋老师为我们分享，魏栋老师这门课程的教学非常有特色，他从央美学习回来后，我就特别关注他的教学，他的教学在我们整个艺术学院的造型基础课程中都非常有特色。魏老师以"任务书"作为教学的核心，引导学生具备形式生产的内在动力，从而转化为设计成果，真正实现教学相长。接下来是讲授工业设计和产品设计系的设计造型基础课程的边坤老师和郭媛媛老师。她们主要在研究翻转课堂，以及在课堂上如何更加有效地调动学生的学习主动性和创造性上有一些心得。随后是为视觉传达系学生授课的刘薇老师和吴琼老师，在视觉传达系这门课程分为二维设计造型基础、创意色彩学和三维设计造型基础三个部分上课。刘薇老师注重设计造型基础与后期专业课的衔接，在课程设置上做了一些有益的尝试。吴琼老师注重将视觉传达与其他专业联系起来，让学生在思维层面看问题，并运用不同主题的作业来培养学生活学活用理论知识的能力以及阐述设计的能力。

环境设计专业设计造型基础课程教学经验分享与反思

魏 栋

　　我分享的是以任务书为导向的环境设计基础。我从 2002 年开始在内蒙古科技大学教授设计造型基础课程至今，途中有过几次外出学习的经历，在 2006 年之前教授建筑学和工业设计专业的设计基础课程，2006 年成立了环境设计专业之后，开始教授环境设计专业的设计造型基础课程，2018 年学习回来后，学院将设计造型基础课程分为两部分教授，第一部分为平面和色彩构成，第二部分为立体和空间。

一、课程以任务书为导向的必要性

　　今天，我们身处万物互联的时代，关于"教什么""怎么教"已成为教学中的现实问题，它们不仅仅存在于这一门课程之中，而是整个教学任务中面对的现实问题。如今我们面对着无穷的图书、海量的公众号和无尽的线上直播，在这一阶段老师不再占据着知识的制高点，网络的便捷逐渐将老师和学生的知识面拉平，如一个主动的学生和一个被动的老师，两者之间的知识水平差距非常小。传统的教授模式是教师先进行课程讲解做出示范，然后学生完成作业练习，最终教师给出成绩。现在已经打破了过去的知识结构，现在以"任务书"作为教学的核心，引导学生具备学习的内在动力，从而转化为设计成果，真正实现教学相长是一个很重要的趋势。学生掌握知识的途径越来越多，那么如何引导学生去做作业？在书本上、网络上直接讲解也不太可能，所以老师设计一个课程任务书是完成教学的重要保障，这个任务书应是教与学的总结，研发一套科学合理的"课程任务书" 是环境设计基础教学的关键步骤。

二、以任务书为导向的授课方式

　　任务书是关于教学目标、教学方式的一种纲领性文件，课程任务书会指定教学达成的目标，但是不会限制建立新的教学方式。在任务书的指导下，老师们可以尝试不同的教学方式去达到相应的教学目标，比如问题讨论、公开评图、竞赛实践等，不仅是老师的讲授，也推荐学生去读一部分书，找一部分文献。如上学期做的一个作业，在课程刚开始的时候，先留一个作业来探讨学生对设计的理解，作业题目为以"我的名字"为基本元素完成一幅平面形式的构成练习（图 1）。学生的名字

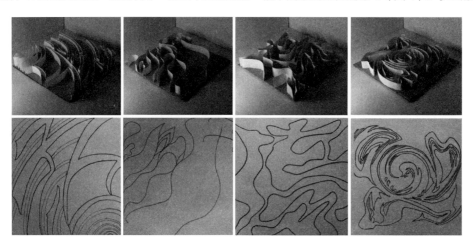

图 1 　以"我的名字"为基本元素的构成练习（环境设计 2020 级：吴迪、梁雪荣、张婉婷、徐昕媛）

图2 2017"心境空间 构筑和谐"第二届空间艺术构造大赛 一等奖作品
（环境设计 2014：韩超、宋翔；环境设计 2015：陈杰夫、吉磊、李馨、李雅琪、杨富）

比画素描、色彩更为熟悉，更好入手，以四个学生的作业为例，左边两个同学的稍好一点，右边两个同学的差些，总的来说，这样的作业不是我们想要的，这是没有达到教学目标的。学生的作业虽然不理想，但总有一部分是比较好的，通过老师的辅导之后，就可以像选择框一样找一些局部节奏、疏密、对比比较好的部分拿出来，重新构图之后这四个同学的差距就变小了，左边两个同学的优势不再明显，也为右边两个同学找到一种方法。到这一步就可以通过空间的形式表达出来，因为学生都喜欢画一些趣味小装饰，但我们的课程不是做一些趣味小装饰的东西，通过空间就可以把小装饰给去除掉，因为小装饰在空间中没有什么作用。下一步就是再把空间转化为二维的线条，这时候就完全是线的构成。这整个过程就是一方面让学生掌握一种方法，另一方面让以前设计能力较弱的同学将设计做得更有趣味。这只是一个小练习，展现我们可以通过"任务书"的方法帮助同学提升做设计的趣味性。

这门课程不能仅仅做一个作业，而应该做一系列作业，这样才能环环相扣，做出成果来。通过近年来在环境设计基础教学实践中得出的教学经验，一套行之有效的课程任务书，是教学成果是否能够达到或超越教学目标的重要保证。在 2020 年上半年的线上授课中，为了增加趣味性，每一个作业的标题都让学生取得更有诗意一些，更加充满想象力。

在此基础上，我们参加了一些竞赛活动，比如 2016 年鲁迅美术学院举办的"心境空间 构筑和谐"首届空间艺术构造大赛，当时共三四十所学校参加，我们得了二等奖；在 2017 年第二届"心境空间 构筑和谐"空间艺术构造大赛中，我们又得了一等奖（图 2）。这一方面让我们基础教师获得了一些奖项收益；另一方面也让我们的学生增加了自信：去了这么多学校，我们内蒙古科技大学也不差。2020 年王兰老师、靳晓东老师也带领学生参加了中国美术协会主办的"心境空间 构筑和谐"中国艺术构造大展。

总体来说，以任务书为导向的设计基础课程是适应当代海量信息环境的一种可以尝试的教学方式，任务书是一种自上而下的"教学目标白名单"制度，放宽了对教学的限制，不是规定教哪些内容，而是限定这门课程要培养学生哪些能力。但是具体的教学方式则由老师进行尝试，这种形式充分释放了老师教学的自由，提升了教学方式的可塑性。

工业设计专业设计造型基础课程教学经验分享与反思

边 坤

我和郭媛媛老师一起教授工业设计和产品设计专业的设计造型基础课程，我们的课时容量是64学时，选用的教材是邱松老师的《造型设计基础》，在这里面选择了一部分邱松老师的教学思路，并没有完全按照这个结构去讲，但是邱松老师的教学方式对我们教学的启发特别多。这里主要介绍一下设计造型基础的课程设置和课程教学目标。

一、课程发展及意义

我从 2010 年开始教设计造型基础课程，一开始教这门课的时候，它也不是一个大的课程群的概念，包括平面构成、色彩构成和立体构成三部分。到了 2013 年左右，这门课程已经发展成为一个很大的课程，记得当时最长的课时达到了 70 多个学时，后来缩减到 64 个学时。这是一门很基础的设计学课程，同时这门课承担非常重要的纽带式作用，通过一些设计方法、一些很好的材料以及空间感受等内容去对学生进行设计思维方面的培养。事实也证明很多学生在这门课程中能够展现他们特别好的创意思维，还有一些学生本身对材料、色彩的感受就比较细腻，通过这门课程，对于材料和色彩的表达又会形成新的理解。

二、课程目标

课程目标方面，这门课程旨在帮助学生在一些基础方法的学习中构建形成构成学中的基本方法和理论体系，从一些小的理论基础上再去培养学生的审美能力和设计理念。在这一方面，刚才魏栋老师讲到了以任务书为导向的方法，事实上在我们实际的讲授过程中，方法的讲授时间越来越少，尤其是这两年，不管是学校外部还是学校内部都推行反转教学，还有一些网上教学，现在尽量把这些最基础的设计理念和设计方法的教学放在网上，希望学生自己去找到一些方法和资源，同时利用他们碎片化的时间就能将一些小的设计方法和设计原则掌握。在课堂上，通过思维训练的方法引导他们在这些方法的基础上做出一些更有创造力的作品，这些作为我们课堂实际运用的重点；然后，通过构成方法的学习与实践，培养学生构成形象思维与造型感受力，训练学生设计动手制作能力。

三、课程内容

我们把教学内容按照三大构成内容依旧保留，也做了一些实验，把平面构成和色彩构成与立体空间构成融合在一起。后来尤其是工业设计的学生在刚开始学习的时候，他们没有任何设计和艺术的功底，给他们串起来讲的话他们学起来比较困难，所以还是要重点给他们讲授最基础的平面的形式美法则、平面构成的要素和方法。色彩构成是连接立体空间一起进行教学，每一部分的教学重点都和之前的教学重点相似。课程作业是根据以上三部分的内容、专业特点以及这些年不断迭代留下的经典练习题去给学生布置的。

魏栋老师讲到的有贯穿性的系列作业对我们课程建设启发还是很大的，我们在设置作业的时候想要达到的教学目标，首先是要满足工业设计的专业特点，比如对材料、结构、空间的深度理解，所以我们把比较大、比较重的作业设置在后面的课程中，在前面的课程中，还是希望给学生提供设计基础的法则和基础的平面原理，在后面通过立体空间的部分加入基础的平面原理，最后形成一个比较综合的设计思维训练方式。

我们课程的考评方法是从随堂作业练习到课程结课练习，主要考核学生创作的完整性、创新性和团队协作能力。随堂作业是每一位学生单独完成，结课大作业是分小组完成，最后的大作业要求学生选择一种材料，做一个可以坐的坐具，不强调必须是椅子，只要能实现"坐"的功能，要求他们能用到新的材料、新的工艺，最好能够融入我们在随堂练习中练习过的块材、线材等材料的综合表达方式，从而达到一个综合的立体构成作业，完成整体的练习。

产品设计专业设计造型基础课程教学经验分享与反思

郭媛媛

　　我与边坤老师一起教授工业设计和产品设计专业设计造型基础课程，负责产品设计专业的教学，在课程的教学过程中作业出现的问题和思考是有共通性的，作业的设置还是按照平面、色彩和立体三大部分的构成安排的，其中有一些作业是具有地域特色的，比如蒙古族的图案、图形方面的设置，后面还有一些综合的练习，包括材料、强度、结构等，整个作业是多且杂的一个过程，在每一个部分有两到三个作业，综合起来有八到九个作业。

一、作业创新度问题

　　在这个过程中遇到的且在教学中一直困扰我的一个问题就是图形创作部分，它的创新性不够，更多的是一些规范性的东西，所以我们在评判作业的时候就会不自觉地把作业按照既定的规范去做评判，我们判出来的好的作业可能就会和已有的作品差距不会太大，这也是我们在蒙古族图案教学过程中，在讲一些规范之后，再让学生对图案做一些创新性设计会存在的问题。也可能是我们在教学中的引导缺乏启发性，就会造成抄袭和类似的情况比较多。这个作业女生会相对认真一些，男生会差一点，他们在细致方面较弱，导致我们的作业会两极分化。类似的图形会让我们在制定评判标准时感到困惑，不太确定是既定地、更细致更规范地去做这个图形更好，还是相对来说不是那么循规蹈矩地做图形设计符合学生的创新、思维发展方面的要求更好。我们在评定作品的过程中，发现产品设计专业的男生会有很多类似于图1的设计，作业里面还是有一些创意和思考的，但是作业完成的精细度和创新度都欠缺一些，为了不打击学生创作的积极性，我就顺着他们的风格和表现形式来让图案更加纯粹，从色彩和图形上顺着他的思路捋一遍，更好地改进他们的作业，这样的话就会偏离蒙古族图案创新的题目，我不想去扼杀他们的创意，通过这样的方式就可以保留下这一部分。另一个问题就是方法的临摹和创新。在作业当中，如果你太注重方法的临摹，作业就会很呆板；如果作业当中有很多的创新，可能就会在方法的临摹和应用上有一些偏差，作业就会显得很乱。这个问题是在我教授这门课程的几年中比较困惑的部分，怎么样把课上这些相对来说已经贯彻了很长时间的方法，在学生的图形设计或作业当中能够很好地消化且应用出来，是一个有待解决的问题。

图1　部分男生设计作品

二、学生个体差异问题

　　还有一个问题就是学生个体的差异，图2是我们在最后块材的设计上面95分的作品与55分的作品，学生的认知和作业情况还是有很大差距的。如果我们不仅在最后拿作业呈现学生的差距，

图 2　95 分的作品与 55 分的作品

而是更多地在课程的进程中发现学生的差距，启发学生的学习意识、动机、方法，让学生对学习有进一步的认识，不至于学生的课后作业呈现出这么大的差异。

三、思考和探索

这门课程的每一个知识点内容都非常细，从老师细致的讲解到学生的实际运用，这之间衔接转化的连贯性还需要大量的工作，在我们后面教学过程中需要进一步加强。就是像魏栋老师的系列化作业也好，像邱松老师书里的以生活实际场景为背景的综合性应用也好，都可以将知识点一点一点地吃进去，在综合应用这一部分还是可以有自己一定创意的发挥、生活的升华。

这门课程既定的一些原则性、方法性的东西已经非常成熟了，那么如何做到与时俱进，就像前面两位老师强调的信息化的时代、碎片化的时间、知识的对等性，都在更多的新材料、新造型、新工艺、新结构上面有所体现，要把这些新的东西加入到课程设置当中，这是在这门课程今后的教学过程中需要进行思考和探索的。

视觉传达设计专业三维设计造型基础课程教学经验分享与反思

刘 薇

很高兴能有这次机会进行此次教学实践的探讨和交流。我一直在做关于设计造型基础课程的教学，在这里简单分享一下教学过程中的体会。目前视觉传达设计专业的造型基础课程安排，是以一种纵向深入的模式进行课程结构建设，把这门课程分为三个阶段去引导学生完成设计造型基础的学习。最初的想法是让设计造型基础这门课程的学习贯穿于整个设计课程体系里面，从而增加基础课程和专业设计课之间的衔接。我从去年开始负责三维造型基础第三部分，对于视觉传达设计专业学生来说，三维造型则是在二维和色彩的基础上对立体空间理解的提升。

一、理论基础教学存在的问题

作为视觉传达设计专业的任课教师，除了负责设计造型基础的教学，我同时还负责了一些专业课的教学工作，所以对学生基础课程的学习成效对后续专业课学习的重要影响深有体会。后续专业课所需要的知识、思维模式，与前面的设计造型基础课程没有衔接好的情况是在实际教学中常会涉及的问题。我们在综合设计造型基础学习的实际过程中有一个问题确实真实存在，即：在后续的学习中，学生不会特别顺畅、自然地将学会的理论、能力、创意思维将运用到专业设计学习和实践中。学生一般认为，前面的设计基础学完了就是告一段落了，再去学习专业课的时候如果涉及前面学的设计造型基础课程相关的知识时，他们就会完全不记得，所以在讲专业课的时候就会折回去重新学习这部分内容，这样就会造成时间的浪费。

我们老师讲授设计造型基础课时，可能常会说："这个基础就像盖大楼的地基，要建立一个牢固的地基。"学生也会理解这个"地基"的重要性，可是一旦进入后续的学习，这个"地基"就真的埋在他们的心底不再运用，没有发挥到后期的作用。

二、改革方案

这种现象大家可能都遇到过，其他老师也有这个体会。排除个别学生技艺上的缺失，更多的是我们在基础造型课程训练的时候应该思考尝试加入一些专业设计的方法和引导，把设计往前放一点，不需要特别专业，但要同设计造型基础课程的学习、作业结合起来，让基础学习和设计两者先互动起来形成一个比较自然的衔接过渡，让学生觉得设计造型基础课程的学习内容和后续的设计是一体的、不可分割的。

在学设计造型基础之初，我们可以结合设计创意及方法去引导这些基础理论的学习，并以这样的形式去启发学生的学习兴趣、爱好或自觉性。这个启发、引导可以不是特别明确专业方向的，比如我是视觉传达设计专业的，可以把环境设计、工业设计等专业的相关知识引用过来，让学生可以前期涉猎一些。这样形成一个指引，让他们形成一种设计惯性思维。或者说在综合设计造型基础学习阶段就开始让学生尝试设计，形成一种惯性应用，这样到后续设计的时候设计基础和设计专业之间的衔接可能会更好一些。

三、改革尝试

从去年开始，我在课程上进行了一种新形式的尝试，最终效果反响挺好，在这里和大家进行分享。这门课程共 48 课时，分理论篇、方法篇、应用篇和综合篇四个部分。在理论篇学习过程中，我进行了一个简单的实践性尝试：首先在讲理论内容的时候，除了详细地给学生讲解，通过线上知识线下扩展，另外会给学生下发一个教学任务，并以课题的形式，将设计先引进来完成这个课题作业，把整个第一篇的基础理论内容融合成一个综合的作业去完成。

具体的教学流程是：先进行任务导入，即对三维的基本要素和材质应用理论知识的导入；然后尝试研究。因为是一、二年级的学生，研究能力不是很强，需要教师去引导，比如在讲的过程中构成的特点、质感、形态构成方式等是需要我们和他们探究的问题。接下来是技能培训，学习过程中渗透一些专业技能的培训。这里解释一下，不是在基础课程中就要把后续专业全部讲完，这是不可能的，这里只是一个简单的引导或是让他们有一种开始、认知、萌发的感觉。我们从调查、认真分析以及重构的方法上做一个简单的介绍。

然后以课题的形式给学生布置作业。去年我们以一个概念首饰设计为主题，因为我们之前说设计不分家，视觉传达设计不是单一存在的。我们就选取了一个比较接近视觉传达的首饰设计，要求用到基础课程中学过的点、线、面、体积、空间、结构、材料等内容，合理选用材料进行设计。

这个训练要求加强了学生对材料的自学，因为我们在授课的过程中描述再多，不如学生自己去选择材料了解更深。然后是方法工艺的选择，除了我们在造型三维空间上用到的排列、曲折等方式，还要大家学会扩展一些新的知识范围，这就是技能，比如他们会去了解一些首饰制作流程，包括后面成果展示要用到的一些媒体手段，他们都要去自学、揣摩。这样，这门造型基础课程不光扩展了本专业的基础，对其他专业范围的知识也能稍微辐射一些，学生可结合所学的点、线、面、材质的质感、运用法则等基础内容完成训练。最后一部分是成果展示和总结回顾，可以看一下部分作业展示（图1）。他们在学习中运用了点、线、面、结构、韵律的基础知识，最终将设计以实物的方式呈现出来。在整个过程中，他们既完成了理论方法的学习，也对后续专业设计有承上启下的连接。这个关联性是思维上的、意识上的，包括设计表达上的。到后期要求他们对展示也要有一定研究，有同学可能在展示研究这一块也去扩展自己的知识面，现在是信息时代，有些东西不是老师给学生讲学生才会的，学生自己去找的东西，学起来不但有兴趣，而且学得又快又扎实。

在这样的尝试下，提前将设计引进来，学生学的点、线、面，哪怕是在立体构成里面的，将来做设计的时候就会想着怎样把它们融进去，包括在后期展示中我们也会有意无意地去追求这种效果。同时我们也引入一些中国传统的文化。总的来说，经过这方面的训练，学生对构成概念的理解主动性比较高，特别是愿意主动去接触一些设计方法和技能。这是我在教学过程中的一个尝试和思考，希望能够为我们基础综合设计教学提供一个新思路。

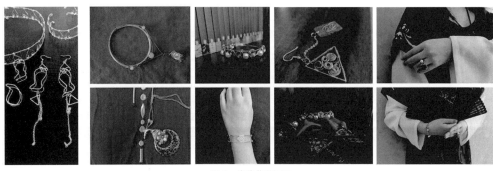

图1　学生作业展示

视觉传达设计专业二维设计造型基础和创意色彩学课程教学经验分享与反思

吴 琼

在设计基础课程中，我教授的是二维设计造型基础和创意色彩学两部分，二维设计造型基础安排在大一的第一学期，56 课时；创意色彩学安排在大一的第二学期，64 课时。下面是我的一些经验和思考。

第一，到底怎么讲才能让学生吸收消化得更多，这是一个老师们共同关注的问题，随着互联网的普及，网上各类的设计平台、公众号都特别多，好的设计作品也非常多，怎么样能让学生更快地分门别类找到适合自己的知识就显得十分重要。第二，不管是大一的新生还是大四即将毕业的学生做设计都应该学会思考：怎样应对不同的、丰富的市场需求进行创作；定位创作对象、用户群体是谁；设计内容如何定位；在学习基础课程的时候，积累了很多元素，在最后要学会借助什么元素表达，甚至是走到设计这一阶段。第三，在现今大量的设计作品中我们如何凸显自己的创作风格与设计特质。刚才郭媛媛老师提到的抄袭问题我也非常认可，我觉得抄袭的问题是设计者中存在的非常严重的问题，很多学生认为自己不是在抄袭，是基于原来作者作品的元素的创作，但是构图、灵魂和思想方式都没有改变地照搬是比较危险的。第四，在授课过程中，可能是因为我入职不久，学生对我的态度不会像对于资深的前辈一样严肃，所以我的授课方式稍稍有些不同。讨论一件作品的时候，我会先听他们讲，更多地是听他们的想法，甚至我会跟他们聊天、聊生活，在业余时间去发掘每一个人的特质，然后帮助他们发现自己的闪光点，比如有的人比较喜欢明度较高的、纯度较低的颜色，有的人喜欢用线描的方式画图，有的人喜欢用马克笔的方式画，等等。第五，我认为做设计或学设计基础课程中最重要的一个点就是找寻设计的创意方法。我是学新媒体艺术的，所以面对学平面视觉传达的学生，会觉得他们需要注意寻找创意，他们大多都不太会观察生活。我会和学生分享一些创意小方法，有一部分学生在做完整个过程后会有一些收益，运用快速创意也就是"1 分钟创意法"，在上课期间，让学生把每天最有趣的或者最难过的或者他们认为有创意的点，用手机备忘录或用纸笔快速记录下来，时间久了，比如有的学生记录了两三个月或整个学期，他们会发现原来自己是有喜欢的方向，每一个人都会慢慢找到喜欢的创意方法。创意更多地来源于生活，生活需要我们去仔细地观察。

在上二维设计造型基础课程的时候，我会先给学生介绍整个课程的内容，比如平面构成与教学、主要的教学方法。前期可能会跟着教材中的一些必要的方法去做，最后会给几个主题让学生自己发挥，要求是不能抄袭。我会给学生看大量的范例，给他们讲解设计基础课程的由来，因为很多学生会问到这个问题。我的教学方式除了用手绘和计算机以外，还会采用一些其他方式，比如拼贴或用不同的材料来代替笔，如树枝、棉花、羽毛等，让他们知道 Photoshop 的笔刷来源于生活。接下来会给学生讲平面构成和图案，无论是二维还是色彩方面都要遵循形式美法则，所以除去我们在用的这些重复、渐变、发射、对称、平衡等方法，也要考虑形式美变化。我会清晰地给学生讲解什么是构成，什么是图案，它们两个是相辅相成、不可替代的，并不是说一定要去融合在一起。然后给学生强调一下构成和设计，很多学生认为构成即设计，也认为设计就是构成，其实它们也是相辅相成的，构成和设计是有区别的，因为构成是让我们很好地分析一个元素，它是一个学习的过程，是一种设计手段；设计更注重的是结果，它是一个需要和需求。结课作业布置的主题是"校园一角"，让他们自由发挥，前提也是不能抄袭。

学习创意色彩学的内容，我会告诉学生学这门课程是为了什么，通过学习这门课程要达到什么样的目标，比如说我们会更好地利用色彩的性能和规律来表达设计者自身的风格和创意理念；最重要的是要讲授色彩课程的历史来源，同时也结合创意思维训练来做一个课程的建设。首先，讲授色彩构成的特征有哪几方面，形式美法则的由来和怎么样去搭配，这里面也包括了基础的内容，如什么是固有色，什么是色彩的色相、明度、纯度，在构成的过程中怎么分析色彩。其次，告诉学生色彩构成与色彩的设计和创意的关系，学色彩构成的时候，更多的是掌握科学的色彩分析法，从最基础的色相、色环开始练习，最后我要求学生完成一个主题的设计作业（图1）。色彩不仅是对视觉和生理方面的研究，同时也要我们和学生在研究色彩的心理方面进行一些探讨，培养学生的创造性思维和色彩的表现力。在色彩构成教学部分，我比较注重贯穿于整个课程的内容，一定要在课程结束时尽量达到以下五个目标：一是对色彩敏感，基本形成色彩美感；二是能熟练把握色彩元素的特性；三是树立全新的色彩设计理念；四是具备色彩设计创新意识和创造能力；五是具有熟练的调色、配色能力和水平。我们会配合不同的主题进行训练，如2020年初因疫情进行线上课程，学生在家上课心情也是多样化的，我会以情绪的变化为主题，让学生进行设计（图2）。

同时我会运用各种高校考过的题目或者其他院校的老师值得学习和借鉴的一些练习题目，来让学生做一些主题训练。会把作品都贴在墙上展现在大家面前，请每个人一一说明设计内容，并写一份详细的设计说明。从大一就开始锻炼他们的思维能力，如以"一带一路"为主题的色彩训练（图3）和以"清明上河图"为主题的色彩训练（图4）。这些就是我的教学模式和方法。

图1 以"校园一角"为主题的部分学生设计作品

图2 以"情绪变化"为主题的部分学生设计作品

图3 以"一带一路"为主题的部分学生设计作品　　　　图4 以"清明上河图"为主题的部分学生设计作品

对话与讨论

—— 韩冬楠老师清晰地把握了设计的发展趋势，并且紧随趋势开设设计造型基础课程，紧跟时代的动态，同时结合了内蒙古的文化特色，在宏观层面上，总体指导课程的架构，在不同专业中结合专业的特色进行独特的教学探索，很具有指导性，同时可以考虑将这个课程作为引导，贯通穿插各个专业的知识点，学院中各个专业之间缺少交流是很多设计院校存在的问题，设计学科本身就具有跨学科性，因此各方面的互相交流也十分必要。

—— 魏栋老师分享的内容有三个方面：第一，老师设计一个课程任务书是完成教学的重要保障；第二，作业一定是系列化的；第三，让学生参加一些好的比赛，增加自信。任务书是每一个老师在备课的时候给自己的课程确立一个专项任务，然后把相应的资源和对整体目标进行一次精细化的组织和整理。魏栋老师认为给学生布置的作业经常太过碎片化，需要找到一条线把每个小作业都串起来，一个系列由简单到复杂，并且能达到解决问题的目标。如果仅仅是一个作业的话，有很多学生会在这个作业中出现一些问题，但是他们已经完成作业了，去纠正他们又不太可能。通过系列化的作业让学生完成第一个阶段的作业就会进入第二阶段，教师就可以在第二阶段作业开始前指出学生第一阶段存在的问题，避免第二阶段再次出现，最后形成一种解决问题的有力工具。

—— 边坤老师和魏栋老师一样注意到了与时俱进，注意到了网络、信息这种铺天盖地和海量的特点，而且学生的信息获取速度在单位时间里比我们以前要快得多。边坤老师通过在 2020 年疫情期间的线上教学，总结课程应强调学生自己的任务感，而不是被动学习。任务不是一个明确的作业，把基础知识作为一项任务先去理解，学生的主动性就被调动起来。

——郭媛媛老师谈到了她在教学中产生的关于临摹和创新的困惑：一种情况是如果学生按部就班地按照二方连续、四方连续的方法来做作业，成果就可能和网上的图片随便拿出来一张没差别，只要靠细致、认真就可以临摹得很好；另一种情况是没有循规蹈矩而大胆尝试的学生，虽然有时候出来的东西会让你大跌眼镜，美感也没有想象中那么好，不过作业里面有一些创意和思考。郭媛媛老师后期的实践非常好，因为设计的核心还是到底为什么这么做，而不是训练工匠，如果训练一个把颜色涂好涂匀了，把对称的做得更对称，在视觉上感觉特别准确，那大学就变成技能练习了。

——刘薇老师指出了基础课和专业课脱节的问题，这种脱节现象实际上很严重。很多时候大一要求写生，学设计的学生用一学期的时间去画风景，而这些技能和在后面的学期里去做好一个产品相距甚远。刘薇老师的授课方法是设计前置，通过前期的训练把知识和设计贯穿起来，希望学生在后面做其他专业课的设计实践时，能够有意识地活用造型基础里构成的相关内容，而不需要老师再重复去讲和折返学习。

——吴琼老师重点强调生活需要细致的体会和观察，还调动了很多其他专业，如产品设计、展示设计、工业设计等，让学生更多地在思维层面理解设计的原理，再回到平面上来看平面。我们今天谈设计基础和设计科学的时候可以从整体观出发，往前推进一些新方法。

——"艺术设计的基础教学有助于培养学生的逻辑思维能力和创新能力，也能够引导学生在学习中解决问题，超越自我，建立属于自己的方法。"

——"在课堂上，用一个小小的样品，就能把整个设计过程串联在一起，关键的结构和工艺等重要环节都得到碰撞的机会。"

——"通过关联性学习，把服饰的历史发展构建成一个宏观的画面，放到学生的头脑里面，把那些比较烦琐的碎片化的知识点串起来。"

让学生认识自己和发掘自己

北京联合大学主题研讨

主　　持　蒋红斌
主题发言　江　山
　　　　　　方　憬
　　　　　　白玉力

艺术设计基础教学的重要性

江 山

一、我国艺术教育发展及现状

我国目前艺术设计教学的基础课程体系，如果寻找源头的话，要追溯到徐悲鸿先生。1920 年徐悲鸿和常玉等到法国巴黎留学，卢浮宫珍藏的西方艺术作品让徐悲鸿深受震撼。在巴黎求学期间，柯罗的弟子艺术大师达仰是他的老师，这一系统是学院派的古典主义，使得他没有追随当时法国日渐兴盛的现代派画风，而是踏踏实实地钻研欧洲文艺复兴以来的学院派艺术。当时，欧洲已经完成了两次工业革命，艺术家们也一直在探寻新的出路，照相技术的产生也让艺术家们重新思考艺术及绘画新的表现形式，传统学院派的古典主义已经被他们送进了博物馆。徐悲鸿认为写实主义能够救亡图存，他认真学习，在继承学院派严谨的造型特点的同时，带回来一套西方的美术教学理念和教学方法，以填补中国美术教育的空白。这套教学体系在 20 世纪 50 年代又结合了苏联的教学理念，到现在我们的艺术教学体系框架还是这套，虽然在不断修订、不断优化，但是从根本上没有大的变化，也许这套理念已经落后了。目前，西方的艺术教育教学理念依然走在我们的前面，如何学习西方教学理念并结合自身的特点找到真正适合我们的艺术教学方式，才是我们一线教师所要认真考虑的，不能够认为只要教好自己所承担的课程就可以了。就艺术来说，我国的艺术与西方的艺术相比一点不差，各有千秋，明朝之前甚至领先于西方，西方艺术注重向外的探索，我们的艺术有东方特有的含蓄意境的美，注重内心的感受，一个向外，一个向内，走的是两条线，应当彼此尊重。但从艺术设计教学层面上看，我们还是有很大的差距。一线教师需要到国外相关专业去认真调研，包括学生入学水平、培养目标、教学课程设置、课时安排、教师授课方式、评价方式、课程作业、毕业设计、毕业后的就业情况等。

二、艺术基础的重要性

对于我们自己的教学来说，基础重要不重要？从这么多年的教学上看，基础教学相对来说还是比较重要的。因为作为一名设计师，将设计创意表达出来是基本要求，不可能用语言去说一个设计，最后总要落在手头去表达呈现出来。俗话说，磨刀不误砍柴工，任何一项技能的掌握都不会是一蹴而就的，需要进行长期的基础训练。一直以来，设计专业基础教学问题一直是争议的焦点，是长是短，甚至是有没有必要开设，很多人各执一词。学习任何专业都是有其应该遵循的规律的，不可否认的重要一点就是学什么基础都是关键，在艺术设计的基础训练中，对技法的掌握、对物象的表现只是训练学生的一个方面，最重要的是学生对表现的理解以及表现方法的建立。技法和方法的理解与提高是相互作用的，当表现技法达到一定水准，学生便会理解和建立自身的方法，这种方法的建立对后续课程的学习以及今后的工作是极其宝贵的财富。

随着招生政策的改变，北京市属高校艺术校考被取消，生源质量有所变化。在以往，艺术类学生要参加北京市和地方的艺术类资格考试，称为联考，成绩合格后才能在自己所选的艺术高校参加校考。通常，校考是各个学校自主出题，考试合格后按照专业课成绩和文化课成绩的权重择优录取。全国报考联合大学的艺术生源大致可以到 10000 人左右，北京地区大致在 4000 人。经过校考招进来的学生的绘画基础水平相对较好，生源质量较高。而近几年，联合大学艺术类学生招生取消校考，报考北京联合大学的学生参加地方联考合格后，可以报考联合大学，录取顺序是按高考文化课成绩排名，录取的北京学生联考成绩基本上都在 180~200 分左右，这个成绩的学生学习绘画基础的时间为一年左右，还有半年的，更有甚者只学习了三个月就能考进联合大学艺术学院。他们的绘画基础普遍较差，对专业的了解和理解都不深入，也就谈不上喜欢设计行业，只图有个本科上，学习的积极性和主动性也不高，如此方式录取的学生的绘画基础水平有断崖式的下滑，教授基础课的老师们深有体会，这也是一个不争的事实。在一个教学班里基础较好的学生都是外地的学生。

这就带来一个问题，学生进入学院就没有很好的绘画基础，没法按照原来学校的教学大纲进行授课，因为有一半的学生达不到要求，一上课就很茫然。我在联大合并之前是教基础课的，设计素描、设计色彩、设计构成、图案，所以学生们什么水平可以感受得比较清楚。从基础课到专业基础课，时装画技法是我的本课，因为前期基础打不好，后期到技法课程中就会遇到很多问题，到最后感觉没法按学校的教学大纲所规定的内容去授课。关键的问题还有，学生的基础表现水平下降了，同时，课时也减少了，我记得 10 年前，设计素描是 4 学分，设计色彩是 4 学分，设计构成是 9 学分，而现在的教学计划是：设计素描 2 学分，设计色彩 2 学分，设计构成 3 学分。

三、绘画基础对设计专业的影响

讨论绘画基础对于一个设计专业的学生重不重要，可以跟踪一些从考入学校到毕业后在设计行业工作 10 年以上的学生，将他们基础课程的成绩分为优秀、良好和一般。当然还有其他影响学生职业的因素，比如家庭、人脉、性格、工作单位、环境等。等到 10 年、15 年、20 年后，挑出行业中的佼佼者看看当年的基本功是好的多还是一般的多。

我曾关注了几个学生，比如 1994 年毕业的张宏雨，她入学时的绘画基础比较扎实，目前在爱慕内衣做首席设计。他们的绘画基础相对来说比较强，就是从联合大学毕业的，根据我们的培养目标来制定的教学方案，最后培养出来的学生能在竞争残酷的设计行业里站住脚，成为优秀的设计师，很大程度得益于他们扎实的绘画表现功底。

说到设计课，优秀的设计不仅要有扎实的基本功，更应该具有专业的高度，设计眼界绝对相关，这种眼界就是你的格局，提高你的认识必须多到国外去学习。要深入他们的生活，了解他们的思维方式，理解西洋艺术的脉络，才能有真正的体会。许多知名的设计师都是经过两种文化碰撞后才激发出灵感，比如建筑设计师扎哈、时装设计师三宅一生。我最近在看蒋勋写的几本书，虽然他是讲给大众的艺术史，但是我挺有感触的。他讲西方艺术史为什么能讲那么好？将西方艺术的风格与脉络梳理得清晰明了。原因是他在法国待了好几年，他想研究哪位画家或哪件作品，可以直接去现场观摩和感受这个画家的作品。亲临现场的感受和看图片是相差千里的。所以说要想学好设计，必须走出去，其实不仅仅是学生，我觉得更重要的是让一线授课的老师走出去，才能让老师有深刻的体会。

四、课程内容

就课程来说，我主上的课程是服装画技法，这门课在我们学校是 48 课时，3 学分。总体上我感觉课时不够，由于学生的基础绘画水平比较差，上完基础的设计素描、设计色彩，服装画技法水平还是达不到我的要求。就我的了解，国外的所有服装设计专业都开设这门课程，我非常想去看看国外这门课怎么上，美国的帕森斯、意大利的马兰欧尼、法国的时装设计学院、英国的圣马丁，我很想知道他们上课的内容与过程，包括评价方式。因为我上这门课整整 30 年了，积累了很多教学经验，也有自己的教学理念与方法，内心还是有些想法，希望上得更好，想超越他们。上这门课我是没有 PPT，从上课的第一天到现在，我是一直给学生在做示范，帮学生理解结构，帮他们建立自己的表现方法。每一部分都是我带着学生画：全身的动态比例，包括人体与服装的关系，包括各个不同感官的服装，比如夏装或者内衣，都是我带着学生画，包括最后的上色（图 1）。

图 1　江山老师示范画　　　　　　　　　　　图 2　学生优秀作品

对于很多学生没有绘画基础的问题，我只有抓中间，带两头。第一我让绘画基础比较好的学生带绘画基础比较差的学生，第二多给绘画基础比较差的学生讲解，但是最重要的是让他们多画。绘画基础比较差的学生的作业相对来说就多一些，别人画 10 张，他们可能就要画 15 张或者 20 张（图 2）。

我的课程课时不足，如果学生致力于学好服装专业，那么课程结课之后他还会接着画，每个星期或者是隔一段时间把作业发给我，或者到办公室找我看画，我会认真地给他们讲解问题出在哪个环节，该向哪方面发展，该怎么改正现有的问题，探讨适合他的绘画表达方式。画画到一定的程度，不仅仅是技法的训练了，而是观念的一种提升。观念的提升对他的设计来说也有很大的帮助。

五、关于基础课教学的思考

如何在目前的生源水平和有限的课时内让我们的学生能够掌握较为扎实的基本功是每一位基础课程教师需要思考的问题，我们应该不断探索与调整，与社会、行业发展和需求相适应。在这个过程当中，应该将眼光放长远些，避免急功近利的做法，踏踏实实，才能够少走弯路。扎实的基本功对一个设计师建立自信和取得成绩非常重要，而且这种重要性往往在毕业 10 年左右才能够显现出来。

我们知道，基础课程在设计专业起着承上启下的重要作用，高考前是应试教学，学生对造型缺乏理解：大学阶段，如何在不多的课程及课时内完成学生的基础训练，让艺术真正触动和滋润他们的心灵，让学生能够主动学习，获得认识上的高度，并达到教学计划的要求，能够与后续设计课程顺利衔接，是基础教学所肩负的责任。

1. 循序渐进地学习

虽然课时局促，我们还是应该遵从艺术学习的规律，循序渐进地学习，这样，有助于学生掌握与理解，先学会如何正确表现，然后才是表达。表达是建立在完善的表现基础上的。

2. 建立学习机构

可以尝试让学生成立设计素描、设计色彩、速写等社团，每个社团由学生自主学习，老师制定计划和教学内容，每个学期有一个课题，每周可活动 2~3 次，每次两课时，同时算学生的实践学分，每个课题可由一位教师定期进行辅导，并给老师课后的工作算教学工作量，这样也可以调动教师的积极性，如此便可以解决基础教学课时不够的问题，同时让基础较差的学生通过系统学习提高表现能力和审美能力，为专业课的顺利进行奠定良好的基础。

3. 将速写本引进课堂教学

绘画是一个漫长的理解和训练的过程，解决课时不够的办法就是充分利用课后的时间进行大量的有针对性的练习，许多理解就是在大量的训练中体会出的。速写本要记录自己认为有潜在价值的各种微小的信息，是一个允许错误产生的地方。需要对它们不断进行更新，利用新获得的材料来保证它们的新颖度。速写本可以帮助设计师去挖掘利用他们个人缓存的视觉信息，不需要担心最终成果必须多么漂亮，可以在速写本上进行尝试和试验，找到一个表达想法的最佳方式。

手绘通常是作者设计思想初衷的体现，通过心、眼和手的结合，生动形象地记录作者创作的灵感与激情。提高手绘水平的重要途径就是多画速写，如果为每个学生建立速写本，在完成每次课题作业的同时，每天以速写的形式表现一个主题，将某个元素进行发散性思维，可以是一种风格、一个地域、建筑、色彩，或是一个名词、形容词等，这个表达可以不完整，但一定要有想法，天马行空，创意无限。课程结束学生们会有属于自己的一本灵感表达。速写本定期要进行展示、讲解和评判，培养学生的兴趣，养成良好的习惯。

4. 建立网络展示平台

网络平台能够让我们方便快捷地了解世界各地的相关信息。我们希望建立艺术设计课程网络平台，在这个平台上有当前国内外设计学院同类课程的教学方法、教师介绍、课时长短、教学重点、课程作业等相关详细情况，同时希望能够将这些院校课程的学生作业按学年在网络平台上展示。国内外教师的作品也可以在此平台上进行展示，如果可能，可以通过网络进行互换教学。通过课程作业联展让学生看到自己的优势和不足，加强学院、教师及学生之间的沟通，也使学生更具国际视野。

艺术设计的基础教学有助于培养学生的逻辑思维能力和创新能力，也能够引导学生在学习中解决问题，超越自我，建立属于自己的方法。我们不仅要教会学生技术，更要教会学生表现和表达的方法。教育是培养学生的素质，要关注学生的成长。

艺术设计基础教学案例分享与反思

方憬

我的知识背景奠定了我上设计基础课的基本思路和主张，即始终将自己的心智模型调整在一个既是教师，又是服装设计师的状态中，将设计实践、设计理论与设计基础有机地融合在一起。设计的教学与设计的实践，在我看来是一个不可分割的整体。我常常反思设计基础课如何在时代的大环境中得以与时俱进。设计人才怎样才能具有创新引领时代的能力和素养，我们的课程应该如何为学生打下扎实的基本功，这些问题是我认为最为基本的。

下面，我分三个部分描述一下自己对设计基础课的实践心得。

一、强调信息时代背景下设计者对专业资讯的整理能力

作为这个世纪的新生代的当代学生，他们对信息的吸收能力和处理能力不可小觑。他们在很短的时间里，依托各种信息渠道，能够收集到很多好的专业资讯，通过网络等平台获得大量的相关联资讯，已是今非昔比。所以，我把课程设计成一个螺旋式上升的结构。课程前期，几乎每次课堂中都要开展总结，对学生们调研到的资讯内容，尤其是当下最新的资讯，要求学生当堂整理，并形成设计基础资料。

课程的第一段落，注重信息量和设计资讯的完整整理能力的提升。这是一个快速提高设计视野和拓展设计讯息的训练过程。强调学生在设计基础课的前半阶段做大量的阅读和速读工作，对信息进行分析和整理，并做出知识性的思维导图是我每次上课结束时要查看的作业。

综合资讯处理能力，将在未来的设计课上得到进一步提高。针对一个艺术项目，或者一个小单元资讯的处理能力训练，将为未来从事设计相关工作打下非常好的拓展知识的基础。这个基础在服装造型的方法课中，可以具体体现在对原来造型偏好的整理，以及对领部、袖型等不同部分信息的整理。

二、强调专业的实际动手能力训练

进入专业基础课的学习阶段，不能纸上谈兵，而是要动脑和动手相结合地开展训练。在服装设计领域，特别注重结合真实面料，可能是市场上尚未使用的新型材料，把构思以样板或工艺样件的形式呈现出来，把思路用实体模型完整地表达出来是能力训练的关键。

这种能力与我在新西兰羊毛局，以及后来在丹麦皮草协会设计中心学习的经历有关。回想当时，在羊毛局和皮草协会设计中心的设计工作室，那里所有的国际设计师都是用实际材料做成样品来展开切磋，技巧和工艺处理的心得就在制作的过程中得以收获（图1）。他们的基本方法就是一边勾画草稿，一边用各类材料做实验。速写式的草图和实体样件构成了综合创新的基本方法和工作路径（图2）。

所以，我在基础课程中，就让学生们模仿大师的工作方法，通过各种实体造型来学习和思考设计。用小型模型台来试制服装的工艺结构和小样，体会设计的思维方法和工作方法在工作中带来的意想不到的喜悦和收获。在课堂上，用一个小小的样品，就能把整个设计过程串联在一起，关键的结构和工艺等重要环节都得到碰撞的机会。把在工厂制作的所有工作，都在基础课上通过动手制作而完整地呈现出来。只有这样，才能提升设计的实际能力，在基础课上训练实际动手和动脑的融合，会让学生理解设计在生产和制作中的意义和作用。

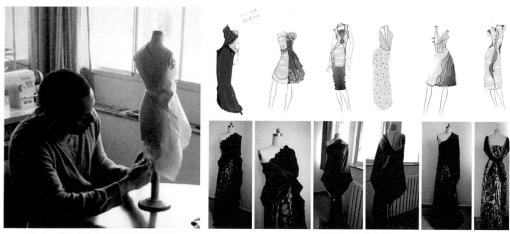

图 1　使用小人台制作样板的设计师　　　　　　　　　图 2　学生作品

三、因材施教，开阔视野，凝聚知识创新的基本功

学生在设计过程当中既要重视基础技法，又不能被技法所羁绊。很多没有经历过正规训练的设计师进入职业设计行列并获得成功，这些设计师的绘画技法并不强，但是，这根本不会影响他 / 她在这个行业中成为良好的设计师。

我观察到很多学生，他们的绘画基础和效果图画得并不好，但是，他们有其强项，有的学生的悟性在材料的认知上，有的在色彩的处理上，所以，我觉得设计的基础课应该打破原来的"三大构成"桎梏，将纯粹的抽象训练转换为一种与实际相联系的综合能力的训练。

设计基础教育当中的因材施教，要重视人的感觉，以人为本。在设计基础教学中，重视设计材质的真实运用能力的训练是关键。在课堂上，如果不给学生们看各种专业材质和最新素材的处理手法，他们根本想象不出来设计的具体路径，容易在所谓的设计创新中粗浅地认识造型，既联系不到实际，又严重与行业和时代相脱离。

这种现象在服装专业十分突出。我觉得，现在一般的基础课中太多抽象的训练了。在教学中，需要抽象的地方我们要抽象，但是，不能抽象的地方，我们要具象化，这样，学生们才能将概念与行动联系起来。

在具体的教学路径上，我尽量让学生们看到一流的设计师的作品，提高美感在思维上的空间。与学生分享各种材质样品，介绍它们来自西班牙的哪个公司，或来自法国的哪个研发机构。让学生们在了解来源的同时，懂得设计资源的上下游关系。这样，就能更快地融入行业生产体系。在基础课上，我会大量介绍职业设计师的成品，包括个体设计师、小众设计师，还有一些传统设计师。分析他们的不同，同时融入非常多的设计基本内容，让学生们发现自己，发掘自己的感受，探索自己的风格。在这个过程中，因材施教，循循善诱。有的学生适合文化底蕴很强的本土化创作，有的同学适合国际化的路径探索，也有的更适合为歌舞剧或小众品牌展开研习等。所以，设计基础课上得好坏最终在于能否帮助学生寻找到自己的定位与设计学习的方向。欧洲的许多设计学院在这方面较为突出，他们根据学生个体来寻找学习设计的发展路径。我常常看到国外学生在大学二年级，停下学校学习，用一年的时间开展专业参观与游历，之后，再回到学校，或者索性换一个专业继续学习下去。这样的学习，看似走了弯路，其实在职业路径上非常有利。当然，这不仅需要我们教师在课外做更多的研究和收集整理工作，还要整个学校联合行业和社会资源，持续地给学生们提供信息和资讯。

中西方服装史的创新改革实践与反思

白玉力

　　我要分享的是"中西方服装史"课程的授课体会，主要包括教学内容和教学方法上的一些思考。

　　"中西方服装史"的授课对象是服装与服饰设计专业本科生。因为理论课程大多比较"枯燥"，学生普遍缺乏兴趣，想把这门课讲好还是比较有压力。在这方面，我本人体会很深——大部分学生对于文化课存在一种抗拒或者无所谓的心态。因为这些情况，怎么把这门课尽可能上好成为我一直在思考的问题。

一、目前教学课堂存在的问题

　　对于理论课学习普遍兴趣不高的原因，除了学生方面的问题——文化课基础偏弱，对理论课无感之外，老师一方也有问题：教学方式往往比较单一。我读过一些相关的教改论文，发现大家也都注意到这一点，而且很多老师都在进行教学探索。因为我们平时上课的时候，如果用传统教学方式——老师在上面讲，学生在底下听，老师想跟学生互动的话，常常会抛出一个问题找学生回答，每当这时，大部分学生都是沉默的，能积极主动去回答的是少数几个学生，更多的学生选择沉默。沉默并不是因为他们对所提的问题没有想法，而是因为性格内向腼腆，还有我们从小到大接受的教育让很多人不习惯在大家面前主动发言。所以在课堂上面，如果用这种方式交流的话，往往会冷场，长此以往老师就习惯了大部分时间自己讲，讲完以后布置作业。所以，这种单向的教学方式实属一种无奈，并非老师本意，之所以采用这种模式也是为了避免冷场，同时也为了完成教学计划，结果就自然而然地形成了这种现象。

　　针对服装史教学中存在的问题，我对教学改革的思考包括两部分：一部分是课程内容，另一部分是教学方式。下面分别来谈。

二、课程内容组织

　　在组织课程内容方面，我倾向于"以成果为导向"的理念，围绕学生的学习习惯、行为特点进行教学内容设计，包括后面会说到的教学方式设计也是如此。

　　在我看来，服装史课程和英语四六级考试有相似之处——也是让学生会对这门课产生抵触或者无感的一个重要原因。在备考四六级考试的过程中，很多同学都会选择从背单词开始——拿一本书就开始背单词。结果是：一本单词书往往前面几页翻得挺旧，但后面就很新，甚至崭新。为什么是这个结果？因为只背单词很容易感到枯燥，很快就没兴趣了。服装史课程也是如此。如果我们就是按照教材内容常规设置，沿着时间线一朝一代地讲授，会是这样的画面：在每个朝代里面讲其社会背景、服装样式，以及细碎的妆容、配饰等。这些知识点可以说浩瀚而烦琐——从头到脚，涵盖的内容特别多。而且这门课是与中西方服装史一起上，要在48课时里面讲完中西方内容，内容之多可以想见。在这种情况下，如果教学内容不做设计，讲授效果往往很不理想：一方面老师会特别累，因为内容很多；另一方面这种方式让学生很容易变成狗熊掰棒子一样——学习一个知识点后之前的知识点又忘记了，就像背英语单词一样。而且只用这种方式也会比较无聊，在学生的心里，对服装史课程就会形成枯燥乏味的印象。

　　在过去几年的教学实践中，我在教学内容部分的改革主要体现在以下几个方面：

（1）注重知识点的整体性。把散落的知识点汇成"线""面"，进行一个整合。比如深衣这种款式在春秋战国的时候有，然后到了秦汉的时候它出现了新的特点。如果按照传统的讲述方式，深衣相关内容可能会出现在不同的章节里，中间还要穿插很多其他的款式。学生前面还记得这个东西，到了后面就可能不记得了，打断了他的整体记忆。所以我就把它拿出来，作为一个板块去讲——它的基本特点、发展演变，将其整体化、专题化。

（2）注重内容的关联性。这种关联性就是从全球坐标系里面去看服装的发展。比如说讲中国服装，我们不是只讲中国的，在相应的环节里会结合国外有关联的服饰去进行对比，比如说一些夸张的头饰，在西方像洛可可风格的女性头饰，帽子特别夸张，假发也特别高，上面还有很多风景，田园风光等。在我们中国的历史上其实也有很多这种夸张的造型。这个时候，我们就可以把两种文化进行对比，就会发现很多有意思的现象——不是只在西方有，在中国也有。通过这样一种关联性学习，把服饰的历史发展构建成一个宏观的画面，"放"到学生的头脑里面，把那些比较烦琐的碎片化的知识点串起来。这种关联性一方面注重我们中国文化对西方服饰的影响，另一方面也有外来文化对中国服饰的影响。

（3）从传承和可持续视角讲解。我认为从这种视角去看中国传统服装也是挺有意义的，因为在这些服饰体系里包含了很多惜物观念以及可持续性，体现在制衣、工艺等方面，也包括一些着装观念，比如"一衣多穿"。我们讲要提升民族文化自信、民族自豪感等，那如果能够结合具体的服装形式来讲这些，学生会比较容易接受。

（4）注意融入当下的科研成果。比如专业课老师在教学的同时也都在做科研，在这个过程中，我们需要查阅很多文献资料。这些文献是否可以结合到我们的课上去？这点也是这两年我才注意到的。可能是因为自己教学经验尚浅，之前主要关注的是怎么把课本内容传授给学生，现在就觉得这样是不够的。通过考古、研究等途径，我们对历史的认识都在不断更新。我觉得也应该有选择地把这些内容介绍给学生，他们应该会从中有所受益，而且也能让我们的教学内容永葆时新。

三、教学方式创新

要提升学生的兴趣和参与度，除了用心设计课程内容，教学方式的设计也至关重要。我的课程在这方面的创新主要体现在以下两方面。

1. 采用线上平台打破传统课堂的沉默

我从 2019 年下半年开始借助网络平台"云班课"进行教学方式的改革探索：基于云班课的混合式教学模式。通过线上线下活动与课堂内容两方面的配套设计来让服装史课程"活"起来。

云班课里有很多活动：投票、头脑风暴、讨论、作业、课堂表现等。学生通过用手机，可以在线上输入信息，文字、图片，包括视频音频等都可以传输上去，去表达他的想法。这样一来，除了性格外向、乐意分享观点的学生，比较内向但心里其实有想法的学生也可以参与进来。老师可以给表现良好的学生赋予经验值，给他们一种"挣工分"的感觉。师生间的课堂互动也更加便捷，而且照顾到的面比较大——按传统的方式，一节课只能跟少数几个学生互动，但是用这种云班课的方式，全班学生都可以参与进来。我在过去两年里一直使用云班课，教学结果还是可以的。和之前传统的教学方式相比，在调动学生的参与性和积极性方面很有帮助。

现在，我在这门课上的很多教学活动都是借助云班课开展。

2. 课堂活动类型"多样化"

（1）资料搜集。我在构建课程内容时注意专题化设计。同样，在布置资料搜集任务时也遵循这一思路：老师先设计好问题，然后要求学生在规定时间内以专题形式搜集资料，并通过讨论、汇报的方式进行分享。这种形式的任务除了有助于知识点本身的了解和掌握，也有助于反思，发现并提出问题，进而对内容有更深的理解。这种方式也有助于锻炼学生的表达和自主学习能力。

（2）识图。识图是指给出服装样式图片，让学生识别其名称及出现时期。我会在云班课里设计题目，放样式图片让大家去辨别服装样式和风格。实践表明，识图练习可以更加直观地了解学生对某时期服装风格的掌握情况，而且识图还能促使学生看书查资料，对自主学习能力的提升也有促进作用。

（3）创意制作。让学生以所学知识为灵感设计创意性服装，作为理论和实践相结合的一种方式，有助于提升专业兴趣。这种作业形式在服装史教学中并不少见。不过，我做了一些调整，通过"限定设计"让这一任务有了新的挑战。具体来说就是，创作部分强调创意和灵感，在材料和制作方法上不做限制，鼓励学生充分发挥创造力、想象力；但前提是结合当下环境，利用废旧材料进行创造（图1、图2）。这种形式不仅可以锻炼学生的创造性思维，也是融入思政元素的很好契机：在引导学生理解汉民族服饰文化的同时，对培养学生的生态意识、社会责任感也有助益。

（4）第四、课程考核。对应混合式教学模式，本课程在考核方式上也做了调整：注重过程的形成性评价，不以最终结果为定论。通过这门课，我深刻感受到过程评价的重要性——课堂平时练习中奖励经验值在提升教学效果方面非常有帮助。实践表明，学生对自己的经验值很在意，尤其是排名靠前的同学，竞争意识、保级意识更为强烈。这也提醒老师在评比中要公平，而且要尽可能第一时间给到位，这对于保持学生的积极状态大有帮助。此外，相较于现下通行的以两三次作业作为平时成绩的主要依据的方式，这种评价更能真实地反映出学生的学习状态和知识掌握情况。

最后要说的是，这种教学方式尽管对调动学生的热情和积极性大有帮助，但也存在一定的挑战，主要体现在教师方面。首先，在使用云班课教学方面，教师扮演着课堂DJ、活动策划人的角色，要根据现场情况随时调整活动安排，需要较大的知识储备。其次，这样的角色定位、教学安排、成绩评定方式给任课老师增加了很大的工作量——比传统课堂教学方式的活动和作业要多出数倍。以我所讲授的服装史课来说，单在云班课里就开设了50次教学活动，涉及不同类型，工作量可想而知。所以，想要这种教学方式真正落地，学校相关部门制定配套政策提供支持是关键。

图1　学生作品（袖子由纸杯做成，裙子的材质为泡沫纸，帽子则为小块欧根纱叠加的废旧水果包装海绵纸）　　图2　学生作品（材料用的是"面料塑形"课使用剩下的碎布料）

对话与讨论

　　—— 江山老师看到了中国从西方美术引入的课程体系，以填补中国美术教育的空白，这套教学体系结合了苏联的教学理念后，直到现在我们的艺术教学体系框架从根本上还是在沿用。也许这套理念已经落后了，如果我们今天还在沿用这样的一种教学方案，势必就会带来一些跟时代格格不入，或者是逆时代而动这种可能性。他还提到的跟进学生来进行教学评价，我觉得非常对。因为现在我们普遍评议老师是让学生课程结束了以后给老师打分，但是这无法忽视上学的态度问题，越调皮的孩子越觉得老师管我管得多。但是要从一辈子来看，你回过头来想一想，老师对我严格要求是完全对的，但是很多学生在当下是绝对看不懂的。根据毕业 10 年后的学生发展情况再去评价课程，这个时候学生也成熟了，教师的教学效果从能力的角度也能够评价得出来，这样更加客观。除此之外，江山老师已经注意到了一种来自于老师如何教好基础课的成长的方式。老师本身的格局，老师的基础如何巩固呢？来自于更大的、作为一个老师的清醒认识。

　　—— 方憬老师谈到进入造型学习的阶段，不能纸上谈兵，而应该动脑动手，然后结合真实的材质把完整的方案表达和呈现出来，比如在一个课堂上实现用一个小样把整个设计的关键结构或工艺呈现出来。方老师强调了综合能力的重要性，需要让学生们懂得设计的资源分配和上下游关系以便于让他们更快地融入设计行业，而不浪费最佳的黄金学习阶段。方老师认为通过基础课要让学生发掘自己，探索自己的风格，有自己的判断力，让学生在基础课里享受整个专业流程带来的愉悦感。方老师的作业要求是比较个性化的，是依据学生未来的职业意愿来教学和培养的。

　　—— 白玉力老师对教学是非常认真，非常重视的，为了将一门理论课很好地呈现给同学们十分用心良苦。在课程安排上，注重内容的整体性、关联性、文化性：将一个板块的知识体系整体化；从全球坐标系里面去看服装的这样一个发展，并把不同文化进行对比学习；从文化传承和可持续发展视角去看我们中国的服装。另外，白老师也提到，文献也可能对教学有启发。在教学方式上，通过讨论、汇报的方式去锻炼学生的表达、自主学习和团队协作能力。白老师借助云班课，让老师跟学生的互动可以更加方便、更加及时，也能够比较真实地看到学生整个课程中的学习状态。采用这种方式虽然大大增加了老师的工作量，但可以提高学生的积极性，让教师和学生之间形成高度互动。

———"在传统工业化社会中，传统教育领域的学科界限过于鲜明，做设计的永远只做设计，做机械的永远只做机械，做电子的永远只做电子，老师和学生都缺少跨专业的学习能力和跨领域的整合能力。"

———"老师已经不再是权威了，要慢慢地从讲台的光环中退下来，在课程中转换角色，转变成一个主持人、导演、评委、竞赛的策划者、活动的推动者，去抛出问题、引导方向，设计和管理整个课程，控制课程的方向和进度。"

———"设计师的能力不是智能工具决定的，智能工具可以帮助设计师更高效地工作，但智能工具提升不了设计师的设计能力，而能力来自于长期的综合训练和实践活动的潜移默化。"

———"培养学生尽快建立正确的设计价值观的具体方法，就是尽可能创造条件把学生带到真正的社会实践中去，通过不同层级的项目或课题，沉浸式地体验设计，逐渐形成正确的设计价值观。"

教师在教学中的角色转变

北京工业大学主题研讨

主　　持　蒋红斌
主题发言　李　健
　　　　　　章　萌
　　　　　　赵　庆
　　　　　　枣　林

工业设计教学案例与反思——皮筋动力车课程群及竞赛

李 健

下面分享的是我在北京工业大学持续开展多年的一个基于二年级综合基础教学的案例皮筋动力车课程群及竞赛。本教学实践是培养学生工业设计相关技能和掌握自主创新能力、跨界整合能力、综合实践能力的一个教学尝试，将皮筋车设计制造以及相关国内、国际竞赛交流活动导入基础设计课群中，从而更好地落实并贯彻项目导向的课程群建设，为相关教学改革提供了有益的尝试。

一、皮筋车设计课程及竞赛的背景

1. 新时期工业设计定义

进入 21 世纪，国际工业设计协会对"工业设计"所下的定义从传统的艺术造型设计转变为："工业设计是一种创造性的活动，其目的是为物品、过程、服务以及它们在整个生命周期中构成的系统建立起多方面的品质。"其强调工业设计专业联系艺术与科学，跨专业、跨领域整合资源；从造物向组织策划事物扩展；强调专业的系统性与综合性。工业设计人才培养也从过去的造型设计师向具有全球战略眼光的设计领导者延伸。

2. 国内工业设计教育现状

国内工业设计教育采用传统艺术院校教学体系，以培养"美工"色彩浓厚的产品造型设计师为主要目的，教学模式多年未变。课程设置相互独立、各自为政，欠缺任务的综合性。课题设置环节中强调前期的概念策划，忽略后续工程实现，欠缺结果的完整性；总体规划过于强调艺术美感与人性化需求，欠缺商业战略、工程技术的扩展性。

3. 我校的基础设计课程群建设与瓶颈

传统的以分散课程为导向的教学模式在近年的教学实践中逐渐暴露出一些问题，如学生学习缺乏主动性，学生掌握知识缺乏系统性及深入度等，已经不再适合学生综合能力的培养。课程规划过于分散，分布在本科四年的各个阶段，导致学生接触专业训练过晚，无法形成对综合性课题的掌握。2009 年，我院开展了教育教学课体体系改革试验，提出了以具体项目为导向的课程群教学模式改革，本人作为二年级以造型为目的的课程群主讲教师，制订了交通工具课程群规划（图 1），使教学由课程导向向项目导向迈进了一步，使学生明确了学习目标，提高了学习热情，取得了一定的效果。但也存在一些问题。比如"造型"不是孤立存在的，一定要与材料、工艺、结构、功能等结合，且过于拘泥于造型，就会忽略其他能力的培养。在有限的四年教学过程中，我们需要不断地进行由易到难的综合性训练，于是我们导入了皮筋动力车设计的相关课程。

二、将皮筋车设计竞赛以课程形式导入基础设计课程群

1. E 级方程式皮筋动力车设计锦标赛

该项赛事由世界著名设计院校美国艺术设计中心学院（Art Center College of Design，ACCD）于 2006 年创办，至今已举办 10 届。这项比赛源自该学院工业设计研究生课程，旨在培养未来全球设计领导者在战略、产品开发、科学与工程技术、设计、制造、品牌、沟通，以及活动策划方面的综合素质，与新时期国际工业设计人才培养目标相契合（图 2）。

皮筋车（E 级方程式设计锦标赛），是以限定长度（16 英尺）的皮筋为唯一动力，靠两通道

以传统交通工具概念造型为目标的造型基础训练

设计程序	涉及知识点	涉及课程	主讲教师	课时
形式语言	工业设计史 汽车设计技术要素 仿生学 空气动力学 造型风格 设计心理学 材料结构与造型的关系 车的内外色彩应用 人机界面 人机尺度	产品设计课题	李健	16
		设计色彩	田培	32
		人机工程学	林晓雅	32
调研分析 设计定位	调研分析 思维导图 设计定位 综合创新	产品设计课题	李健	16
设计表达 技能训练	结构草图训练 透视 手绘效果图训练 电脑效果图绘制	汽车手绘草图	刘洋	16
		交通工具效果图	武瀚	32
功能形态 设计实践	相关知识的综合 设计运用	产品设计课题	李健	16
模型制作	测绘 视图绘制 油污模型 模型翻制	造型设计	武瀚	32
汇报 报告书 展览	品牌平面设计 设计表达（排版、摄影）	视觉传达	陈红	32

（左侧纵向：二年级基础课程设置）

图 1　2009 年的课程群规划

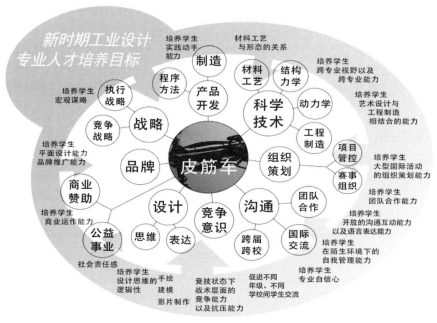

图 2　皮筋车设计课程及竞赛所涉及的知识领域以及对应的人才培养目标

舵机实现转向及刹车的不限材料、不限规格的遥控车辆，在规定赛道内实现竞速、爬坡、转向等机动动作，综合成绩优异者获胜。它是一项以创意设计、动手制作为核心的综合设计项目。在历时 14 周的课程训练以及实践活动中，学生不仅要完成车辆的造型以及工程设计，同时还要通过自己的社会活动能力以及商业品牌策划能力，取得慈善性质的企业赞助。相较课程内容而言，最终的"锦标赛"更像是课程的结题汇报展以及经验分享大会。评委主要来自迪士尼、乐高、宝马汽车、日产汽车等国际著名企业，促进了教育机构与产业企业的联系。

2. 我校率先将该项课程引入交通工具设计课程群并连续多年主办国内赛事

2011 年，我院领导考察 ACCD 期间发现皮筋车相关课程，立即联想到这门课程对国内学生综合能力培养的意义以及与我院现有课程群相结合的可能性，并与 ACCD 院方商定了合作事宜。2012 年，我们第一次将该课程引入我院，采取与 ACCD 同步教学的方法，最终派出 3 支代表队9 名学生赴美，在比赛中取得优异成绩。

2013 年，我们首次将这门课程以及赛事引入中国。将相关课程与我系现有交通工具基础造型设计课程群进行配套整合，以课群中各课程依次推进提供支持为主，结合课下辅导和各种配套讲座开展工作（图 3）；并以北京工业大学为主导，成立了中国分赛区，同时邀请清华美院、山东工艺美院两校师生同步相关教学及活动，并再次取得优异的成绩（图 4）。

2014 年，我们将该项设计实践课程以及比赛辐射推广到全国 15 所院校，在国内各学院走访期间，我们与兄弟院校师生交换了相关经验，获得了一致的认同；部分院系借鉴我们的课程结合比赛的模式，进行同步教学。2015 年至今，我校继续以主办方的名义开展相关赛事，使得国内院校参与度继续扩大；相关教学活动也延续至今，并不断进行着优化改革。中国财经频道以"最强大脑中美对决"为题，对课程开展以及竞赛进行了全程报导。

3. 在交通工具设计课程群中引入皮筋车设计课程所要解决的教学问题

（1）传统的以分散课程为导向的教学模式历经多年没有发生变化，在这样的培养模式下，学生缺乏团队合作中沟通、互动、担当以及妥协的能力，面对复杂的涉及面很广的项目时，不知从何下手，也没有分工协作的经验，打击了学生学习的主动性与目的性；课程周期过短，导致学生缺乏动手实践的机会。

（2）在传统工业化社会中，传统教育领域的学科界限过于鲜明，做设计的永远只做设计，做机械的永远只做机械，做电子的永远只做电子，老师和学生都缺少跨专业的学习能力和跨领域的整合能力。

（3）传统课程中最终提交的作业形式多为论文、报告书、PPT、模型等，由任课教师或其他专家凭主观打分，导致学生缺少对最终得失的深刻理解，缺少竞技状态下面对面的竞争经验 。

（4）传统的强调教学的教育体系以教师为主导，学术交流层面的渠道多是教师搭建的平台，学生缺少与兄弟院校、不同年级以及跨专业同学之间的沟通与交流。

（5）传统工业设计基础教学，将工业设计知识点按所谓难易程度分布在四年教学周期的各个阶段，导致学生很晚介入专业课题。

4. 引入皮筋车设计课程及竞赛后所解决教学问题的方法

（1）理论联系实践：探索以实际项目为核心的课题制课程群建设。本次课程规划是伴随着我系课程群制度中交通工具课程群的课程开展的，在拥有明确的最终目的的前提下，各分科老师（包括平面设计、材料工艺制作、制图设计、软件应用、设计表达等）都投入了极大的精力，带领学生向着最终目标推进。老师教得有目的，学生学得也有目的，使得学生知识的累积变成一种顺其自然的行为，成果显著。

（2）项目流程控制：设计竞赛贯穿了课群中各门课程，将竞赛的不同程序融入到课群中不同课程过程内；比赛只是个切入点，其不同的流程即为不同的课程，这些不同课程又统一规范在一个系统性的课群框架下，与竞赛的完成有着完满的结合，完成课程教学任务的同时，同步完成一个完整的作品。以项目带动教学，实现对学生业务学习能力的提升。对于学生而言，各种能力的欠缺可以很好地在课程群以及后续的竞赛环节中得到弥补。

图3　与皮筋车设计竞赛结合后的交通工具设计课群规划

图4　2013年，北京工业大学主办的国内赛事现场

（3）资讯（资源）获取以及整合：皮筋车设计涉及的知识领域广泛，对设计专业的学生来说是个很好的打破专业界限、开阔视野的机会，因为这个项目本来就是艺术、科学、技术、工艺等多学科的结合体，甚至需要艺术与理工学科学生的共同参与，让大家各自发挥优势的同时学会跨专业合作，培养学生的跨专业视野以及跨专业能力。本课题强迫学生打破专业界限，利用自身所学的同时，向其他专业寻求帮助，如机械工程设计、品牌平面设计、影视媒体设计、材料工艺学等。

（4）目的性自主学习：培养学生的项目组织策划以及自主整合能力。以往学生所学课程多为单一门类单一课程，很少有像本次课程中涉及的如此多的专业内及专业外领域，在实践过程中学生逐渐学会并掌握了如何管理项目，如何理性进行组织策划，不再等着老师给出要求，而是尝试自主进行相关资源的整合以及项目的推进节奏控制。在整个课程实践过程中，老师只负责联络相关资源，控制整体流程，为学生提供必要的软硬件支持以及必要的设计辅导。

（5）竞争谋略、危机管理：培养中国学生在战略战术层面的竞争意识以及应对突发状况危机的心理承受能力。此课题在最终比赛阶段会面临参赛选手的面对面直接竞争，会经历天气、环境等事先无法预测的突发情况，甚至还有因操作失误等原因造成的失利，这些因素会直接锻炼学生面对压力时的适应能力，这在传统的教学活动中是较难实现的。

（6）开放式学习交流：目前已有 20 多所国内高校参与到皮筋车设计课程以及竞赛活动中，学校之间建立了共享的资源平台，进行相关交流活动，且在后续的国内比赛中，各校学生会汇聚一堂，面对面进行交流与学习，这对高校学生来说是个非常宝贵的经验。在课程进行过程中，上一届的学生会对下一届的学生进行义务辅导，低年级的学生也可越级参与高年级的相关课程，给不同年级的学生之间也提供了很好的交流机会。跨学校、跨国的交流，也让学生能够开阔视野。

三、以皮筋车竞赛为项目目标的课程群建设创新点

（1）课程群 + 竞赛的实践系统：将皮筋车竞赛项目作为基本载体，运用皮筋车设计制作过程及竞赛过程中的不同程序、阶段流程来培养学生的综合素质及业务能力。通过竞赛的竞技性特点，提升学生的实践能力以及竞技能力。

（2）低难度的跨领域（专业）综合创新：本课题跨课程、跨专业、跨学院（领域）、跨校际进行合作推进，但项目难度适中，非常适合低年级学生把控，学生在开展项目过程中也能够跳出专业限制，吸收大量不同领域的知识，对其未来复杂项目的学习起到很好的助益作用。

（3）自主、同步、共享式学习：通过微信等互联网手段，以及面对面的互动，实现了校际间的同步教学以及知识分享，打破传统教育的封闭性。学校搭台，学生唱戏，一改以往以教师为主体的教学模式，强迫学生走出去，调动学生自主学习的积极性以及参与国际竞争的动力。

四、成果推广意义

（1）本教学实践是一次打破专业界限、整合专业资源、在低年级综合基础训练中进行综合拓展的有益尝试，其他各专业方向都可以借鉴此模式，找到难易适度的综合性课题进行专业领域的改革实践。

（2）在相关教学实践过程中，大量学生从中受益。我校累计有 7 个班的学生参与该课程，先后有 48 名学生赴美游学，包括跨专业、跨年级的学生；参与过该课程的学生中，有多人次获得大学及北京市相关奖项。全国范围内，累计有 20 多所兄弟院校 400 多人次参与到相关课程以及竞赛中，其中不乏清华大学、同济大学、中国美院这样的传统强校。

（3）本教学实践以及相关竞赛得到央视 CCTV2"中国财经频道"的高度重视，以北京工业大学艺术学院工业设计系为背景，全程跟踪报导此创新课题，剪辑成 50 分钟的长纪录片，于2015 年 9 月 6 日播报。

大学本科综合设计基础教学实践探索

章 萌

    我结合自己多年的教学实践，以及一些校外的教学相关工作来谈谈本科生的综合设计基础。首先我要说的是在四五年前，我接触到一个教小学生运用设计思维解决问题的项目制课程教学项目，发现现在的小学校门是敞开的，越是好的小学，越会将社会中优秀的资源吸纳到自己学校的教学平台上，比如史家小学有自己的课程资源中心，除了完成基本课程之外，课程资源中心会给孩子们提供优秀的教育者和顶级的教学硬件设备资源。我当时就参与了一门针对小学生的创造力、艺术力、实践力的综合性课程，从他们一年级到五年级的学生我都接触过。我把大学的综合设计基础、设计思维、创新方法、解决问题等内容下放到小学，比如说让学生画思维导图、用纸做家具、收集身边的废品通过设计再次利用、设计心目中的校园等。小学生的创造力让人眼前一亮，完全没有禁锢，不会过多考虑设计的实现问题，但这种稚嫩的创意特别宝贵，尤其是他们的好奇心、探索欲是大学生身上少有的（图1）。

    图2是史家小学小木块儿车的教学教案。

图1 课堂及场景

教 案

课程名称	飞奔吧！木块儿车		
学 科	青少年设计创新课程	教学总课时	6课时
上课方式	多媒体授课及手作实践相结合	授课年龄	6~8岁
课 件	电子课件"飞奔吧！木块儿车"第一课、"飞奔吧！木块儿车"第二课、"飞奔吧！木块儿车"第三课、"飞奔吧！木块儿车"第四课		
课程简介	"飞奔吧！木块儿车"属于原力汇青少年设计创新课程之一。该课程让学生从认识、理解车的简单构造，到自主创意设计车的结构造型，到动手制作小小赛车，推敲赛车结构的细节，再到小小赛车比赛，体验了整个汽车设计的过程。这个过程是一个不断实践、探究的过程，学生们灵活运用跨学科知识，不断地调用生活中的经验来达到课程目标，完成课程成果		
教学目标	本课程以小小赛车设计制作为主线，导入相关的数学、科学、艺术方面的知识，注重实践、超学科概念，培养孩子手与脑的双重协作及综合素养；在创意设计中，培养孩子的想象力、创造力，锻炼孩子独特的设计思维；在课题作品制作中，锻炼孩子们认知材料、运用工具以及发现问题、解决问题的能力，提高专注力、精细动作能力及协作能力；在最终的小小赛车讲解表达与比赛中，鼓励学生们自信的语言表达，并养成及时总结的好习惯		
教学重点	1. 认识了解车的构造； 2. 理解重力、摩擦力的知识； 3. 掌握设计思维及设计程序的方法； 4. 认知材料特性、掌握工具使用； 5. 学会发现问题、解决问题； 6. 掌握精细制作的方法； 7. 掌握艺术的造型、色彩常识； 8. 养成及时总结的习惯		
教学难点	让学生掌握设计思维及设计程序的方法，引导养成发现问题、解决问题的习惯		
教学材料	电子课件，彩笔，绘图纸，赛车组件材料及工具		

图2 史家小学小木块儿车的教学教案

现在的本科教育不再是终点教育，而是过程教育。在过程教育当中，学习认知和方法最重要。认知方面要让学生有目标和方向，在学前面的时候能看到后面，在学后面的时候要能知道和前面学过的关联起来。我们要全局看待整个本科生课程体系，每一学期的课程之间有紧密的递进或者衔接的关系，围绕四年后学生应收获的能力，每一门课都应该向共同目标努力。切勿把基础课分裂开，一门课解决形态问题，一门课解决色彩问题，另一门课又去研究空间了，最后发现学生到高年级做设计的时候不会综合和打通。所以设计基础的"综合性"很重要，科学的本科生课程体系很重要，老师和学生能够明确课程的流程及关系很重要。

以展示设计专业本科生第四学期一个综合性的课程教学群—— 设计课题2（展示信息传达）为例进行说明。

1. 课程群的背景及意义

本课群安排在大学的第四学期完成，也就是在学生掌握了一定设计基础的前提下，逐步运用展示设计思维思考设计的开始。因此本课群重在强化学生平面、立体、色彩、空间的综合能力，并树立展示信息传达的意识，在设计实践中考虑展示设计的三大因素：人、展示物、展示环境之间的关系，通过对设计方案的推敲制作，掌握设计程序和方法，激发设计兴趣。

在本课程群规划中，希望通过提出一个现实的话题或现象，激发学生的设计兴趣，带着思考完成各门相关课程的学习研究，体会其中知识的关联性，完成一件较完整的设计作品。

2. 课程群目标

本学期的五门专业课程（设计方法、表现技法、人机工学与设计心理学、材料工艺1、新媒体技术）紧密围绕主干课程（信息传达）展开，让学生对展示设计目标、方法、手段形成清晰地认识，用信息传达思维完成一套完整的展示装置形式的信息传达设计（图3）。

信息传达（48课时）　材料工艺1（32课时）　新媒体技术（32课时）

设计方法（32课时）　表现技法（32课时）　人机工学与设计心理学（32课时）

图3　设计课题2课题群

3. 课程群配置

设计方法：使学生掌握一种具有目的性、方向性的解决问题的程序方法以及设计思维的拓展方法。表现技法：向学生明确表现技法表达的是设计师独到的视角和见解。培养学生在观察和分析的基础上通过绘画为主的综合材料与手段，记录和表达设计思路与设计成果的能力。人机工学与设计心理学：掌握人机工程设计的基本内容、原理和方法，理解与设计紧密关联的人的因素，建立"以人为本"设计观念。材料工艺1：让学生了解一般造型材料（如金属、木材、塑料等）的基本特性及其相应的加工方法（加工设备、加工工艺）。新媒体技术：让学生了解先进科技对艺术设计起到的重要辅助与促进作用。

4. 课程群实施方案

教学环节与授课方式：课堂讲授、实验室作业制作、讲评、校外考察等。课程群内相关课程主要目的是训练学生分析能力、逻辑思维能力、空间及形态把握能力、手绘表达能力、动手制作能力、审美能力。所以主要以课堂讲授、设计实践方式进行。

授课时间：课群主导教师在学期开课前更新课程课件，明晰本课程群的最终目标以及阶段性目标，让学生带着对最终目标的思考开展课程。过程中各教师除完成基本课程教学外，要导入课程群相关教学内容，每门课的最终大作业都应为下一门课程提供基础及素材。

教师间沟通协作机制（关键节点为排课时、上课前、课程中）：主导教师要将各阶段目标与最终目标做成 PPT，开课前与各专业教师进行讨论；各课程教师除了明确自身教学目标外，要对其他教师的内容及总目标有所了解；每门课程安排中期或者最终答辩的时间，所有教师均应出席，并提出相关建议。作业设计与评审机制见表 1。

表 1　作业设计与评审机制

	小作业	大作业
设计方法	设计日记	设计报告书
表现技法	淡彩故事板方式的调研记录	设计方案表达，爆炸图
人机工学与设计心理学	人机模板制作	展示道具优化设计
材料工艺 1	材料分析	不同材料的连接
新媒体技术	新媒体技术调研	新媒体技术设计应用

5. 教学成果计划

教学成果包括校内作业展、学生的留校作品、课程过程记录和教学研究论文几部分，同时还要关注学生的设计道德的培养，让学生们认识到设计师的责任和价值，体会设计师服务于人的概念，让学生们知道作为一名设计师，能创造出怎样的价值以及他在社会上的地位和影响力。传递这种设计推动社会的价值能够激发学生的学习热情，调动他们的内驱力去探索设计之路。

接下来再谈谈学习方法，本科生教育实际上是一种应用能力的教育，所以在课程中，只去泛泛地讲理论，是没有作用的，一定要让学生动手去实验、去反复推敲，因为动手的过程，其实是一个强迫学生思考的过程。在动手制作时，会暴露设计方案的所有问题，学生必须用自己的能力去解决，最终的收获都是真实的，远胜于图面的表达。同时还可以让学生获得习得知识的踏实心态，以及对真实材质、工艺及诸多细节进行收集与探究的习惯。原来在教育中存在着老师和学生的信息的不对等，包括专业的老师和普通的社会群众之间的信息不对等，从而塑造了老师的权威性。但是今天互联网的发展、信息的爆发，带给学生更多的信息、方法以及可能性，学生如果能够通过内驱力主动学习、思考，那他在四年中所习得的本领可以翻倍。老师已经不再是权威了，要慢慢地从讲台的光环中退下来，在课程中转换角色，转变成一个主持人、导演、评委、竞赛的策划者、活动的推动者，去抛出问题、引导方向，设置和管理整个课程，控制课程的方向和进度。

在教学中不断激发学生的思考、培养他们发现问题的能力、让他们保持一种对设计的兴趣和热情非常重要。教师要能够把设计的"本"和"末"联系起来，能够讲清整个设计系统和基础课在系统中的位置、重要性，能够打开学生的眼界，能够启迪学生、激发学生学会思考和自主学习，培养他们对解决问题的兴趣和欲望。学生在变化，教师也必须跟着变化。

设计基础教育的探索与反思

赵 庆

我主要负责一、二年级的一些基础课程，尤其动手方面的课程，比如模型制作和木工实习，对产品设计专业的学生，动手能力的锻炼对后续的课程是有重要的辅助作用的。其他的任课老师经常跟我交流，这些动手课程对他们后续课程是有帮助的。比如给学生安排一个制作任务，学生因为有过动手训练的经历，并且尝试过各种解决和应对的方法，自然会知道选择哪些材料、连接方式、工具、方法。另外，动手制作对学生来说还有一个重要的意义，就是能够锻炼他们在思考问题和解决问题的时候能有意识地运用科学的程序和方法，通过具体的工具或者材料把一个课题任务从一个概念变成一个实物。与画草图或者用电脑做方案不同，制作实物模型必须要考虑得很科学才能顺利完成，不然的话就要浪费时间、浪费材料。自己做东西的过程可以培养学生合理利用工具和材料来提高效率、节约成本的能力。

在传统的设计基础教学体系中，还有一项很重要的内容，就是手绘能力和造型基础的训练，对应课程如速写草图、结构素描、立体构成等。如果说动手制作能力是工业设计专业特色的需要决定的，那么对更多其他设计专业而言，手绘能力的培养则更具普遍意义，设计构思的快速表达是艺术类设计专业必须具备的专业能力。但是科技的进步改变着我们的工作方式，智能手绘工具的出现让传统手绘训练的价值和意义遇到了质疑和挑战。我们应该承认手绘智能工具对设计师的工作的确有很大帮助，它丰富了设计师的表达手段，越来越智能的功能也让没有手绘基础的人能够快速表达设计方案。那么是否意味着设计院校的传统手绘训练课程可以取消了？ 我认为答案是否定的。设计师的能力不是智能工具决定的，智能工具可以帮助设计师更高效地工作，但智能工具提升不了设计师的设计能力，而能力来自于长期的综合训练和实践活动的潜移默化，手绘训练就是其中的重要因素之一。下面具体从手绘训练的重要性和手绘课程的教学方法两个方面进行分析。

一、基础造型训练的意义和价值

1. 最本能的表达方式

利用最简单的工具徒手勾画，是人的最本能的表达方式。当年 3D 软件刚出来的时候，我们都感慨软件的功能强大，认为手绘能力不重要了，但经过这个阶段后，我们发现手绘能力依然是不可或缺的，在需要快速表达的时候，手绘的优势是软件做不到的。而随着智能技术的发展，更智能的平板手绘工具跟电脑软件相比具有更快捷的优势，软件的操作方式越来越像传统手绘。我觉得这恰恰说明了手绘训练的必要性，智能工具再神奇也还是要建立在人的本能的基础上。

2. 观察能力和分析能力的培养

产品设计专业的学生最先要掌握的就是对造型的表达能力，而准确表达的前提是对造型的理解。观察能力和分析能力的培养是非常重要的，任何对于形态、结构的认识和理解最初都来自于观察。在传统结构素描的课程训练中，经常选择一些结构复杂而有某种规律的工业产品，比如各种阀门，要求学生准确地把空间结构关系和透视规律表达出来，学生必须在多个角度充分观察的基础上，理性分析其结构、层次、比例，同时反复揣摩产品的各种拆解和组合状态，这个过程是非常有助于建立空间形态意识的，这也就是基础手绘训练的真正意义。而使用智能平板手绘工具，可以更方便、准确地代替人把造型透视表达出来，但是整个观察、分析、理解、表达的过程是无法代替的，对形态理解能力的掌握是无法代替的。也就是说，智能工具可以代替你去表达形态，但是它代替不了你去思考，更代替不了你去理解形态。

3. 审美修养和形态判断力的培养

培养学生不仅仅是培养一个只会使用工具干活的人，那样的话没有必要学习四年，几个月的培训班就够了。设计院校培养的应该是具有审美修养和形态判断能力的设计师，当然，审美修养肯定不是靠短时间内简单一两门的课程训练就能达到的，这跟学生从小的生活环境、社会文化氛围和家庭因素都有关系。但是在手绘和各种形式语言的训练过程中，对于空间造型、结构、比例、黑白灰关系等元素进行观察和表达，这对审美意识的提高是有积极意义的。

设计师的形态判断能力有两个层面：一个是对美的判断，另一个是对准的判断。美的标准是有主观色彩的，但是准的判断是有客观依据的，就是说判断形态的准确性，是有具体空间尺度作为前提的。智能工具最大的优势就是准确，你想画一个圆，一个多大的圆，智能平板工具会帮你画得非常准。但是，多大的圆才是最理想的，软件是不会帮你做出判断的。所以我们这里说的准，不是指画得准确，而是指对形态的空间尺度具有准确把握的能力，这种准确的把握和判断往往是经验性的，而经验是日积月累的脑、手、眼协调配合训练和实践的结果。

二、造型基础训练的教学方法

传统的手绘训练课程，强调通过大量练习实现量变到质变的过程，这是典型的纯绘画思维，而我们强调手绘肯定不是画画，这是必须让学生明确的问题。设计草图是在推敲你的想法，或者跟同事或客户去交流想法，怎么能快速地用图示的方式把想法表达准确，这不是一个简单手绘能力的问题，而是将结构、连接方式、形态、功能等因素综合表达能力的问题，所以基础教学面临的一个核心问题，就是在有限的课时内，用什么样的方式才能够将基础训练内容真正的转化成做设计的综合能力。基于以上思考，我将尝试从三个方面进行基础教学方法的探讨。

1. 观察和分析能力训练

观察能力的训练：基本透视规律的理解和掌握，训练学生通过充分的多视角的观察，理解和把握物体外部形态与内部结构的尺度、比例关系。培养学生概括与归纳客观对象的本质特征的能力，让学生在过程中获得正确的、理性的思维方式和深入观察形态内在结构的能力与意识。这个阶段的训练可以是从简单形态到复杂的形态循序渐进。

分析能力的训练：可以采取多视图转换的训练方式，选择一件结构、形态相对复杂的产品，通过整体观察和拆解分析，进行三维视图和二维视图的多视图绘制，训练对客观物象的形态、结构、角度、比例等不同角度、不同层面的综合分析能力。

2. 形态想象力训练

设计师的工作最终是要创造新的形态，是将自己想象的形态尽可能真实地表达出来，所以其实是偏主观性的表达。那么衔接上一阶段的训练，可以重点学习对特定对象的打散分解与形态重构训练，培养学生在特定条件的约束下想象新形态和创造新形态的能力，让学生走出模仿客观表象的阶段，在造型能力上得到创造性的升华。

基础阶段训练：可以观察、分析一个复杂形态的结构组合特征，把握其组合规律和形式美感，凭借形态联想将其结构打散，创造新的结构组合规律和形式美感，准确表现新结构的透视变化状态和尺度比例关系，并进行多角度表达。

深入阶段训练：可以完全脱离开参照物，只给出形态具备的条件特征，比如一个有比例关系的圆球体加一个立方体，按条件要求想象其相切或相交的状态，进行比例准确的表达。

3. 系统推导分析能力训练

因为没有实际的课程案例，我想象设计速写或草图这类的课程，应该可以有这样一种手绘训练方式：可以选择建筑或产品，比如一座古代庙宇，首先让学生去调研相关的古建知识，分析拆解建筑的主要构件，再从每一个构件展开，分析结构特点、工艺方法、发展历史、各个时期的风格等，这一系列环节全部用手绘的方式表达，在练习手绘能力的同时，更多的是对一个设计作品系统的分析能力和表达的锻炼，使学生在基础技能学习阶段就进入到设计语境之中。

设计基础教育要培养学生尽快建立正确的设计价值观

枣 林

　　设计基础教育是把一个刚刚进入艺术设计专业学习的学生，从自然人思维转化为设计人思维的重要节点。在这个环节中，比传统的基础教育偏重于基本功训练的内容更重要、更紧迫的，是让学生建立正确的可持续的设计价值观。为此我们开设了系列课程，试图将综合性的设计流程体验前置，让学生在低年级就不断接触综合性课题，并在实践中体验设计的全貌，最终促进其基础知识的学习和掌握，感悟并达成正确的设计价值观。

　　我理解的设计价值观具体表现在创新、服务、跨界和整合上。

　　创新是培养学生发挥创造性的思维，将多学科知识与技术融汇在设计之中，设计出具有新颖性、创造性和实用性的新产品。在设计基础教学阶段，学生缺乏创新动力和创新意识，这很难通过课堂上知识传授的方式培养出来。我们在工业设计本科一年级基础教学的规划中，就导入项目（课题）式教学和实践式教学，通过精心准备和组织的竞赛和项目实践，串联相关知识，并在课程中着力培养学生自主学习的意识和主动获取知识的能力。通过理论结合实践，在实践教学环节潜移默化、不断巩固地推进创新能力的塑造。

　　我们在基础教学实践环节让学生通过项目感知到做设计不仅是有设计成果，还有过程的服务。设计是服务型行业，是满足客户需求的活动，是为特定的群体服务。同时，设计本身并不是目的，它的目的是为人服务，是提升、改变人的生活方式、生活质量、生活品味。在实践教学的一个课题项目"淘宝造物节"中，我们将学生带入设计现场和施工现场，让学生直观体验形式转化过程和设计服务的环节。学生能够在实践活动中体验展示设计的各个环节，从设计任务的下达，到进行方案设计，再到设计的执行乃至现场的施工制作。项目设计阶段，学生进入设计公司的设计室观摩旁听设计研讨，并由主设计师为学生们集中讲解；项目中期进入工厂制作阶段，组织学生跟进制作过程；项目后期依据设计图纸进行展区的现场搭建时，更是组织学生参与到现场局部深化制作环节中。

　　跨界和整合就是如何实现技术与艺术的结合、设计与商业的结合，以及其他未来可能的各种交叉学科的融入。这里的跨界指的是设计师自身的多学科能力。当前这个时代是以科学为主导的，技术飞速发展，商业社会高度发达，传统工业设计教育以及培养目标已经不适应当前的发展，我们对设计师的跨界能力和跨界意识的需求越来越高。跨界思维还不是仅仅局限在科学与艺术结合，而是如何能够站在科学与艺术之上，模糊科学与艺术的边界，游刃有余地运用它们进行创作与创新。实践教学则有助于学生更加充分地理解和掌握所学的设计理论知识，对学生创新能力的培养，对新理念、新材料、新技术在行业里应用的认知则更加重要。

　　整合包含多个层面，首先是学科的整合，其次是资源的整合。学科整合指的是艺术与科学如何结合。我们不能要求一个设计师一定要具备感性思维和理性思维兼顾的能力，更不能要求设计师掌握美学能力的同时还有很强的数理化能力。所以在团队合作的项目中，从组织者的角度，如何搭建交叉学科的平台，如何降低学科壁垒，如何调动所有资源；从参与者的角度，设计师如何与工程师协调工作，如何取长补短，是团队合作项目中需要着力关注和打造的。资源的整合，这里的"资源"包含一个项目中涉及的上下游一切可用资源，比如人力、设备、外协加工等，且未来会随着项目内容的扩展，不断放大边界。因此，培养学生尽快建立正确的设计价值观的具体方法，就是尽可能创造条件把学生带到真正的社会实践中去，通过不同层级的项目或课题，沉浸式地体验设计，逐渐形成正确的设计价值观。"设计可以让你自我实现，成为一个有成就感的人。"

对话与讨论

—— 皮筋动力车课程群及竞赛实践结合美国 ACCD 关于皮筋车课程建设的经验以及一直在实践的课程群教学体系，围绕着培养适应当前发展的优秀人才的目标，对现有中国传统工业设计教育体系以及设计基础教育模式进行了尝试性的变革。其中强调设计相关知识点前置，放到早期基础课程体系中，让学生在实践中自我体悟，突出教学过程的综合性、跨界性、国际性以及实践性；并通过多年实践，取得了一定的成效。该课程于 2017 年获得北京市教育教学二等奖。

—— 章萌老师提出学习认知和方法最重要，让学生在学前面的时候，能看到后面，在学后面的时候要能知道和前面的关联，于是学习就有了目标和方向，同时每门课都应该奔着最终的目标而努力，切勿把课程与课程分裂。章老师也认为一定要让学生动手去实验，因为动手制做时会暴露设计方案的问题，最终收获的真实性远胜于图面表达。章老师还提到老师已经不再是权威了，在课程中的角色转变成主持人、导演、评委、竞赛策划者、活动推动者，去设计和控制整个课程的方向和进度。教师供给学生一些优秀的设计资源，比如设计大咖的分享沙龙，知名企业的设计师、知名产品的设计师分享等，让教育不再停留在一个虚拟状态下，这是学生现在特别感兴趣的一件事。希望教师能够讲清整个设计系统和基础课在系统中的位置、重要性，能够打开学生的眼界，激发学生学会思考和主动学习，培养他们对于解决问题的兴趣。

—— 随着智能技术手段的应用，我们可能会有越来越多的办法将自己的想法和意图传递出去，但这只是工具的升级和技术的掌握，设计行为的核心永远是人的创造力和判断力。传统造型基础的教学会越来越受到智能技术的冲击，教学方式的改革也是必然的，但是就像摄影技术没有取代绘画，基础造型的训练也不可能完全被软件取代，现代智能手段与传统教学方式肯定会找到完美的融合点，在综合设计能力的培养过程中各自发挥最大的作用。

—— 枣林老师重点分析了传授学生建立正确的可持续的设计价值观的重要性，设计师作为一种造物职业，如果缺乏对应的价值认知体系，会缺少相应的伦理道德原则，同时分析了创新、服务、跨界和整合等各个环节中价值观的重要性。

——"每个课程群由'设计研究方法''产品创意设计''产品模型制作''品牌设计与营销''综合设计表达'五门体现完整设计流程的课程组成。"

——"为了激发学生的学习热情，明确提出了课程训练的评价标准，结果导向：使用限定材料竹条和木条，研究材料的受力、形变等材性和互承、节点等结构，使最终模型在功能上能够承担至少两人以上的坐靠，目标是使坐的人更多、总体重更大，使用更少的材料，地面接触面积更小，并且呈现具有美感的几何规律，达到材料、结构和功能的协调统一。"

——"需要同学们透过工业产品的冷漠外表、结构、理性看到更高的人文关怀、感受，对用户感受的洞察和整理，以及产品感受的把握和塑造时，这个相对抽象、需要感性思维的环节，容易成为工科类工业设计专业学生的薄弱点。"

——"深入课堂对教师的教学组织以及与学生的互动情况进行观察，并将观察到的现象及时与授课教师讨论研究，可以获得对教学的形成性反馈，发现教学中存在的问题，探索解决问题、加强课堂教学的方法和策略。"

——"课程应该充分利用学校的资源优势。"

——"在整个制作过程中锻炼了学生的动手能力和解决问题的能力。"

教师在不断参与同反思中获得专业发展

北京城市学院主题研讨

主 持	蒋红斌
主题发言	张锦华
	孙小凡
	邓媚丹
	朱碧云
	李 霞
	贾铭钰

"全流程项目驱动式"课程体系的建设与思考

张锦华

本人分享的题目是北京城市学院工业设计专业"全流程项目驱动式"课程体系的建设与思考。北京城市学院工业设计专业经过几年的校企合作进行专业共建积累，在建构主义学习理论的指导下，重点打造了以产品开发流程为基础、以设计项目为载体、以获取与应用新知识为导向、以智能产品设计和服务设计为主要专业方向的"全流程项目驱动式"课程体系。该课程体系通过激发学生自我知识螺旋的更新迭代，提升学生设计实践能力；让学习活动具有目标性，帮助学生更好地进行有针对性的学习；通过让学生沉浸在项目情景中，将学生、教师与项目合作伙伴紧密联系在一起，增强学生综合运用各方面知识解决实际问题的能力。

一、工业设计专业知识创造模型

1. 知识类型分析

迈克尔·波兰尼将人类的知识分为形式知识、暗默知识、自我超越的知识三大类型。形式知识又叫外显知识，是基于观察经验的，其数据形式指向被观察的外部现实，是知识创新的目的，是组织竞争力的基础。暗默知识又叫物化的暗默知识，是基于行动经验的，数据形式指向被制定的现实，是知识创新的当前来源，代表组织当前的竞争力。自我超越的知识又叫非物化的暗默知识（隐藏知识），是基于审美经验的，数据形式指向尚未制定的现实，是知识创新的真正来源，代表组织未来的竞争力。

2. 知识创造的 SECI 模型

野中郁次郎等人提出了 SECI 知识创造模型，该模型包含三个部分：一是通过形式知识和暗默知识间的转换进行知识创造的过程；二是创造知识的共享场所；三是创造知识过程的投入、产出与调节。我们可以这样理解：知识创造的前提首先是要有一个创造知识的共享场所，其次要有知识资产的输入；知识创造的过程是由暗默知识转化为形式知识，再由形式知识转化为暗默知识的一种循环往复的动态螺旋上升过程。

3. 工业设计专业暗默知识占比较多

工业产品开发一般可分为规划、概念开发、系统级设计、详细设计、测试与提炼、生产启动等阶段。作为工业设计师，在产品开发全流程中主要的工作岗位有产品经理、用户研究员、产品设计师、交互设计师、UI 视觉设计师等。这些岗位的设计师除了完成本岗位的设计任务外，还需要与工程师探讨产品生产制造方面的问题，参与市场营销方面关于建立产品选项和扩展产品系列的规划，甚至需要参与产品价格的制定。由此可以推导出工业设计专业学生培养应该具备的六大能力模块：自主学习能力、设计研究能力、设计创意能力、设计表达能力、设计实现能力、设计管理与营销能力。

能力是在掌握一定知识的基础上，通过融会贯通和实践锻炼而形成的，通过工业设计六大能力模块可以推导出与之相适应的六大知识模块：工业设计史论基础及交叉学科知识模块、设计研究知识模块、设计创意知识模块、设计表达知识模块、技术实现知识模块、品牌设计与营销知识模块。这六大知识模块又可分为社会类知识、设计类知识与技术类知识三大类型。社会类知识是工业设计的背景性知识，服务于产品设计决策。只有充分了解设计对象（产品）及服务对象（人）的政治、经济、文化背景，灵活应用相关知识，才能提出行之有效的解决方案。设计类知识是工业设计的核心知识之一，主要服务于工业设计表达与设计思维，对设计师审美意识的建立与艺术品位的提升，有着举足轻重的作用。在审美观照下通过不同的设计表达方式将设计思维以艺术化的形式展现出来，是掌握设计知识的主要目的。技术类知识是工业设计的另一核心知识，主要服务于工业设计表达与设计实现。将设计概念物化为实实在在的产品，离不开结构、材料与加工工艺等技术知识的支持。

在工业设计知识体系中（图1），设计类知识是工业设计师需具备的区别于其他专业从业人员的专门知识，也是工业设计知识体系中的核心，包括审美志趣、设计思维、设计方法、经验等，属于难以言传的知识，暗默知识成分较重。设计类知识的获取，需要设计师（学生）在理论与实践中不断地体验设计思维、揣摩设计流程、积累设计经验、消化解决问题的设计方法。由于产品的种类繁多，设计的领域非常广泛，每类产品均涉及不同的设计类知识，这进一步增加了设计类知识中暗默知识的总量和占比。与设计类知识相比，社会类知识与技术类知识中的暗默知识相对较少，形式知识较多。这类知识可以从书刊、报纸、研究报告、技术规格书等信息源中获取。但在产品设计的过程中，如何将上述形式知识内化于心，并利用这些知识降低生产成本，优化产品功能，设计出符合市场与用户需求的产品，其中仍然涉及诸多暗默知识需要设计师掌握。

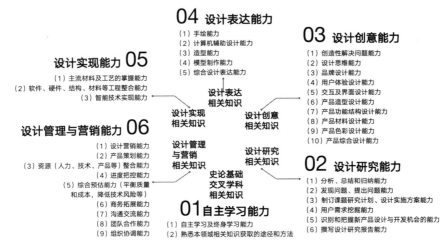

图 1　工业设计专业能力结构及知识体系

4. 工业设计专业知识创造的双螺旋模型

工业设计中的社会类知识与技术类知识的创新，主要由物化的暗默知识与形式知识之间的社会化相互作用而产生；而艺术知识的创新，则主要由自我超越的知识与形式知识之间的社会化相互作用而产生。因此，工业设计的知识创造模式可以用一种双螺旋知识创造模型来表示（图2）。总之，工业设计三类知识的创新，均需要暗默知识与形式知识的相互转换，只是各类知识中的暗默知识与形式知识的比例不同，转化过程中的难易程度不同而已。这就决定了即使接受过正规产

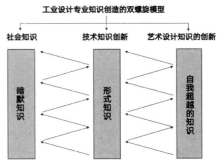

图 2　工业设计专业知识创造的双螺旋模型

品设计教育的学生，也不可能一毕业就能完全胜任特定领域的产品设计工作，而是需要一定时间的亲身体会，才能跨入成熟设计师的行列。

二、国内主流设计院校工业设计专业课程体系的优点与不足

目前，国内主流设计院校工业设计专业课程结构主要分为专业基础课程模块、专业核心课程模块以及专业辅修课程模块三大类；每类课程模块下又设有若干门独立的课程，每门独立的课程具体讲解某种设计类型、设计方法或训练某种设计技能。"三模块"课程体系设置符合设计专业学生的知识结构与基本素质构成，有利于教学活动的有序展开，能够让学生更加清晰地明白自身专业知识结构与素质构成，明确自我的学习目标。同时，"三模块"课程体系也存在一些遗憾，主要是每门课程和每类课程模块只能解决设计项目中某一阶段的问题，不同课程之间和不同模块之间缺少衔接与过度，没有按照一个完整的设计项目的实践需要组织教学，为学生搭建一个打通设计项目全流程的学习体验平台，也就是没有提供创造知识的共享场所，没有给学生创造一个自我知识螺旋更新迭代的环境，因此不利于推动个体内部新知识的构建。"三模块"课程体系需要学生自己将在各门课程中学到的各种知识要素、技能要素进行梳理和筛选，根据项目需要合理地组织在设计实践过程中，对学生的综合素质要求比较高，我校学生这方面的能力相对比较欠缺。因此"三模块"课程体系不能完全满足我校学生高效提升设计实践能力的需要。

三、引入建构主义学习理论下的"项目驱动式（PBL）"教学模式，构建"全流程项目驱动式"课程体系

建构主义学习理论认为，学习的本质就是个体建构知识意义的过程。也就是说学习不仅仅是一个接受新信息、新观点和新技能的过程，而是一个头脑对这些新材料进行重组的过程。"项目驱动式（PBL）"是建构主义学习理论下的一类教学方法，其核心思想是通过现实世界中的真实问题捕捉学生的兴趣，并唤起其深度思考，在解决问题的情境下，使学生获得与应用新的知识。在建构主义学习理论的影响下，我们又学习了国内兄弟院校的成功经验和国外高校先进的教学理念和方法，尝试构建了"全流程项目驱动式"课程体系。

1. "全流程项目驱动式"课程体系的目标

基于建构主义学习理论，我们将"全流程项目驱动式"课程体系建设的目标设定为以下三点：搭建创造知识的共享场所，激发学生自我知识的更新迭代，推动个体内部新知识的构建；提升学生自主学习的动机和能力，使学生主动地对外部信息进行学习、加工、筛选与应用，通过探究、收集和分析数据来理解问题，提升高阶思维能力，解决高阶认知问题；培育学生团队意识及协作能力，为个体知识建构提供支持，同时也为学生踏入社会、走上工作岗位打下牢固的沟通能力基础。

2. "全流程项目驱动式"课程体系的结构

课程结构是课程体系建设的重点内容之一。我校在课程地图的建设过程中，将专业课程分为平台课、基础课、核心课、方向课、拓展课五大课程模块。为给学生搭建一个打通设计项目全部流程的学习体验平台，给学生创造一个自我知识螺旋更新迭代的环境，我们尝试打破传统课程体系中，每学期设置几门独立的课程，每门课程专门讲解工业设计某一领域、某一阶段或某一类型的知识，但是课程与课程之间没有联系的模式，构建了"全流程项目驱动式"课程体系。

每学期以一个"全流程项目驱动式"课程群，替代"三模块"课程体系下四门左右相对独立的课程，课程群以一个项目为载体，要求学生完成设计研究、设计创意、技术实现、品牌设计与营销、综合设计表达全部设计流程。课程结束时，每个学生完成一件自己动手制作的能够实现多数功能的手板模型。一至六学期整体的设置思路为：基础课模块设置一门课程群，安排在第一学期；核心课程模块设置四门课程群，依据设计类型的难易及复杂程度，分别安排在第二学期至第五学期；方向课程模块设置两门课程群，全部安排在第六学期，学生只能任选其一。从第一学期到第六学期，搭建一个帮助学生实现从知识构建到能力提升的螺旋更新迭代的平台。

这种课程结构的设置，突破了传统课程体系的架构；体现了以任务为明线、以培养学生的知识与技能为暗线，教师为主导、学生为主体的基本特征；旨在让学生融入有意义的任务完成的过程中，让学生积极地学习、自主地进行知识的建构；成为"全流程项目驱动式"核心创新点之一。

3."全流程项目驱动式"课程体系的内容

（1）"全流程项目驱动式"课程群设计项目选题

课程群实践项目的选择从内容上要考虑就业岗位需求。北京城市学院定位于服务首都经济社会发展，近几年有 80% 的生源来自北京，也就意味着每年有 80% 以上的学生要在北京就业。从北京市与工业设计专业相关的就业岗位看，可分为交互设计、产品设计、用户体验设计、服务设计四大类。在这四大类岗位中，交互设计与产品设计岗位需求最多，其次是用户体验设计，最后是服务设计。交互设计类岗位中的 UI 设计与产品类岗位中的产品经理岗位需求最大。

课程群实践项目的选择从性质上又要兼顾实战性和研究性两大项目类型，将企业真实的实战项目或研究机构真实的研究课题作为课程群的实践选题。企业以商品化、量产化为前提的实战设计项目能够培养学生的实际应用能力，企业面向未来带有预测性的设计研究项目或研究机构真实研究课题能够培养学生的设计研究与创新能力。

"全流程项目驱动式"课程体系在涉及产品设计、交互设计、智能产品设计、服务设计等不同项目类型、兼顾实战性和研究性等不同项目性质的基础上，基础课程模块以"水瓶设计"为项目选题，主要目的是让学生了解产品设计的基本流程和思路，对产品设计有一个基本的认识。核心课程模块将原有的设计研究方法、产品设计、交互设计等八门独立设置的核心课程，改造为以"坐具设计""灯具设计""3C 产品设计""玩具设计"四个以实际项目为载体的课程群。这四个课程群的复杂程度逐渐递增，对学生知识和能力的训练不断叠加。"坐具设计课程群"重点训练学生的功能与结构设计能力；"灯具设计课程群"在功能与结构的基础上，重点训练学生的灯具造型与灯光情感体验设计能力；"3C 产品设计课程群"在功能、结构、造型、情感的基础上，重点训练学生的 CMF（颜色、材料、工艺）设计能力；"玩具设计课程群"在前三个课程群的基础上，还要训练学生的用户心理研究及品牌设计与营销的能力。方向课程模块根据智能产品设计和服务设计两个方向，同时设置"智能产品设计""服务设计"两个课程群。

（2）"全流程项目驱动式"课程群内的课程设置

"全流程项目驱动式"课程群内的课程设置以产品开发流程为基础，涉及产品开发流程的全部环节。根据产品开发的一般流程，我们梳理出设计研究、设计创意、技术实现、品牌设计与营销、综合设计表达这五门体现工业设计专业核心知识和能力需求的课程。具体如图 3 所示：纵向，每学期完成一个课程群，每个课程群由"设计研究方法""产品创意设计""产品模型制作""品牌设计与营销""综合设计表达"五门体现完整设计流程的课程组成。各课程之间在课程内容、教学方法、课程任务等方面相互衔接，依据设计实践的全流程打造了教育教学的全流程；横向，按照不同学期课程群选题的需要，将"设计研究方法""产品创意设计""产品模型制作""品牌设计与营销""综合设计表达"五门课程中的知识点分配到不同的课程群中。也就是将一门课程（例如设计研究方法）分成五个课程单元（例如设计研究方法 1、2、3、4、5），根据不同课程群选题的需要，分配到不同的课程群中，使每个课程群内的不同课程，都能够形成一个完整的设计流程，打破了传统课程体系中一门课只能安排在同一学期的限制。

大一上学期	大一下学期	大二上学期	大二下学期	大三上学期	大三下学期	大四上学期	大四下学期
核心课					**方向课**	**呈现不同的学习路径**	
水瓶设计课程群	坐具设计课程群	灯具设计课程群	3C产品设计课程群	玩具设计课程群	智能产品设计课程群	**具备的能力：**了解智能产品的发展趋势 掌握智能产品的设计方法及流程 熟悉智能产品的相关软硬件技术 具备智能产品的整体设计能力（工业设计、交互设计、UI设计）**从事的工作岗位：**用户研究员 产品设计师 交互设计师 产品经理	
设计研究方法1	设计研究方法2	设计研究方法3	设计研究方法4	设计研究方法5	智能产品设计研究		
产品创意设计1	产品创意设计2	产品创意设计3	产品创意设计4	产品创意设计5	智能产品功能创新设计		
产品模型制作1	产品模型制作2	产品模型制作3	产品模型制作4	产品模型制作5	智能产品交互设计		
		品牌设计与营销2	品牌设计与营销3	品牌设计与营销4	智能产品原型制作		
综合设计表达1	综合设计表达1	综合设计表达1	综合设计表达1	综合设计表达1	智能产品造型设计		
基础课					智能产品设计营销		
工业设计史1					智能产品设计综合表达		
结构素描					服务设计课程群	**具备的能力：**了解服务设计的发展趋势 掌握服务设计的基本方法及流程 熟悉服务设计的相关技术实现手段 具备服务设计的整体设计能力 **从事的工作岗位：**用户研究员 用户体验设计师 服务设计师 交互设计师 产品经理	
平台课					服务设计研究		
程序设计基础	电子学基础				用户体验设计		
工程制图					服务流程设计		
拓展课					服务设计原型制作		
		3D打印技术及应用	创客工作坊	竞赛工作坊			
				移动端交互设计	服务设计营销		
				产品摄影	服务设计综合表达		
				商业产品设计表达			
				信息设计	工业设计史2		

图3　工业设计专业课程地图

4.“全流程项目驱动式”课程体系的实施

课程实施方法及步骤是落实课程目标及内容的具体措施，是课程体系建设的关键环节。“全流程项目驱动式”课程体系以产品开发流程为依据、以实际项目为载体、以获取与应用新知识为导向，强调课程之间的递进、衔接关系，本身的实施难度就非常大。而且，“全流程项目驱动式”课程体系主要解决学生在面对真实问题时解决问题的能力，因此光靠学校单方面力量无法保证课程目标的达成，必须整合地方政府、产业界、学术界和各种民间组织等社会力量，共同进行建设。

为了保证实施效果，我们制定了以下实施步骤：第一步结合校企实际，确定教学材料，使教学材料既能充分反映企业的切实利益，又能切实体现学校教学条件的特殊需求，并彰显典型的岗位需求和时代特征。第二步重塑项目情境，再构主题任务。其中，项目情境重塑的适切度和主题任务重构的吻合度是影响整个“全流程项目驱动式”教学方案有效性之关键所在。第三步帮助学生将主题任务分解成一系列既可具体操作又具有一定挑战性和关联性的工作任务，引导学生自己尝试完成相关任务。第四步创建教师层面、学生层面、师生合作的学术交流层面等自组织团队及线上线下一体化的知识分享平台，提供必要的知识分享与交流空间，促进个体知识螺旋式创新。第五步做好典型产品或优质服务的产出与评价。

5. "全流程项目驱动式"课程体系的评价

"全流程项目驱动式"课程体系基于项目驱动，以知识创新为导向、强调课程之间的递进、衔接关系。传统的以终结性评价为主的教学效果评价模式，无法全面反映教学效果，需要重新构建课程评价体系，对课程评价模式进行重构：从一元化走向多元化，从单一性评价走向多样性评价，从终结性评价走向形成性评价，从量评走向质评。就评价内容而言，以学生个体工业设计专业知识创新过程为评价的核心，以项目全流程课程衔接效度为评价的基础，以实践教学成效为课程验收的标准。就评价方法而言，可采用直接评价、间接评价、互动式评价相结合的评价方式。

四、"全流程项目驱动式"课程体系在人才培养中的价值与意义

设计学作为一门实践性突出的交叉性学科，国内外各大设计院校在学生的培养方案中，均对实践环节有着明确的要求与安排，实践能力也被视作考察学生综合素质的一个重要板块。但当前国内学生实践能力培养的整体效果不容乐观，调查显示，全国60%~70%的学生认为自己本科毕业后从事设计专业相关的工作有难度，主要原因是在校期间"实习或实践经验不足"。"全流程项目驱动式"课程体系能够缩短学生在校学习与实际工作之间的能力差距，有效提升学生实践能力。

（1）"全流程项目驱动式"课程体系以学生为中心进行构建，教学内容紧密围绕学生的真实需求，教师需要扮演好学习促进者的角色，牢记自己的配角身份。

（2）"全流程项目驱动式"课程体系以项目为载体，让学生融入有意义的任务完成的过程中，通过现实世界中的真实问题捕捉学生的兴趣，并唤起其深度思考，在解决问题的情境下，使学生获取与应用新的知识。

（3）"全流程项目驱动式"课程体系以设计流程为线索，加强了课程之间、课程内部各个任务之间的衔接力度，为学生搭建一个打通设计项目全流程的学习体验平台，提供了创造知识的共享场所，进而促进个体知识创造的连续性，有效地解决学生知识创造的碎片化问题，激发学生自我知识螺旋的更新迭代。

（4）"全流程项目驱动式"课程体系以问题为驱动，通过让学习活动充满着目的性，帮助学生达到最佳的学习状态。亟待解决的问题驱动着学习活动，学生学习的内容与理论是为了解决问题。这不同于传统的理论先行的客观主义教学观，而是将理论融于解决问题的实践过程中，增强了学生综合运用各方面知识解决实际问题的能力。

（5）"全流程项目驱动式"课程体系以团队协作为手段，倡导积极主动的学习，采用"团队 –个人 – 团队"的教学方法，鼓励团队成员一边协作一边独立自主解决问题。在主动学习环境中，学生可以掌控自己的学习，即可以从事分析、综合、评价等高阶学习。

五、"全流程项目驱动式"课程体系实施过程中的困难及对策
1. "全流程项目驱动式"课程体系实施过程中遇到的困难

（1）"全流程项目驱动式"课程体系的实施，应该整合地方政府、产业界、学术界和各种民间组织等社会力量，共同进行建设，这需要企业付出大量的时间成本及人力物力。但是，企业都是以盈利为目的，课程建设对企业的吸引力不大，校企合作进行课程建设的难度较大。

（2）"全流程项目驱动式" 课程体系的实施，需要教师具有丰富的设计实践经验、对设计全

流程的整体把握能力、先进的教学理念和教学方法。但是，我校工业设计专业现有教师的双师型教师比例不高，设计实践能力相对薄弱，缺少设计全流程的把握能力，教学理念和方法不足以支撑项目式教学需要。

（3）"全流程项目驱动式"课程体系实施，需要学生具有主动学习的能力。但是，我校工业设计专业大部分学生本科之前的学习方法和学习习惯，造成他们主动学习的能力较弱。

2. "全流程项目驱动式"课程体系实施过程中的改革对策

（1）针对校企合作难度较大等问题，通过积极探索校企合作订单班、校企合作申请科研课题、学校承担企业社会服务项目等模式，完善企业激励机制，加强校企合作。

（2）针对教师设计实践能力薄弱等问题，一方面加大对在职教师实践能力的培养，鼓励在职教师参与实践项目，参与相关实践技能培训活动，增加其设计实践经验；另一方面吸纳那些符合授课条件的职业设计师充实到师资队伍中来，提高"双师型"教师比例。

（3）针对学生主动学习能力欠缺等问题，通过明确学习目标、学会反思、掌握沟通技巧、学会批判、理解学习的复杂性、根据情境的需要建立学习任务、积极参与团队学习、在竞争中学习等方法加强学生自主学习能力的培养，促进学生从"被动学习"向"主动创造"转变。

产品创新设计教学与反思

孙小凡

　　作为北京城市学院产品设计专业教师，我参与过两个不同学生群体的造型基础课程的教学实践。一个是面向工业设计专业工科生的设计基础课程，作为全流程项目驱动型课程体系的一环，带动学生进行基础的设计调研和造型创新；另外一个就是面向具有艺术背景的产品设计专业学生的大二基础课，带学生进行 2~3 个经典的造型课题训练。这两个专业的授课过程，给我的感受和反馈是不同的。

　　在工业设计专业的"坐具设计课程群"中，我主要负责两门课程的讲授："设计研究方法"和"产品创意设计"。这两门课位于课程群顺序的前两位，分别占 30 课时和 60 课时。集中排课，在 2~3 周内结束课程。课程中，以项目为主要驱动：通过拆解经典座椅，来理解和分析座椅设计中体现的人机工学、结构、造型、材料与工艺。针对不同的使用情景和人群，运用限定性的材料：瓦楞纸，创新造型和结构，制作一把 1:1 的原型座椅。这个课题，从调研和拆解入手，工科生在第一部分较为擅长，能够快速理解训练要求。在造型创新和方案提案过程中，学生受到既往座椅产品的影响较大，很难脱离现有方案，所迈出的创新步伐较为短浅，大多数是某一个小点的改良和优化，对座椅整体的使用方式，特别是结构上的优美和合理，考虑得较少。工科学生非常严格地遵守老师给出的"模板"或要求，拓展能力上稍有不足。基于此，我在课程中多开拓学生们的思路，介绍多种易上手的创新小方法，例如小组头脑风暴、思维导图、迷你模型的迅速搭建等，带学生们参观艺术展，破除脑中的固有座椅形象。

　　艺术类产品设计专业的造型基础课程，在本科二年级第一学期展开，共 45 课时，平均分布在 15 周的教学周中。为了激发学生的学习热情，我将课程训练的评价标准明确提出，结果导向：使用限定材料竹条和木条，研究材料受力、形变等材性和互承、节点等结构，使最终模型在功能上能够承担至少 2 人以上的坐靠，目标是坐的人更多、总体重更大，使用的材料更少，与地面接触的面积更少，并且呈现具有美感的几何规律，达到材料、结构和功能的协调统一。在 8 个小组的作业呈现中，有 1 个小组挑战失败，在尝试 7 人承重时垮塌，学生非常失落，之后加班加点，在课后再次优化设计，重新搭建，呈现的结果更好（图 1、图 2）。对于艺术类的学生，通过这样有挑战性、任务性的课题训练，激发他们的热情，明确目标，在过程中自主探索、不断试错，我认为是一种比传统模仿优秀作业更好的教学实践。这种目标明确、评价激励显著、难度适度的课题设置对教学成果和设计成果都影响至深。

图 1　结构搭建探索　　　　　　　　　　　　图 2　承重挑战现场

设计思维与感性设计方法教学与反思

邓媚丹

本人分享以下参与工科工业设计专业大二下学期的主题设计课程群的教学过程。该课程群由"设计研究方法""产品创意设计""品牌设计分析""产品原型制作""综合设计表达"五门课程组成，疫情原因，整个教学通过线上的方式进行，学生均在家中学习。因此，在教学过程中，让学生以自己为目标用户，设计一款阅读台灯，先从自我的感受中洞察设计目标，再在人群中洞察趋势感受，然后构建方案来实现自己的设计目标。希望通过此次学习培养学生建立设计思维的基本设计工作路径，并学会用感受举例、分析感受、洞察感受趋势、将生活当中的感受和生命中的体验做联结创造的产品设计能力。

我在这个课程群中，主要参与了"设计研究方法""产品创意设计""品牌设计分析"三门课程教学。本次教学共分为锁定阅读场所、初步建立感受、品牌分析、产品分析与设计四个环节。

（1）锁定阅读场所：学生锁定自己的书房，对自己的使用环境、阅读照明产品和照明诉求进行分析，并思考照明的方式。

（2）初步建立感受：在锁定阅读场所并进行分析的基础上，洞察自己的感受，将该感受表述清楚，并思考如何将该感受通过视觉方式表现出来。同时，根据自己的感受需求，列举已有能传递此感受的产品并进行分析，从而对感受趋势进行整理，初步建立目标感受。

（3）品牌分析：让学生选择一个家电品牌，分析品牌的社会特质和文化特质，以及能够引导社会的语意和该品牌的造型语言。并学习该品牌的造型语言设计方式，运用到自己的设计方案中。

（4）产品分析与设计：学生用示意图的方式，对意向产品从 CMF 等方面进行分析，并指导自己的感受方案进行产品设计。

在整个教学过程中，学生经历了从观察感受，到洞察感受，再到创造感受的过程。在学生设计方案的迭代变化中，发现学生对使用场景、产品、品牌进行分析时，能较理性地从产品的使用方式、品牌文化与特点等多方面详细分析。但需要学生透过工业产品的冷漠外表、结构看到人文关怀、感受，对用户感受进行洞察和整理，以及对产品感受进行把握和塑造时，这个相对抽象、需要感性思维的环节，容易成为工科类工业设计专业学生的薄弱点。学生在具体设计时，出现了设计方案与前期研究结论脱节的情况，不会运用分析结论构建产品整体语言，只是简单地对已有的产品形态进行搬迁，甚至出现了将某品牌抽油烟机的造型加上柱子的台灯设计方案。

因此，在教学过程中，结合工科设计专业学生抽象思维较薄弱的特点，我尝试结合思维导图，拓展学生的思路，让学生在抽象中去找一些具象的实物、思路的抓手，将抽象一层一层具象化，直至体现在具体的设计方案中。但这种方式也只是此次教学中在发现学生存在的问题后的一次尝试，其科学性、有效性还需要进一步验证。

最终希望教授学生透过工业产品的冷漠外表、结构、理性看到产品人文关怀和感受的更高境界，从而设计感受，使产品设计更多方位做到"以人为本"，并且形成从工科思维到设计思维的转变，从功能造型思维到感受造型思维的转变，从具象造型思维到抽象造型思维的转变。

综合设计基础教学探索与反思

朱碧云

  我今天分享的是在综合设计基础课程教学中，对于"课堂观察"和"学生反馈"的感受。

  在为工业设计专业大二第一学期开设的"坐具设计课程群"和第二学期开设的"灯具设计课程群"中，我做了两件事情：一是跨学期对两个课程群进行课堂与活动的全程观察，二是将学生对课程的反馈情况在课中、课后及时地收集整理供授课教师进行研讨反思。开始抱着学习和辅助教学的目的，但在执行过程中发现了其中更大的价值。

  "坐具设计课程群"和"灯具设计课程群"是工业设计专业第一轮试行，需要在课程设计后，通过课堂实施、课程评价、反思行动，在验证教学效果与学生反馈的基础上，重新审视课程设计是否达到预期，并进行新一轮探索：课程再开发、课程实施、课程评价、反思行动。如此反复，经过多轮检验，才能逐渐成熟。所以在课程开发初期，在工业设计教研室主任张锦华老师的组织下，我进行了课程实施情况观察、课程评价收集，供教研室老师共同研讨反思，并根据所出现的问题及时进行调整。

一、全程课堂观察

  一个课程群包括："设计研究方法""产品创意设计""产品原型制作""品牌设计与营销""综合设计表达"5门课程，串联起一个设计项目的不同阶段，有不同的训练重点，但又紧密联系，牵一发而动全身，所以要做到前后课程相互照应。全程的课堂观察，旨在探索课与课之间的衔接以及了解学生的学习情况。

  例如在"坐具设计课程群"中出现一个问题：部分学生未能运用瓦楞纸板材料特性制作模型。开始以为这部分学生是单纯地在"产品原型制作"课程中对材料特性没有理解到位，那么向学生强化材料特性就可以了。但是通过全程观察记录再进行反思，发现这部分同学在"产品创意设计"课程中绘制设计草图及制作小比例纸质模型来表达创意时就出现了困惑。虽然他们知道本门课程后的模型制作需要用瓦楞纸板搭建，但却混淆了瓦楞纸板是用来制作初期展示、示意的模型，还是实际使用的最终产品模型。实际课程要求输出的是后者，产出实际使用的模型甚至可以看作最终产品，要考虑生产、加工、运输等。于是教师在课程中及时指导学生做出调整（图1）。我想如果没有进行全程的课程观察以及分析讨论，难以找到真正的症结所在。

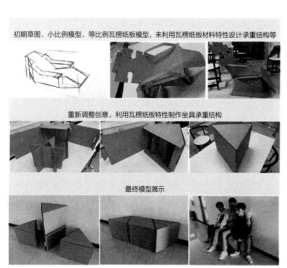

图1 学生模型调整过程

由此看来，深入课堂对教师的教学组织包括与学生互动的情况进行观察，并将观察到的现象及时与授课教师讨论研究，可以获得对教学的形成性反馈，发现教学中存在的问题，探索解决问题、加强课堂教学的方法和策略。

二、收集整理学生反馈

教学调查的目的是为教师提供反思和改善教学的信息，其中学生反馈是利用学生的认知和经验作为反馈。

在实施过程中，首先我和授课教师在每门课程过半时会口头询问学生，及时了解学生的接受程度或困惑，得到及时的、有价值的、真实的反馈，以便做出相应调整。然后在每门课的结尾，还会口头询问或微信语音询问学生几个开放式的问题让其思考（选择快速便捷的反馈方式，目的是让学生能积极思考并畅所欲言），问题包括：你认为本门课程最大的收获是什么？最喜欢本门课程哪部分以及为什么？你认为本门课程你在哪部分做的不足？你对本门课程的教学有哪些意见？

最后在课程群结束后，为了让学生对整个课程群及其中每门课程进行回顾整理，要求学生以表格的形式梳理思路并进行作答（表1），表格的纵向是课程名称，表格横向是两个课程群进行对比，需要填写的是每门课程的收获、建议与期待。

对学生的反馈进行分类整理，能够直观反映学生对课程群及课程的反馈情况，提供给教研室的老师们共同讨论研究。虽然部分学生存在自身认识等问题，但是至少我们能够了解他们所思所想，及时沟通。这也是教学改进方向的重要依据之一。

个人认为后续在反馈回应方面还需加强，应让学生知晓评价的具体情况：哪个建议被采纳并将如何调整；哪个建议最想被采纳但无法调整以及背后原因；哪个建议将不会被采纳以及背后的原因。将这些信息传递给学生，会让对学生对课程架构、教学目标、专业培养方向等更加明确，同时获得学生对于教师及专业的更多理解。

表1 学生课后反馈

课程	坐具设计课程群	灯具设计课程群 （有一定基础，接受度高）
设计研究方法	前期调研不够充分（前期调研的经典椅子与自选选题的设计难结合和借鉴）	前期研究较为充分（大量时间和精力）
产品创意设计	1. 希望在创意阶段给更多建议开阔思路 2. 草图表达能力弱，是否重要？	1. "设计意向板"等工具有助于发散思维 2. 前期定位不同，但创意相似
产品原型制作	1. 方案与前期调研结果脱节 2. 自己动手制作模型对产品原型有一定把控 3. 未能运用瓦楞纸板材料特性进行创意设计 4. 未考虑坐具的加工、生产	1. 将灯具进行建模，建模能力差，输出困难 2. 一款软件深入教学 3. 希望学习到灯具内部结构，以及电路如何搭建 4. 迭代使得失去兴趣或消磨耐心
品牌设计与营销	不理解"品牌设计与营销"课为何排在创意课程前	设计流程更为完整（涉及包装部分）
综合设计表达	信息设计能力较弱，希望传授更多设计原则和技巧	

"产品模型制作"创新设计课程教学与反思

李 霞

  我负责教授的是"产品模型制作"课程，这门课程属于"灯具设计课程群"和"3C 产品设计课程群"中的一部分，课时为 30 学时，授课时间安排在课程群内容的中后部分，前导课程有"设计研究方法""产品创意设计"后续课程有"品牌设计与营销""产品综合设计表达"。

一、"灯具设计课程群"中的"产品模型制作"课程

  因为疫情原因，2019—2020 学年第二学期主要的授课方式临时改为线上教学，经课程群研究讨论，最终选定课程产品输出为学生云端展示即设计产品的三维建模、渲染及功能视频展示。针对产出要求，结合授课班级学生的基础课讲授状况，"产品模型制作"课程临时改为 KeyShot 渲染讲解。为了使学生在最终呈现时能够更好地表达自己设计的创新点及产品特点，针对学生前期灯具设计中涉及的灯具材质、灯光以及功能性的一些要求，如变色灯、呼吸灯等，课程利用 20 学时，采取了项目式教学方法，用两个整体案例进行展开讲解，分别是产品材质及灯具灯光设置——手电筒（图 1）和渐变五彩键盘灯（图 2）；产品动画效果设置——变色灯动画（图 3）及口香糖整体、局部展示动画，其中产品材质方面会进行不同材质的 CMF 设计训练。具体的产品渲染灯光设置绝大多数的知识点都集中在渐变五彩键盘和电脑渲染部分，可以作为学生在智能灯具产品外观灯照部分的参考。

  课程采取案例讲解，用抛砖引玉式的方法进行推进，利用 6 课时组织课堂，学生按照案例讲解方法举一反三，针对设计的智能灯具进行产品渲染输出，同时输出的产品效果也作为本门课程最终分数给定的主要依据。最终利用 4 课时，对本门课程的产出内容进行汇报展示，在课程最终展示环节，学生基本上可以将设计的灯具进行整体及局部的功能性展示，而且对于部分冷暖色灯光、呼吸灯等功能也可以在视频动画中展示。

二、"3C 产品设计课程群"中的"产品模型制作"课程

  这部分课程是在线下教学，针对上学期学生在课程群最终设计表达中的效果以及学生的课程反馈，再结合本学期"3C 产品设计课程群"输出要求，利用学校资源优势，将开源硬件产品电路搭建作为了课程的重点。

  本课程在课程群中的分配仍然为 30 学时，课程针对上学期学生三维建模实践中的知识点漏洞——装配及产品内容结构设计不到位，利用 10 学时采取任务驱动教学方法，将 SolidWorks 中的曲面设计部分做了详细的案例讲解。课程案例学习的是简单的家用电器——吹风机、电熨斗以及插线板，这部分建模的讲解除了在外观设计上讲授一些简单实用的曲面设计方法，更重要的是给学生建立一个由宏观整体到部分的建模思路，结合这三个电器设备简单的电路排布，对其内部结构进行细节建模设计，实现电路排布正确、清晰的效果。这 10 课时的课后作业，结合了上学期的智能灯具，让学生重新修改上学期灯具内部结构，结合产品功能，按照简洁、方便电路搭建、安全等要求，完善灯具内部结构。课程通过设置这部分内容，让学生打破 3D 打印整体成型的固定思维，学会将产品分型、分模去建模成型，在建模时要注意机械结构上的基本安全性和合理性要求，例如加强筋、肋板的酌情添加，以及对产品需要经常弯折的部位要进行合理建模，保证其可以合理长久安全使用。而且在内部结构设计建模时，还要考虑预留出电路中传感器及控制器的位置。

本课程利用 18 学时，对 3C 产品电路部分进行了案例讲授，课程针对学生课程群设计的 3C 产品，利用学校资源 Microduino 系列模块和 mCookie 套装展开。

课程采用由浅入深、循序渐进的方法，先用一些简单的电路案例，例如冰箱冷藏灯、火警报警器、门铃、点歌台、打地鼠游戏、自动空调、扫码器、感应开锁、表情包展示等，将传感器、控制器等多种电路元素穿插在每一个实例电路实现上，让学生能够切实感受到这些电路原件的作用及使用方法，同时使用 Mixly 软件进行程序编写，让学生学习如何通过程序配合不一样的传感器、核心模块及各类控制器来一步步实现产品智能部分的设计。

课程最后留出 2 课时，让学生将产品内部细节结构用建模表达出来，同时将智能部分用 Microduino 系列模块和 mCookie 套装实现效果，从而根据学生的实现情况，给出对应的分数。

三、课程效果

嵌入在两个课程群中的"产品模型制作"，经过在曲面设计上的深入讲解示范、电路上的实现以及 Keyshot 动静渲染，让学生对产品模型电子输出方法有了较为系统的认识，基本上能够根据设计思路及产品创新点，较为准确地表达所设计产品的技术实现部分以及最终电子版模型输出部分。

四、课程体会及后续建议

两个学期的"产品模型制作"课程安排得比较充实，课程内容相对较饱满，每一个案例都是针对于课程群内容设定的，既教授了课程基本知识点，又为课程群内容的整体输出起到了铺垫性作用。从课程整体效果看来，授课班级学生基本都是理科生，逻辑能力还是不错的，在电路程序编写及搭建上表现得较为突出，但是在案例的实践上，还是有很多学生不能清晰地领悟案例内容的实质，理解较为肤浅、表面，不能达到举一反三的效果，需要教师在课下根据学生具体情况进行辅导。在课程教学过程中，因为课时有限，学生课堂练习的机会较少，也只能占用学生的课余时间去消化、巩固。

图 1　学生作品——手电筒渲染图

图 2　学生作品——渐变五彩键盘灯渲染图

图 3　学生作品——变色灯动画

工业设计创新实践课程探索

贾铭钰

关于要求具有工科背景的工业设计专业的教学规划该如何做、如何组织教学等问题，之前一直困扰着我们。若将产品设计所需的工科知识一股脑地按照传统的授课方式塞给学生，一是学时有限，很难安排；二是对于我们的学生来说，以传统课程为整体（比如力学、机构、结构和材料学等）进行讲授，学生很难理解和掌握，因为这种脱离了具体产品的贯穿的纯知识的灌输，对于他们来说，堪比天书。后来在教研室张锦华主任的带领下，我们进行了大胆的创新，打破原有的知识体系，按照产品设计的全流程来构建设计基础课的全流程，将技术科学性导入产品设计的整体性中来。接下来我就以大二第二学期开设的"灯具设计课程群"为例，跟大家汇报一下我们的教学工作，有成功的地方，也有不尽如人意的方面。

在开设这门课程以前学生在大一上了"水瓶设计课程群"，了解了产品设计流程；在大二第一学期上了"坐具设计课程群"，在实践中学习了人机交互的相关知识；而在大二第二学期开设了"灯具设计课程群"的"产品模型制作"这门课程。通过本课程的学习，要达成的知识目标是：

（1）学生能够描述各个材料（玻璃、塑料、木材、金属等）的种类、基本特性及工艺特点。

（2）学生能够叙述在模型制作中各种材料的加工流程和注意事项。

（3）学生能够描述各种材料的后期表面处理的注意事项。

通过本课程的学习，要达成的能力目标是：

（1）使学生具备对产品造型进行分析、拆解的能力。

（2）使学生具备灵活运用材料进行模型制作的能力。

（3）使学生具备对模型进行表面处理的能力。

针对要达成的目标，我们教学的指导思想是变传统的被动接受为主动学习，实施过程采用"任务驱动"的方式，课堂上以学生为主，教师为辅，教师主要发挥引导作用。以灯具中涉及的材料部分学习为例，我给学生布置的任务是，以小组（2~3 人）为单位，每组选择一种材料，要求：①了解这种材料的分类；②了解这种材料的特性（包括物理特性、化学特性、机械特性）；③了解这种材料的工艺特点（包括优缺点）；④了解这种材料的应用范围；⑤了解这种材料通常用在灯具的哪些部分，有什么好处等；⑥了解将资料进行整理，图文结合，以 PPT 的形式进行汇报。要求他们将所负责的部分给同学们讲解清楚，通过这种方式培养他们学习的能力，把课堂交给他们，也焕发了课堂的活力，充分发挥了他们的学习能动性。

通过上面的方法，我们很好地将材料学的部分内容融入到本课程中。本课程教学方案在实施过程中存在不足的方面是受学校实验资源有限的影响，没办法满足学生方案中不同材料模型的制作。采取的解决方案是充分利用学校 3D 打印的优势完成模型制作，学校提供 3D 打印机，要求学生自己建模、分层、打印以及后处理（包括上色）。在此展示一下学生的作品（图 1）。

本次灯具设计，给学生限定了一个关键词"模块化"，要求有单体、有组合，是一套灯具的设计。在整个制作过程中锻炼了学生的动手能力和解决问题的能力。对于我们遇到的资源有限的情况，目前没有更好的解决方案，后续希望和各位专家、老师们探讨。

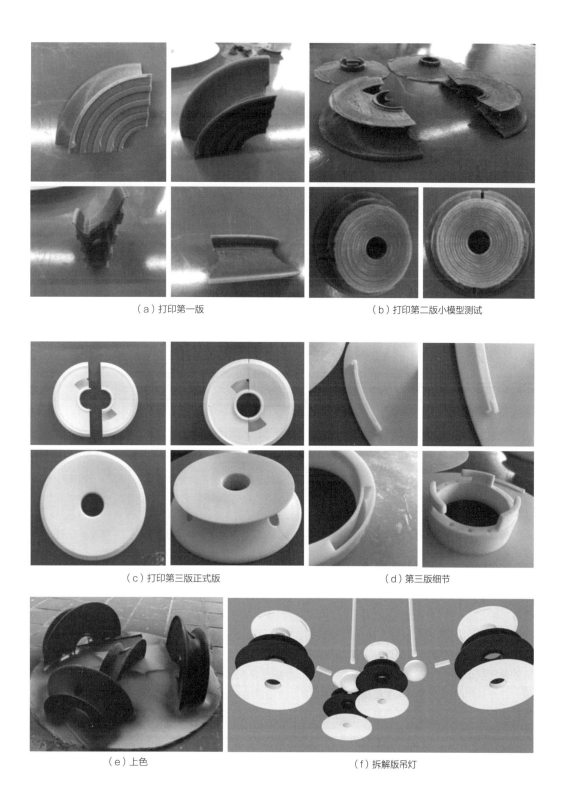

（a）打印第一版　　　　　　　　（b）打印第二版小模型测试

（c）打印第三版正式版　　　　　　（d）第三版细节

（e）上色　　　　　　　　　　（f）拆解版吊灯

图 1　学生灯具设计作品展示

对话与讨论

—— 张锦华老师指出了国内主流工业设计专业课程体系的不足：不同课程之间缺少衔接，没有按照完整的设计项目需要组织教学，没有为学生提供创造知识共享的场所，也没有给学生创造一个自我知识螺旋更新迭代的环境。张锦华老师重点介绍了"全流程项目驱动式"课程体系：将企业真实项目或研究机构真实研究课题作为课程群的实践选题；每个课程群由"设计研究方法""产品创意设计""产品模型制作""品牌设计与营销""综合设计表达"五门体现完整设计流程的课程组成；课程设置涉及产品开发流程的全部环节。张老师还强调了"全流程项目驱动式"课程体系主要解决学生在面对真实问题时的解决能力，光靠学校单方面力量是不够的，必须整合地方政府、产业界、学术界和各种民间组织等社会力量共同进行建设。

—— 孙小凡老师既在艺术类专业背景的学生的基础课中承担一些课程，同时又做了一次以工科为背景的学生的基础课构想，这是非常有价值的。她给我们分享了不同背景学生的特点，以及未来的课程应该强化什么，并且发现需要强化和侧重的地方是非常不同的。课程实施具有两个特点：第一在于教学组织，注重学生在得到任务后的自我拓展性，强化学生的组织能动性，并在明确要求下拥有更高涨的热情；第二是具有挑战性，例如条件是极限性竞赛性的，激发了学生探索的意愿和反复完善的动力。这样的尝试很有意义。

—— 邓媚丹老师不断反思自己的课程过程，洞察和分析教学环境当中应该进行改良的一种自我研讨，或者说集体研讨。她找出来教学上的一些难点，比如发现工科类的学生们注重结构理性但不注重外在感受，可消费者消费的往往就是感受。能够将这样的共性问题整理分享给其他老师共同思考，像这样的问题不一定能够得到快速解决，但是发现问题本身就很有价值。

　　—— 朱碧云老师做了非常有意义并且有价值的工作——跨学期对两个课程群进行课堂与活动的全程观察。这种系统考察通过让每位学生对课程做及时的回顾、评价反馈，然后进行分类整理，与各位老师及时分享，使得授课老师能够快速获得学生感受。

　　—— 李霞老师在设计创新课程中，能够把产品的三维建模、渲染及功能视频展示、装配及产品内容结构设计、学校资源带给学生，让学生将产品内部结构细节用建模表达出来，同时将智能部分用 Microduino 系列模块和 mCookie 套装实现效果。课程体现了李霞老师在整个课程群中的价值，同时也体现了"全流程"课程群的特点之一——将艺术和科学结合，强化技术科学到艺术科学。整个团队将艺术的和工科的、设计思维的和最后品牌文化等整合为一体进行呈现。

　　—— 贾铭钰老师在课程教学中，让学生在做设计时，除了对美本身的塑造以外，还综合了技术运用，这是整个课程群的一个优势。如何让工程技术的老师参与到设计创新课程中，是一次非常重要的探索。

—— "美术学院的教学方法是不能直接搬到理工科学生的教学中的。"

—— "学生需要了解课程之间连贯的关系，形成知识群，而不是形成独立的、单一的、零碎的知识。"

—— "一是要将现代设计的主要工作性质给大家讲清楚，给学生讲清楚建筑和产品当中表现出来的不同的造物肌理。二是要带学生们参观工业生产和设计工作的真实流程。"

把握中国工业设计的时代机会与研究型综合性人才培养

清华大学美术学院主题研讨

主　　持　蒋红斌
主题发言　杨　霖
　　　　　　邱　松
　　　　　　蒋红斌

中国工业设计教学探索

杨 霖

教育改革持续很多年了，但是真正要改什么、不能改什么一直没有被认识清楚。以往的教学改革就基本停留在课程名称、上课时间、学分制的变化上，并没有太多的实质性的改变，剩下的由老师各自对教学改革的要求进行理解。那么随着社会的变化，我们整个教学应该怎么改？是否还有真正不能改的地方？没有经过美术训练的学生和有过绘画基础的学生在后期其实是有比较明显的差别，面对这种情况该怎样教学？这两类学生在走上社会做工业设计时，他们的特点是怎样的？

一、理工科生和艺术生的不同特点

我本身的经历也可以说明一些事情。我不是美术学院出身而是理工科出身，然后当兵、转业，现在成为了老师。很多理工科学生对形式感的把握相对比较差，但由于现在的工具非常丰富，比如计算机、画板等工具突破了以前用马克笔、铅笔来绘画的画法，这些工具能很大程度上弥补理工科学生这方面的不足。如果教学方法得当或是在工作中经过长期的培训后，理工科学生的能力最终也会不逊于美术学院的学生。此外，理工科生和艺术生追求设计生涯的执着程度还是很有区别的，理工科学生尤其是综合性大学出来的学生学习能力很强，但是在他们刚毕业对工业设计的理解并不深的时候，很容易改行，去考公务员，或选其他专业考研，或从事与所学专业不相关的工作。但是艺术类学生的选择相对较窄，他们的考试能力并不是很强，所以将来更有可能还会从事设计专业。美术学院的教学方法是不能直接搬到对理工科学生的教学中的，他们的潜力很大，关键是老师要从这些学生和教学的特点中总结出一套高效的、从动手到眼界、对形式之美有所认识的一套教学方法；而艺术类学生长期从动手或者鉴赏的角度接触形式美，他们的感受水平是比较高的，但是工业设计不仅仅是形式美，在工作中涉及的生产制造、市场、带团队等方面艺术生显得后劲不足。再反思一下大学的整体教育，我认为现在的教学不太强调基本功，就是让学生了解做设计最基本的流程，将整个教学安排走马观花过一遍。很多时候，高年级的很多课就是介绍一下，但其实那些课程里的学问是很深的，以后想继续钻研就要靠学生慢慢研究。

二、中国工业设计真正面临的机会

我们的工业从 1.0、2.0、3.0 过渡到 4.0。1.0 时期的工业设计是在机械的前提下进行的，所以那个时候的机械工程师和工业设计师的区别其实并不是那么明显，只是侧重点不一样，比如最简单的自行车，工程师设计出来后的造型无需太大的变化，仅仅在一些细节上通过工业设计师再调整一下；2.0 时期到了电子产品阶段，工业设计并没有对产品定义的话语权，产品基本上是由工程师定义，然后由工业设计师穿衣戴帽，不过会比上一阶段更多地考虑工艺、成型等问题；3.0 时期工业设计开始慢慢向市场深入，比如更加注重市场调研、销售；今后从 3.0 过渡到 4.0 阶段，整个产业、制造业、国家都在不断发展，产品变得无形化，比如 AI、智能语音，因此现在工业设计专业的学生要学很多东西。那中国的工业设计教育到底应该是什么样？我们都知道工业设计是舶来品，我们现在所有的教学体系都是国外的，而正在做的这些产品比如电视机、空调，也都不是由我们定义的。我们无非是根据现有的技术条件进行改良，可技术原理、使用环境定义好之后的创新就非常有限了，无非就是新的材料，然后通过技术改进让产品由厚变薄、由重变轻、由大变小。中国工业设计真正面临的机会就是智能产品，未来智能产品就要由中国人来定义它并赋予形式美，因为制造业在中国，技术也在中国，而智能产品这个方向的训练在我们的课程和教学体系中并没有规划。现在的互联网资源非常丰富，学生自学的渠道有很多，他们只要意识到该学些什么就能获取很多信息，教师需要判断哪些需要讲授，哪些可以鼓励他们自学。高科技越来越无形，所以设计基础课程应该补充将无形的事物有形化的训练，比如将音乐、量子、黑洞用视觉的方式表达。中国智能产品的爆发机遇已经来临，我们要重新思考设计的基础是什么。

关于工业设计造型基础课程的思考

邱 松

一、基础教学工作的发展

1988 年学院成立基础部时我刚留校，在基础部工作过一段时间。基础部设立的目的是：培养本科生设计基础能力。因此，当时对于基础教学的重视程度相当高，学完两年基础之后学生要通过分流考试升入到高年级学习，如果没有通过考试，则再进行一年的培养以专科毕业。学生当时反馈主要有两点：一是基础部把班级都打散之后，专业划分好像不是那么明确了；二是一共四年的学习时间，两年都在学基础，另外两年学专业，真正专业的学习时间较少。可能由于学生们专业学习的时间不多，毕业的择业范围反而广泛了，比如装潢专业的学生毕业之后有做画家的、有做设计的、有当老师的，甚至还有去做与美院专业无关的音乐人、电影导演。

后来，中央工艺美术学院合并到清华大学后，基础部取消，我回到工业设计系，在柳冠中老师带领下，专门做"综合造型基础"课程研发。这个课程针对工业设计系二、三年级，有幸被评为国家级精品课程，并获得教学成果奖。之后，学院又成立了基础教研室，我被调到基础教研室以后的第一年没有太多的工作，更多地是在了解和思考。因为原来综合造型基础课程只针对工业设计方向，包括产品设计、展示和交通工具设计，但如果针对全学院的各个专业，比如工艺美术、服装、染织、陶瓷、视觉传达、信息设计等，那么教学工作该怎么展开？综合造型基础课程是做三维的，那视觉传达专业学生的二维该怎么办？服装、染织专业的学生怎么上这门课？只靠一个综合造型基础课程，可能解决不了这些问题。所以，我尝试忽略专业特征，只从维度上进行划分，这样就有了二维造型基础、三维造型基础、综合造型基础。二维造型基础可以细分成二维造型基础 1、二维造型基础 2，前者强调图形的学习，后者强调色彩。三维造型基础分成三维1、三维2，前者偏重于实体形态，后者强调空间形态。综合造型基础分为综合 1 和综合 2，综合 1 主要是强调材料、工艺结构的综合造型能力，同时引进了一些关于运动的概念，实际上就是四维，但这种运动不是真正的运动，而是有运动感；综合 2 强调完全的运动，这在以前的基础课里是没有的，属于教学创新，比如做汽车的造型往往都是做静态模型，但真正在路上看到的汽车是跑起来的状态，和静态地看是不一样的，所以强调运动的造型能力也是必需的。之后，我们把这个系列作为设计专业的通识性课程，无论什么专业的同学在大一的时候都学一样的内容。一开始我也没有很深刻的体会，后来才逐渐在教学过程中慢慢理解，专业基础和通识基础实际上是跟人才的培养直接对应的，专业基础就是针对专业，通识基础针对所有设计专业。清华现在已经把所有的专业变成大类，打破了院系的格局，这都是在适应社会发展的需求。那么我觉得通识基础课的教学目的是培养一种研究型的综合性人才。现在也有一些教育专家认为在本科阶段不要过于强调专业，这样让学生在将来有更多的选择空间；也有人认为我们培养的本科学生应该更多地像一个半成品，这样当他们到了社会上或者进一步进修的时候，不至于过分定型，具备更高的可塑性。

二、"糖葫芦"课程结构——将思维课程和技能课程结合

下面我谈谈课程群的概念。课程群实际上就是把相应的知识块组合在一起，学生可以通过这种模式了解课与课之间的关系，形成知识群，而不是只学到独立的、单一的、零碎的知识。以前各系和基础教研室之间经常会相互抱怨，认为专业课与基础课脱节，从专业课老师的角度认为在基础

课程阶段就需要讲专业，从基础课老师的角度认为基础课程并不是为某一个专业服务的。因此我们不主张把设计思维课程和技能课程单独拆开来上，否则学生在学完各种知识以后无法学以致用。我们提出了"糖葫芦"课程结构——思维方法是将很多不同专业课程串起来的"糖葫芦签子"。以前基础和专业之间没有形成关联，很多学校都有这个矛盾，但各专业之间到底有什么相通的东西，那就是思维方法。因此，通过强调各专业之间一致的思维方法基础课就会和专业课自然地结合在一起了。

将设计素描与工程制造原理等基础课融合为一个教学体系

蒋红斌

原来的中央工艺美院合并到清华大学之后，一个最大的变化是可以面向清华大学全体学生开设基础课程，因此我自告奋勇地开始给汽车系、材料系、自动化系等理工科学生教授透视与结构素描这门课程。

一、课程中遇到的关键问题

第一，这门课原来是美术老师进行授课，由于同学们已有课程安排十分密集，用原来绘画的方式教学，时间与教学内容之间会出现巨大的落差。清华理工科学生的课程，是一种"抽屉式"的时间安排，各个课程之间没有联系，时间安排又十分密集。针对这种情况，课程组织方式的思考与调整就至关重要了，要从整个学校教学的架构中来思考如何合理地安排这门透视与结构素描课程。这是我遇到的第一个关键问题，全面调整课程方式去适应教学结构和学习模式是一个挑战。

第二，我向理工科学生提问"设计是什么"，他们说设计就是艺术，也是美术。这样的答案占了大多数。另外，学生们常会问，"老师，上好结构素描这门课，是不是之前要有很强的绘画基础，这样才能画得好，学得好？"在他们心目中，画结构素描与自己没有受过绘画训练密切相连，因此，大多数同学一上来就对学好这门课程没有信心。

第三，目前国内教育对设计素描本身的教学目标就存在误解，说到素描，就认为那是不是绞尽脑汁思考创意，让自己最异想天开的想法跃然于纸面，博人眼球？现在有很多高校的结构素描教学，实际上就是技法的表现。我调研后，强化了课程的主旨是要培养学生成长为综合性创新人才。并且注意到所面对的学生，一是多数之前没有受过专门绘画训练；二是基本不清楚所谓的设计流程；三是认为设计、艺术和美术是一样的；四是找不到课程与自身成长的必要联系。

二、课程安排

我把 32 个学时的课程，变成一个从思想到技能的综合课程，用最短的时间引发学生对课程的兴趣成为这门课程的主张。一是要给学生讲清楚现代设计的主要工作性质，需要给学生讲清楚建筑和产品当中表现出来的不同的造物机理；二是要带学生们参观工业生产和设计工作的真实流程。清华大学有很多特别厉害的工业生产训练中心，课程中就直接带学生们参观制造中心，不是看画家作画，而是看工业制造和实际的设计工作。学美术的，是不用知道制造工艺的，但学设计的，必须要在设计过程中考虑制造工艺，所以，结构、造型、工艺成为了设计师工作的阵地。花时间让学生去认识工业制造将高度激发工科学生的认知热情，从而加深学生对现代设计工作过程、设计结构素描学习目标的理解，这种对设计和教学的准确把握将在为什么学、怎么学方面起到事半功倍的效果。

接下来，邀请设计公司的资深设计师到教室与学生进行互动，如果时机恰当，就设法安排学生到设计和制造公司参观，带学生走出教室直接在公司学习，这比要求他们在教室里绘画还重要。课时就这么长，让学生在有限的课时中获得从知其然到知其所以然的认识十分关键。让学生看到设计草图在现代设计工作方式中扮演的真实角色：开会时可能追求概念草图，可以迅速把概念传达给参与的人员；国际讨论时有可能需要理念十分清晰的草图；要进行工程会议，图纸讨论会是怎样；利用电脑进行建模，那么人与人的交流会用另外的辅助绘图交流等等。如果不明白这些，怎么能联系到上课要求学生怎样来作画呢？技能这件事可以先搁置在一旁，要将技能背后的逻辑先讲清楚，唤起大家学习设计素描的认知，然后再讲到底怎么画结构素描。要让他们知道实际的设计工作与课程之间有什么关联，要读懂弦外之音，让学生主动去练习。

课程结束了，学生因为理解了设计的工作性质和方式而喜欢上了这样的绘画方式，他就开始主动画画了。授之以鱼，不如授之以渔。我常举这样的一个例子，500 年前达·芬奇的素描就是大量用结构线展开对事物的把握和构思的。真正的结构素描发生在他思考每一张设计图纸的过程中，一种机械工程的、构造关系清晰的素描凝结了他对每一个环节的细致思考。

我现在对理工科学生在素描课上的要求是可以用尺子作画，核心是要传递信息，把自己的设计跃然纸面就好，怎么得心应手怎么来，每个人按照自己的习惯来，允许他们戴耳机，但就是不能为了画图而画图。美术学院上的结构素描课程是竖起画板进行的，但设计素描是将画纸放在桌面上的。设计素描应该是一个短期素描，且在方寸之间做小画，在 A4 或 A3 的纸上，在一定时间内画出相应数量的小画，联系之前的参观和观摩，学生们自然知道这样训练是为了什么。

所以，最后我想和大家一起畅想，是否可以把设计的 3D 打印、手绘、模型制作、数字模型、工程制图等整合在一个学期上，这样就可一个学期完成三个学期的课程目标，相比开篇的"抽屉柜"那样，形成一个"贯通的抽屉柜"，上午、下午、晚上的课程都是相互关联的，这样可以省出很多实践的时间，更高效地培养人才。实际上工业设计也可以这样上课，把 3D 打印、手动模型、工程制图、设计思维以及设计草图在一个学期当中整合起来安排课程。我认为这种整合在一起的联合课程会成为未来的一种趋势，这将是一个事半功倍的体系变革。

对话与讨论

—— 杨霖老师谈到了不同专业背景的学生走向社会之后在工作当中会有不同的状态，理工科的学生毕业后对形式美的把握不够，而当艺术生成为管理者的时候显得后劲不足。杨霖老师认为美术学院的教学方法是不能直接搬到对理工科学生的教学中的。要根据理工科学生的特点，总结出一套高效的、从动手到眼界、对形式之美有所认识的一套教学方法。杨霖老师谈到一个根本性的问题：工业设计不可替代性的地方在哪里？他认为智能产品是中国工业设计的机会。今后这些智能产品就要由中国人来定义，因为制造业、技术等优势正是集中在中国。在这个背景下，杨霖老师认为未来将是我们中国工业设计发力的时候，因此在教育内容上也应该有所增减和优化，设计基础课程应该加入将无形的技术有形化的训练。

—— 邱松老师对基础教研室的来龙去脉和从维度上进行划分的"综合造型基础"课程进行了详细的介绍。邱老师认为通识基础更重要的是培养一种研究型的综合性人才，让学生将来在社会上或者进一步进修的时候有一定的可塑性。邱老师还提出了避免基础课和专业课互相脱节的"糖葫芦"课程结构，这个结构中有很多种课程联合在一起，但里面一定要有"签子"把它们串起来，像糖葫芦一样，那么签子其实就是我们的思维和方法。

—— 蒋红斌老师提到清华理工科学院的联合课程设置可以将机械制图、设计素描、设计草图、模型制作和工程结构分析等整合在一起，让上午、下午、晚上的课程都是相互关联的，这样可以省出很多实践的时间，更高效地培养人才。蒋老师还提到理工科学生以为画结构素描是和绘画训练密切相关的，但是当他们深入了解现代设计的工作过程后，就会发现设计师手绘和艺术家绘画是截然不同的。手绘是设计师与他人交流结构、造型、工艺等创意的工具，并不是艺术作品。

单元三
论坛主题论文
Forum Topic Paper

本单元由 30 多篇来自不同院校不同专业背景的一线教师投稿组成，论坛组委会按作者的发表意愿和出版社的要求，进行了一定的调整。这些通过审核的论文反映了当下从事综合设计基础教学的全国一线教师对设计基础教学的理念、思考和实践。在内容和关注度上，呈现出更多对课程结构、节奏和综合度的所思所想，大幅度地提升和拓展了设计基础教学研究的视野与内容。

以人类新的面向探索未来产品设计的新思路

高凤麟　中国美术学院

摘　要

　　人类面临的各种新问题迫使我们不得不重新思考设计学科的方向与需要进一步研究的内容究竟为何。在传统的产品设计教育中，我们比较注重对于产品使用功能及形体美学的讨论，这是正统和一贯的教学思路。而当我们纵观现今快速发展的种种时代特征后便会发现，人类正在日益丰富的物质环境下逐渐失去许多宝贵的品质，这是我们身处这个时代不愿看到的。因此，设计将产生另一重要的责任，便是帮助人们回归到理想的思考模式与生活方式中去。技术的无穷发展并不能完全解决人类身心关系上的不足，面对不断开发而导致的资源匮乏将一步步让我们直面如何生活下去的思考。人类在物质的世界中必须学会更多支持我们活下去的心理技能，诸如坚持不懈、学会放下、面对孤独、抵挡诱惑、爱与同理心，等等。这些需求如何通过设计逐步实现，而为人类带来幸福的感受？本文尝试从设计实践的角度探索全新的解决办法，并以此开启我们未来的全新思考。

关键词： 新的面向；未来产品设计

一、何为当下设计应该讨论的新问题

　　首先，我们要来讨论的一个问题是：何为当下设计应该讨论的新问题？中国哲学家王东岳在其论著《物演通论》中提出"递弱代偿"的核心思想 [1]，其意可谓深远。所谓"递弱代偿"，是指后续衍生物种由于其生存系统的复杂化，导致其生存强度也必将代代趋弱，由此换来维持生存更加庞大的代价。从今天全球爆发的各种灾难性事件中不难看出这一点，即人类正面临前所未有的生存震荡，一切自然资源正在人类的快速消耗中形成对我们反向钳制的态势，不论科技的发展多么快速，似乎始终跟不上问题出现的速度。由此不得不深入思考其缘由以及应对的办法。

　　从设计的角度看，几乎所有学科已经开始无法避免地进入跨界的时代。这并不是说原本领域的问题已经不值得研究，而是产生了新的且更为重要的问题。从人的本能需求讲，物质的丰富已经越来越难以让人产生新奇或依赖的感受，因此对于产品的设计自然就开始朝着新的技术或新的文化内涵方向发展；另一方面，环境污染、人口激增、交流障碍等新问题层出不穷，使得设计这一专业面临新的责任。于是我们会发现，原本针对日常家用的一件耗费大量心力完成的产品在这个时代也许并不如一个帮助释压的小玩具受人欢迎。这就是这个时代的显著特征，即能否准确发现人们内心的需要或社会的问题，并加以解决，这成为我们工作的重要思考方向。这样的需求或问题不以大小论，而是以准确性加以判断，一个小小的需求满足也许会形成巨大的蝴蝶效应；而反过来，对原本已经出现的一件产品，若出于商业考虑对其进行了无效的改良，很可能最终非但没有成为经典产品，反而沦为不痛不痒的短命商品，其对环境的害处反而大于它存在的价值。

二、新的语境带来新的设计思考

　　既然我们已经来到了新的时代，就必须要直面新的问题。纵观当今世界多数设计教育，为物的创造过程，而在物的生成已不再成为解决各种问题良方的今天，我们依然没有全然理解人类获取幸福生活的真正好方法为何！假如换一种思路，将我们的终极目标变换成追寻人类宝贵的情感，应对多元文化下的适应性，克服人类自身的软肋，更或者与当下物欲崇拜的社会思潮相抗争，那将会产出完全不同的新产品吧！不论设计研究或者科学技术如何发展，从人的本能来说，任何一个个体都能依据自身的感受提出富有价值的研究命题，而作为设计者也需要驻足聆听人们内心潜藏的声音。

这种创作的过程是怀有爱与善意的，假若背离了这样的宗旨，是不可能做出真正打动使用者的产品的，当然更不用说获得长久的商业回馈。

在以往的各种产品中间，还有着许多未被思考与开发的间隙。对这些间隙的空间认识可能超出了我们基本的想象范畴，而其用户需求往往远大于常规性的思路产出。举例来说，一件家具的基本功能是被人使用，而如何使用是需要进一步讨论的。好比一张床的设计，基本的功能大家普遍容易想到，但如果设想它的许多新需求就不一定了。它能防止打鼾吗？它能防止尿床弄湿被面吗？它能防止翻身打扰到另一个人睡觉吗？它能让你躺着也能看到时间吗？如果这样想象下去，应该不难发现我们的努力目标。再比如说一张座椅的设计，通常我们考虑它的人体工学舒适性，或者它的形态美学，也或者面料触感等，但假设我们将它与空间的关系连带考虑，那会产生不一样的想法。一个空间中总有不常去的角落，而从空间的整体利用率来讲，闲置的空间是极其浪费的。如何设计一种座椅，可以把室内空间中不常去的角落利用起来，变成令人驻足的空间，也会是有意思的点子。

总体看来，新的方向应该是从细微处着眼，准确对应用户潜在需求或社会问题。

三、新思路与旧思路的评判差异

在这样的思路发生之后，我常常发现学生的实践作品缺乏生命力。当然，许多是在传统的产品设计思路下生成的。比如，注重造型改良的产品设计思路，这种思路往往以培养学生的基本功为出发点，相对会减弱创意生成的部分。还有的是以用户调研及商业满足为基点的产品设计思路，这种思路也有对于整体方向把控上的风险，因为商业化的导向可能最终牺牲环境的保护性。但还有比较复杂的问题，比如过于基于未来性的新技术或新思想而产生的令人费解的产品，这样的设计可能过度强调创新性而背离产品落地实现的本质要求。或者对于设计概念求大求全，低估生产投入的风险等。于是便出现一些不同的评判标准，往往在这中间既要达到思路的新颖性，又要兼具实用性，并且符合技术实现要求是比较难的。但这也是产品设计需要去努力做到的方向。

假如我们从教学角度单纯强调人才的技能达到，忽略课程中学生自主思维意识的培养，便会遭遇一个现时问题——社会的职业容纳度。而通过观察我们也会发现，当今的企业在瞬息万变的社会发展中想要立于不败之地，靠的并非全然的专业基本功，而是对于用户以及市场敏锐的洞察力，并擅用专业知识提出巧妙合理的解决方案，这样的思考模式是真正重要的基本功。

四、一些课题中的思考案例

接下来与大家分享一些有意思的课题案例。

第一个案例是一个关于家具的设计。家具能够联想到的往往是它与身体的匹配性，或是形态风格之类的要素。这个概念的出发点却没有选择这些方向，而是思考家具如何能够将室内外联通，成为人们感受自然气息的媒介。这是一个较高立意的设计概念，设计者选择了植物作为中间介质，希望通过植物生长的特性改变人们对于家具一成不变的印象，让它成为不断变换表情的人工物。我们选择了一张椅子与其脚下的空间作为基本思考单元，想象人们脚踩一小片草地阅读或休闲的情景。我们设计了一个正六边形的双层单元构件，用以承载泥土与青草。将多个单元件拼接组合，边沿以接插结构件连接，可形成任意大小的草地形态。我们为它取了一个名字：一方（图1）。座椅只是这件作品中的一个部分，它可以被替换成各种不同的形式。用户可以把这组家具放在室内的阳台上，亦或是室外的院子里，当然也可以作为公共空间的体验家具使用。

第二个设计是一个另类的时钟设计。为什么说是另类？因为它不是一个普通意义上的时钟，它是一个倒计时的应用软件。而这是一个对于时间概念的追问：我们对于时间的理解代表时间本身吗？这是一个引人深思的问题。现代人忙碌的身影似乎看起来想把十年的事压缩在一年内做完，而

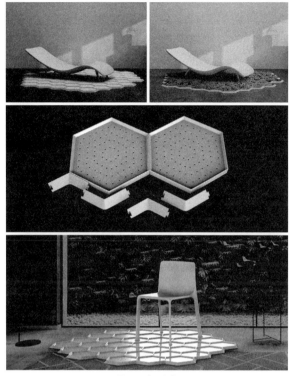

图1 《一方》

对于时间的定义难道不是一种人为的方式？它是确切感知的吗？对时间的压缩化对我们自身究竟是好还是不好？由此带来的生理上的功能性紊乱不正是当代人遇到的严重问题？而从觉知的角度看，你更希望津津有味地感受一顿美餐，还是狼吞虎咽地吃下一顿快餐？假如我们换一种视角，以倒计时的方式告知大家本没有理解的时间概念，或许更有意思。比如，远在他乡的你与父母这一生相处的时间最多能有多少小时；一天中属于你自己的放松时间是多久；或者你已经多久没有和朋友见面了；你容颜老去的速度表征……在这样一个软体设计里，我们对时间进行了重新定义，并依据用户的个人习惯及数据进行个性化定制与推送，帮助用户提升自己对时间的把控性（图2）。

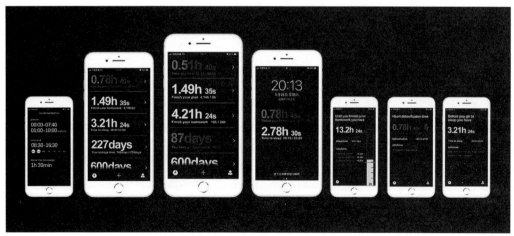

图2 倒计时

　　第三个设计其实并不是一个设计，而是一个系列的设计研究，它是关于释压动态图像的研究。从 2017 年起，我将情绪释压作为一个长期的研究课题展开实践。原因在于，我发现虽然社会物质极大丰富，当代人的生活压力却越来越大。这种压力从何而来？又该如何化解？带着这个课题我开始思考能够帮助人们消解自身压力的产品，而这个系列的研究是一种动态的图形设计，旨在帮助人们从视觉上变得安静与舒缓。最开始，我就对界面与动画作出了明确的区分，我认为动画是基于角色与故事线索的创作，它的功能是让观众感到情节的吸引力。而界面更基于用户本能的功能性体验，它可以并不具有角色或故事，但它需要带有某种既定的目标，比如在一定时间的观看后让用户产生睡意，等等。于是在这个课题中，我尝试以慢速动效的形式进行探索，并在后期加入音频，引导团队在图形图像以及声音的感知模式上寻求突破（图 3）。最终，我们完成了大量有趣的设计，并在之后生成了一套全新的释压小程序（心冥想减压），目前正在接受用户测试。

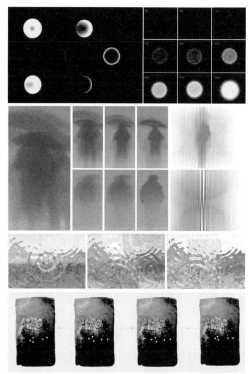

图 3　释压动效

五、总结

　　设计，究其本质，乃是以创造性思维智慧解决生存问题的学科。它不仅指物的生成，更不只是美学范畴上的指代。从今天的角度看待设计，已然产生了全新的问题导向及更为广阔的思辨空间。设计遇到的问题并不仅限于外物，对于人类自身的终极追问也会成为亟待讨论的议题。何为幸福？如何爱？获得坚强的方式？持之以恒的动力？学会放弃……

　　危机意识或许可被理解为另一种重生的缘起。假如对各种事物原初的合理性探究是平行于人类客观生存的一面镜子，那它将照亮人类世界发展的未来，也必定为我们带来真正属于未来的产品！

参考文献

[1] 王东岳. 物演通论 [M]. 北京：中信出版社，2015.

浅谈应用型高校动漫造型设计课程教学改革

吴冬原　吴辛迪　阳光学院

摘　要

　　应用型高校的"动漫造型设计"课程作为动画类相关专业核心课程，为了适应新时代教育教学要求，需要改变动漫造型设计课程传统教学内容和形式，根据应用型高校的教学培养目标，从课程的核心出发，依据动漫造型设计的基本制作流程和项目的设计需求，构建适合应用型本科高校的项目化教学模式，结合动漫行业的相关实际项目，转化为课程化的设计思路，构建体系化的课程内容。本文以阳光学院的艺术类专业数字媒体艺术方向为例，探究课程的教学状况，反思以项目为导向的教学实践。在具体的教学实践中，设定研究课题或专项主题，将实际项目引入教学环节，教师引导学生有针对性地学习动漫造型设计的工作流程，开发学生的创造性思维，融入地方性文化资源的教学内容等，多方面对课程进行改革，提升教学的整体质量，为动漫造型设计课程的后续发展和相关课程的改革提供参考。

关键词： 应用型；动漫造型设计；教学改革

　　我国正处于经济转型、产业升级的关键时期，对技术应用型人才和高素质高端技能人才的需求增加，国务院印发的《国家职业教育改革实施方案》对应用型高校的办学做了定位，应用型本科院校以服务地方经济社会发展为宗旨，"着重培养创新型、复合型、应用型"教学培养目标为目标。[1]应用型高校"动漫造型设计"课程的教学改革要适应教学体系的改革目标，对课程本身现状与存在主要问题进行分析，根据应用型高校的转型要求，依据动漫造型设计的基本制作流程和项目的设计需求，结合动漫行业的相关实际项目，转化课程的设计思路，构建服务于地方文化特色、助推地方经济发展的课程内容，对课程的评价方式进行改革，提升整体教学质量。

一、"动漫造型设计"课程教学现状及问题

　　在应用型高校转型背景下，不同的学科对动画专业人才的培养方式和偏重点也不尽相同。立足于计算机学院的动画类课程，偏重于数字技术手段的动画创作与实现；立足于设计类院校的动漫相关课程，偏重于学生的动漫作品画面艺术性表现力的培养；立足于影视类院校的课程，偏重于动画的编导、分镜头设计、影视创作等课程特点；立足于传媒和传播类的院校课程，偏重于动画产业的研究及文化传播等特点。目前看来，虽然动画相关专业的代表性院校培养了一批优秀动画人才，但为了使我国动漫人才培养能逐渐跟国际水平接轨，我们的教学亟须创新与改革，满足行业人才培养的需要。

　　动漫造型设计课程作为动画类相关专业的核心课程，旨在通过课程培养学生对人物、动物、怪物、机械等各类动漫作品角色造型设计的能力，通过课程让学生掌握动漫造型设计的原理和基本技能，从而让学生能够在现有的理论基础上创作出优秀的动漫作品。在课程教学效果上，我们已经取得了一定的成果，但对比国外院校还具有一定的差距。应用型高校"动漫造型设计"课程的教学改革，旨在对课程体系中的基础教学进行改革，提升教学的整体质量。

　　目前，动漫造型设计课程教学存在的问题包括：首先，原有的教学目标过度强调造型设计技能的培养，培养充实动画制作的"技术工"，充实动漫企业的中后期工作人员，忽视了行业相关的设

计流程与标准认知的重要性，这种培养方式在就业初期较为适用，但是由于认知的片面性和缺乏创新性，不利于动漫从业人员的职业生涯发展，也容易造成动漫企业人才流失的情况。其次，教学内容方面，传统的动漫造型基础训练偏重对于欧美动漫作品的模仿，忽视了地域性文化的结合，对设计内容认识不足，课题训练的内容过于庞大，不符合培养目标，与学生的前期能力不匹配，也容易造成学生觉得课程收获甚少。另外，评价方式偏于传统，比如以结课的作品或者上机的考试作为评判学生课程掌握程度的唯一评价方式，也容易造成一味注重技术，忽略综合能力的培养。

二、应用型高校"动漫造型设计"课程教学目标与教学设计

1. 课程教学目标符合应用型高校特点

动漫造型设计课程教学目标要符合应用型高校的教学特点，课程要求学生通过对整个剧本的理解，从动漫角色的个性特征出发对视觉元素进行概括与提炼，遵循一定的动漫角色造型创作原理，掌握动漫造型的基础理论、风格特征、制作方法等，较全面地了解符合地域特征、文化背景的造型，掌握多种动漫造型的表现，并能通过造型的设计及传播达到一定的商业性及应用性，让学生能够根据前期的动漫造型设计出符合时代要求的、服务于地方经济发展的动漫作品，具备足够洞察力和细致的观察力、深厚的造型艺术功底、一定的企业经验。课程教学的改革，将促使教学更加贴近实际工作的流程，以市场需求和行业规范为导向，通过案例教学结合实际项目让学生掌握知识点和实践技能，有利于提高学生的艺术素养、设计意识与创新实践能力，从而培养高端复合型专业人才。

2. 课程教学设计采用模块化的方式

在动漫造型设计的教学中采用模块化的教学方式，把教学设计分为认知教学（基础知识体系）、体验教学（课题调研与情感融入）、启发教学（设计思路）、互动教学（设计交流）、参与教学（展示作品与互评）五个阶段模块。课程前期通过认知的教学模块，让学生掌握动漫造型设计的基本知识和一定的表现技能，由专业教师进行理论讲解，系统地完成动漫造型设计基础造型理论、设计基本方法及原理、造型创意及变形技巧等专业知识内容的学习，使学生了解动漫作品的创作流程，掌握动漫造型的转面图设计以及造型比例、表情的设计、服饰等[2]。动漫造型基础训练是以培养学生开拓意识、创造性思维为前提的，造型能力与艺术素养并重，在此阶段的学习过程中，也将逐步培养学生绘画能力和创新思维。通过体验教学模块和启发教学模块，让学生参与设计调研，以小组的方式进行设计思路沟通。以小组为单位，由小组代表学生直接跟企业的项目经理或导演针对设计思路进行沟通，并把沟通时遇到的问题、企业方对作品的修改要求等信息反馈给学校的导师，以便教师进行针对性的指导，直到方案通过为止。互动教学要求学生参与设计调研过程，增强学生对设计作品的认同度和参与感。定期听取各小组的项目进度汇报，并对任务完成情况进行检查和指导。在设计过程中的沟通、展示和讲解都需要具备良好的与人交流能力，可以说，交流能力也是学生需要具备的一项基本素质能力。参与教学环节在最后造型方案确定的基础上，将方案进行组与组之间的互相评价和讨论，多元的评价能转换学生在项目参与中的角色，从不同的角度思考方案。

三、课程改革思路：教学内容的应用性

1. 教学内容引入实际项目，参照行业工作流程与标准进行

习总书记在党的十九大报告中指出，要"深化产教融合、校企合作"，为高校在新时代推进内涵建设和进一步创新发展划出了关键点。[3]应用型本科实现产教深度融合，就要借鉴最新的行业理念，收集与课程关系紧密的行业案例，模拟企业的工作过程。动漫造型设计在行业工作流程中属前期工作的重要环节，动漫造型主导着整部动漫作品的风格、剧情基调和市场受众。动漫造型设计课程将企业真实项目"任务"引入教学内容，利用"工作室"平台，把社会资源引入课堂，真正做到

"深化产教融合、校企合作"，产学研一体化。由企业的设计师担任教学指导，建立在校企合作共建的工作室平台上，以学生为中心的教学设计，营造真实的动漫设计工作任务流程，学生的项目任务必须按照企业的行业标准来完成，实现有效的教学行业标准化目标。教师利用企业生产项目对教学内容进行设计，在制作期间要求学生严格按照动漫制作的分工和流程进行。部分课程采取与企业合作的方式，改造成项目课程并当场开展教学，利用企业平台将课堂教学与实践进行有机的整合，促进学生在做中学、在学中做，成为动手能力强的人才。以期产出类似市场产品的成熟作品，培育学生的创新能力，增强学院教学与市场需求、实际生产之间的相关性，提高学生的应用能力。

2. 服务于地方经济建设，结合地域特色进行课题研究

应用型本科高校把办学思路放在服务地方经济和社会发展上，坚持"办学定位服务地方、人才培养面向地方、科学研究围绕地方、文化传承引领地方"，推动教学与行业、企业以及地方政府的合作，努力构建以知识、文化和技术创新为核心的校企发展共同体，提升服务区域经济社会文化发展。[4]因此，在选择训练课题的时候，将重点放在具有地域特色的民间文化、蕴含中华民族精神的内容上，使学生感觉到亲切感，提高调研的积极性。动漫造型设计注重"自我"发展，不再仅仅是模仿国外优秀造型的特点，创作中越来越重视自我的探索，这样的动漫才能得到观众喜爱。

1）具有地域特色的民间文化的课题训练

应用型本科高校在地理区位上大都分布于地级县市，这些地区在地域特点、民俗文化、历史文化、特色经济等方面大都具有自身特色优势条件。动漫角色中独特传统文化符号直观表述也有寓意性的内涵展现，动漫造型创作时善于采用民俗化的表现形式，将传统文化和民族性格渗透入角色之中，从而形成自身独特的表现风格。[5]民间文化一般带有浓厚的地域文化特色，种类多，教师可以针对一些上映的影视动漫作品进行赏析，介绍一些具有浓郁民族传统文化调性的优秀作品，比如《大鱼海棠》《西游记之大圣归来》中人物造型和配色如何体现民族特色，如何运用动漫形式语言表达中国传统文化特色，鼓励学生调研熟悉的文化。这些流淌在民族血液中的文化元素，能够给人以亲切感，消除文化隔阂，拉近调研对象与设计师之间的距离。这些建立在传统艺术文化、民间风俗基础之上的形象是大家情感共识的共通点，比如在题材选择上有的同学就选择闽台"风狮爷"石雕造型进行动漫化设计。设计调研时，学生收集对比相关的"风狮爷"石雕造型，造型设计上保留了闽台"风狮爷"脸部表情，圆眼凸出，狮鼻头宽阔，龇咧大嘴，露出牙齿，背部的鬃毛卷曲，结合传统服饰的搭配，在表情包设计上有的露齿含笑，有的一脸稚气（图1）。在色彩的运用过程中注意色彩的补色搭配和近似色搭配，以便保留传统色彩的艺术意蕴，整体轮廓上予以简化和规则化，并适当地作夸张变形处理，以增强动漫形象的幽默感和趣味性。学生在造型创作上把握了地方民间文化的精髓，造型设计上保留了文化的特色，又符合现代人的审美需要（图2）。

图1 泉州"风狮爷"动漫造型设计

画面中背景里的两座塔描绘的是泉州的东西塔，是泉州当地特色代表性建筑。

画面中的刺桐花是泉州的市花，在泉州有重要的地位。

画面中的莲花代表着高洁，表明泉州是一座有着浓厚宗教色彩的城市。取材于泉州的西湖公园。

画面中的主体形象是泉州"风狮爷"，参考的形象来源于泉州博物馆中的"风狮爷"形象。它是泉州当地特色的万能神，画中是在原型的基础上加以设计而成的形象。

画面中的浪花取材于泉州惠安湾，象征泉州是一座沿海城市。

图2　基于泉州"风狮爷"动漫造型设计的插画

2）蕴含中华民族精神的动漫造型课题训练

　　从文化传播角度看，动漫作品结合传统文化创作，对内能够提高大众人文素养，普及中华民族传统美德；对外能够塑造文明向上的大国形象，传播优秀的民族文化。马尾船政文化是中华民族精神文化的一部分，中国船政文化研究会的会长沈岩先生指出："马尾船政文化的精神实质有爱国自强、改革创新、科教人本和海权意识几方面，但其核心是强烈的爱国自强精神和强烈的海权意识。"[6] 爱国、兴国、强国、救国构成了船政文化的核心。它既蕴含着社会主义核心价值观，又体现了一个时代的民族自信，以船政文化推进新时代应用型高校学生的课程思政教育，具有现实意义。比如在动漫造型课题训练中，教师让学生以船政文化为主题，设计表情包及动画造型，在整个课题训练中，学生能充分调研船政人物的背景故事，结合课程思政，让学生潜移默化地了解船政人物的爱国故事。动漫创作者不应盲目崇洋媚外，一味地追求或模仿日本、美国的动漫风格，而更应提高民族文化自觉性，从中国优秀民族文化中吸取精髓，充分利用本土地域文化资源，塑造典型的、具有中华民族精神内涵的优秀动画形象。教师应当在课程中指导学生深层次地了解中国文化，思考怎么应用中国元素，关注动漫角色的文化内涵。优秀动漫作品的角色造型不仅应让人印象深刻，还能够体现一个国家民族思想内涵和文化特质（图3~图5）。

图3　船政名人萨镇冰的动漫造型

图4　船政名人左宗棠的动漫造型设计

图 5　船政名人系列表情包设计

3）强化学科交叉，打造"动漫角色"衍生品营销与设计思路

动漫造型设计在动漫产业链中处于首要位置，无论是动漫作品的创作和发展，还是实物产品的研发和生产，都需要具有吸引力的造型为基础和蓝本。对一部成功的动漫作品而言，最能形成市场影响力、最具品牌效应的就是动漫造型设计及其所带来巨大的商业价值。动画产业较大的利润来源于动漫作品的创作、发行、播放等行为，同时利用其中的动漫形象进行衍生产品的开发和销售，带动动漫产业的发展。以动漫形象为先导的动漫衍生产品是整个动漫产业链的命脉。动漫衍生品的开发带动了衍生产品的商业化发展，通过衍生产品将动漫文化渗透到生活的每一个细节。动漫造型的设计既要符合动漫作品的传播需求，也要为将来衍生品开发做准备。在教学中除了本专业的知识能力外，也可以适当加入一些交叉学科的知识，比如产品设计、营销学等理论和应用的实践能力，强调应用意识，提高设计方案可行性，强化动漫造型商业规划，将商业创新思维结合进教学，培养学生的创新创业思维。

3. 充分应用线上资源，提高动漫造型基本功

身处信息时代，课程的教学方法，不再局限于课堂上面对面讲授的教学方式。课程首先要明确教学目标、教学大纲和教学计划，提前将线上的计划、线下的课堂及课后的练习时间明确后，可以在课程已经完成建设和实践的基础上，建立一个在线课程平台，将学习内容、视频资料统一按章节上传到平台，课前向学生推送一系列预习资料，为学生提供充足的课外预习功能，方便学生在课上提取资料进行再查看。

根据"动漫造型设计"的课程特点，建立一套适合学生主动学习的网络平台系统，提供课程学习所需要的各类文件、课件、图片、视频、PPT 资源，让学生能够轻松下载各类资源用于课前预习、课后练习。将减少原来课堂上临摹、训练绘画基本功的时间，把这部分课堂时间转变为课后练习。

4. 注重设计团队协作、设计师与客户之间沟通能力的培养

教师要先利用设计项目中沟通过程的相关视频案例进行情景教学，让学生提前了解沟通技巧，模拟设计沟通与协调方法，掌握观察分析、沟通方法、语言表达等方面的素质能力，训练个人的语言表达能力。团队的协作性，可以以完成某个任务需求为出发点，学生以小组为单位，根据兴趣和能力细分所有的任务模块，推举出小组的组长，由组长安排小组成员的日常模块任务，督促成员的任务执行情况及进度，用这样的方式培养学生的团队合作精神和组织协调能力，发挥每个学生的专长，激发学生的学习热情。

四、课程总结与评价

动漫造型设计课程的评价环节包括：① 项目的中期检查会，采用教师评价和学生之间互评的方式；② 项目的终评环节，以项目汇报答辩的形式来进行课程的考核，由任课老师、行业相关人员共同评分。在教学方法和评价方式上更好地调动学生参与的积极性，直观地了解学生的整个设计过程，追溯学生的设计来源，特别注重设计思维和设计原创能力的培养，让企业的专业人员参与到课程的评价中来，完善课程的评价机制。学生的结课成绩采用灵活多样的形式进行考评，老师将平时成绩与期末成绩分开，日常的设计调研结果、小组讨论、项目阶段作品、作品展示陈述、项目实操都可以纳入到平时成绩；期末成绩可以从小组的最终作品、参赛竞赛成果等评价中综合考评。

五、结语

应用型高校动漫造型设计课程教学改革是以培养学生的开拓意识、创新性思维为前提，从课程目标、课程教学设计、课程内容及组织、课程教学模式和考核方面，结合课程项目化和项目课程化的教学改革思路与实践，全方位地引导课程向应用型的课程转型。教学要建立在时代发展的基础上，就必须对教学模式不断地进行改革与创新，以适应动漫艺术人才的培养需求。创意设计人才的培养离不开多元的实践方式，教师只有与时俱进，提升教学质量，让学生在掌握知识的同时，不断提升艺术修养、设计意识与创新实践能力，才能培育出中国动漫产业真正渴求的设计人才。

参考文献

[1] 毛月秋. 应用型本科大学人才培养改革浅析 [J]. 才智，2017（25）：173.

[2] 游婧敏. 基于创客型学徒制动漫专业实践课程设计的初探——以"动漫造型设计"课程为例 [J]. 太原城市职业技术学院学报，2018（10）：140-141.

[3] 金巍. 动画造型设计课程教学改革初探 [J]. 美术大观，2015（6）：153.

[4] 柴芸. 中国传统元素在动画角色设计中的运用与研究 [J]. 文艺生活，2016（5）：1.

[5] 张博. 浅谈色彩在产品设计中的运用 [J]. 现代装饰（理论），2014（3）：113.

[6] 林佳梅. 以船政文化推进高职生培育和践行社会主义核心价值观路径探索 [J]. 太原城市职业技术学院学报，2019（5）：79-81.

思维导图在高等院校设计类专业理论课程中的应用研究
——以世界现代设计史为例

胡 竞 云南艺术学院设计学院

摘 要

    在高等院校设计类课程教学实践中，专业理论课程相对于其他专业课程更不易被学生所接受。在理论知识薄弱的制约下，学生的综合能力难以提升。设计类专业学生形象思维能力强于逻辑思维能力。思维导图是一种将抽象思维信息形象化的方法。在思维导图的帮助下可以把抽象的理论知识转化成形象的图形关系，帮助学生进行认知与理解。世界现代设计史课程的历史时间脉络清晰明确，在此课程中引入思维导图的方法进行知识梳理，在有利于学生掌握课程知识的同时，更利于学生对思维导图方法的熟练运用。在此基础上，引导学生在其他课程中也能合理使用思维导图方法，举一反三，帮助学生提高抽象思维与形象思维的转化能力，最终达到提升综合设计素养的目的。

关键词： 设计类专业；理论课程；思维导图；设计史

一、高校设计类专业理论课程的授课对象及其学习特点

    高校设计类专业理论课程在设计教学体系中有着举足轻重的地位。以世界现代设计史课程为例，在教学体系中承担着帮助学生用艺术设计的眼光和思维来审视世界现代设计艺术活动的思潮和发展历程，并能够"以史明志"探索未来艺术设计发展方向的重要任务。但是，在实际的教学中，课程往往只停留在"从知识点到知识点"的层面，未能帮助学生构建完整的知识体系。

    在高校教学实践中，设计类专业理论课程的授课对象主要分为两大类：一类是高年级学生，他们大多以考研升学为目的，学习目标明确，学习积极性较强，注重知识点的识记；另一类是低年级学生，理论课程作为专业基础课出现，多以结课考试的形式督促学生完成学习，学生学习积极性一般，存在考前突击背诵记忆的情况。此两类学生都存在重视知识学习而轻视逻辑关系、思想内涵理解的现象。

    高校设计类专业学生多以艺术类高考生源为主，艺术类学生大多从小就开始注重艺术特长的训练，逐渐形成自己的学习特点：一是存在一定的"重专轻文"现象。在现行招生考试制度与教育观念的影响下，高考前的艺术教育在现实中出现了一定的短板，反映在设计类高校学生身上，就是存在较为明显的重专业轻文化的思想倾向。设计类学生在高考中必须参加美术考试，美术成绩在招生录取中所占比重较大，而高考对于艺术类考生的文化课成绩要求较其他考生低。这种状况对艺术类学生具有很强的导向作用，他们将大部分的精力和时间都花在专业技能的训练提升方面，客观上就造成了艺术类学生重专业、轻文化，文化理论课程学习能力较为薄弱的特点。二是形象思维能力较强。设计类学生在长时间的美术技能训练中，养成了以直观形象和表象为支柱的思维特点，再配合自身的联想和想象能力，逐渐形成较强的形象思维能力。形象思维侧重的形象性、创造性、概括性、运动性、情感性等主要特征形成设计类学生又一学习特点。

二、世界现代设计史课程的教学目标

    世界现代设计史课程以世界现代艺术设计发展的历史过程和各历史时期的经典作品为线索，在拓展设计视野的同时，引导学生对设计与文化的关系、设计与科技的关系、设计与艺术思潮的关

系，以及对近现代艺术设计的发展趋势作全面的分析。从理论思辨的深度进行理解和研究，并对世界现代艺术设计史的演变有系统的认识，使学生形成自己独特的设计观。并在此基础上与时代和文化发展密切联系，把握时代脉搏，创造出合理化的、与未来生活发展趋势相统一的设计理念。此课程的重点不仅在于知识点的识记，更注重学生知识体系的构建和思想理念的培养。在传统教学中以书本和讲授为主，由于学生不擅长理论学习，不擅长对抽象知识体系的理解，课程难以达到"以史明志"的预期效果。

三、思维导图学习法的特点和优势

思维导图学习法在形式上以图像和色彩为主，比千篇一律的文字更有利于刺激大脑进行视觉记忆。在内容上能够帮助使用者理清知识体系的基本框架，展开书本内容的基本脉络，帮助使用者在书本内容体系的基础上，逐步构建自己的知识体系，并在知识体系构建的过程中完成自觉的联想与思辨。思维导图学习法有利于使用者对其所面临的问题进行全方位和系统的归纳与分析，有助于使用者对所研究的问题进行深刻的和富有创造性的思考，激发丰富的联想力，利于连续思考、类比思考、形象思考、辩证思考等多种思考方式的充分表现。

世界现代设计史课程具有历史脉络清晰、信息量大、知识点多、逻辑关系复杂等特点。其中涉及的历史人物、艺术思潮、事件地点等信息对于刚刚参加完高考的低年级学生来说存在一定的陌生感和距离感。作为设计入门的基础课程，如何正确引导学生通过把握较为清晰的历史脉络，运用思维导图方法，将散落的知识点通过自己的理解分析，重构成完整的知识网格体系成为能否达到教学目标的关键。在传统的书本和讲授过程中，学生面对的是抽象的逻辑体系和散落分布的知识点。容易使理论知识学习能力相对较弱的设计类学生产生厌学情绪，失去学习的兴趣，从而使帮助学生开阔视野、树立设计观念的史论课程变成"死记硬背"的应试课程。思维导图能够帮助学生完成知识体系的梳理，把目录提纲法、关键词法和丰富的图像、线条、色彩进行结合，将书本中抽象的逻辑体系转化为形象的图形体系，将原本散落的知识点进行有机的连接。在连接的过程中自觉地对类似的知识进行类比思考，对不同的风格流派进行辩证思考，逐渐形成自己的知识体系和设计观念。

通过在世界现代设计史课程中思维导图能力的培养，能够在一定程度上帮助设计类学生提高文化理论课程的学习信心，提高抽象思维与形象思维的转化能力。同时，思维导图法与设计专业中经常用到的头脑风暴法又是互为输入与输出的关系。熟练运用思维导图方法有助于设计灵感的梳理与分析，对设计理论学习和设计实践工作都能起到促进作用。

参考文献

[1] [英] 东尼·博赞，巴利·博赞. 思维导图 [M]. 卜煜婷，译. 北京：化学工业出版社，2015.

[2] 汪洪洋. 艺术设计类学生的行为特征及教育方法 [J]. 考试周刊，2011（8）：206-207.

[3] 邓东京. 师范类院校艺术设计类专业学生教育管理的几点思考 [J]. 教书育人（高教论坛），2018（8）：206-207.

[4] 赵泉泉. 物质文化视角下的设计史教学实验 [J]. 装饰，2019（11）：120-123.

形态 空间 思维 —— 设计基础课程三要素

王卓然 上海师范大学

摘 要

形态概念理解、空间关系构建，以及设计思维导引是设计专业基础课程要解决的基本问题。它们既是基础课程体系建立的要素，更是课程内容所要达成的目标。本文以产品设计（工科名称：工业设计）专业序列课程设计表达、造型基础，以及应用实践相结合的教学过程为依据，探讨如何将形态表达、空间意识、思维概念三要素融入课程内容，并通过对课题体系的设计和输出，影响和激发设计新生（freshman）产生基本设计意识，建立设计基础，尝试设计实践，最终形成一些对课程建设有意义的方式、内容和判断。

关键词： 形态；空间；设计思维；设计基础

一、关于设计基础课程目标的建立

对设计基础教学问题的研究大约从 20 世纪初包豪斯学院创办开始，从包豪斯学院所构建的基础教学环状框架（图 1）中，可以看出该学院在设计基础课程体系设置中所遵循的原则和目标，那就是建筑设计。这一目标的确立是明确的，正如格罗皮乌斯在《包豪斯宣言》中所表明的中心论点：一切创造活动的最终目的是建筑。为达成这一教学目标，所有设计基础课程都将以这个目标为核心进行，而包豪斯学院所拥有的教学人员的规格与类型是得天独厚的，在满足教学框架的基础上，极大地丰富了课程内容和样式，使基础平台放大，学生的见识广阔。

包豪斯之后的现代设计教育重点应该是美国，由于多位具有设计教育经验和经历的设计大师的到来，美国现代设计教学逐步形成目标明确又各具特色的多元发展模式。普拉特学院的设计基础教学具有鲜明的特征。由科斯塔罗夫妇（罗伊娜·里德·科斯塔罗和亚历山大·科斯塔罗，丈夫亚历山大·科斯塔罗被许多人认为是美国工业设计教育之父）以及唐纳德·多纳所创立的普拉特学院设计系（1938 年创立），在基础课程方面与包豪斯有相似之处，即两者在方法论上都吸收现代科学的方法，并把它应用到设计的基础教学中；他们都认识到了各种元素，如线、形状、形体、空间和色彩，并系统地研究它们。但在教学理念上仍然存在明显的差别：包豪斯是形式追随功能；而科斯塔罗从不同意功能可以产生审美表达，他认为，功能需要反映一个时代，而各种审美则反映人造物的形体，因此我们受各种审美的影响。罗伊娜则坚定不移地认为设计中视觉和审美两方面是处于首位。她把审美表达定义为设计者存在的理由。包豪斯从建筑的视角对形体进行研究；而科斯塔罗用

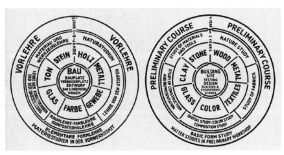

图 1 包豪斯学院所构建的基础教学环状框架

图 2 科斯塔罗形体研究

一个不同的观点（艺术性）对形体进行研究（图2）。从艺术性视角建构的基础设计课程直接影响到普拉特设计学院的工业设计专业，更多地从审美方面对设计进行评价。

我国在设计基础教学方面最为突出的应为清华大学美术学院（原中央工艺美术学院），而最具代表性的、系统化的课程体系，是柳冠中先生基于德国斯图加特设计学院造型基础训练（图3）发展形成的，培养工业设计人才的综合造型基础系列课程。这一系列课程不仅有基础课程，同时贯穿到高年级专业课程中，其目标是建立一种从对单纯形态理解（型性），到形态与功能相结合（产品）的能力。因此在强调对形态研究方面的课题非常丰富，从形的审视到形的过渡，从形的语义（图4）到形的创造。

图3 造型基础练习　　　　　　　　　　图4 造型语义练习

近年来，清华大学美术学院在设计基础教学研究中又有了新的突破，邱松教授提出了设计形态学研究方向，这大大扩展和提升了原有的体系，从对设计基础教学的认识逐步转向对设计基础研究的理解，并将基础研究方法与成果进行教学与实践的转化，形成了清华美院设计基础的新目标。同期，与之相关联的关于设计形态学基础研究的另一支力量，是上海交通大学设计学院胡洁教授团队，其主要研究是将设计形态学与哲学、仿生学、心理学、美学、信息学、工学相融合，建立系统完善的设计形态学理论体系与应用示范。另外，近十年间，同济大学设计与创新学院在设计基础教学目标的确立上，也具有特点，那就是思维先行，基础教学的目的在于打开学生的思维，不断让其思考和沟通，以实验室的方式进行教学，其不断地、快速地融合各种资源的模式，也是对设计基础教学的一种探索。

二、设计基础课程三要素

形态概念理解、空间关系构建，以及设计思维导引是设计专业基础课程要解决的基本问题。它们既是基础课程体系建立的要素，更是课程内容所要达成的目标。

鉴于上述在不同时期、不同环境条件下，各院校设计基础教学目标确立的方式，结合自身院系学科特点，以及十数年设计基础教学经验，形成了以形态、空间、设计思维——设计基础三要素为教学目标（图5）的序列化课程模块，以求让学生在早期学习中尽快地了解和认识专业特点。序列化课程模块从学习周期来看，主体在本科一年级的两个学期，设计基础三要素贯穿于这两个学期的主要专业基础课程。

在两个学期的序列课程中，不同课程以不同要素为主导方向和目标进行教学，以目的为导向的教学实践活动可以增强学生对课程的理解，形成设计思维体系。

形态，是在设计基础教学中最多提到的词语，在大部分以实体设计为基础的设计专业中，对形态的学习是常规的，也是内容最多的。这就需要在课程中细化对形态学习的问题，分解形态学习内容，从多角度、多方向对形态概念进行理解。在实际教学会运用"定义 — 流程 — 方法"三个环节来解决问题。对要素的定义不仅仅是明确概念，更是为深入学习和表达提供帮助。通过对"形态"进行分类，明确不同形态所包含的内容，进而对概念进行理解。运用不同角度的分类方式，达成对设计方法的认知。而分类过程即是对流程的理解。

在对"形态"概念进行梳理和定义的过程中，可以将形态要素与课程模块进行关联。形态要素与这些课程都存在关系，这需要授课者有较好的课程控制能力，以及序列课程模块（课程群）授课者的相互协调，把握"形态"要素在不同课程中的出现形式和比重。这些问题可以通过授课与交流传递给学生，如设计表达课程的主要目的是对各种形态进行表现，主要以图面技术表现为主；而形态构成课程的目标是对形态的抽象理解，以及运用形式美法则进行形态生成的过程。更为重要的部分是对课题内容与形式的设立，这关乎最终对形态这一问题的理解程度，需要利用课题方案来评估学生的学习成果。因此课题方案设计可以基于课题库课题，并结合当前及未来的一些问题形成有针对性的新题目。

空间，是对形态研究的一种延伸，形态以实体形式存在的时候，有形的部分就占据了空间。老子在《道德经》中描述了空间（实在与空虚）的关系，"三十辐共一毂，当其无，有车之用。埏埴以为器，当其无，有器之用。凿户牖以为室，当其无，有室之用。故有之以为利，无之以为用"。这说明空与间都有其用。从对实物研究的角度来看，空间问题是实体与其周围环境关系的问题，是有形与无形关系的问题，这更加表明空间要素的重要性以及必要性。同时，形态内部也具有空间，从产品设计专业研究的问题来看，产品内部的构造关系、形态关系与反映在外部形体上的分割方式、凸凹形式、孔洞形态等密不可分，因此空间要素的加入并不是简单的、常规的空间关系处理，而是对工业设计专业性问题提供基础解决方案的训练。

空间要素的具体研究内容可以包括空间形态、空间关系（分割与组合）、空间构造等，在形态构成课程以及综合造型基础课程中均可设置空间与形态相关联的课题，"关于盒子的设计——立方体的分割与组合"课题是一个有趣的并长期开展的课题（图6）。课题从设计草图绘制、计算机辅助模型模拟、草模型探讨到材料应用与计算、外形分割与内部形态构造、空间调试与组合等，逐步细致地展开，并不断进行修正和重建。这一较为完整的系列课题从开展至今已有十几年，对产品设计专业后期的结构、分形等专业问题起到了较好的作用。

三要素	形态	空间	设计思维
第一学期	设计绘画 （形态表达）	设计基础1 （二维形态）	设计基础2 （形态/空间）
第二学期	设计表达 （形态表达）	造型基础 （形态/空间）	应用实践 （形态/空间/设计思维）

图5 教学计划

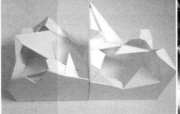 

图6 立方体的分割与组合

设计思维，这一要素并不是独立存在的。在形态与空间的设计过程中，通过"定义 — 流程 — 方法"的训练方式，使学生建立对设计思维的认识，并逐步理解设计思维，进而掌握设计思维（图7）。设计师所具有的解决问题的思维方式，即是设计思维。从设计基础教学开始，设计思维就在慢慢进入学生的思维中，并潜藏在对每一门设计课程的理解和对每一个课题的解答中。观察、交流、对比、学习是建立设计思维的方法，而应用实践课程（或者设计初步）是初步检验设计思维效果的课程，也是综合检验对形态、空间要素理解的课程。该课程以个人独立完成阶段性课题为主，设计思维应贯穿始终。在这一阶段除了完成课题设计，对设计思维训练的更好方式是让学生撰写设计报告，以叙述的方式对设计过程进行阐述和解说，将课题成果中的"定义 — 流程 — 方法"通过语言描述再现，这种写作方式的表达，将有利于对其设计思维的梳理，并较为准确地对方案进行说明。

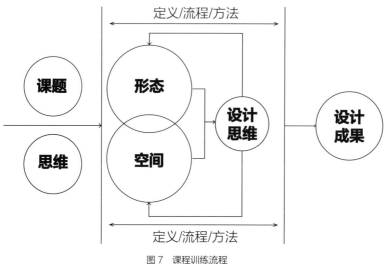

图 7　课程训练流程

三、结语

课程要素是目标，是方向，是建立一套体系所需要保持和传递的标准。正如开篇所谈到普拉特设计学院的设计基础课程目标，在《设计元素》一书中，普拉特设计学院基础教学目的——以审美为出发点——几十年没有发生改变。而围绕课程目标的课程内容（或课程名称）以及课题设计是动态的，是可以创新和变化的。如同经典管理学教材一样，在再版的过程中不断去掉不合适的案例，并逐步加入新的、有创建性的案例，以适应不断变化的市场环境。

这些能够支撑课程要素实现的案例是需要充分筛选和保留的，但它们（教学课题）是可变的，所谓旧题新做，保留课题结构，融入新元素，从而获得新答案。课题在不断迭代和演进，这样的教学过程本身就是一种设计创新的过程。

目标要素与目标要素之间也保持着动态平衡的关系。由于形态、空间、思维三个基本要素的不可分割性，所以在不同课程中，只能对其三者的比重加以动态协调。这就要求授课教师具备多方面的能力。既要明确理解教学目标，又要秉承专业传统，还要不断注入新的思维。因此，视野和视域就显得尤为重要，这将为整体把握课程体系、实现课程目标奠定基础。在几年前探访普拉特学院时，通过课程体系介绍以及展品的展示，可以强烈地感受到那里对教学目标的坚定，同时也可以体会到新发展、新面貌。只有坚持走出这样的路径，才是建立特色专业、特色科系、特色学院的先决条件。

参考文献

[1] 盖尔·格里特·汉娜. 设计元素 [M]. 李乐山，等译. 北京：中国水利水电出版社 / 知识产权出版社，2003.

[2] 柳冠中. 事理学论纲 [M]. 长沙：中南大学出版社，2006.

[3] 邱松，等. 设计形态学研究与应用 [M]. 北京：中国建筑工业出版社，2019.

[4] 刘振生，史习平，马赛，等. 设计表达 [M]. 北京：清华大学出版社，2005.

依据数字媒体艺术专业特点，
设定设计造型基础课程的知识架构

刘 新　北京理工大学珠海学院设计与艺术学院

摘　要

　　数字媒体艺术专业在当今设计学院中成立相对较晚。设计造型基础类课程在该专业发展初期，一直随着学院的基础部统一教学，与其他专业的同类课程区别不大，甚至一样，从而导致专项训练针对性模糊。在学生们升入高年级，学到专业设计高阶类课程时，才发现专业课内容中所涉及的基础素质能力，未在前期基础课上得到训练和解决，从而使专业课学习受到局限。本文分析基础课和专业课的脱节原因，再根据数字媒体艺术专业特点，考虑数字媒体艺术专业基础课使命、培养方案、训练方向等，阐述如何在大纲、手段、工具等方面，打造符合数字媒体艺术专业的合理的知识框架。

关键词： 专业基础课；素质基础能力；数字媒体艺术；造型基础

　　设计专业里属于设计造型基础类的课程很多，有绘画基础、造型基础、设计素描、设计色彩、"三大构成"设计等。这类专业基础课，不仅训练基本的美术能力、造型能力，而且应与专业课以及专业培养方向相挂钩。基础能力素质训练课程，在该专业发展初期，一直随着学院的基础部统一教学，与其他专业同类课程区别不大，甚至一样，从而导致专项训练针对性模糊，直到学生们升到高年级，学到专业设计高阶类课程时，才发现该专业课内容中涉及的基础素质能力，未在前期专业基础课上得到训练和解决。分析其原因，除学生本身造型基础知识不扎实外，造成知识脱节、断层的问题来源很多，其中包括：

　　其一，任课教师是纯绘画专业出身的，虽然在绘画方面有较高的造诣，但对数字媒体艺术专业的相关知识缺乏了解，所授内容对专业的针对性不强；其二，任课教师没有针对专业特点重新定义该课内容，没有理清它与后续专业课之间的内在逻辑关系；其三，基础课和专业课教师之间沟通较少，未做到知识层层铺垫，以及履行专业基础课的使命和责任。

　　要想为设计造型基础类课程量身打造最理想的知识框架，制定合理的教学大纲，就要先分析数字媒体艺术专业的培养方案和课程目录、课程之间有哪些知识需要层层铺垫、相互衔接；与时俱进，所要学习与研究的创作工具及手段有哪些，是否与就业、社会所需人才要求相挂钩；目前该专业的师资和实验室建设上，还需要做哪些规划与补充等。

一、数字媒体艺术专业特点

1. 专业的诞生

　　21世纪初，随着计算机图形技术的发展，设计学科的数字化特征日益增强。特别是近十年来数字软件与硬件的急剧增多与发展，为信息传播提供了宽泛而形式多样的可能性。包豪斯成立之初就将设计定义为"艺术与技术的结合"，设计的发展历史中，技术的发展也成为推动设计艺术发展的一个重要角色。[1]计算机数字技术对艺术的影响是划时代的，以往任何的艺术样式都不可与数字技术催生的数字媒体艺术同日而语。

　　数字媒体艺术专业在当今设计学院中成立相对较晚，从1999年开始，中国美术学院花了两年时间筹备一个新专业——多媒体与网页设计专业，也就是现在数字媒体艺术专业的前身。2002年，中国传媒大学的数字媒体艺术专业批准开设，成为国内第一个由中华人民共和国教育部正式批准的本科教育专业。[2] 2012 年 9 月，根据教育部印发的《普通高等学校本科专业目录（2012 年）》《普通高等学校本科专业设置管理规定》等，新的数字媒体艺术专业（新专业代码 130508）取代旧的数字媒体艺术（原专业代码 080623W）和数字游戏设计（原专业代码 050431S）两个专业。

2. 专业发展特色

随着工业时代发展到信息时代，以工业造型设计为核心转为以数字内容设计为核心，新型设计专业——数字媒体专业应运而生。数字媒体艺术作为一个年轻、多元而高速发展的艺术领域，它不单指某一传统艺术种类，而是指基于计算机数字平台创作出来的多种媒体艺术形式。它采用统一的数字工具、技术语言，灵活运用各种数字载体，无限复制，广泛传播，成为数字技术、艺术表现和大众传播特性高度融合的新兴艺术领域。

数字媒体产业是朝阳产业，它依托互联网和 IT，正逐步成为未来发展的驱动力和引领创意产业不可或缺的基石。数字媒体行业有望成为国民经济的重要支柱行业，发展前景非常广阔。数字媒体行业的快速发展需要大量的专业人才，特别是那些既有一定理论基础和艺术修养，又有很强动手能力的专业技术人才。学生毕业后可以就职于游戏公司、动漫公司、电视台、广告制作公司、影视制作公司、交互媒体、互动展示与开发等相关行业机构；也可在政府机构、大中型企事业负责新媒体相关的技术工作。

3. 专业必修课

以北京理工大学珠海学院设计与艺术学院数字媒体艺术专业的培养方案为例，其专业必修课如表 1 所示。

表 1 专业必修课程

第一学期	第二学期	第三学期	第四学期
设计造型基础	影视编剧基础	动画制作基础	二维动画设计
形态构成	试听语言	影视特效制作	影视后期编辑
数字媒体艺术概论	数字摄影与摄像	影视创意设计	数字音频制作
计算机辅助设计	数字插画设计	数字媒体产品设计	纪录片创作与制作
	动画原理		动态图形设计
第五学期	**第六学期**	**第七学期**	**第八学期**
三维动画设计	影视动画高级设计与制作	动画实践与实习	毕业设计
电视节目编导与制作	微电影制作训练与实践	影视实践与实习	
交互设计原理与方法	虚拟现实技术	专业考察	
品牌策划与管理	国家数字化产业实践		

图1 数字媒体艺术专业基础素质能力

该数媒专业主要培养方向是影视和动漫为主，可以看出，所有课程基本呈递进关系，如影视方向，从视听语言、编剧基础到影视相关软件的学习，再到制作与实践项目，如纪录片、微电影、电视节目等，最终完成毕业设计。这也就要求课程与课程之间做到递进与衔接。

二、专业基础课的使命

1. 知识框架符合专业培养方案的要求

数字媒体艺术专业与其他设计类专业存在着许多差异性，所以在制定知识框架上，不能与其他专业雷同。目前大部分院校的数字媒体艺术专业分为影视传媒、动漫游戏、虚拟现实技术、互动设计等方向，这也是依据各地区的就业发展方向而规划的，知识框架符合专业培养方向的要求，为后续专业课的学习与研究打下良好的基础。

2. 基础能力为专业课打下坚实的基础

数字媒体艺术专业培养方向大多包括影视传媒、动漫游戏、虚拟现实技术、交互设计等，那么基础课要具备哪些能力呢？依据数字媒体艺术专业课能力要求，以及毕业生需求情况，总结出十种基础素质能力：造型变形能力、材质表现能力、空间构成能力、色彩表现能力、软件操作能力、情绪渲染能力、运动规律掌握能力、镜头画面表现能力、数字艺术审美能力、创新思维能力（图1）。

1）造型变形能力

造型能力可以说是所有设计学院的入学门槛，设计绘画语言是表达创意与想法的重要载体。学生们已经具备了一定的绘画造型能力的技能，进入大学细分专业后，训练项目倾向有所不同，除造型外，还强调变形能力。在分析与研究物体内外部结构的基础上，总结物体的规律，并探究全新的设计思路，如在角色造型中：局部的夸张与变形、整体的夸张与变形、服饰和道具的夸张与变形。

2）材质表现能力

在立体构成、形态构成项目训练中，材料的选择、质感的表现尤为重要，在数字媒体艺术专业中的专项训练，也经常强调材质的重要性，如数字媒体艺术作品强调选用"恰当的"材料，精准地展现数字艺术中所呈现的预期效果，有时材质在整个作品中起着决定性的作用。

3）空间构成能力

空间构成能力要求学生们树立整体的"空间形态观"，把塑造实体形态与空间感受相结合，以提高对空间形态的设计构想与创新能力。数媒专业的空间构成能力，表现于对影视空间、游戏空间、虚拟造型空间的理解，与其他专业，如环境艺术专业、工业设计专业等有所不同，数媒专业不仅要求具有空间的想象力和空间的组织能力，以及对形式美感与多样性的把握，还要求学习、研究"浸入感"与空间的关系，以及其设计方法和表现应用。

4）色彩表现能力

色彩知识在许多基础课中都有专门的训练，如设计色彩、色彩构成、色彩心理学等。其中设计色彩强调了主观"去设计"，而不是模仿与重现。设计色彩和设计素描像一对孪生姐妹，设计素描是基础素描的创意思维的升级，而设计色彩是基础色彩的创意思维的表达。另外非常重要的一点，就是要求学生们对色彩心理学有一定的学习。情感和尊重位于需求金字塔的核心部位，在所有能够调动情感和情绪的因素中，色彩无疑是最主要的，不同的色调能够调动不同的情绪和反应，能够影响用户对创作作品的认知。[3]在情绪渲染能力培养上，色彩也是重要的应用因素之一。

5）软件操作能力

数字媒体艺术专业所要学习与应用的软件颇多，从数字绘画到 VR 技术，从课堂作业到毕业设计都要结合软件来实现。该专业大约需要涉及十几种软件，分为图像处理类（如 PS）、图形设计类（如 AI、CorelDRAW）、数字绘画类（如 Sai、Painter、Procreate）、影视编辑类（如 PR、Final Cut）、影视后期类（如 AE、Houdini、达·芬奇）、音频处理类（如 Audition）、动画创作类（如 MAYA、C4D、Animate）、游戏设计类（如 Unity3D、UE4）、交互设计类（如 Processing、vvvv）等。其中部分软件，老师在课堂上可以手把手地教授；另一部分软件，则需要学生根据自己创作的作品，自行学习和掌握。

6）情绪渲染能力

培养情绪渲染能力，有助于情感化设计。情感是人对外界事物作用于自身的一种生理的反应，是由需要和期望决定的。它是建立在以人为本的基础上的，那么自然而然，情感化设计也就是建立在以人为本的设计基础之上，不同的情感化设计是在设计过程中以人为中心，寻求一种人性化的解决问题的方式，从而产生的一个新的领域。[4]影视、动漫、游戏和虚拟场景，都需要有情绪代入感，用多种手段和塑造方法使设定的内容与情绪的表达相契合。剧本创作、影调表达、画面呈现、音乐辅助等都是训练该能力的要素，学生们可以通过学习剧本创作基础、影视创意设计、数字音频制作以及微电影制作等课程得到锻炼。

7）运动规律掌握能力

运动规律就是对运动之美的探索，深入分析运动的物理规律、人的视觉及心理规律，研究人类、动物和水、火、烟、电等自然现象的运动原理与表现规则。[5]这对于数字影视创作、动画创作尤为重要。通过专项训练，使学生明确运动规律的重要性，熟练掌握运动规律的基本表现技巧，包括运动规律的基本原理、人物的基本运动规律、动物的基本运动规律以及自然现象的基本运动规律，培养创造运动、表现运动的创造性思维。

8）镜头画面表现能力

数字媒体艺术专业中，无论是影视还是动漫方向，都要求学习并掌握视听语言能力，理解镜头画面表现意义。视听语言能力强调在时间轴线上利用符号、图像、声音等元素进行信息传达。主要包括拍摄机位与角度、景别、运动镜头、蒙太奇、声画关系等知识点，要求学生通过对视听语言理论及现代观的学习，配合实例分析，在脑海中形成自主镜头感，展开成自觉的视听思维，最终创作出优秀的影视创作作品。

9）数字艺术审美能力

席勒在《审美教育书简》中提出："鉴赏力和美的教育十分有助于培养我们的感性和精神力量的整体达到尽可能和谐。" 数字艺术审美教育是以直观的、自觉的、潜移默化的、引导的、参与的方式，对受教育者的整体审美态度和审美观念进行培养，提高综合审美能力，如审美鉴赏力、审美感知力、审美创造力、审美理解力、审美想象力和审美情感力等。[6] 当今数字技术带来的视觉新效果激起了创作者和观众巨大的兴趣和热情的追逐。而审美追求是艺术的根本，技术偏好挤压审美追求的空间是暂时的。当数字技术逐渐成熟，终将被纳入创作和欣赏的体系之中，并赋予艺术活动更大的自由。提高数字艺术审美能力，用专业的眼光审视自己创作的作品，纠正其缺陷与不足，是素质基础能力培养中重要的一项。

10）创新思维能力

在艺术设计教育方面，创新思维能力的培养成为艺术设计教育的首要目标。艺术设计是以创新为生命的一门学科，需要有创新思维。所谓创新思维，是指以新颖独创的方法解决问题的思维过程。创意思维的特征包括独特性、多向性、联想性等。设计的不断进步，源于人类对美的追求，而设计之美的第一要素就是"新"，设计要求新、求变、求异，否则就失去设计的意义。[7] 锻炼学生们的创新思维能力是所有专业训练目标的核心。数字媒体艺术的创新表现因素很多，如数字动感，使得画面调度更加自由；数字音效，带来高效的音响处理、真实的声音设计和多样的音乐创作；数字特效，丰富了画面处理、造像和合成效果；数字肌理，既能真实模拟自然肌理，也会有计算机自身的独特创意；色彩的数字化，使得创作者可以自由地对其进行调整和再创造。[8]

三、设定知识框架与训练解决方案

包豪斯对于现代设计教育最核心的意义在于，其创立的"设计教育基础课程"模式成为全球设计教育所遵循的基本范式。德国作为推进现代设计运动的主要国家之一，最终致力于"以人为本"的设计理念[9]。我们可以在基础课教育的基本范式上，根据专业发展方向、数字媒体艺术专业毕业生的社会需求情况，展开对该专业基础素质能力的训练方案的研究。

针对北京理工大学设计与艺术学院数字媒体艺术专业的特点，笔者编写了"设计造型基础"课的课程计划与训练方案（表2）。该院数媒专业的主要培养方向是影视和动漫，在实际教学过程中实施的一系列训练方案，有效地培养了学生的基础素质能力。

整个课程设计了四个专项训练——"角色造型设计""场景造型设计""静帧表达设计"以及"综合创作技巧"。每一个课题又包含三个技能知识点的学习与巩固，所有的知识点是循序渐进的，又是并列进行的。为了让知识点易记、清晰，都以四个字概括，一共十二点，包括有机造物、重构解解、特征描绘、结构分析、线条推敲、空间构筑、镜头语言、色调研究、情绪渲染、质感刻画、形象联想、表现手段。再根据训练能力的要求以及课题内容，分别提出了较为契合的解决方案。

1. 角色造型设计

该课题的三个知识点包括"有机造物""重构解构""特征描绘"。无论是影视、动漫中的角色，还是游戏中的数字虚拟角色，都需要培养学生的角色造型基础能力。人物造型在高考前，已通过素描、速写得到了一定的训练，进入大学，则希望学生们在已有的造型基础能力上，针对专业方向，培养基础素质能力的创新和开拓的意识。"有机造物"要求学生们先区分有机物和无机物，再对有机物进行概念设计，角色不仅仅是人物，还包括动物和植物，甚至有机物之间做新造型加减法（图2）。

训练方案一：结合作业题目"外星上与你相遇"，创作新的形态设计。作业题目之所以命名为

表2 "设计造型基础"课的课程计划与训练方案

	一			二			三			四		
课题创作	角色造型设计			场景造型设计			静帧表达设计			综合创作技巧		
专项训练	有机造物	重构解构	特征描绘	结构分析	线条推敲	空间构筑	镜头语言	色调研究	情绪渲染	质感刻画	形象联想	表现手段
知识内容	常规的有机物新创造	形态矩阵图：A+B=AB、C=A-B	两种不同特征对比刻画	多角度的观察，自选一物	线的特征，不同的效果	外空间与内空间，形式与表达	文字表述与画面表述	明暗、虚实、色相之间的关系；情感体会与风格	情绪表现方法与运用	刻画表面与质感特点描绘	造型独特、突破思路、开拓创新	表达合理到位
训练要求	动物、植物、人物	如：转基因BABY	例：拉奥孔新诠释的意想	结构素描表现	如：一半光影、一半实体结构不同线条表达的区别	如：笔和纸条建构空间创意	特写镜头与场景气氛	如：两种截然不同的光影表现，分析意境与光的关系	实现手段	形态、材质、高光、反光、折射、反射	拓宽想象、内容多元化	可加入辅助色彩、装置造型
作业	《外星上与你相遇》（三项专项小图一大图），人类入侵的面具设计一个			《星河移民新大陆》（三小稿一项大图）			根据剧本中的描绘，设计一大一小静帧画面，附上一百字以内剧本			形式自由，可创作CG作品，自拟题目（两个特写，一个综合表达）		

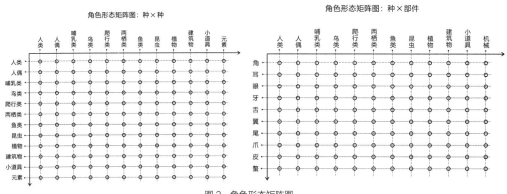

角色形态矩阵图：种×种 角色形态矩阵图：种×部件

图2 角色形态矩阵图

"外星上"，是在暗示学生们要摆脱脑中根深蒂固的人物、动物、植物的形象，想象它们与地球的生命体有所不同，要赋予新的创意（图3）。[10]

训练方案二：利用纸质白面具进行角色造型创意设计。主要训练学生们的图形创意立体表达与综合材料运用的能力。在熟悉的人面形状的基础上，做"型＋形"的综合练习，结合平面手绘纸质作业"外星上与你相遇"中已创作的有机物造型，再创作新的呈现方式。可以作为人类入侵角色的伪装；也可以想象成极具亲和力的面部展现；也可以设计成狰狞凶残的面相（图4）。这种训练方案不仅使该专业的学生对角色设定和新造型开发有了新的锻炼，而且为今后的动画、游戏、影视等专业课所要求达到的素质基础能力培养奠定了基础。

图3 学生课堂练习作品　　　　　　　　　　　　　图4 外形训练方案二学生作品

2. 场景造型设计

该课题的三个知识点包括"结构分析""线条推敲""空间构筑"。场景为气氛服务，气氛为情绪服务，情绪为性格服务，性格为剧情服务。场景无论是在电影、动画还是漫画中，都是支撑画面的重要元素，决定着画面的整体基调（除角色特写画面以外）。影视和动画以屏幕为基础，以画面为主要呈现方式。场景的时间性、空间性、造型设计以及背景都是画面的主导因素。充满创意并恰到好处的场景设计是整个影片高质量和好意境的重要保障。[11] 场景设计可以衬托人物，也可以交代故事环境，更可以展现电影风格，如写实风格、简练风格、幻想风格、装饰风格等。场景造型设计不仅在很大程度上影响着角色与剧情的表现和发展，而且影响着影视或动画作品最终的欣赏效果。

"结构分析"，多角度观察一物体，分析其结构特征，如侧面断开的柿子椒和横面断开的柿子椒，是两种截然不同的结构。"空间构筑"，利用结构架构训练方法，设想一支铅笔穿过卷曲的一张纸，使笔和纸构筑一个虚拟的空间，纸张的大小、卷曲方式、笔穿入后整个造型立在平面上的姿态；结构塑形训练方法，命题大家都熟知的框架结构训练场景的概念设计，如英文字母的结构，文字的结构，由平面到立体，由空间到场景；空间层次表现方法，可通过空间透视法、色彩的冷暖变化、物体的堆叠和大小变化等手段达到创新效果。

3. 静帧表达设计

该课题的三个知识点包括"镜头语言""色调研究""情绪渲染"。前期如上过"视听语言"和"摄影与摄像基础"的课，相对来说更容易学习与掌握这部分的理论，否则要加入一些影视基础知识、摄像拍摄技巧等知识作为补充。

为了训练学生对静帧表达的理解和体会，课堂上做了对比展示与范例讲解，同样的场景做不同明暗的处理，去理解时间；同样的场景做不同色调的处理，去理解情绪；同样的场景做不同基调的处理，去理解风格。"镜头语言"训练了学生们用"镜头"像语言一样去表达自己的意思，观众可经由静帧画面的表达，推出创作者的意图，再去感受其主题及内涵。

"色调研究",主要是学习影调的意义、创作手段和表现方法。通过画面的明暗层次、虚实对比和色彩的色相明暗等关系,给观者不同的情感体会,也可作为画面风格的表现,如赛博朋克文化,其电影、游戏、画作中的城市总是笼罩在黑暗中的世界。另外,也可以表达一种独特的风格,如《影》《鬼吹灯之寻龙诀》《赛德克巴莱》《金陵十三钗》《女保镖》《拯救大兵瑞恩》《乌鸦男孩》《僵尸新娘》《圣诞夜惊魂》等。

"情绪渲染",对比影像来说,一张静帧的平面画面去体现情绪渲染,既缺少了流动的镜头,又缺少了音乐的辅助,更没有语言的表达,如何通过平面画面带动观众的情感波动呢?这就要求学生们对平面设计元素灵活运用、合理组接。通过学习、分析、摹仿、创造的过程,使学生们很快掌握静帧表达的设计原理与方法。

4. 综合创作技巧

该课题的三个知识点包括"质感刻画""形象联想""表现手段"。

"质感刻画",先从平面训练开始,如固态、液态、气态、颜色、肌理、高光、反光、折射、反射等不同呈现效果,再到表现手段的多元化,如小型的装置造型设计等。"形象联想""表现手段"给学生们更大的创新空间,综合完成创作作品。这种针对性较强的造型设计训练,有别于传统的造型基础课,既从注重描绘性写实的教学方法向多元化教学转型,又从单一描摹能力的训练向创新思维能力的培养过渡。不仅让学生们对数字艺术表现有深刻认识,完善了学生的造型审美结构,而且培养了专业设计思维习惯,解决了造型设计相关问题。

这门课在四次专项练习中培养了学生的素质基础能力,包括造型变形能力、材质表现能力、空间构成能力、色彩表现能力、情绪渲染能力、镜头画面表现能力、创新思维能力等,使学生们在实践中得到了充分的锻炼,也为专业课以及今后的影视、动漫、游戏设计的学习做好了铺垫,为将来数媒的创作开发研究工作打下了坚实的基础。

四、专业发展和与时俱进的知识扩充

随着数字技术的发展,设计基础造型又有了新的表现技巧和技术手段,拓宽了设计造型的实现形式,如数字绘画、AI 艺术与 VR 绘画等。数媒专业可根据课时、师资以及实验室建设情况,将它们纳入基础造型教学的探索中。

1. 数字绘画

21 世纪计算机科学技术的发展带动了数字绘画的兴起,数字绘画和传统绘画对立存在,两者之间相辅相成,数字绘画超越了传统以假乱真的初衷,而出现了多种数字绘画艺术表现风格的创新探索,包括数字插图、动态插图等[12]。近年来,数字绘画在各设计领域扮演着不同的角色,发展领域之广、范围之大、适应之强,不断冲击着传统绘画。作为数媒专业,无论是原画创作,还是数字动画、数字电影,都有案例已经结合数字绘画的表现技巧。因为绘画工具与载体的选择,决定着绘画表现宽度和方法。从传统绘画工具颜料、纸类、画笔,到数字绘画载体电脑、iPad……需要学生们除了掌握操作绘画软件的技巧外,还要学习数字绘画的表现形式、技巧,以及创作思路,通过计算机、压感笔、数位板、数位屏等设备工具,以数字化语言方式绘制生成图形或者图像作品。

2. AI 艺术(人工智能艺术)

在新时代的推动下,艺术设计已与人工智能找到了许多契合点,并产生了一系列两者相结合的想法与应用。在专业基础课上加设人工智能(AI)相关知识的学习,可以让学生们提前了解数字媒体技术的应用案例,有助于在专业专题创作课或毕设选题上有更多的研究方向。

假设计算机是艺术创作的主体——艺术家，AI 可以进行作画、写诗、作曲及其他艺术活动。AI 艺术大多是利用人工智能通过深度学习来实现的，如 CNN、GAN、CAN、GNN 等算法。西华大学一位老师利用深度学习＋计算机视觉程序，将成都的美景和各种绘画进行深度视觉融合，效果惊艳。人工智能艺术的核心是计算机的"创造力"培养。

3. VR 绘画（虚拟现实技术绘画）

VR 和 AR 技术，在部分院校数字媒体艺术专业培养方案有专门课程，它为数字媒体应用添加了新的领域，其表现形式也越来越广泛，同时发展快速，已为艺术创作开辟了新的方向。Google Art& Culture 邀请五位艺术家——Boychild、Robin Rhode、曹斐、孙逊和杨泳梁，前往北京和巴黎等多地进行试验性作品展示，他们利用一款全新的 3D 绘画工具 Tilt Brush 进行创作，房间就是画布，想象力就是调色板。如曹斐创作的作品《派生》（图 5）、孙逊的 VR 绘画作品《前世的伊马图山》（图 6），实现了让作品立体化，使虚拟表现更具有真实感，是把控空间塑造的新表达。

VR 绘画的基础知识，可以插入设计造型基础类课程中，作为造型表现形式的升级展现，根据课时、师资与实验室情况，选择学习内容与训练方法，如优秀案例分析、数字艺术美学研究、创作 VR 绘画实验作品等。

图 5 曹斐创作的作品《派生》　　　　　图 6 孙逊的 VR 绘画作品《前世的伊马图山》

4. 光造型艺术

光造型艺术设计已经逐渐成为数字艺术创作独立开发的重要选题，而且正孕育着广大的发展空间。大卫·托伦茨定义了光的魅力："光能以个性化的方式点亮黑暗，实现事物由静态向魔幻的转变。当科学技术以光线为媒介来呈现效果时，黑暗就成了光的舞台。"光造型在很多数字媒体装置艺术作品中，往往成为不可或缺的设计元素。目前高校中，光造型艺术大多表现为数字投影艺术设计和数字装置艺术设计。基础造型训练中也可以借助简单的光影装置创作练习，进一步拓展形态构成、肌理构成和动态构成等造型表现方法。感兴趣的同学可以进一步学习并掌握其创作技巧，成为毕业设计的选题之一。

五、结语

数字媒体艺术专业发展初期，各大院校大部分聚焦于数字媒体艺术的拓展应用，而忽略了数字媒体艺术专业人才需要的基础素质能力的培养与研究，以至于课程之间出现断层，教学目的不清晰等。

本文以专业培养目标为原点，反推该专业所需具备的各项能力素质，再提出基础课所要达到的各项能力，进而设计出合理、科学的解决方案，真正为数字媒体艺术专业教师提供培养能力的方法与参考。由于数字媒体艺术专业核心方向的偏重不同，各院校呈现出不同的课程目录，以北京理工大学珠海学院设计与艺术学院数字媒体艺术专业的必修课——"设计造型基础"为例，理清专业基础课所应具备的基础能力分类；制定能力培养方案与知识框架；并设定最佳解决方案与可行性的训练方法；紧随行业与专业发展，履行专业基础课程的使命与责任。

设计造型基础类课程在为专业课程在打下坚实基础的，同时，也是引领数字媒体专业探寻造型表现方法的驱动力。我们应改变对基础课的传统定义，重视它在整个专业课程系统中的重要作用，使其成为引领学生走向数字媒体艺术之路的不可或缺的基石。

参考文献

[1] 章洁，龙娟娟，王丰. 设计学下数字媒体艺术专业基础课程群原型研究 [J]. 无锡职业技术学院学报，2016（4）：35-38.

[2] 郭蔓蔓. 数字媒体艺术专业人才培养模式初探 [J]. 影视制作，2008，14（6）：16-17.

[3] 李四达. 交互与服务设计——创新实践二十课 [M] . 北京：清华大学出版社，2017：107.

[4] 殷俊，宋晓利，王付刚. 动漫衍生品设计 [M] . 南京：南京大学出版社，2019：81-85.

[5] 贺希. 基于动画运动规律课程创新思维培养的探索与实践 [J]. 陕西教育（高教），2018（5）：20-21.

[6] 刘勇，刘静. 造型艺术审美教育随谈 [J]. 职大学报，2017（2）：122-124.

[7] 顾茜茜. 浅谈新时期高职学生设计创新能力的提升 [J]. 湖北函授大学学报，2018（11）：4-5.

[8] 朱润. 数字媒体艺术的表现特性研究 [D]. 济南：山东师范大学，2009.

[9] 宗明明. 超越包豪斯——探索未来 [J]. 设计，2019（24）：60-65.

[10] 塚本博义. 卡通角色设计 [M]. 北京：中国青年出版社，2006：16-18.

[11] 陈贤浩. 动漫场景设计 [M] . 北京：北京大学出版社，2018：11.

[12] 陈永东，王林彤，张静. 数字媒体艺术设计概论计 [M]. 北京：中国青年出版社，2018：90-127.

从赋能社会转化为理念与志愿者行动相结合的教育路径探索

蒋红斌　邸稷　刘子铭　清华大学美术学院

摘　要

2020 年伊始，突如其来的疫情打破了人们的平静生活，在社会上掀起了轩然大波。人们不再访亲走友，庆祝新年，而是家门紧闭，严抗疫情。在这场全民抗击疫情的"战斗"中，中国设计者们自觉地通过自己的方式为抗疫做出思考与贡献。本文对疫情防控期间清华大学师生以志愿者身份，对"2020 中国防疫设计思考与行动"的全国性设计作品征集活动进行梳理，对疫情期间社会关注的重点、设计发挥的作用等开展观察，学生们通过活动对设计迎接社会问题的挑战建立了极其深刻的思考，达到了润物细无声的教育作用。

关键词： 设计思维；社会创新；抗击疫情；教学方法

引子

在工业设计协会专家委员会防疫抗疫主题稿件征集活动中，参与者以青年设计师、大学教师和大学生为主要群体；收集到的作品以平面设计作品和产品设计作品为主，包含部分信息与新媒体设计；同时，各大美术院校积极投稿，也成为本次征稿的一大主要力量。

一、作品情况

1. 平面设计

在本次征集中，平面设计作品作为最主要的组成部分，主题最为多样。其中提及较多的关键词为：各行各业的努力（40%）、齐心协力全民抗疫（28%）、中国加油武汉加油（23%）、乐观自信精神（15%）、自觉防护意识（13%）、勿食野味保护自然（13%）、致敬医护（11%）。其中，每一幅作品基本围绕 1~2 个关键词展开，其主题与思想集中反映了疫情中设计师们的关注点以及人们对于疫情所产生的焦点问题的重视与关注程度。

2. 产品设计

产品设计方向的作品主要以日常居家防护工具为主，其中以口罩设计居多，也包含公共卫生防护系统、医疗设备，以及对病人的情感关怀设计等众多不同的主题与内容，彰显出设计与众不同的思路与表现魅力。

3. 信息 / 新媒体设计

信息设计方向的作品以科普、宣传和歌颂疫情中的普通人为主要主题，以提高人们的防疫意识为主要目的。新媒体的表达方式也让内容更加直观易懂，互动性更强。

二、让学生认识设计如何在疫情中发挥积极作用

1. 对社会整体抗疫意识的提高

从疫情开始蔓延之初，无数设计类作品就开始出现，而它们最直观的表达，也是最重要的作用就是对抗疫知识的传播。在疫情之初，人们并不甚注意防护，除了大篇幅的新闻报道，人们如不去刻意搜索很难获得有效的防护知识。彼时社会上充斥着不听劝阻的人群拒戴口罩出行、破坏社会秩

序的新闻。而设计类作品的出现，让各个年龄段的人们都能以更加直观的方式去了解病毒的危害性，以及我们力所能及的防护措施，当这样的海报以及信息设计作品遍布街头的时候，人们潜移默化中就已经将其所表达的内容明确于心，提高了人们的抗疫意识。

2. 对社会抗疫信心的提高

疫情中期，随着疫情的传播，一些人开始出现了悲观的想法，认为短时间内人类无法克服这场"灾难"，开始自暴自弃，甚至在网络上传播消极的观念，社会氛围向消极方向转变。而这时设计的作用，则是向人们传播正能量，让人们的视线向前看，去关注疫情结束后美好的未来，提高民族自信心，去关注那些勇敢奋斗在一线的"逆行者"，并为疫情献出自己的一分力量。

3. 对中国精神的弘扬

通过这次疫情，人们团结起来，无数的英雄人物涌现出来，他们分布于各行各业，他们奋勇直前，而他们身上的所体现出来的都是大无畏的中国精神的一部分。在本次征集到的作品中，10%的设计师去选择描绘"中国精神与中国力量"，这同时也是对中国精神在世界范围内的一种传播与弘扬，对于世界团结抗疫有一定的导向作用。

三、通过典型案例体会社会创新的组织效能

本次征稿中涌现出很多优秀的设计作品，学生们从作品的形式，主题、表现的精神与思想内涵中去深思和判断，将不同主题与形式的优秀作品整理为典型案例并推送。

1. 平面设计

平面设计作品作为在各设计类型中数量最多的一类，其所表现的主题也更加丰富与多样，采用的形式也各不相同。疫情的热门主题之一，作品《我们的战疫》（图 1）表现的是各行各业的人们在抗击疫情中的形象。他们有建筑工人，有警察，有医生，也有食堂师傅，他们来自不同的职业，但都奋斗在抗疫的一线。海报的右上角还标有警示人们的标语，来增强人们的防护意识。这幅作品也向人们传达出了无论是医生、工人、军人，无论什么职业什么工作，在疫情来临的时候，大家都共同抗疫，义无反顾。"我们是中华儿女，我们绝不退缩"的口号与精神，是在全民抗疫的今天最振奋人心的话语。

"歌颂医者"同样也是这次征稿一个重要的表现主题。"医者"身上似乎有一种使命，正是这种使命让他们在危急时刻下显得那么伟大。

图 1　作品《我们的战疫》

2. 产品设计

疫情期间，"口罩"成为人们生产生活的必需品，在口罩数量需求变大的同时，"如何合理地利用口罩"也成了设计师们关注的一个重要议题。面对市面上口罩真假不一、效果较差的现状，以及医护人员对更高质量口罩的需求，《看护者口鼻分离硅胶防尘防护口罩》（图2）应运而生。它更加贴合人们的脸形，并在口鼻处阻断，来防止异物异味与进一步的交叉感染，更好地保护使用者的健康。

随着疫情的不断扩散，除了对日常医用品（如口罩）的需求量与质量要求提高，对医院等医疗设施与设备的需求量也不断地扩大。国家带头修建方舱医院，"雷神山""火神山"的修建速度之快更是备受世界瞩目。在这样的大背景下，更加高效紧凑，同时又具有隔离功能的单人病房需求不断扩大，面对这样的事实，"集装箱病房"概念的提出为医疗设施的优化提供了一个较好的方案（图3），以便合理安排病人，统配医资，在疫情等突发状况下发挥强有力的作用。

同样，在人力短缺以及流行性病毒易致人感染的情况下，"区域性智能医用清洁机器人"（图4）也能很好地解决人力短缺问题并抑制感染源。通过智能清洁消毒机器人替代人工的方式，减少相关人员被感染的风险，实现高频率、不间断、安全高效的医院公共场所清洁消毒工作，便捷快速地完成高标准清洁任务。同时实现预设特定区域的消毒、空气净化等任务，极大地减轻了工作人员的压力。

3. 信息/媒体设计

本次收集到的媒体设计类稿件，大多数有一个共同的指向——那就是大众科普。用简明的语言和动画，用人们更加喜闻乐见的形式去进行创作，这也使得这些作品比起静态的平面作品更加生动而有活力。

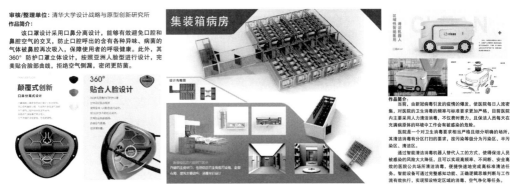

图2《看护者口鼻分离硅胶防尘防护口罩》　　　图3《集装箱病房》　　　图4《区域性智能医用清洁机器人》

四、从社会价值中认识设计创新存在的问题

在疫情中，"设计"作为一种传播声音与力量的方式备受社会瞩目，但与此同时，设计中所面临的一些问题与挑战也很清晰。通过志愿者活动，学生们整理和分析出四个主要问题。

1. 间接性

疫情防控期间虽有大量的设计作品产生，但饱受争议的是其中大部分都是平面招贴方式。这一方面表明设计带给人们的影响，更多地发力于观念、精神和思想层面，很难与现实生活实际对接，更多的是一种"间接的、倡导性的建议"。另一方面，手段过于老旧。今天信息传播的方式如此多元，可是，设计手段却依然在沿用三四十年前的招贴方式。试问，谁去贴？贴哪里？从这一方面深思开来，我们的设计者在"设计如何作用社会"的问题上思之甚少。

2. 时效性与作用范围

从时间角度来分析，海报所能带给人们的信息是有限的，而它的内容也需要随着疫情的变化而不断变化。由此来看，设计所能带给人们的有用价值的时间是有限的。

从空间角度来分析，大多数设计的传播范围是有限的，受地理、生产水平、信息传播速度等方面的影响，我们很难在短时间内对设计内容进行大范围的传播和使用，大多设计未走出"舒适圈"真的面向大众，仅仅作为在设计界内部知名的设计，也致使设计有作用范围小的特点。在产品创新上就更是如此，产品类的作品虽想法多样，但却很难在短时间内落到实地产生医疗或社会效益，研发与组织生产、产品创新的生态等因素的局限也强烈地折射出真正让设计发挥社会作用的难度。

3. 缺乏内容深度的设计现状

当前设计类作品虽然层出不穷，但是真正能够给人们提供正确的价值导向和发挥实际作用的设计却为数不多。大量的平面作品流于表面，内容不够切合实际，很难让人产生共感心理或者是带来有效的内容指向，艺术性的表达和直观的结合仍不够，优秀的画工背后是思想的贫瘠，导致很难有优秀的作品出现；而产品类作品则数量稀少，征集数量不足平面的六分之一，这一方面是由于设计类别和难度的差异，但另一方面也说明了优秀人才缺乏的现状。

五、引发学生们对设计与社会创新的再思考

1. 作品内容有效性与真实性值得推敲

设计作品的有效性，一方面体现在设计的意图能否真正地被大众所察觉与接受；另一方面则体现在传达的内容信息是否真实并具有正确的导向作用。从产品设计来看，设计是否能够"有效"发挥用途，成为人们的选择目标，成为一大重要的课题，缺乏深度和对于社会现状思考与调研的设计是很难真正打动大众的，在改进外观的同时对于"功能"的关注，也是设计师们该进行思考的一大重点。

2. 作品内容的清晰性需要重视

立足于全社会的大背景下，尤其是疫情防控期间，对于宣传类和科普类的平面设计的需求量骤增，而是否能够清晰地表达人们所能够读懂以及理解的内容，也成了设计师应该关注的重点。尤其是在一个作品同时兼容多个含义的情况下，能否做到清晰而不直白，来潜移默化、渐进式地提高观者的意识，了解其内涵也是当下设计师应当去思考的问题。

3. 作品的深度表达需要挖掘

内容清晰并不意味着肤浅，设计绝不是对已有现状和规章的单纯描摹。在立足于主题的前提下不断挖掘，并进行思考，使民众产生共鸣感。同时对于作品内涵抑或想要表达的事物有更加深层次的理解和认识，做到有深度的设计，而不是仅仅流于事物表面，不能抓住主要问题与矛盾。

4. 创作类型和思路更加拓展

相比平面设计，产品设计对于设计师的三维造型等能力要求更高，需要的时间、工作量也更大，这也导致产品设计的稿件数量相比平面设计而言较少。同时，在本次征稿的过程中，20%的产品类稿件涉及对口罩的改造和利用，其中虽不乏新意，产生了一系列创意口罩，但过于集中，也导致很多产品的表现过于泛泛，技术含量低，设计内容简陋，无体系，不能被称为"新的设计"。

5. 设计创新与产业融合更为紧迫

设计应立足于人的根本需求。人们并不会去购买不需要的产品，而生产商也不会去对此类产品进行规模生产。尤其是在疫情的特殊时期，我们更应该找准人们的真正需求，进行大量的调研和考察，并以此为依据进行设计实践，才能够产生大众接受、可以量产并对社会产生效益的好的产品。

设计不能只停留在纸面上，要想真正发挥其应有的作用，就必须进行实践的探索。在调研阶段，调查是一种必不可少的对设计的整合方式，来帮助设计者更好地找到具体方向。在产品运用方面，当下疫情防控期间仍有很多实物设计都未真正落地，这也使得设计的力量大打折扣。

这也进一步要求设计师们避免"纸上谈兵"，真正设计出逻辑清晰的"新产品"，才能做出服务于大众的好的设计。

结论

2020 年已然过去，设计如何作用于人们的生活，被突如其来的疫情划出了一个深深的问号。学生们通过迅速动员全国各地的设计学子和整理他们的所思所想，一方面使大家看到了当前设计的活力及其对社会的影响方式；另一方面为学生们揭示了未曾考虑的问题，体会到设计有很大的社会创新空间可以拓展，设计与产业的互动、设计与社会创新组织形态之间的关联等都尚待激发。通过这样的探索，使设计创新与社会意义连接了起来，为学生们展示了真正应用于现实、造福于社会的设计路径。

数字媒体艺术专业"设计基础"
与动漫游戏产业结合的课程探索与实践

周 洁　华东理工大学艺术设计与传媒学院

摘 要

本文基于"设计基础"课程源流、特点与现存问题,以艺术设计专业数字媒体方向的专业必修课"设计基础"为例,详细论述了人才培养模式和课程改革的思路方法,并列举数字媒体专业创新创业案例,提出在数字媒体艺术人才培养过程中,要将基础课与专业核心技巧联系起来,将动漫游戏商业案例引入课堂,将基础教学与产业人才需求相结合,通过"走出去"和"引进来"的方式,加强基础课程与快速更迭的数字媒体艺术产业之间的联系,提高该专业学生的创新创业能力。

关键词: 数字媒体艺术;设计基础;课程教学;动漫游戏产业

一、"设计基础"教学概况

"设计基础"由平面构成、立体构成和色彩构成组成,源自 1919 年包豪斯创建之初设置的课程体系,最早由伊顿(Johannes Itten,1888—1967)负责教授。此时的教学特别注重设计基础知识在设计能力培养中的意义,尤其是对基本原理,比如透视、构成的理解与运用;在实践方面强调对材料特质的熟悉、对设备和工具的使用、对自然界的了解和观察以及对理论的学习,以上为艺术设计的学习建立了科学基础。自形成体系后至今已有百余年历史,20 世纪 80 年代从香港引入内地教学,广州美术学院、中央工艺美术学院等专业设计学院先后开设,逐渐成为国内设计类专业必修课程并沿用至今。期间整个学科、社会与产业从农业、手工业时代从逐渐进入以信息设计和服务设计为主的时代。随着设计专业方向的拓展、人才培养目标和设计产业的更新迭代,有关设计基础课程教学的讨论一直在继续。

二、从数字媒体艺术专业培养目标看设计基础教学改革的必要性

数字媒体艺术是由于传播媒介的更迭而产生的一种新的学科和专业,通过数字技术实现艺术创作,旨在培养科艺融合、笃实创新的数字媒体艺术创新人才,而这正是传统教育人才培养的空白,又是新兴文化创意、数字内容产业崛起的急需。数字媒体艺术专业培养的人才,需要有较高的艺术人文修养,能综合运用所学知识与技能分析和解决实际问题,具有社会责任感和国际交流能力,能在传媒及文化产业相关领域,比如动漫、游戏、影视、广告、网络媒体的策划、创作、制作、传播、运营或管理等岗位上从事创新设计工作。

1. 行业需求与人才培养的脱节

艺术与科技的融合是数字媒体艺术专业的特点。人才培养需要明确的一点是,一方面要建立在扎实的造型训练基础上,同时加强艺术与科技融合的学科和技能训练,并且应以造型艺术为根基,以科学技术为手段进行综合培养,只有这样才能发挥生源、学院、师资的多重优势,为数字媒体艺术产业提供有价值和优势的创意艺术设计与制作人才。

作为新崛起的艺术产业,数字媒体艺术人才也存在大量缺口,据业内统计,每年约有 15 万缺口。特别是动漫游戏领域急需造型能力扎实、艺术素养良好的设计制作人才。在人才培养方面,目前由于过于强调技术与科技的影响,美术背景的学生出现缺乏较为扎实的造型能力、对艺术审美不甚敏感的情况,抑或为了弥补短板,学生将更多的时间精力投入到编程等技术领域,导致核心的艺

术设计创意思维无法通过具体的造型和制作能力加以落地，或不能完整完美展示，在动漫游戏产业领域中，缺乏艺术人才的核心竞争力。

2. 动漫游戏产业对美术造型能力要求的提升

动漫设计与制作的精良程度成为玩家和消费者选择的重要标准。根据艾媒体咨询的调研数据可知，约 52.7% 的受访用户认为游戏画面的质量水平决定了整个游戏的品质。游戏和动画画面对于增强用户沉浸式体验占据了重要的引导作用，因此只有更加逼真、写实度高的角色和场景的设计制作，才能带给用户更强烈的视觉感受和更刺激的互动体验。根据调研数据可知，玩家对移动游戏中的美术设计满意度最高。这就需要从业者在设计制作环节，加强美术造型与设计制作能力。中国作为全球游戏设计与外包服务重镇，目前在设计制作领域达到的技术成熟度较高，从行业需求的角度出发，将行业技术要求与培养人才的课程体系结合，也与包豪斯设计课程对标行业的初衷相契合。

3. 传统课程体系与媒介更新的转换

构成是艺术作品整体的形象、结构、规划，是一切设计的核心元素。设计基础课程是从抽象形态入手培养设计创造思维的有效手段，自 20 世纪 80 年代引入中国以来，相继作为工艺、装饰及后来的艺术设计专业的必修基础课程，直到今天在中国设计基础教育中仍然发挥着重要作用。

随着硬件及软件的不断更迭换代，计算机辅助设计工具已经普及且成功地运用到设计实践中，但是介入设计基础教学研究与实践程度还较低，无论是平面构成还是立体构成，多数课程设置还停留在手工设计构思与制作的层面上，使得设计基础课程与设计实践及产业需求之间存在较大差异。不但影响了教学效果、课程效率，也阻碍了设计基础学科的发展。尤其是随着数字媒体产业的发展，带来设计领域的范式转变，如何将基于传统工业和产品设计的设计课程与设计思维，流畅嫁接到信息时代和服务设计时代的数字媒体课堂教学，避免设计基础课与数字媒体艺术专业的人才培养目标、专业核心课程、更新的技术和设计思维方式脱节，是值得一线教育工作者需要反复思考与探索的问题。

三、设计基础教学实践设计、探索与创新

1. 教学实践设计思路

对于构成基础与设计实践之间存在的差异，辛华泉指出"立体构成"应该揭示所用材料和施工工艺与所得技术效果和艺术效果之间的关系。有关设计构成的教学目标应该包括以下三种能力的培养：创造性思维、审美感受、运用艺术语言进行再现和表现。因此基于行业发展侧重点及对人才需求的方向，以及设计基础课程内在的更新需求，在课程设计上遵循以下几个方向：

首先，加强设计学专业学生的造型基础能力，以便创意思维能够较好地落地展示。其次，将实践案例引入课堂。形式与审美不应孤立于设计而单独存在。设计的创造性与审美价值必须与功能、材料、制作结合，综合结构与构造的合理性，一并组成统一和谐有意味的整体。柳冠中认为基础课和专业课不应人为分割，应该通过具体的项目和课题，将材料特质、构成方法、制作技艺等因素统一起来，在实践案例中活学活用设计的思维、技巧与方法。再次，课程教学内容与体系应立足于产学研合作的方向。将产业领域正在发生的案例引入课堂，缩短学院教学与产业链之间的距离。最后，将课程内容与竞赛活动做适度结合，在有限的时间内对学习成果进行集中检验，促进学生专业技能的发展。

"三大构成"作为一种造型方法和理念，设置之初的目的是将不同形态的几个单元重组，然后重构新的设计单元。通过构成这种方法和思维，使学生知晓点、线、面、体的基本造型语法，从构成中去理解和践行比例、节奏、多样、统一等形式美的基本法则，掌握均衡与韵律，回归对艺术本

体的感受和塑造。基于此，本课程旨在将综合造型基础、设计程序和方法，以及设计思维视为完整的教学和课程体系，并据此搭建起设计基础的教学实践。

这里需要强调的是，本案所谓的创新和改革，并不是对构成的否定和推倒，相反，其中所涉及的观察方法、培养目标等，均是建立在对构成原初理念的遵循和关照，在此基础上，将动漫游戏产业人才的需求与课程教学相结合，从加强学生的立体造型、二维到三位空间转换能力、设计感知能力等角度着手，进行实践改革。

2. 教学实践创新与探索

设计基础课程（立体造型）为艺术设计与传媒学院数字媒体专业低年级学生开设。作为一门研究空间立体造型规律和方法的学科，它是形态设计和其他造型艺术的重要基础。这门课程的任务就是要展现造型艺术的基本规律，再现空间设计与表达的基本特征。为了拉近行业人才需求与学院教育之间的距离，针对本科低年级数字媒体专业特点，设计基础课程亦需与时俱进，不应割裂基础课程与专业技能和人才需求之间的联系，因此本案旨在在课程的针对性、专业性、实战性、前沿性等方面，做进一步探索和改革。

1）议题设置

数字媒体艺术主要涵盖影视、动画、游戏及交互设计等方向，如何通过设计基础，不仅提高学生的设计审美能力，还能进一步提高其更为基础的造型能力，是教学组织者不得不面对的问题。在众多造型能力训练方向中，人物特别是头部是最为复杂的表现对象，需要极高的造型能力，因此本课程首先选择泥塑头像为主要造型训练手段。具体是给出游戏动漫公司进行测试时会使用到的真人案例，作为课堂教学参照。通过给出既定真人模特多角度照片，让学生进行泥塑头像的设计制作，以此作为课程训练的核心环节。第二环节是通过人物动态的综合材料制作，对人物运动规律、人体比例等造型问题进行实际演练。通过对游戏动漫角色的选择，通过超轻黏土等材料，进行人偶的设计制作，此为第三环节。结合目前数字媒体相关企业的实战案例与人才需求，在对数媒专业学生的课程讲授中，希望能从创新人才培养、产教融合等方向，在具体的教学内容、教学方法领域进行尝试性改进。

2）教学内容的创新

第一，将立体造型能力的训练作为有机整体。将艺用人体解剖学基础知识与平面表现作为立体造型能力的前期铺垫，通过课堂讲解、课堂写生、课后练习等方式，让学生掌握人物头骨、肌肉、运动规律基本知识，对头骨 12 个角度进行研究式平面绘制，对指定模特的写实照片进行多角度素描训练。为接下来的立体造型奠定良好基础。通过综合材料对人物进行动态表现，让学生以铁丝或综合材料对人体动态进行设计制作，把握人物的基本特征与规律，加强人物动态的艺术表现。

第二，利用数字化软件，助力精准造型，打破传统造型训练与数字软件之间的隔阂。在平面训练之后，对既定模特人物头像进行雕塑。在雕塑的基本技法与流程（包括木骨架的搭建、起底、建立泥塑大型、进行五官塑造等）基础上，创造性地将数字化软件纳入到造型环节中，通过 Photoshop 软件比对翻拍的模特泥塑造型图片，反复进行细节比对，纠正造型上的重大偏差，有助于对模特头像的精准刻画，加强写实能力。

第三，注重同一造型在不同媒介中的介质转换和艺术表现。在教学过程中，通过现场翻模流程的学习与观摩，完成雕塑不同材质之间的转换。通过三维扫描仪，完成泥塑头像从实物到数字文件的转换。之后进入高模雕刻软件中，进行数字制作。最后通过 3D 打印技术，完成数字到实物的转换。

第四，将动漫游戏衍生品手办引入课堂基础教学环节中。选择目前手办制作常见的表现方式，如超轻黏土等，让学生选择卡通形和写实形两种不同的人偶风格，运用超轻黏土、美国土等材料进行手办设计制作与表现。

3）教学方式的创新

具体课堂教学中，除了采用互联网立体化多媒体的讲授法之外，还会采用直观演示法、练习法以及现场教学法，启发、互动、小组合作等多种方法并用，激发学生的兴趣与潜能，尤其注重教学的过程记录。将每个进行中的作品状态以照片形式记录，并作 PS 造型校对。课程过程中包含绘画、泥塑、PS 图片处理、铁丝动态、游戏人偶五种作业类型，最终课程结果以展览形式出现。结合作业效果及最终展览呈现，以及综合造型能力、商业潜力、创新能力等，评定成绩。

课程教学对接区域优秀产业，注重产学研结合。在教学中有针对性地邀请行业内主流专家、技术人员，亲临课堂，分享商业案例，针对热门行业做具体行业报告，有助于学生们及时知晓产业发展现状，加强对所学专业的理解和思考，从更宏观的视角去思考所学的专业。由于本课程的设计与游戏动漫手办制作的工艺和技巧相关，因此在教学过程中，特地邀请行业内权威手办设计制作团队进入课堂，如邀请上海 Hobbymax 工作室的核心制作团队前往学校进行手办模型制作的讲座。在 Bilibili 等以二次元文化为特色的平台发表系列手办作品的制作者的到来，加强了学生们对动漫游戏手办美术制作的兴趣。在课程结束之际，也通过"走出去"，让学生们以沉浸式的观看体验，近距离接触动漫游戏制作领域。包括观看相关展览，对企业进行参观访问，直击动漫手办制作流水线，与一线制作团队进行面对面的沟通交流，让学生直观深入了解商业制作流程和规范，了解 Zbrush 高精度雕刻、3D 打印、涂装、手工打磨等具体流水线制作环节与工艺特色。从创新创业的角度，加强对学科专业和课程的理解认识。

阶段性课堂作业成果通过展览的方式进行集中展示。部分优秀课程作品通过申报比赛、大学生创新创业项目等方式，进行教学成果的检验。课程结束后，通过主题展览的方式进行集中展示，并作为最终课程作业的考核对象。考核方式分为课堂作业、实践参与度、课程展览三个主要方面综合考量，比例为 30%+40%+30%。此外对成功申请创新创业项目、在市级以上设计竞赛上获奖，或参与企业案例制作的学生，予以考核上的倾斜。

四、教学日历

课程教学日历如表 1 所示。

表 1　教学日历

课程内容	课时	课程内容	课时
1. 头像基础	4	6. 三维扫描	8
2. 搭建大型	8	7. 高模数字雕刻	8
3. 体块塑造	8	8. 3D 打印	8
4. 深入塑造	8	9. 人物动态快速表现	4
5. 模型翻制	8	共计	64

五、教学目标与后续延伸方向

设计基础通过三维写实头像塑造、综合材料人物动态表现、游戏动漫玩偶设计与制作等教学内容与环节，要求学生掌握立体的观察方法，培养学生对空间的感受能力及立体造型能力。打破注重艺用人体解剖的三维头像造型教学与数字媒体制作之间的界限，通过对课程内容的重新组织与设计，让学生养成从二维到三维的观察与表现方法的转换；借助数字软件修订传统泥塑头像造型，加强数媒学生的造型能力，通过人物动态的设计和表现，完成从静态写实到动态设计的过程；通过超轻粘土的设计制作，将设计基础与游戏手办产业发展趋势相结合，开启对人物游戏模型制作的兴趣，并进一步引导学生了解整个数字媒体模型制作的商业规范与逻辑，为接下来的三维模型专业设计与制作奠定良好基础。最后，在研究中实践，及时反思、总结，对自己的研究成果进行更精髓的加工制作与改进。

在数字媒体艺术人才培养过程中，要将基础课与专业核心技巧联系起来，将动漫游戏商业案例引入课堂，将基础教学与产业人才需求相结合，通过"走出去"和"引进来"的方式，加强基础课程与快速更迭的数字媒体艺术产业之间的联系，使学生能够尽可能地了解产业化艺术制作模式。将新时代的产业需求和课程训练紧密结合，为创新创业活动提供良好的学术训练支撑和实践能力支撑，使学生实际参与到地方社会建设和产业发展环节中，为数字媒体艺术产业做好高质量的人才储备和基础研究工作。

参考文献

[1] 杨明刚，沈唯，赵方歆. 华东理工大学数字媒体艺术专业建设研究 [J]. 设计，2015（3）：146-148.

[2] 常馨鑫，贾琼. 包豪斯在中国的历史 [J]. 装饰，2009（12）：45-49.

[3] 陈岩. 从包豪斯的基础课程看当代三大构成教育 [J]. 艺术与设计（理论），2010（9）：148-150.

[4] 孙灿. 从培养抽象力与创造力初探三大构成的课程改革 [J]. 南京工业职业技术学院学报，2007（4）：88-90.

基于网络平台的二维设计基础课程教学研究

王 勇　周 岩　任 刚　哈尔滨工业大学

摘　要

在"互联网 +"时代，面临疫情防控期间教育部提出的"停课不停教，停课不停学"的号召，各高校加速了网络教学的进程。本研究以二维设计基础课程为例，立足"以学生为中心"的教学理念，通过优化网络教学设计、合理配置网络教学资源、强化网络教学组织与管理的方式建立网络教学存在感，引导学生利用网络平台对二维设计基础课程进行自主性、探究性学习，从而实现从二维设计基础到二维设计应用快速转换的教学目标，为培养学生的设计创新思维奠定了坚实基础。本研究探索了基于网络平台的二维设计基础课程教学方法，通过发挥网络平台教学的最大优势，确保线上线下同质等效的教学效果，为设计类课程提供一种有效的网络教学方式。

关键词： 二维设计基础课程；网络教学研究；教学存在感

引言

在"互联网 +"时代，多媒体、互网络技术已经深刻影响了传统的课堂教学模式，尤其在面临疫情防控期间教育部提出的"停课不停教，停课不停学"的行动中，更加速了各高校网络教学的进程。二维设计基础是设计类专业的核心基础课程，主要培养学生的形式美感知力与二维设计能力，需要丰富的教学资源与手段，强调教与学的互动性。"线上化"教学的常态，打破了常规二维设计基础课程较为有效的面对面授课、交流、指导设计的教学方式。在网络教学过程中，教与学虽一屏之隔，却很难全面掌控教学效果。因此，在短时期内针对二维设计基础课程特点建立有效的网络教学模式，是现阶段急需研究的问题，也为"互联网 +"时代的设计类课程教学提供了新的思路、新的研究方向。

一、基于网络平台的二维设计课程教学现状分析

在"互联网 +"环境的影响下，新技术、新工具的广泛应用，正在改变传统的二维设计课程教学方式、方法的局限性。以计算机、互联网技术为核心的网络教学，打破了时空的限制，使学习空间更宽广，大数据下，学生可获得更丰富的课程资源与信息，有利于激发学生的学习兴趣。网络教学中，由于信息的多源性、可选性与易得性，教师不再是知识的权威和唯一的来源，教学过程强调学生的自主学习与个性化学习；现阶段，基于网络平台可开展慕课、微课、线上线下混合式教学以及翻转课堂等，变传统单一授受式教学为多样化网络教学模式。[1-3]

由于网络教学在时时交互上存在局限性，因此，现阶段的设计课程网络教学非常注重交互模式、互动性的研究，主要体现在学生与交互媒介之间的联系，学生与教师之间的信息交流，教师、学生与教学信息和概念的交互以及学生与学生之间的交流。[4-5] 网络教学的交互模式、互动性直接关联着学生在线学习的良好体验，即网络教学的教学存在感。

二、基于网络平台的教学存在感体现

"教学存在感"概念源起加拿大阿萨巴斯卡大学（Athabasca University）远程教育研究所 Anderson 团队有关探究共同体（Community of Inquiry，CoI）框架的研究。这种"教学存在感"

是指经过精心的教学设计，使学生在网上学习时，即使看不到教师也能感受到老师的"无处不在"与"循循善诱"。"教学存在感"一直是远程教育圈中关注的热点。[6]

现阶段，受新冠疫情影响，各高校正经历着全面网络教学的授课模式。受网络带宽限制，网络教学中几乎看不到学生听课时的表情，教师感觉自己只能"自说自话"地传递知识信息，无法真正做到与学生实时交互或及时有针对性地回应学生的问题。事实上，教师也很难真正掌控学生的学习状态与效果。因此，要通过网络授课的"教学存在感"来改善远程学习体验，让远程学生感受到教师"无处不在"的精心教学安排和周到的学习支持。教师通过课程教学活动规划、网络学习氛围的创建，以及网络授课方式等激发学生的学习兴趣，引导学生自主学习，从而实现线上线下同质等效的教学效果。

二维设计基础教学主要培养学生的审美感知力与创造性思维，建立对专业设计的兴趣及能力。在网络授课模式下其"教学存在感"尤为重要，通过教学设计、教学实施、教学评价等使学生时刻感受到教师对其学习的指导和关注，以便更好地引导学生学习。

三、二维设计基础课程网络教学实践

二维设计基础是设计学科的专业核心基础课程，主要研究二维空间中的形态创造与表现、色彩组织关系、二维空间布局以及在此基础之上的设计应用等。二维设计基础是学生认识设计的开始，也是学生设计思维形成的关键，其内容与思想贯穿整个专业设计课程体系，影响设计创新始终。"教学存在感"是二维设计基础课程网络授课成功与否的关键因素，应从如下几方面进行教学探索与实践。

1. 优化网络教学设计

二维设计基础课程有其自身特点，要针对网络教学的优点及局限性进行教学设计。为此，二维设计基础课程网络教学突出"以学生为中心"的教育理念，充分利用网络平台、互联网技术创新教学方式方法，唤起学生的学习积极性，引导其自主性、探究性学习，以确保有效完成教学任务、达成教学目标。

1）授课模式多样化

二维设计基础课程网络教学要通过精心的教学设计让学生感受到教师无处不在的学习关怀。在"互联网 + 教育"环境下，利用网络平台现场直播、多模式切换的授课方式易于引起学生对课程内容的关注。如在授课过程中，教师按教学内容特点预先设计好授课方式，每节课中"将教师出镜、师生连麦、小组讨论、影音视频插播"等环节与授课内容、授课时长紧密关联，通过丰富多变、生动有趣的传授方式抓住学生听课注意力，引导学生积极参与学习。

2）教学内容碎片化

教学内容碎片化是指将知识点、教学中的重点难点内容按时间段（20 分钟以内）分割呈现，及时缓解网络授课的疲劳感，通过教学内容与授课时间、授课手段的合理安排，使学生在线上听课始终保有新鲜感，以确保学生的听课效率。在线直播授课讲解时，采用多屏互动方式，利用手绘屏实现板书功能，可解析知识点、圈画重点内容、修改设计作品等，使网络授课更具真实课堂的带入感。采用多屏互动的方式，手绘屏结合PPT实现设计课程讲解，使重点、难点内容的解析更为直观、有效（图 1）；利用手绘屏在线点评、修改学生作业（图 2）。

3）交互模式引导自主学习

网络课堂的交互模式是教学存在感的主要体现，网络教学虽不能面对面互动，但"远程在线"

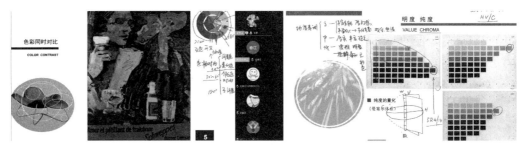

图 1　手绘屏结合 PPT 实现设计课程讲解

的学生不再像实体课堂那样拘谨，尤其是在只闻其声的网络课堂中氛围或许更加自由活跃，学生思维也更为敏捷，教师要抓住此特点精心设计教学互动环节。一方面，根据教学内容穿插随机点名回答问题、作品展示、作品互评等环节保持课堂教学的活跃程度，创造愉悦无压感的课堂环境，让学生在其中得到高度的情感支持，激发学生探索设计的兴趣；另一方面，应大力开展"以问题为导向"的 PBL（problem-based learning）教学方法，将目前"单通道的灌输教学"转变为"多通道的主动性思考"，通过设计专题讨论、主题设计等活动培养学生的独立思考能力和设计判断能力。[7]

二维设计基础课程实验教学是重要的设计基础训练环节，通常面对面的讲授与指导是较为有效的教学方式。基于网络平台的实验教学打破了原有的面对面交互模式。应立足"以学生为中心"的教学理念，引导学生主动参与学习。如在"二维形态创造"系列实验（即通过现有产品形态的结构重组创造新形态），预先录制实验讲解与演示视频，上传网络课程空间，要求学生课前自行观看学习，上课时教师只解析重点、难点内容，课后随时复习、查缺补漏，使学生感受到教师教学的"无处不在"。在实验教学过程中，为更好地引导学生自主学习，鼓励学生利用身边物品进行"DIY 实验"，即利用身边物品摆设成一组静物，并对其进行写生，如图 3 所示。此实验活动促使学生在摆设静物的过程中首先考量如何构建合理的空间布局形式，再通过自己动手不断调整静物的摆放位置，以至最终形成具有一定美感形式的静物组合。在此过程中，学生能够通过不断探索的方式潜移默化地影响着自身对形式美的感知力，即引导学生完成自主学习。

2. 合理配置课程资源

课程资源是引导学生探索未知的关键性因素，在"以学生为中心"的教育理念下，基于网络平台，合理配置二维设计基础课程网络资源，为学生提供更广阔、更有效的学习平台。

无论线上、线下，丰富的课程资源都会加强学生对设计的感悟能力，更好地引导其自主学习。

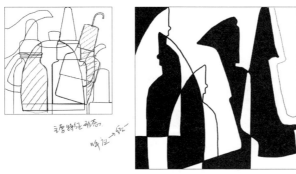

图 2　利用手绘屏在线点评、修改学生作业

图 3　学生利用身边物品进行"DIY实验"

二维设计基础课程资源可以从线下、线上两方面配置。一方面源自对生活观察与感悟的积累。通过课上教师的"循循善诱"，带领学生对生活、身边事物进行观察、思考，让学生学会收集和记录生活中的形式美。因为生活是设计创作的源泉，通过不断积累逐渐形成设计资源库，为日后设计提供灵感来源。另一方面，合理组织教学资源，建立网络资源共享平台。教师建立专属的课程空间，根据教学大纲引入精品 MOOC，将重点难点内容、有针对性的设计软件教程、作业讲评、共性问题、设计实验演示等录制微视频，学生可根据需要自行观看，满足个性化学习需求。在专属课程空间中，建立设计素材库、问题讨论留言区，以便资源共享、师生课下交流互动，从而体现教师的"无处不在"。

网络教学没有时空限制，通过网络可以更自由灵活地组织不同年级、新老学生的设计交流，从而获得更为丰富的课程资源。利用课余时间组织不同年级学生、校友设计师进行网络设计研讨活动，助力低年级学生的专业设计学习。

网络设计交流活动同样需要教师的精心设计与安排。通过甄选交流主题、定期开展设计活动，使初学者不断接受视觉、听觉的洗礼，在延绵不断的设计引导下逐渐提升形式美感受力以及对设计的认知，同时也能加强本专业不同年级、新老学生之间的设计交流与情感沟通。此种方式能够让学生感受到教师对于课程教学的精心安排以及课上课下的学习关怀。

3. 强化网络教学组织与管理

网络教学的组织与管理是影响教学效果的重要因素之一。网络教学需根据课程内容选择适合的网络平台，并针对教学环节切换网络平台，教学过程较为烦琐。为确保教师网络授课顺畅、圆满完成每节课的教学任务，须为课程配备助教。通过助教协助主讲教师进行课上、课下教学管理，如课前签到、课上组织讨论、发放资料，课后收取作业、协调各种相关事宜等工作，以确保获得更好的教学效果。

根据二维设计基础课程特点选择适合的网络教学平台，利用各自特点适配课程教学需要。如利用腾讯会议、企业微信、雨课堂等网络平台进行直播授课，能够满足实时互动、交流讨论的需求；利用 QQ、微信等网络社交平台建立课程群，便于信息通知、发放资料、收取作业等。

网络教学要特别注重时间管理，每个环节严格按照时间节点执行，以确保教学效率。课前 15分钟，助教通过 QQ 群或微信群组织学生签到，随后引导学生进入直播授课平台，以确保上课时长；课中，每段授课时长控制在 30 分钟以内，穿插理论讲授与互动环节，以确保学生的听课效率；课后，按时间段预约指导的方式对学生进行课下的"现场指导"，便于学生提前规划作业时间，也不过多占用授课教师的课下时间。二维设计基础课程有部分实验课时，即主题式设计实操环节，受带宽限制，此环节无法做到实时监控，故将实验课程时间分段管理，在统一讲解后要求按时间节点通过指定网络平台展示个人设计成果，通过教师点评、生生互评的方式交流讨论、修改设计作品。

此外，为满足学生个性化学习需求，更应合理调配教学时间。教师对学生作品点评与修改、师生交流设计是提高学生设计水平的重要教学环节，但由于学生水平参差不齐，且课程学时有限，故本环节不能全部在课上完成。为此，教师针对作业的共性问题进行课堂讲授，并将学生作品点评与修改过程录制成视频，发放到课程群，以便所有同学根据自己需要随时查看，而不占用共同时间。

四、结语

"互联网＋"时代，二维设计基础课程教学面临新的机遇与挑战，在教学中需要利用互联网技术与互联网思维创造新的设计教育生态。"互联网＋教学"，拓展了学习空间，丰富了教学资源，使基于网络平台的设计教学发展势不可挡，线上线下混合式教学将成为二维设计基础教学的优良模式。由于"远程在线"的局限性，二维设计基础课程网络教学的"教学存在感"就变得尤为重要，通过优化教学设计、合理配置课程资源、强化网络教学组织与管理等方式建立网络"教学存在感"，构建良好的网络教学交互模式，营造"虚拟"课堂的"现实"感，打造线上课堂充实活泼的学习体验，使网络教学在学生有兴趣、乐于探索的学习状态下达成教学目标。

本研究通过探索基于网络平台的二维设计基础课程教学方法、发挥网络平台教学的最大优势以确保线上线下同质等效的教学效果，为设计类课程提供一种有效的网络教学方式。

参考文献

[1] 李晓文，叶伟剑，章秋红."互联网＋教学"环境下师生互动行为指数模型研究[J].高等教育工程研究，2020（3）：6.

[2] 陈君.线上线下混合教学模式在平面设计课程中的应用[J].现代农村科技，2019（2）：87-88.

[3] 王林毅，于巧娥."互联网＋"线上线下有机相结合的教学模式研究[C]//辽宁省高等教育学会2017年学术年会优秀论文二等奖论文集.

[4] 毛雅坤.平面设计类网络课程交互教学模式——基于课程性质与学生特点的研究[J].美术教育研究，2017（5）：126-127.

[5] 张瑶.网络媒体环境中怎样构建基于互动的平面设计教学体系[J].课程教育研究，2018（32）：217-218.

[6] 汪琼."教学存在感"及实现路径辨析[J].现代远程教育研究，2020，32（2）：11-17.

[7] 吴磊. 新工科理念下工业设计专业教学方法与实践[J]. 高等建筑教育，2018，27（2）：10-13.

工业设计领域应届毕业生现状调查与分析

梁 军 黄山学院艺术学院
李启昕 黄山首绘教育科技有限公司

摘 要

本文对工业设计领域教育与企业规模进行统计，并对应届毕业生择业与职业现状进行调查与分析，以客观总结发展现状，并梳理问题与不足，为工业设计教育的进一步发展提供参考。

关键词： 工业设计；应届毕业生；现状；教育；择业；职业

自"十一五"规划以来，工业设计已三次写入"国民经济和社会发展五年规划"纲要。在这十几年间，工业设计行业也真正进入了发展的快车道。行业的发展，人才是基石，面对变化与机遇，工业设计教育如何客观剖析自身发展现状，分析存在的问题与不足，对工业设计领域人才队伍的下一步建设，有着重要的指导意义。

一、工业设计领域教育规模现状

截至 2019 年，在全国 2956 所高校中，开设有工业设计领域专科专业点 261 个，开设有本科专业点 753 个 [1]，招收工业设计领域硕士研究生的高校共 186 所 [2]。招生专业或方向的具体设置情况如表 1 所示。

表 1 工业设计领域专业设置情况

专科专业		本科专业	
工业设计 （560118）	**产品艺术设计** （650105）	**工业设计** （080205）	**产品设计** （130504）
硕士专业或方向				
机械工程 （0802xx） 下自设专业	**机械** （085500） 下设方向	**设计学** （087200） 下设方向	**设计学** （1305xx） 下自设专业或方向	**艺术** （1351xx） 下设方向

通过教育部公开信息申请查询、高校招生情况统计等方式，笔者对 2019 年工业设计领域教育规模进行了详细调查。

1. 专科教育规模

在校专科生共 25974 人，其中工业设计专科在校生 11541 人，开设专业点 115 个；产品艺术设计专科在校生 14433 人，开设专业点 146 个（图 1）。

2. 本科教育规模

在校本科生共 142007 人，其中工业设计本科在校生 51413 人，开设专业点 289 个；产品设计本科在校生 90594 人，开设专业点 464 个（图 2）。

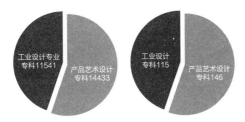

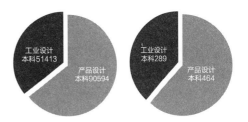

图1　工业设计领域专科教育规模现状　　　　　　　　图2　工业设计领域本科教育规模现状

3. 硕士研究生教育规模

以2019年工业设计领域硕士研究生统招为例，186所高校共招收2916名统招生。以学科门类计，工学类1215人，艺术学类1701人；以学位类别计，学硕619人，专硕2297人（图3）。[2]

4. 应届毕业生规模计算

根据在校生规模结合学制可以算出，工业设计领域年毕业专科生8600~8700人，本科生35000~36000人，硕士研究生约3000人（图4）。综合计算，我国工业设计领域年毕业专、本、硕学生46600~47700人。

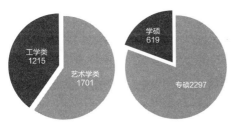

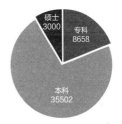

图3　工业设计领域硕士研究生统招规模现状　　　　　　图4　工业设计领域年毕业生规模

5. 专业设置沿革与增长情况分析

专科层次招生规模较小，工业设计领域硕士点虽然从1993年便已开始建设，但至今统招规模仍然不大，且学科类别归属与专业设置复杂。本文将重点梳理分析规模最大的本科专业设置发展沿革与增长情况，以供参考。改革开放后，工业设计领域的本科专业设置先后经历了四次调整，前三次分别是1979年的"工业美术设计"、1987年的"工业造型设计"、1993年的"工业设计（可授工学或文学学士学位）"。[3] 此外，在2012年以前，还有少数未开设工业设计专业的高校，在本科艺术设计专业下设"产品造型设计专业方向"。第四次调整为2012年，在《普通高等学校本科专业目录（2012年）》中，原属于文学下的艺术学由一级学科成为学科门类，而原授予文学学士学位的"工业设计"及艺术设计专业下的"产品造型设计专业方向"调整为"产品设计"，授予艺术学学士学位，同时明确"工业设计"只授予工学学士学位。[4] 至此，形成了今天的工业设计（工）、产品设计（艺）的本科专业格局（图5）。

在2007年世界华人工业设计论坛上，教育部工业设计专业教学指导分委员会发布数据显示，截至2005年经教育部批准的本科工业设计专业共219个（不包括艺术设计专业中设置的相关方向）。[5]

而截至2019年，开设的本科工业设计专业289个，本科产品设计专业464个，总计753个。在工业设计真正快速发展十几年后，专业总数仅约为2005年的3.4倍（图6）。这其中，2005年的基数还未计入原本科艺术设计下的相关方向（因历史与时间等客观原因已难以详尽统计）。

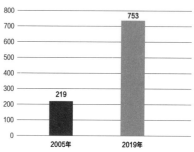

图 5　2012 年工业设计领域
专业目录调整情况

图 6　2005—2019 年本科
工业设计专业增长柱状图

二、工业设计领域企业规模现状

1. 企业规模及增长情况

相比工业设计领域教育规模的发展速度，企业（含工业设计企业与企业工业设计中心）规模的发展更为迅速。相关统计显示，具备一定规模的设计企业，2005 年为 1000 家左右[6]，2019 年迅猛发展到 14000 家[7]，整整增长了 14 倍（图 7）。

2. 国家级、省级工业设计中心规模

这十几年的迅速增长，不仅仅是量的扩张，更是质的提升。截至 2019 年，这 14000 家设计企业中，被认定为国家级工业设计中心的共 173 家，被认定为省级工业设计中心的超过 1300 家（图 8）。国家级工业设计中心是指经工业和信息化部认定，发展水平居全国先进地位的企业工业设计中心或工业设计企业，自 2013 年以来已经进行了四次认定。对公布的四次认定名单进行统计后发现，企业工业设计中心高达 148 家，远超工业设计企业的 25 家（图 9）。比例差距如此悬殊，抛开其他客观因素，仅对照《国家级工业设计中心认定管理办法》中的相关认定标准进行分析可以得出，相比工业设计企业，企业工业设计中心在规模优势与竞争优势、创新能力与研发投入、试验条件与基础设施、组织体系与发展规划、人才队伍与职称结构、知识产权与经济效益等方面，发展更为均衡、体系更为完善。

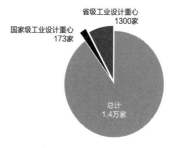

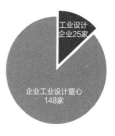

图 7　本科专业点与企业规模
增长柱状对比图

图 8　国家级、省级工业设计中心占比

图 9　国家级工业
设计中心分布

3. 企业对教育的基本需求分析

从上述统计数据可以看出，自 2005 年以来，工业设计领域的企业规模发展迅猛，且量与质均在全面推进。仅从量来看，教育的发展就已经相对滞后，难以匹配企业的发展速度。

此外，就企业类型来看，企业工业设计中心的发展更为均衡、体系更为完善。工业设计企业虽

然定位与运营、责任及功能等方面有所不同，但就均衡发展与体系完善而言，除基础投入、管理完善、政策保障等方面的建设外，更迫切需要全面、稳定、高质的人才支撑保障。

三、应届毕业生择业与职业现状调查

前文统计显示，现阶段工业设计领域年毕业专科、本科、硕士学生 46600~47700 人。每年的毕业生择业方向与具体流向，将影响工业设计行业的下一步整体发展；而应届毕业生的能力与素养，更会影响单个企业的下一步人才队伍建设。为进一步梳理现阶段学生的择业情况及职业现状，笔者进行了系列调查与分析。

1. 学生择业情况调查

为综合反映近几年毕业生的整体择业情况，在学生择业情况调查中，采集的 820 份样本涵盖了不同学历层次与职业状态。具体数据为：专科在读 17 人、本科在读 425 人、硕士研究生在读 126 人、已工作 167 人、择业中 85 人（图 10）。

1）意向择业领域调查

对意向择业领域调查的结果显示，择业意向主要集中在"智能、科技设计领域"与"文化创意设计领域"，两者占比相加为 51%。除上述两领域外，占比较高的为"服务、体验设计领域""信息、交互设计领域"与"设计研究或教育领域"，三者占比相加为 34%。

这其中需要重点关注的是，直接面向第二产业的"装备、制造设计领域"与"工程、技术设计领域"人才流入前景堪忧，两者占比相加仅为 10%（图 11）。

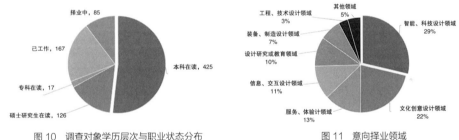

图 10 调查对象学历层次与职业状态分布　　　　图 11 意向择业领域

2）意向择业单位调查

对意向择业单位调查的结果显示，择业意向主要集中在"大型企业设计部门 – 国内企业""大型企业设计部门 – 外企或合资企业"及"高校或科研院所"，三者占比相加为 56%。其他意向的占比，由高至低依次为专业设计公司 – 大型、专业设计公司 – 中小型、中小型企业设计部门、自主创业及其他（图 12）。从整体占比分析，择业意向主要倾向于大型企业或相对稳定的单位，其次为各类专业设计公司与中小型企业。

2. 应届毕业生职业现状调查

本调查面向企业，共采集企业样本 105 份，包括国家级工业设计中心、省级工业设计中心及各类工业设计企业。对企业进行的基础调查结果显示，35 岁以下为工业设计人才主体的企业总占比达 86%。其中，"以 30~35 岁为主"的企业占 42%，"以 30 岁以下为主"的企业占 44%，说明工业设计人才队伍整体呈年轻化（图 13）。在对应届毕业生职业现状的调查中，分别对基础能力满意度、培养周期与成本、离职情况及最需提高的能力进行了统计。

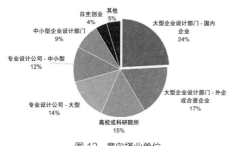

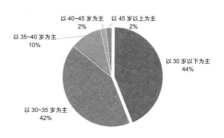

图 12　意向择业单位　　　　　　　图 13　企业工业设计人才队伍年龄结构

1）应届毕业生基础能力满意度

调查统计了企业在近 5 年招聘中对应届毕业生基础能力的满意度，满意度在 60% 及以下的占比总计为 84%。其中，40%~60% 区间占比 29%，20%~40% 区间占比 35%，0~20% 区间占比 20%。此外，80%~100% 区间的高满意度仅为 2%（图 14）。单从本调查结果来看，近 5 年的工业设计教育与人才培养，相比企业对毕业生的基础能力需求，尚未达到及格线。

2）应届毕业生培养周期与成本

调查结果显示，企业将一名应届毕业生培养成合格设计师的周期，需要 12 个月以上的占比达 54%；支出培养成本需 8 万元以上的占 36%，需 6 万 ~8 万元的占 14%，两者相加为 50%（图 15）。

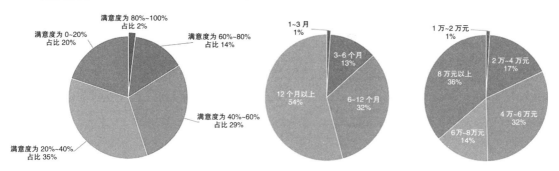

图 14　应届毕业生基础能力满意度　　　　图 15　应届毕业生培养周期与成本

单从培养成本来看，假定以年培养 10000 名应届毕业生为例，企业界需整体支出的最低培养成本为 5.35 亿元（图 16）。如以 47700 名毕业生全部流入工业设计行业计，企业界整体支出的最低培养成本达 25.5 亿元。

工业设计人才培养是一个体系化的生态，企业有义务承担一部分人才培养责任，特别是需要对人才成长提供系统的职业规划、晋升通道与发展平台。但就应届毕业生而言，企业整体需要耗费如此长的时间及成本，来帮助毕业生完成学生到设计师的角色转变，也进一步佐证了工业设计教育存在的问题。

3）离职时间周期

培养优秀的职业人才，既是企业发展的自身需要，也是社会责任。而人才队伍的稳定性，则是保障企业长期稳定发展，乃至整个行业健康发展的重要因素。

在应届毕业生离职时间周期的统计中，1~2 年离职为 41%，6~12 个月离职为 17%，两者相加总占比达 58%。从数据对比来看，意味着大量应届毕业生在经企业培养成为合格设计师后便选择离职（图17）。

如此高比例的成长即离职，对大型企业的影响可能较小，但对人才储备有限、抗风险能力弱、管理体制不够完善的中小型企业，其影响无疑是雪上加霜，进而有可能造成工业设计人才培养生态的恶性循环。

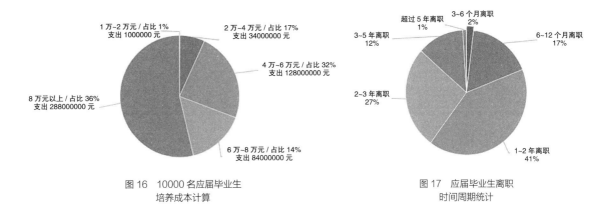

图16　10000名应届毕业生
培养成本计算

图17　应届毕业生离职
时间周期统计

4）应届毕业生最需提高的能力

在企业最希望应届毕业生提高的能力中，"专业技能与基础能力"占比达31%，其次为"职业素养与工作能力""自我学习成长能力"及"责任心与价值观"。而原预计占比较大的"商业思维与实践能力"反而占比最小，仅为14%（图18）。该结果也真实反映出，现阶段企业已没有将"商业思维与实践能力"的培养寄希望于学校教育。即便如此，工业设计教育在对学生的基础能力、职业能力、学习能力、责任意识的培养上，都存在严重不足，导致毕业生难以满足企业的基本需求。

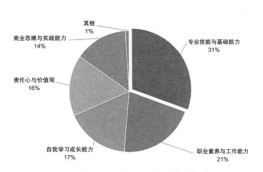

图18　应届毕业生最需提高的能力统计

四、小结

通过上述调查与分析可以看出，现阶段我国工业设计领域教育存在着一系列需要去完善与解决的问题。从规模来看，教育的发展已经滞后于企业的发展，需要进一步发展以匹配需求；从企业需求来看，工业设计企业更需要全面、稳定、高质的人才支撑保障；从应届毕业生的择业意向来看，选择第二产业这一振兴实体经济主战场的比例极低，需进一步引导学生的历史责任感和行业使命感。

此外，更需要工业设计教育及教师直接去解决的问题是基础能力和素养的培养。专业基础能力与学习成长能力等方面如不得到提高，企业将继续耗费大量的时间成本与经济成本来弥补教育的不足；职业素养与责任心等方面如得不到提升，工业设计行业的人才培养生态有可能整体恶化。

我国正在规划工业设计产业在国家层面上战略布局中的角色，在历次发布的政策中制定了中国工业设计的发展战略，包括目标、路线、组织、策略、方法和工具，以及规划了设计教育、职业培训和人才梯队建设。这一系列的国家政策，标志着我国工业设计的国家战略已开始与我国制造业深度融合。[8] 同样，也标志着工业设计教育需要进入一个新的阶段，为振兴制造业乃至民族复兴，提供更强有力的创新设计人才支撑。

这既是国家发展需要，更是工业设计教育的历史使命。

参考文献

[1] 教育部政务公开办公室. 政府信息公开申请告知书（教公开告 [2019] 第 262 号）[Z] .2019-07-02.

[2] 光华设计基金会. 中国工业设计领域硕士研究生教育发展白皮书 [Z]. 黄山：光华设计基金会设计教育专项基金，2019.

[3] 石萍. 我国高校艺术设计本科专业设置的发展寻绎——以 2012 年本科专业目录为节点 [D]. 济南：山东艺术学院，2014：19.

[4] 教育部. 普通高等学校本科专业目录（2012 年）[EB/OL]. [2012-09-14]. http://www.moe.gov.cn/srcsite/A08/moe_1034/s3882/201209/t20120918_143152.html.

[5] 何人可. 工业设计专业发展战略研究 [R]. 北京：2007 世界华人工业设计论坛，2007-10-01.

[6] 朱焘，王晓. 提升工业设计水平是企业自主创新的有效途径 [J]. 世界标准信息，2006（3）：22.

[7] 李燕. 以工业设计引领制造业高质量发展 [N]. 中国经济时报，20019-12-4（4）.

[8] 柳冠中. 专访柳冠中：峰起峦涧中，任重而道远——中国工业设计 40 年 [J]. 美术观察，2018（11）：22.

工科类设计专业色彩课程设置研究与教学方法探讨

金 丹 福州大学厦门工艺美院

摘 要

色彩是视觉感受力的重要传达要素，色彩课程是设计专业一年级的必修课。本文聚焦于工业设计专业工科生的色彩教学实践，提出激发学生的"感受力"是课程设置的重点。通过分析工科生与艺术生在认知思维方式及知识结构上的差异，笔者针对色彩教学方法提出三条建议：注重提升学生的兴趣；注重色彩知识传达的系统性与渐进性；注重课题研究和评价体系的开放性。在具体的教学进度中应遵循认知结构的三个阶段：认知色彩、感受色彩和设计色彩，打破学生对色彩设计感性与理性二元对立的困惑，引导学生关注色彩的联想，解读其在文化设计中的符号语义。教师通过色彩理论与设计经验的传授激发个体的审美体验与感受力，从而提高工科生对色彩的理解和应用能力，为日后的设计打好基础。

关键词： 设计色彩；课程设置；工科生；教学方法

一、课程设置的必要性

在产品设计中，造型、功能、色彩、材质是四种基本的设计元素，不仅能满足消费者的使用需求，还能带来生理上的舒适和心理上的满足。[1] 在这四种基本元素中，色彩是视觉感受力的一个重要传达要素，优秀的产品色彩设计不仅满足实用价值和具有艺术美感，更迎合了消费者对文化与个性的诉求。色彩的运用是设计师重要的设计语言之一[2]，营销学的"七秒钟色彩理论"证实了好的色彩设计能够吸引消费者的目光，增加产品或品牌的附加值。设计色彩广泛应用于平面设计、产品设计、服装设计、环境设计等领域，满足了消费群体追求个性化与差异化的市场需求，对提高产品竞争力、提升商品附加值具有不可估量的作用。基于此，绝大多数艺术院校的设计专业将"设计色彩"课程作为一年级的必修课，色彩训练工具的选定大多延续了艺考惯用的水粉颜料，训练方法一般是从"绘画性色彩"过渡到"设计性色彩"，以实现"再现与创新的统一""印象与联想的统一"为课程的主要目标。[3]

近几年来，越来越多的艺术设计院校将工科生源补充到工业设计专业领域中。虽然艺术生与工科生都将色彩课程作为设计类本科教学的核心基础课程之一，但由于这两类学生的专业背景差异大，很大程度上影响了他们对色彩的认知。[4]

绘画色彩是设计色彩的基础和源泉。艺考之前的绘画色彩训练主要研究色彩的基本规律，关注复杂微妙的自然光影和画面色调的变化，主张艺术性地再现客观自然，真实地表现物体的体积感和质感。而设计色彩基础训练研究色彩配置规律，更为侧重培养学生的主观色彩意识及其在具体设计领域的应用能力，强调多元化、多维度的创新思维能力的培养。艺术生源接受过系统性的色彩写生训练，对从写生静物到意象色彩的转变，也就是所谓的"绘画性色彩"过渡到"设计性色彩"的思维过程大多表现出很强的主观能动性和适应力；而工科生从未接受过系统性绘画训练，无法在一个月左右的课程中"恶补"完艺术生数年间对于色彩经验的积累，这就需要我们根据工科生的"零基础"以及他们的思维特点重新规划这门课程。

二、激发"感受力"是课程设置的重点

新感受力是一种"审美态度",苏珊·桑塔格提出在现代语境中培养能够捕捉美感的"新感受力",强调主体的感受,以人的感性经验为准则,肯定了个体的非理性直觉。桑塔格发现了分别代表感性和理性的两种文化形态:文学－艺术文化和科学文化,质疑将这两种文化分离,否认了重科学而轻艺术的观点,认为这两者并不具有严格的界限。[5]设计色彩同时具备艺术属性、科学属性、商业属性和文化属性,它不仅涉及色彩的设置,还肩负着信息传达的使命。色彩不仅给人带来视觉感受,人也会受到色彩的较大影响,这是因为人的心理、生理和行为很多时候容易受情绪的支配,而不同的色彩会对人的心理和情绪造成影响。经过漫长的对色彩的自然属性与视知觉规律的探索,人们在 20 世纪不断尝试在空间中科学地建立一套完整的色彩体系,商用色彩系统早已趋于成熟和完备。然而对于本课程来说,在大一阶段,尤其是针对工科生的色彩基础训练除了要科学地理解色彩的自然属性和规律,还需要更多地捕捉个体的感性因素。

色彩课程学习的最终落脚点在于设计色彩的应用,包括产品色彩定位、方案的研究与策划以及同系列产品的多套配色方案设计,在对色彩进行选择和设计时应当体现相关的理念、行业属性和商品功能。[6]根据以往的教学经验,一年级的工科生,如果能在简单的二维平面中解决好配色方案设计,积累了感性而直观的色彩设计经验,那么其在高年级考察并提出符合产品、人、机、环境系统要求的色彩设计方案也能够相对得心应手。现代设计中色彩的应用需要同时依靠理性与感性。所谓理性就是引入色彩体系,如瑞典自然色系 NCS、蒙赛尔色立体或 PCCS,对色彩三要素(色相、明度与艳度)进行量化的色彩研究,通过数据的定量分析,使产品配色方案不依赖于设计师的主观判断。[7]而感性是指传统意义上,依靠设计师的直觉经验和个人修养进行色彩的选取与搭配。工科学生普遍表现出更强的逻辑思维能力,对程序性和系统性设计的相关学习更为顺利,但笔者在执教中发现,工科生在低年级阶段与艺术生相比,感受力的缺乏往往在一定程度上限制其设计创意能力。因此本课程在设置上更需激发工科学生对色彩的感性与直观体验,从描述、风格与形式中去感受,培养能够捕捉美的感受力。

色彩的调配是主体的感性活动与客体的客观存在相遇,共同完成的设计活动,设计师的个人审美能力对色彩设计方案的选择有着很强的影响,因而色彩学习需要打破理性与非理性的二元对立。在教学中,教师既要重视理论的传授,以案例的方式分析色彩搭配的平衡原理,又要兼顾学生的艺术审美能力及感性体验,同时培养学生的"经验"与"感受力",注重激发个体的色彩领悟能力,特别是个体审美体验对日常理性的超越,训练对于颜色的敏锐感受力与联想能力。观察世界的活动被证明是观看主体与外部客观事物的性质之间的相互作用。色彩既是一种外在的视觉体验,也是一种富有情感的联想记忆,色彩能唤起各种情绪,表达情感,甚至影响我们正常的生理感受。色彩联想作业,充分调动了每一位学生的个体感官知觉体验,引导他们尝试将文字与色彩进行"转译",结合地域范围内人们共同遵循的色彩尺度和符号识别系统,探索色彩的具体联想和抽象联想。研究色彩比例是为了追求色彩和谐。色面积作业的目的是训练学生理解和决策色彩的构成形态。对于色彩和形态的提取,学生们可以参考绘画作品、摄影照片或设计案例,教师也可以鼓励学生自己拍摄照片进行裁剪并提取色彩构成元素,引导学生留心发现身边不起眼的景、物的细节,养成在生活中观察和研究形态、比例、空间和色彩的设计思维。

艺术设计院校开设的设计色彩课程通常从绘画色彩开始训练,并与色彩构成相衔接。教师在课程中一般要求学生使用水粉材料进行色彩的分解、归纳、置换与重构,从感性走向理性,从模仿走向创造,探索主观的艺术风格表现手法,最终使学生认识和掌握色彩体系,实现配色经验的积累。这种方法很好地训练了学生对颜色的感知和调配能力,但大量的手绘练习需要对色彩工具有着较强的驾驭能力,且耗时较多,更适合有色彩绘画实践基础且思维较感性的艺术生。以笔者所在院校为例，工科学生的设计色彩课程仅有 48 课时，在这种情况下，这门课的大部分教学实践活动被安排在电脑室中完成，教师将电子计算机作为主要的色彩教学工具，课程在设计时极大地压缩了手绘材料的练习，尽可能利用多媒体设备的便利性，将精力更集中在对颜色的感知和设计应用上。虽然相较于传统手绘练习，利用计算机进行认知和学习色彩抽象且缺乏材质的温度，但电脑软件的撤销功能和便利的调色换色能力可以节约大量的课程时间，其优势亦很明确。

三、教学方法的探讨

针对低年级工科生的色彩基础课程设置，笔者建议应遵循如下原则。

1. 注重提升学生的兴趣

在体验消费时代的今天，色彩作为一种视觉符号，是传达产品形象的第一要素，色彩设计对提升产品的感性价值具有重要意义。即便我们认同色彩的地位与重要性，但在本科四年的学习中真正将设计色彩的原理与经验拿出来单独讨论的课程却仅此一门，并且在时间的安排上也很紧凑。如此一来，色彩学习容易被工科生忽视。一方面，工科生善于将关注点聚焦于产品的造型与结构，往往表现出不敢用色或配色障碍；另一方面，部分工科生存在轻视色彩学习的想法，在上课时感性思维难以被调动，也不像艺术生拥有激情投入创作。

莎士比亚说，学问必须合乎自己的兴趣方可得益。故本课程设置的一个重要目标是激发学生对色彩研究的热情。例如在课程的导入部分，教师让学生开启手机调色游戏《Blendoku》，作为手绘颜料调色练习的补充，学生可以在过关升级的成就感中提升视觉辨色细胞对色彩混合的敏锐度。又如课程的"色彩联想"部分被设置了一个小实验《这首歌是什么颜色？》，由教师选播四首风格不同的乐曲（分别代表了"欢快""忧郁""激烈"和"忧伤"），在不做任何提示的前提下，全班学生根据乐曲传达的情绪与色彩关联的强弱顺序填涂六个色块并匿名上交，通过现场统计和分析实验数据，直观地证明人类情感与色彩表现之间相互关联的共性。这些穿插的游戏形式很好地加强了学生对色彩课程的参与感和求知欲。

2. 注重色彩知识传达的系统性与渐进性

系统性是指若干互相联系的知识，包括理论知识与实践经验，整合而成的一个层次分明的知识体系。渐进性是指教师在课程设置时需要认识到学生对知识的接受与消化是一个相对缓慢的过程。工科生首次进入专业色彩的学习，需要补习的知识点很多，大致归纳为色彩原理、绘画色彩和设计色彩三大板块。以笔者所在的院校为例，设计色彩课程（48 课时）分别对应了认知结构的三个阶段。

第一阶段：认知色彩（8课时）。从以往的课程经验来看，艺术生接触色彩学习喜欢跟着感觉走，大多数学生都会选择直接研究和临摹案例；而工科生往往在实践之前更擅长先追问原理，因而在完成作业前会较为深入地研究色彩理论。根据不同专业学生的思维认知特点，教师对"色相的内在明度""色彩的相对性"以及"色立体"等重要知识点发起探讨，可以帮助工科学生理解色彩的三要素与视知觉规律。

第二阶段：感受色彩（12课时）。"感受力"不是在凭空冥想中生发，而是存在于"个人体验"。感受力的训练内容包括绘画色彩和色彩联想。一方面，教师通过理论讲解帮助工科学生快速学习专业的绘画色彩工具，并通过艺术家赏析建立基本的色彩审美素养；另一方面，针对零基础工科生，教师建立起专门的评价体系，布置"点彩"形式的实践作业取代传统意义上的绘画写生，训练学生摆脱形体束缚，更纯粹和感性地研究色彩的再现与表现。此外，色彩的抽象与具象联想作业要求学生使用计算机软件辅助设计，注重通过设计练习明确色彩的文化语义。

第三阶段：设计色彩（28 课时）。主要内容包括"平面构成法则""色彩功能取色法""色彩的采集与色面积重构"等。色彩功能取色法来源于商业设计师梁景红的案例，是一套快速而有效的色彩配色经验：平衡法则的实质是善于运用对比来寻求色彩的张力；而同频法则的实质是通过建立秩序和调和色彩之间的内在矛盾来追求色彩的和谐。通过对两大法则的概念以及实际案例的关联性讲解，学生可以获得色彩统筹能力。

3. 注重课题研究和评价体系的开放性

对色彩规律的认知和研究主要涉及四个领域：物理学、生理学、心理学和美学。色彩的要素与视知觉规律具备跨文化的人类认知共性；而在以精神为对象的心理学领域，色彩研究涉及感情、联想、象征、偏好、语义和印象等关键词，需要通过对自然与人类社会的长期观察、学习和感受方能展现它们的内在风格与价值。设计色彩研究的涉猎面如此广泛，四个领域的知识体系又相互交叉重叠，因而教师对课题的选择及学生的讨论往往没有固定的形式。例如"白金蓝黑裙子"是 2015 年在互联网上引起热议的一个话题，在本课程的教学过程中曾经穿插了对这条裙子的讨论。同一张照片，有的同学看到的是一条蓝黑色裙，另一些同学看到的却是白金色裙，学生们根据自己的观察和分析自发地分成两个阵营组织探讨，无论结果如何，教师在总结时延伸出"色彩到底是物理属性还是我们的主观体验"的课题。在这个过程中，学生能够培养更多的开放性思维。

设计色彩在不同时期有不同的评价体系，我们只能立足于当下。有些学生急于求得标准答案，但色彩基础练习往往没有绝对的对错之分。从文化属性来探讨，色彩的流行趋势具有鲜明的时间和地域特色，例如近年来流行的描边风格与扁平风格，有无轮廓线、轮廓线的粗细和颜色的改变，都会对整体的色彩表现造成很大影响，每一根线条和阴影都会参与构成。在教学中需要总结和归纳多样化的风格特征，引导学生在未来能够灵活地根据具体产品定位敏锐而快速地决定色彩的组合与搭配。

四、结语

工业设计是工程技术与美学艺术的交叉学科，而设计色彩是美学艺术的重要基础。工科生作为工业设计专业的创造和实践主体，不同于考前接受过系统性绘画专业培养的艺术生，艺术基础较为薄弱，但工科生具备较强的逻辑思维能力和分析能力，作为教师需要认识到不同生源的学生客观存在的优缺点，针对工科生特有的认知思维方式和具体课程的课时总量灵活制订合理的教学计划，及时调整设计色彩的训练方法，培养学生能够同时具备理性的量化分析能力和感性的色彩领悟能力。就大一年级的色彩基础学习而言，激发学生的"感受力"是课程设置的重点，教师应经常反思如何能更好地提升个体的色彩领悟能力，强化审美体验，训练学生对颜色的敏锐感受力与联想能力。相关课题的设置与讨论也应具有趣味性和开放性，增加师生间的互动与反馈，以更好地保证教学的效率与效果。

参考文献

[1] 王毅，崔曼，李光耀. 基于人因要素的产品色彩设计研究 [J]. 包装工程，2013（10）：53-56.

[2] 陆琦. 从色彩走向设计 [M]. 杭州：中国美术学院出版社，2018.

[3] 胡俊，胡贝. 产品设计造型基础 [M]. 武汉：华中科技大学出版社，2017.

[4] 时阳，吴琼. 产品设计实践中工业设计专业工科生与艺术生的交流 [J]. 现代装饰（理论），2013（3）：219-220.

[5] 方莹，董天倩. 新感受力与坎普：形式"本体"意义的呈现 [J]. 美与时代（下），2019（12）：16-20.

[6] 朱华. 设计色彩 [M]. 武汉：武汉理工大学出版社，2009.

[7] 林晨晔. 基于感性工学的定量化色彩趋势研究 [J]. 包装工程，2015（18）：70-73.

基于模块化教学法的表现技法在线教学课程研究

田原　邢万里　北京林业大学艺术设计学院

摘　要

在信息技术与教育行业融合的新形态下，探究将模块化教学法引入高校环境专业表现技法课程教学体系，力图探索一条提升表现技法课程质量的新途径。对表现技法课程的特点和模块化教学法的定义、发展及现状进行分析，结合教学、设计实践，分析推进表现技法的教改策略。总结基于模块化教学法促进表现技法课程在线教学发展的三方面内容和多项具体具体实施举措。依托模块化教学法推进表现技法课程，是环境设计专业在线教学的重要突破方向。本研究结果可供艺术设计学院其他课程推进线上教学的教改进行参考。

关键词：模块化教学法；环境设计；表现技法；教学改革

引言

表现技法是对艺术设计专业学生的手绘表现方式进行研究、开发和有效训练的课程设计，通过课题教学与训练，可以有效地培养学生的设计思维与手绘技法，提高空间表现和思维表达能力，使其完成从基础作图到设计思想与创新性艺术意识的转变，是高校设计类专业的基础主干课程。[1] 在信息技术与教育行业融合的新形态下，将模块化教学法引入表现技法在线教学课程体系，是对传统教学方法发展、改革的有效探索，有助于提升表现技法课程的质量与效率，培养与时俱进的创新型设计人才，满足我国经济发展对环境设计专业的实际需求。

一、模块化教学法的概念与兴起

1. 模块化教学法的概念

"模块化"（modularization）是指在解决一个复杂的问题时通过自上向下将信息系统划分成若干模块的过程与理念。在互联网时代，伴随网络、科学、技术、教育等领域的发展与融合，传统以教师经验为依据的教学模式数据不精准、管理效率低，难以适应新兴的在线教学，而模块化教学法可以有效分割、组织和打包信息，使每个模块（module）完成一个特定的子功能，将全部包含独立特性的模块按特定顺序组织起来后可以构成一个条理清晰、逻辑缜密的完整信息链条，让学生高效理解学习过程中各环节的内涵逻辑。模块化教学法以能力本位为基础，针对在线教学的课程体系重新构建一种基于专业化导向的教学模式，旨在提升学生的综合素质与专业能力。[2]

2. 模块化教学法的兴起

我国高校对模块化教学的研究和实践开始较早，从 20 世纪 90 年代已开始进行深入探索。伴随着近年来教育信息化的发展，在线教学日益普及，促进课程改革、专业改革、人才培养模式改革的呼声日益高涨。模块化教育模式以"MES"（modules of employable skills）与"CBE"（competency based education）两种理念为主。"MES"是 20 世纪 70 年代初由国际劳工组织研究开发出来的以现场教学为主、以技能培训为核心的一种教学模式。"CBE"是以执行能力为依据确定模块，以从事特定职业应当具备的认知能力和活动能力为主的教学模式。模块化教育法为表现技法课程提供了信息化、科学化、规范化的在线教学模式，正契合了我国高校建设网络教学服务体系的发展趋势。

二、模块化教学法对表现技法在线教学的必要性

1. 提升教学质量

1866 年，维尔纳·冯·西门子（Ernst Werner von Siemens）发明第一台大功率发电机，掀开了第二次工业革命的序幕。1919 年，包豪斯顺应科学技术的发展提出了"艺术与技术的新统一"，引发了教育方式的革命并极大地促进了设计教育的发展。艺术设计作为新型专业与交叉学科受到新兴技术尤其是信息技术的极大影响，而依托于模块化教学法进行表现技法课程在线教学正是合理利用新型教育模式与新兴信息技术服务于教学工作的有效探索。表现技法作为艺术设计专业的基础课程，地位举足轻重，对其教学内容和教学方式深入研究，并进行合理调整与改革意义重大。[3]利用模块化教学法加强表现技法教学的实质是利用现代化的教学方法转变艺术设计专业学生的学习模式，增强专业学习效率，并形成逻辑清晰、结构科学、效率优化的在线教学模式，以达到最优化的教学效果，因此，对于提升艺术设计专业教学质量有着重要意义。[4]

2. 促进发展教育信息化

2018 年 4 月 13 日，我国教育部正式印发《教育信息化 2.0 行动计划》，鼓励加强教育信息化发展、深化教育改革、促进素质教育，极大促进了我国高校在线教育事业的发展。当前我国多数高校在线教学课程的教学模式仍以沿用基于印刷术的传统课堂教学体系为主，信息更新缓慢、教学效率不足、针对性不强、各地各高校间资源不平衡等问题严重阻碍了各类新兴学科、交叉学科教学的发展，急需探索一种新的教学模式，改进当前存在的问题。让模块化教学法与在线教育进行深度融合可以创造新的发展生态，纾解以表现技法为代表的各类专业课程中传统教学模式与在线教育所产生的隔阂，提升授课效率，优化教育质量，达到课程规划的目标。因此，依托于模块化教学法开展规范化、现代化、高效化、精准化在线教学，帮助表现技法课程建立科学合理的教学模式，可以进一步提高环境设计专业教学工作的质量和效率。

三、推进模块化教学法在表现技法在线教学中的举措

1. 推动数字化教学

传统表现技法课程教学模式以授课教师的个人经验为主导，因课时不足、学生人数多等客观因素导致教学工作量庞大，容易产生工作效率低、标准程度低、数据不精准等教学问题。通过云计算、大数据等新兴技术建立专业化、精细化、科学化的信息管理软件，建设数字化教学可以有效提升教学效率。同时，依靠数字模拟模型参数化（model parameterization）技术建立专业信息课程数据模块 [5]，帮助学生建立个人的数字模块（digital module）记录学习信息，促进多学科统筹发展。因此，通过将数字模块化教学合理引入在线课程之中可以为表现技法教学提供先进的教学手段与管理手段。在表现技法数字化教学中应建立两种类型的数字模块。第一，以在线教育平台所反馈的有效答题率、活跃度等数据为依据，将学生课堂表现处理成"互动信息数字模块"，如在 40 个课时的专业课结束后每位学生都会建立基于 40 条数据所构成的有条理性逻辑结构的信息模块，这样不但可以有效提升学生在网络课堂中的学习效率，更可以利用数字化手段帮助学生对自身学习过程中遇到的知识盲点和解决问题时采用的方法产生清晰的认知，让学生明晰自身在本课程中的优势与不足，为今后学习其他课程打下扎实的基础。第二，通过对学生的电子版作业进行详细整合，将每人的课业内容编辑整理并处理成"知识信息数字模块"，从学生画室内家具、景观植被等单体内容时即开始构建专属于自己的数字模块，引导学生将创作的工业产品、艺术品等个人数字模块应用于课程后期的期末作业乃至日后的"家具设计""设计思维""室内装饰材料与构造""环设计算机辅助设计""公共艺术造型设计"等其他专业课程之中（图 1），使学生在本科期间可以通过数字模

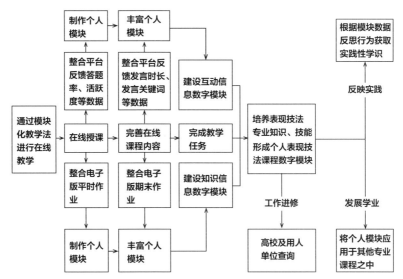

图 1 表现技法课程数字化教学模式导图

块梳理个人潜意识中在颜色、结构、线条、空间等方面的偏向，并以此为基础科学有效地组织起具有鲜明个人风格的原创设计作品。

2. 完善教学服务体系

当前，我国仍有部分高校的在线教学活动是为"项目"而生的，这种政策性项目驱动的建设方式，使"在线教学服务体系"建设方向容易被"鉴定"或"验收"指标所影响，难以满足实际教学所需，因此容易引起在线教学资源利用率偏低、高校投入多而收效并不显著等问题[6]。模块化教学法的实施依托于在线教学服务体系的完善，因此，要抓准切入点，使教学平台更科学、更实用、更完善，提升平台服务质量，解决以往高校在线教学平台功能不足、资源分配失衡、缺乏数据统计系统等突出问题，让新媒体技术更好地服务于高校表现技法课程的教学需要。

2013 年，英国开放大学教育技术研究所（Institute of Educational Technology，Open University，UK）发布《创新教学法 3》，文章指出"在分析研究问题的过程中让教育工作者和学习者共同参与进来的重要性已经愈发显著，两方共同参与是解析当前情景并使研究结果可用于支持者学习的关键"[7]。在教学服务体系的建设或完善过程中要坚决避免为缩短工期而省略多方沟通探讨的环节，只有让技术开发人员、教育工作者、学生与管理人员共同参与开发、完善教学服务体系，才能确保建设过程规范化、制度化、科学化、人文化，提升平台教服质量，优化软件教服功能，满足不同使用者对在线课程服务功能的需求。美国哈佛大学哲学博士、反思性教学倡导者唐纳德·舍恩（Donald Schon）在其著作《反映的实践者》（The Reflective Practitioner-How Professionals Think in Action）中提出了两种反思模式：一是对行为的反思（reflection on action），二是在行为内的反思（reflection in action）[8]，论证了在特定的教育环境中通过反思行为可获取实践性学识。完善高校在线教学服务体系，尤其是信息反馈系统与评价系统可以有效促进教学管理人员与教育工作者了解学生学习行为过程、个人特色，帮助学生进行行为内自我反思，最大化地利用在线教学促进学生全面发展[9]。因此，完善教学服务体系可以有效推进模块化教学法在表现技法在线教学中的应用，为发展数字化、科学化的在线教学打下坚实的基础。

3. 建设课业评价系统

表现技法课程成绩的评价标准应削减传统教学模式下学生考勤率在成绩中的占比，并通过结合线上的有效互动数据与课业质量作出终结性的学生考核评价，可以将"良性互动占 20%、平时作业占 30%、期末作业占 50%"作为成绩配比的基本标准。在作业布置环节，教师可以根据学生个人"表现技法电子模块"的完成进度布置阶段性作业，作业成绩评判标准强调质量导向，加强检查绘图是否规范标准、上色是否技巧熟练、空间是否具有创新性、个人风格是否完善，减少对于手绘数量的硬性要求；在作业评分环节引入"模块化在线智慧评分系统"，使用大数据对学生作品进行检索以排查模仿、抄袭等问题；在作业存档环节将学生作品收录至学校"个人模块化信息系统"，保存表现技法专业成长记录，以便高校与用人单位调取查阅。通过课业评价体系的改进鼓励学生重视每个课程的成绩对个人长远发展的重要性，通过线上学习平台进行教材查阅、课后自学，培养个人风格，确保高质高效地提升手绘表现能力。

表现技法课程是提高学生手绘综合能力的课程，传统的教学以线下授课为主，以模块化教学法进行课程线上表现技法教学，目前还处于试验探索阶段。因此，完善课程设计、课程评价标准以及课后线下可能存在的补充评价，将课程设置和课业评价系统标准化是模块化教学法表现技法在线教学发展的必要过程。课程标准化包括课程内容设置标准化、授课时间（包括单次课时长和两次课之间的间隔时间）标准化、评价体系标准化和学校管理标准化（除授课老师的评价外，可引入学校同教研组老师或校外同行业专家的评价），以提高学生综合能力，提高对模块化教学法教学效果的综合判断力，完善其综合效果，并不断总结提升，示范推广，为信息化、数字化时代表现技法线上课程教学的长期应用做好充分准备。

四、结语

综上所述，模块化教学法相对于表现技法线上教学具有独特的优势，能够有效解决传统在线教学中的各类难题。伴随着高校教育模式不断向信息化、科学化、网络化发展，推进模块化教学法在表现技法课程线上教学中的应用是现代教学模式、信息技术与高校教学融合的必然趋势。[10] 线上教学的大趋势在今天已经初步形成，需要推进其教学的完善和常态化。本文通过对基于模块化教学法的表现技法在线教学课程研究认为，模块化教学法的推进需要从推进数字化教学、完善教学服务体系、建设课业评价系统三方面入手，以提高在线教学的质量，实现环境设计表现技法教育信息化，形成符合时代发展的新型教学模式。本研究结果可供艺术设计学院其他课程推进线上教学的教改进行参考。

参考文献

[1] 邢万里，沙榕，田原. 基于在线教学背景下环境设计表现技法课程教学改革研究 [J]. 设计，2020，33（9）：114-115.

[2] 涂星. 粤港澳大湾区建设与产业升级背景下的设计教育理念 [J]. 艺术教育，2018（15）：14-16.

[3] 田原. 关于环境艺术设计表现课程的思考 [J]. 装饰，2010（3）：115-116.

[4] 刘振宇. 浅谈网络教学平台在混合式教学中的应用与意义 [J]. 教育论坛，2017，2（20）：176-177.

[5] 汤小舟，姜程. 环境设计课程中模型模块化教学方法研究 [J]. 设计，2019，32（21）：117-119.

[6] 王娜，张应辉. "互联网 +"背景下高等院校在线课程建设的探讨——以西北农林科技大学为例 [J]. 中国林业教育，2020，38（1）：18-20.

[7] SHARPLES M, McANDREW P, WELLER M, et al. Open Universtity: Innovating Pedagogy 2013[J]. 2013.

[8] ［美］舍恩. 反映的实践者：专业工作者如何在行动中思考 [M]. 夏林清，译. 北京：北京师范大学出版社，2018：46.

[9] 任丙忠，朱其刚，杨金梁，等. 基于"互联网 +"的混合式教学模式构建 [J]. 中国教育信息化，2020（4）：65-67+71.

[10] 王俊. 基于"互联网 +"选择型模块化教学模式在远程教育中的实践与探索[J].中国多媒体与网络教学学报（中旬刊），2019（10）：13-14.

复盘模式在标志与 VI 设计课程教学中的应用研究

吴辛迪　张宏　阳光学院

摘　要

为了在严峻的市场竞争中提高平面设计类课程教学的可行性、创新性、合理性与实用性，本文针对标志与 VI 课程教学，在产教融合的背景下，以真实工作流程为基础，从承接项目、设计调研、制作设计方案、设计提案、设计输出、设计验收和设计评价等工作化教学过程中结合实际案例，探讨研究复盘模式在课程教学中的应用形式，以及该模式的流程、方法与意义。有效指引学生形成一系列具有整体性的设计思维、实践应用以及沟通交流的能力，从而具备实践中解决复杂问题的综合能力，最终实现准确有效的产能输出，满足市场的真实需求，达到应用型本科的教学目的。

关键词： 复盘模式；标志与 VI 设计；高阶性；产教融合；批判思维

引言

标志与 VI 设计课程是当代应用型高校一门涉及设计心理学、视觉传达设计、色彩设计、平面设计、环境设计等设计专业的核心综合课程。标志与 VI 设计课程因受教学改革的影响，慢慢从理论化教学方式转变为项目工作化的教学方式。但是，因项目化教学在校内缺乏真实工作环境的局限性，导致大部分实践化教学效果不能真正满足市场需求，从而达不到产教融合的目的。美国著名学习专家爱德加·戴尔的学习金字塔理论指出："最有效的学习方法是位于金字塔底端的'应用'"[1]，只有通过马上应用，学习者才能达到深度学习的效果，同时又能达成产能输出的目的。"应用"也正是高校转型重点"高阶性"的具体表现，高校教学转型的高阶性核心为锻炼高阶思维，高阶思维主要有两种：创造性思维与批判性思维。长久以来，标志与 VI 课程的教学核心中研究和培养最多最广的是创新性思维，而对评判性思维的培养有所忽略，但是对于真实有效的工作任务与工作环境而言，批判性思维是创新发展的驱动力，是产品投放过程中成功与否的决定性因素[2]，也是产品输出后的生命力、持久力与可持续性发展的核心要素。

一、复盘模式在标志与 VI 设计课程教学中的定义

如今，国内锻炼批判性思维的广为人知的方法是联想集团的"复盘"方法论。复盘又称复局，源于围棋术语，意指棋手下完棋，复演该盘棋的记录[3]，以探讨得失，总结当时有无更好的应对招数，从而能够得到更优解决之法，通过不断的复盘来快速提高自己的能力。

复盘方法被广泛运用于军事、贸易、股市与现代企业中，在企业领域的复盘模式主要分为四个步骤：回顾目标—评估结果—分析原因—总结经验[4]。标志与 VI 设计课程教学活动（以下简称课程教学）中的复盘模式，以"天澜文化传媒有限公司"标志设计（以下简称标志设计）为例，结合真实的企业工作化复盘流程，以"三横三纵一平台"[5]为依托，分为三个阶段：课程前期准备阶段—课程中期实践阶段—课程后期评价阶段。三个阶段的复盘流程中的内容包括课程内容、理论知识、素质能力、工作情景和教学评价等内容，如图 1 所示。产教融合背景下的工作化课程复盘教学模式，需根据教学进度、复盘角色（教师与学生）、课上课下教学和工作情景等因素的变化，进行不同内容、不同类型的复盘活动。

二、课前准备阶段的复盘

教师角色[4]的课前准备：第一步建立理论基础的线上课程；第二步根据设计岗位的要求，建设真实的工作场景、工作流程与工作岗位；第三步依照标志设计工作真实岗位结合学生性别、学情基础情况、能力特长等因素[6]将班级学生分组；第四步布置课程的内容、课程学习的方法、课程的意义与目的、课程结课的要求等；第五步指引学生进行任务承接。

学生角色[4]的课前准备：第一步初步学习标志设计的流程与基础；第二步了解自己的岗位情况；第三步承接设计任务。

根据课前准备阶段具体的教学步骤与内容，教师团队结合前期的线上课程对学生进行课程工作化的任务承接指导，通过以学生为主体、教师为引导的方式进行复盘活动，课前教师指导学生组成工作小组，进行设计任务中的甲方客户需求挖掘，在挖掘客户需求的过程中进行复盘。复盘的内容主要是教师引导学生工作小组进行学生角色课前准备中的第三步骤"承接设计任务"，回顾的目标内容是收集目标客户需求的内容与方式，复盘的类型是小组为单位的团队复盘方式，复盘的时间控制在 2~3 小时的集中时间，复盘过程中进行复盘事项记录并在复盘后储存"复盘记录"电子表格（图 2），复盘的结果以新的客户需求分析表格记录并储存。

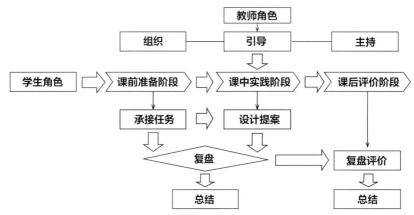

图 1　标志与 VI 设计课程的复盘模式

"天澜文化传媒有限公司"标志设计——"承接任务-客户访谈"复盘记录表

时间:2019.12.24　　　　　　　　　　　　地点:船政设计公司会议室
主持人:张宏老师　　　　　　　　　　　　记录人:N维设计工作小组
方式:团队会议

目标	质疑	优化
客户访谈提纲设计	Q：访谈提纲问题是定量的还是主观的？ A：访谈问题过于主观	将访谈问题定量化处理，将问答式改为选择式
	Q：访谈提纲的问题是否能引导客户做出设计指导？ A：客户的设计偏好未能明确	需要进行体现设计元素偏好的问题设计
	Q：提纲设计中是否有符合逻辑、能够追问原因的设计？ A：有能够继续发展的设计	在访谈过程中追问原因时可以多用反问与举例结合

图 2　"承接设计任务"复盘记录截图

表 1　设计需求分析表

利益相关者	项目需求	关键词
企业	1. 天澜文化传媒有限公司 2. 体现出企业的精神 3. 招募主播	精神、色彩鲜艳、天、云、月亮、明亮、星星
企业目标用户	柔美、更加吸引人、有辨识度	年轻女性、空间、麦克风、柔美
品牌执行方	可以方便地制作出来，主要应用在名片、宣传海报等纸上	简单、突出
行业监管	不触碰宗教、不触碰法律	宗教、法律

甲方客户需求收集方式主要是客户访谈，复盘前只能收集到客户对自己公司的最初设想，对公司文化的解读和客户自身的一些视觉偏好，收集的信息中并没有可以直接指导标志设计的信息。为了能够从初始信息中整理出设计指导信息，通过复盘，工作小组重新回顾客户访谈内容，提炼信息，改进访谈方式与内容后，再进行一次远程客户访谈，最后整理出甲方客户标志设计需求分析表（表1）。

工作小组通过复盘后再进行甲方客户需求收集、信息提取与分析，在工作情境中能够增强与甲方客户的沟通有效性，从而减少客户访谈带来的无效信息，同时提高对客户需求的抓取度和对客户需求分析的准确度。复盘后能够使学生通过马上应用学习访谈提纲撰写、需求分析和复盘流程与方法等知识，培养学生与客户沟通和与团队协作的能力。

三、课中实践阶段的复盘

课中实践阶段，教师与学生进入了以真实工作任务驱动，学生为主体、教师为主导的设计实践活动中。

因课中实践环节的任务情境较多，任务量也较大，为了能让教师团队做到跟踪监控整个设计过程，并进行指导，从而保证教学的进度与质量，所以复盘类型还是以团队复盘为主，原则上针对工作目标更为清晰、工作小组与甲方客户双向沟通频繁的"标志设计提案"内容来进行课中实践阶段的复盘。标志设计提案复盘目标内容包含设计目标、市场调研、竞品分析、设计元素分析、设计素材提取、设计草图方案、最终设计的标志展示等，其中工作小组复盘时间控制为连续的3小时以内，复盘过程中进行复盘事项记录并在复盘后储存"复盘记录"电子表格，复盘的结果为最终对客户开放的设计提案。

标志设计提案复盘前存在的主要问题是：第一，草图方案缺少对设计目标、市场调研、竞品分析等环节的体现，草图标志中不能体现出做了设计调研工作的意义，所以提取的素材设计元素不能准确表达企业需要传达的文化与社会价值；第二，标志设计提案本身没有体现客户需求的急迫性，从而就更不能展现解决客户需求问题的能力；第三，设计方案因缺少说服客户发现问题、解决问题的必要性，所以提案的完整度较低。

工作小组在教师团队的带领下，通过对标志设计初始提案的复盘，完成了目标信息的提炼。通过对标志设计提案复盘，在工作情境中能够减少"设计飞机稿"的概率，充分体现设计价值，真正达到解决实际问题的目的，实现设计输出。复盘后在课程教学中能够让学生学习并综合应用标志设计知识、设计提案方法、设计制作软件技术等；锻炼了学生的语言表达与用户共情的能力；培养了学生优秀的专业素养、积极的工作态度和圆融的行为处事的素质。

四、课后评价阶段的复盘

课后评价阶段是指工作小组完成标志设计任务（项目）后进行公开的汇报答辩，校内外指导教师以及甲方客户进行点评，将学生自评、互评、小组评价及现场表现、老师评价、专家评价、客户评价的成绩进行综合评定[6]。在课后评价阶段的汇报答辩中，工作小组的复盘情况也是课后评价阶段中一项重要的工作化评分指标。

课程教学过程中学生对复盘模式的应用指标具有以下作用与意义：第一，能够检验教师团队对项目化（产教融合）教学的成果；第二，能够形成教学过程中重要的信息反馈，为后续课程的开展与设计任务的开发提供依据与参考；第三，能够在实际工作案例中反复锻炼学生反思性和创新性思维的能力，从应用中直接培养高阶性思维方式，达到标志与 VI 设计课程产教融合的目的。

五、结论

复盘模式在标志与 VI 设计课程教学活动的应用中以教师作为主导，通过教学步骤的推动，引导学生在真实的项目工作中通过学习、计划、讨论、质疑、探索、回顾、评估、总结等方式复盘，不仅锻炼了学生的思维习惯，使学生开始具备高阶性的思维方式和解决复杂问题的能力，教师也改变了传统教学方式，开始建立理性、求真、反思、质疑的教育路线，因此复盘模式的教学改革也是教师自身的重塑与升华。

参考文献

[1] 朱文辉. 指向深度学习的翻转课堂的教学设计 [J]. 教育科学研究，2020（5）：72-77+83.

[2] 张晶，李剑锋. 以批判性思维培养为导向的高校教学模式研究 [J]. 河南社会科学，2020（5）：101-109.

[3] 李嘉路. 你会"复盘"吗？[J]. 成才与就业，2019（10）：48.

[4] 陈福军，李孟涛. 决策模拟实验的"复盘"教学模式 [J]. 课程教育研究，2019（34）：251-252.

[5] 夏冉. "三纵三横一平台"教学模式研究 [J]. 教育理论与实践，2020，40（15）：45-47.

[6] 胡蓉. 工作室模式下标志设计教学改革初探 [J]. 装饰，2013（10）：76-77.

增强在线教育互动性和教学可持续性方法的实践研究

吴旭敏　粟丹倪　罗　颖　武汉理工大学艺术与设计学院

摘　要

　　高校艺术设计在线课程建设正得到越来越多的发展，目前较成熟的是 MOOC/SPOC 形式，开展较多的是以 MOOC 为代表的混合式线上线下教学模式。本研究以在线课程为依托，探索在全线上教学状态下增强师生互动性，保持课程教学的可持续性，充分发挥网络教育传播快、受众多、不受时间地点影响和高校资源优势的方法。本研究使用"学习通"+"QQ 群"+"腾讯会议"的组合平台方式，以"学习通"作为教学内容的核心载体，"QQ 群"+"腾讯会议"作为直播互动平台，从能够获得可持续成功四要素角度，即快乐（能够提供有效的教学内容）、成就（取得的成就超过了别人苦苦追求的目标，对应着学习内容能够获得认可）、意义（学生感觉自己对他人有积极的影响）和传承（学生作品可能得到推广并帮助他人）四方面，分析教学管理中对平台的需求，教学内容的设计选择，教师 – 学生、学生 – 学生的互动设计，教师教学团队的建设和管理等内容，帮助学生得到更好的线上教学体验，获得专业知识和学习专业知识的思维。本研究表明：在线教育中，在学习各阶段进行覆盖率高的、具有针对性的教学互动能够有效提升学习动机，推进可持续学习的进行。

关键词： 在线教育；互动性；可持续成功

一、引言

　　在 2020 年全球疫情影响下，在线教育、互联网办公等行业呈现出爆发式增长态势，全国 3 亿多在校学生转向了线上课程，根据艾瑞咨询 2020 年 4 月 17 日发布的《中国在线教育市场数据发布报告》[1]，校长、老师、学生、家长都提升了对线上教学的认知度，希望共享优质教学资源。针对在线教育 To G（政府）这个类别的分析显示，此类别的在线教育，优秀教师聚集，行业规范度高，之前的核心教学仍在线下进行，学校重点在打造教学平台和管理平台。新形势下，学校也更深刻地了解了在线教育的使用场景。本研究针对在线教育中教学互动对学习成效的作用以及有效提高学生的成功感，以使教学能够可持续地良性发展等问题进行分析归纳。

　　本次研究建立在学生身心发展规律和学习动机的基础上，以促进有效学习为目标，对教学内容、教学资源、教学工具、教学实践等进行组织和安排，设计驱动师生共同完成教与学的活动框架。引入 FBM 行为模型，按照 FBM 行为模型三要素，结合可持续成功四方面，进行在线教育互动设置的合理化设计建议，以达到良性可持续教育的目标。

二、在线教育互动性和教学可持续性

　　从 MOOC 到 SPOC（small private online course），对于学习成效来说，一个显著的变化是学习完成度提高，越来越多的学生通过持续的在线教育获取知识，其中教学互动在学习过程中对于提升教学成效是有益的。之前高校在线教育建设更多地在顺应技术的逻辑，但是在刘晓琳、张立国 [2] 的研究中指出，教学成效要立足于教学目标和教学内容，在"目标—内容—方法"一致性关系链条中加以考察。是教学资源与教学内容匹配，与学习能力匹配，为学生提供学习支持，强化教学互动，激发学生学习动机，两者互相调试、相互适应，形成一个整体。本研究重点围绕增强教学内容互动性环节和教学可持续性方法，为完善现有的在线教学环节内容设计提供参考依据。

1. 基于行为模型的互动性框架

教学互动能够提升互动性与参与度，更快地丰富教学内容和补充知识，从而激发学习动机，提高学生学习能力。在激发学生学习动机方面，学者们在学习行为投入、学习认知投入和学习情感投入对学习成效的影响方面进行了深入研究，学习行为分析已成为教育领域研究的热点。学习行为影响学习成效的原因，包括学习动力、学习能力和学习目的等，结合 FBM 模型（Fogg 行为模型，图 1），可以更好地理解学习行为对学习效果的作用。FBM 模型指出，驱动行为发生需要三个要素：足够的动机（m）、实施行为的能力（a）和引发行为的触发因素（t），在同一时间收敛到行为曲线之上，即能成功触发行为，在曲线之下，触发行为失败。谭志、蒋晓[3] 基于 FBM 行为模型提出建设框架满足在线学习用户的学习需求，优化其在线学习体验。殷宝媛、武法提[4] 依据 FBM 模型建立学习行为发生模型。还有研究表明[5]，学期初与学期末，与教学内容的语义相关互动会显著上升，期中时下降，研究同时指出兴趣与学习成效密切相关，讨论兴趣主题的时序演变和强度与学习成效密切相关。因此我们设计在线教育的互动性，目的就是提升学生学习动机，选择与学生学习能力匹配的学习方法，在适当的时间节点进行触发。

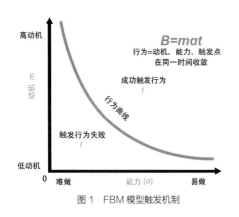

B=mat
行为=动机、能力、触发点
在同一时间收敛

图 1　FBM 模型触发机制

随着学习投入研究的深入，越来越多的学者意识到努力程度、情感体验等心理投入的重要性。加拿大教育心理学家 Hidi[6] 认为，学习兴趣与学习者知识和积极情感密切相关，是一种具有跨时间发展和相对稳定的内在动机倾向。胡姣、张文兰等[7] 指出：学习投入不足与缺乏内驱的学习动机是大学生在线学习中注意力失焦的根本原因。卡内基梅隆大学 Rose 教授所领导的教学话语分析团队发现，MOOC 论坛中学习者的高阶认知行为和群体正 / 负情感比值与学习成效呈正相关[8]。Rezaei 等发现在非正式学习环境中，学习者之间的学习兴趣相似程度和相互交流能力是取得高学习成效的关键因素[9]。柏宏权、李婷[10] 研究同伴互评中评语类型对被评价者情绪的影响，指出教师团队要善于引导，减少或降低消极情绪对学生学习动力和成绩的影响。内在动机倾向越强，转化为行为的可能性越大，属于行为模型中提高学习动力的范畴，针对学生情感的设计是教学互动设计内容之一。

2. 在线教育的持续性

孔子说"知之者不如好之者，好之者不如乐之者"，充分阐释了学习的三重境界：知、好、乐，强调了兴趣（乐）是推动学习的直接因素，保持兴趣是教育持续进行的保证。按照美国认知教育心理学家奥苏贝尔的成就动机分类，高校学生更偏向于认知内驱力和自我提高内驱力，其主要目的在于满足自己的求知需要，并从中获得相应的地位和威望。

Laura Nash 和 Howard H. Stevenson[11] 在 2004 年发表《可持续成功》（*Success That Lasts*），归纳了能够获得持续成功的四要素：快乐、成就、意义和传承。结合在线教育，这四个要素具体描述为：快乐，能够提供有效的教学内容；成就，取得的成就超过了别人苦苦追求的目标，对应着学习内容能够获得认可；意义，学生感觉自己对他人有积极的影响；传承，学生作品可能得到推广并帮助他人。在线教育想提高学生有效完成度，需要在学习三个阶段保持学习行为触发的持续性，图 2 表达了在学期初、学期中和学期末三个阶段，可持续成功四要素的归纳以及之间关系的架构图。每个阶段的要素状态需要进行评估，根据评估结果，通过互动性设计，达到或提升学习行为触发点，保证教学持续有效地进行。

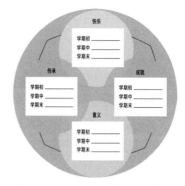

图 2　学习各阶段持续成功四要素架构

三、在线教育互动性框架

1. 在线教育互动性框架行为触发点

按照在线课程学习自然进程，将时间轴线定在学期初、学期中和学期末，分别建立这三个时间节点的学生学习动机、能力和触发点，归纳教学互动设置，以触发学习行为。教学实践中使用"学习通"+"QQ群"+"腾讯会议"的组合平台方式，以"学习通"作为教学内容的核心载体，"QQ群"+"腾讯会议"作为直播互动平台。如表 1 所示，学期初学习行为有效触发，学习动机强，学习能力容易达到，有效触发性高；学期中，随着学习深入，进入学习疲惫期，需要花费长时间的训练、思考，且不会马上看到成就，学习动机会降低，课业能力不够，触发点从内在动机的角度来说较难，有效触发低；学期末，考核成为最大的学习动机，课业能力有了提高，考核截止时间成为最大的触发点，能够有效触发学习行为。比较有效触发的结果，主观动机（学期初）和环境动机（学期末）高，触发点容易达到，能够有效触发学习行为；而学期中想要有效触发学习行为，在教学互动中需要促进学习动机，加强（或增加）触发点，匹配与学生学习能力一致的学习目标，从而有效触发。

2. 在线教育互动性框架教学可持续性

经过完整在线学习，59 名学生对本门课程的学习内容、体会、获得的成绩和今后的学习方向等进行了总结，本研究按照持续成功四要素进行了分类、归纳，各要素评估值见表 2。从表 2 评估结果发现，整体要素的评价不高，只有在学期初的快乐和学期末的成就值相对较高，这对课程的持续成功学习并不理想，图 2 四要素架构之间的关系表明，各个时期的要素之间其实是相互关联、互相影响的，根据普遍学习规律，我们进行教学互动设计中挑选了不同时期需要提高的四要素，作为教学互动设计的切入点，见表 3。

从表 3 的设计点看，提高学习行为有效触发集中在学期中，而进行成功可持续教学更多在学期末；从学习的连续性看，提高学期中的学习行为，可以直接提高学期末的能力值，能力提高以后，直接关系到成功连续性四要素的提升。

表 1　学习行为触发评估表

	动机	能力	触发点	有效触发
学期初	新鲜，高	高	容易	高
学期中	停滞，低	中	难	低
学期末	考核，高	中偏高	容易	高

表 2　学习各阶段成功四要素评估表

	快乐	成就	意义	传承
学期初	高	低	低	低
学期中	低	中	中	低
学期末	中	较高	较高	中

表 3　教学互动提升要素

	快乐	成就	意义	传承
学期初				
学期中	提升		提升	
学期末	提升	提升		提升

3. 在线教育互动性框架实践设计

以艺术设计专业在线课程教学为例，使用"学习通"+"QQ 群"+"腾讯会议"的组合平台方式，以"学习通"作为教学内容和管理的核心载体，"QQ 群"+"腾讯会议"作为直播互动平台，表 4 总结了学习三个阶段的教学互动设置内容。学期初重点在教师团队及时发布上课信息。学期中是时间跨度最长的、互动内容最多的。从上面的分析知道，学生在漫长的学习中，内在学习动机会下降，需要外在力量帮助获得学习动机，这个时期需要提高教学互动频率，根据学习进度调整教学要求等。学期末互动内容比较单一，但会直接影响到教学成功可持续性，所以这个阶段的教学互动要提高质量。

互动内容可以简单分成操作相关和学习内容相关。

操作相关：限时签到（可以灵活选择签到模式，避免枯燥）。

学习内容相关：讲解时互动投票、抢答、主题讨论、随堂练习、小作业讨论、分组任务、主题讨论引导、抢答节奏引导、练习讲解、学习资料在线发布（在直播群口头说明）、学习内容扩展引导。

在学习内容相关的教学互动中教师起到的作用是引导，无论在抢答还是主题讨论等方面，教师引导的节奏、方法，可以直接提高学生的学习动力。学生喜爱课堂讨论这个环节，但是需要恰当的讨论内容，符合当时的知识能力，同时具有可讨论性。发言并且得到同学和老师肯定回复的，会更

表 4　学习各阶段教学互动设置

阶段	教学互动设置内容
学期初	通知学生使用校内"学习通"平台，建立 QQ 群，预定腾讯会议，教师提供教学资料（视频、图片、文件等可下载），发送上课通知，组织签到活动
学期中	限时签到，讲解时互动投票，抢答，主题讨论，随堂练习，小作业讨论，分组任务，主题讨论引导，学习资料在线发布（在直播群口头说明），学习内容扩展引导
学期末	收作业，讲解作业，成绩总结

积极，表现出更好的学习动力和愉快的情绪。在线教育的特点是网络资源丰富，获取即时，所以在学习内容扩展的时候，可以充分调动学生积极性，进行资源的分享。针对回答问题的同学和学习资源分享的同学，教师可以有意识地避免重复，引导全体学生参与进来，从不同的角度提高学习动机，提升学习能力。教学互动要保持一定的频率，尽可能覆盖到所有学生，以正向鼓励为主。

学期末的时候学生会非常重视学习的成果，教学互动要围绕这个目标进行。课程大作业结束后，鼓励学生展示作品，展示不局限于作业，也鼓励上传其他优秀作品（比如参加比赛等作品）。作品在平台上可以永久保存，所有已选或将选课程的学生都可以浏览并评价。教学互动使学生感觉自己对他人有积极的影响，作品可能得到推广并帮助他人。

四、小结

本研究在 FBM 行为模型和可持续成功四要素基础上建立在线教育互动框架，通过自然教学过程梳理指出：为了提升在"学期中"阶段的学习行为的有效促发，需要保持一定频率的教学互动，并制定教学互动对于参与学生的覆盖率；在"学期末"的阶段，除了考核前的复习，总结学生的作品、学习经验对于提升结课后的学习持续性和成就感作用很大，在教学平台推广甚至进入整个教学系统推广，对学生的传承感提升巨大。

参考文献

[1] 艾瑞咨询. 2019Q4 中国在线教育市场数据发布报告 [EB/OL]. [2020-06-08]. http://report.iresearch.cn/report/202004/3561.shtml.

[2] 刘晓琳，张立国. 技术增强型学习环境中的"离心效应"：现象、成因及破解 [J]. 电化教育研究，2019，12（320）：44-50.

[3] 谭志，蒋晓. 基于 FBM 行为模型的在线学习平台交互设计研究 [J]. 包装工程，2020，41（4）：189-194.

[4] 殷宝媛，武法提，等. 学习习惯在线干预的原理与模型设计 [J]. 电化教育研究，2019，12（320）：72-78.

[5] 刘智，刘石奇. SPOC 论坛中学习者兴趣主题建模及其与学习成效的关系研究 [J]. 电化教育研究，2019，12（320）：87-95.

[6] RENNINGER K A, HIDI S, KRAPP A. The role of interest in learning and development[M]. New York: Psychology Press, 2014.

[7] 胡姣，张文兰，等. 大学生碎片化学习中注意力失焦归因研究 [J]. 电化教育研究，2019，12（320）：36-42.

[8] WANG X, WEN M, ROSE C P. Towards triggering higher-order thinking behaviors in MOOCs [C]// Proceedings of the Sixth International Conference on Learning Analytics & Knowledge. New York: ACM Press, 2016: 398-407.

[9] PENG X, XU Q. Investigating learners' behaviors and discourse content in MOOC course reviews [J]. Computers & education, 2020, 143: 1-14.

[10] 柏宏权，李婷. 同伴互评中评语类型对情绪体验的影响研究 [J]. 电化教育研究，2019，4（312）：92-98.

[11] STEVENSON H, NASH L. Success that lasts [EB/OL]. [2020-06-08]. https://hbr.org/2004/02/success-that-lasts.

人工智能时代下艺术与科技的碰撞
——"虚拟艺术"教学工作坊实践

周 娉 中南大学建筑与艺术学院

摘 要

当今时代，科技创新的发展不断地刷新着人类对未知世界领域的认知，"人工智能"成为人们热议的话题。当人工智能进入艺术领域，艺术家与科技的关系变得更加紧密了，科学逻辑及艺术表达思维的运用，为艺术创作打开了一扇天窗。钱学森曾指出科学与艺术在本质上相互贯通、相互促进、不可分割。由此可见，人工智能科技在数字艺术设计教学过程中扮演着重要的角色。本文以国际联合研究工作坊为例，阐释了在人工智能时代背景下，虚拟现实艺术与设计工作坊教学模式的构建，从整个教学过程、教学方法、教学内容以及对设计过程产生的影响方面进行了探讨，旨在促进艺术设计专业学生运用科学思维进行艺术创作。

关键词：虚拟艺术；教学方法；设计研究；设计工作坊

一、工作坊概况

1. 项目背景

中南大学建筑与艺术学院数字媒体设计方向成立于 2007 年，经过十多年的建设，形成了一套成熟的教学理念及体系。通过举办外籍教师教学工作坊及与国外院校的课程交流，了解国外设计教学方法，完善自身的教学方式及理念，促进学科发展并在此过程中探索先进的教学模式。

2019 年 12 月，美国新泽西州罗格斯大学谭力勤教授在中南大学建筑与艺术学院开展了为期 20 天的"无用户界面虚拟现实艺术与设计"（UILess VR Art & Design）工作坊，数字媒体设计专业大三年级 18 名本科生参加了此次教学活动。笔者作为该门课程的教学助理全程参与了此次教学，并在工作坊之后对参与的学生进行了访谈，从学生的视角谈论工作坊的收获心得。就此撰文浅谈个中感受和思考，从现代新型科技与艺术结合的角度，思考在科技与艺术的碰撞中如何将科学思维与艺术思维进行结合，使用未来指导现在的思维方式，构筑未来的设计及艺术作品。

2. 项目简介与组织框架

在"无用户界面虚拟现实艺术与设计"工作坊中，谭教授在"未来指导现在""指数"思维模式和"3S"创作模式指导下，引领学生从世界前沿科技角度构思无（用户）界面的智能虚拟现实艺术与设计作品。无用户界面虚拟现实艺术与设计是对不使用屏幕用户界面（人机信息传递和交换媒介）的称呼，与强智能交互艺术（Strong AI VR Art）都是谭教授关于科技奇点艺术的重要组成部分，其发展随着智能交互技术升级，正逐步迈向无界面零接触的智能设计和创作方向。它建立于空气、光、射线、声波、隐性智能材料等媒体基础之上，通过裸眼、隐形应用程序、多维度光影投射与扫描、全息、智能交互（体感手势、眼动识别、语音声波、温度湿度、脑电波捕捉等）等形式来呈现。虚拟现实艺术与设计的最终走向为生物神经元触发全方位、交互式、沉浸式、无界面的混合自由体验形态。

课程中谭教授向同学们讲解了虚拟现实（VR）艺术与设计历史、作品观念和技术简介，对当代和未来 VR 艺术与设计作品进行讨论，对无（用户）界面智能虚拟现实艺术与设计实例进行详解。工作坊强调技术与艺术的结合，以前瞻性的视角预测未来科技和技术思维对设计产品和艺术作品的变革。工作坊分为 6 组，每组 2~4 人进行设计作品或者艺术作品创作，设计艺术创作的第一稿中学生会尝试不同的科技作为创作基础，经过几次方案汇报与推敲迭代逐渐完善方案构思。工作坊结束后，每组学生将完成一个完整的无（用户）界面智能虚拟现实艺术与设计作品，并以公开展览的形式展现教学成果。工作坊课程内容计划见表 1。

表 1　课程内容计划

课次	课堂内容	作业
第一次课	1. 工作坊与日程简介 2. 无（用户）界面智能虚拟现实艺术与设计实例，系列概念稿与实施草图简介，展示课程要求与评分标准 3. 分组，选组长	1. 浏览和寻找将影响人类的最前沿的VR技术，深入了解它对未来艺术设计的冲击力 2. 准备最新无（用户）界面智能VR技术与艺术作品的第一个构思
第二次课	1. VR艺术与设计历史、作品观念和技术简介（一） 2. 当代VR艺术与设计作品讨论 3. 中南大学虚拟技术设备参观与讲解 4. 无（用户）界面智能VR艺术、技术与产品构思与讨论（头脑风暴）	1. 浏览和寻找将影响人类的最前沿的VR技术 2. 完善第一个构思，准备第一个VR艺术与设计PPT演讲
第三次课	1. VR艺术与设计历史、作品观念和技术简介（二） 2. 未来VR艺术与设计作品讨论 3. 无（用户）界面智能VR艺术与设计第一个构思PPT演讲与讨论	1. 浏览和寻找将影响人类的最前沿的VR技术 2. 第二个VR艺术与设计构思与讨论（小组头脑风暴） 3. 准备第二个VR艺术与设计PPT演讲
第四次课	湖南省博物馆虚拟现实体验馆参观交流	
第五次课	1. VR艺术与设计历史、作品观念和技术简介（三） 2. 无（用户）界面智能VR艺术与设计第二个构思PPT演讲与讨论	1. 二选一作为结课项目 2. 修改结课项目的艺术设计构思，准备PPT演讲
第六次课	1. VR艺术与设计历史、作品观念和技术简介（四） 2. 结课项目艺术设计实例PPT演讲与讨论	修改结课项目
第七次课	1. VR艺术与设计历史、作品观念和技术简介（五） 2. 结课项目艺术设计实例PPT演讲与讨论	完善结课项目

二、教学实践过程解析

根据本专业方向学生的知识和能力结构特点，结合工作坊主题，工作坊采用讲授、讨论、演讲、观摩和展示的教学方法，采用各种前沿技术，对技术原理、艺术观念、形式方法进行解释说明，教学过程充分考虑将学生的创新实践能力与具体的教学内容相结合，达到了预期的教学成效。工作坊教学实践过程主要分为以下四个阶段。

1. 基础理论及前沿技术介绍阶段

近些年科技发展迅速，对前沿科技的掌握已不仅仅是科学家们的专利，大量的艺术家、设计师、建筑师对新科技、新材料的掌握，对其作品创作思路的扩展起到重要的助推作用。在艺术作品创作中融入技术的力量，为艺术作品赋予了新的生命。工作坊首先以教师讲授的方式为主，目标是让学生了解并掌握 VR 艺术及其设计历史、作品观念和技术简介等，以及理解"以未来指导现在"观念。在此过程中，结合使用相关图片、影像资料等手段完善了该部分的知识内容，促进学生对 VR 艺术与设计的整体认知；然后，对当代及未来 VR 艺术与设计作品展开讨论，作品观念的带入意在引导和发散学生的想象思维能力，对前沿科技保持敏锐关注。课题希望学生能够通过互联网、图书馆等渠道浏览和寻找将影响人类的最前沿的 VR 技术，深入了解这些技术对未来艺术设计的冲击力，探索想象该技术未来的发展方向，为本课题作品创作奠定基础。

2. 产品构思及设计创作讨论阶段

学生在课堂上对 VR 艺术与设计进行了解，对无（用户）界面智能 VR 艺术、技术与产品进行构思与讨论（头脑风暴）后，准备最新无（用户）界面智能 VR 技术与艺术作品第一个构思。第一个构思往往是不全面、不成熟的，需要通过几次迭代才能逐步完善达到理想效果。笔者发现，在迭代过程中，学生普遍存在一些问题，如设计思路不清晰、对所选用的技术了解不够深入以及语言文字功底不足等。这些问题对于无产品设计背景的数字媒体设计方向学生来说，无疑也是对科学思维的挑战。这个过程离不开教师的参与、引导和讨论。经过三次以小组形式汇报讨论迭代循环之后，最终确定设计创作方案。完整的作品主要由以下五个部分组成：作品简介、灵感来源、艺术理念阐述、技术流程图（如果最终作品是产品，还需要产品结构图）、概念效果图。

以《溯塑》这件作品为例，作品构想是基于脑机结合技术及人工智能技术，让体验者重现超越时空的记忆并与其进行交互的艺术装置。作品的灵感来源于电影《记忆提取》中对记忆进行提取与改变的观点和装置作品《觉醒之屋》中对物品投射产生的共鸣。作者以记忆也可以被人们改变为基础，通过此作品探究这种改变是人主动改变记忆还是被动接受人工智能创造的记忆。使用脑机接口①的设备植入技术②、大脑信号捕捉技术③、数据传输硬件④结合 AI 智能推演，构想出该作品：体验者接受设备的植入，主动想象自己记忆中的场景形成影像，通过大脑的意念反馈控制空间的演变，并与虚拟空间的事物进行互动。在作品中，体验者穿梭于控制与被控制之间，记忆方式也在主动与被动之间游走，最后带给大家一场关于人与人工智能之间的博弈：人与人工智能之间关于控制的主动权问题。图 1 为该作品的技术原理及流程图。

① 脑机接口（brain-computer interface，BCI），是在人或动物与外部设备间建立的直接连接通路。2019 年 7 月 17 日，神经科学公司 Neuralink 旗下团队宣布了"一个可扩展的高宽带脑机接口系统"这一重要成果。

② 设备植入技术：接口（柔性电线）电线宽度仅为 4~6 微米，对大脑损害小且能传输更多数据。Neuralink 脑机接口系统共有 3072 个电极，分布在大约 100 根柔性电线上，每根电线都由一个定制的、类似缝纫机的神经外科机器人单独插入大脑中。

③ 大脑信号捕捉技术：每个薄膜阵列由具有电极触点和迹线的"线"区和"传感器"区组成，"传感器"区的定制芯片薄膜接口可以实现信号放大和采集，使神经元发出的电子噪声转换成清晰的数字信号。

④ 数据传输硬件：Neuralink 还定制了一款微小芯片，可以通 USB-C 的有线连接方式传输数据。

3. 实践观摩学习阶段

文字图片与影像不能全方位展示虚拟现实的艺术魅力，只有亲临体验并与技术开发人员交流才能得到直观的感受。笔者联系了湖南省博物馆的马王堆 VR 数字体验馆，让学生亲身体验虚拟现实产品及其互动效果。该馆推出了首例全身动态捕捉行走项目《国宝迷踪》，这也是目前首个实现全身姿态识别的 VR 体验项目。其技术设备堪称顶级，首创多点交互，采用最先进的 VR 设备和动作捕捉技术，模拟出人体每一块骨骼的运动，使人体每一个动作都与虚拟画面一一对应，带大家体验一场惊心动魄的时空穿梭之旅。除了体验，学生还与技术开发人员进行了相关技术问题的交流。学生表示，通过实地体验和与开发团队交流，对 VR 相关技术有了更深刻的认识和更直观的感受，所获得的知识与启发有助于对虚拟艺术作品的研究和实践。

4. 项目作品展览阶段

作品布展是工作坊最后一项但非常重要的环节，不仅是对整个工作坊的学习进行总结及汇报展示，而且也是相互交流、进一步探讨的机会，还可以训练学生组织的协调能力，考查学生作品的信息传达展现能力。经过前面三个阶段的学习训练之后，每组通过不断修改和完善构思以及考虑实际操作的可行性，最终形成了完整的作品。图 2 是部分学生作品示例。

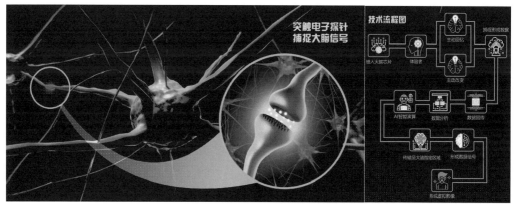

图 1　作品《溯塑》的技术原理及流程图

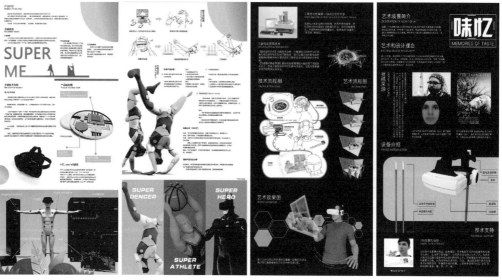

图 2　部分学生作品

三、关于工作坊教学的思考

数字艺术教学的目的，是希望学生了解现代化的数字技术，并能够熟悉技术原理，将其应用在相关的产品设计和数字艺术作品中，让艺术创作成为一种具有科技性、可行性、前沿性的创作研究。此次工作坊紧跟世界科技前沿，对技术要求比较高，是难点也是亮点，这也正符合了时代的要求。

对艺术设计背景的数字媒体设计方向学生来说，也许只有一部分同学对技术原理有一定的掌握。因此，此次工作坊以前沿科技为创作基础，注重创作中的逻辑推导，通过引导学生获取前沿科技信息，培养学生严谨探索、发散思维和爆破式创作的能力，训练学生从理性与感性相结合的思维方式。模拟未来技术的应用领域，使艺术与科技相结合的数字艺术教学逐渐从感性认知到理性思辨。

1. 课题任务设计的逻辑探究

工作坊的第一天，谭教授就告知学生相关课程任务，即该门课程为期 20 天，包括 8 次理论授课，之后是以小组为单位创作设计 AI 时代智能 VR 艺术与设计作品的实践课程，最后 2 次课将进行课程布展及作品的展示阐讲、讨论、展评等环节。刚开始，学生对尚未接触过的内容有点摸不着头脑，通过课堂讲授及实践逐渐消除了他们的困惑。课题的推进节奏强度较大，面对没有太多产品设计和艺术创作经验的学生，需要快速地调动起他们的积极性并进入角色，这需要教师积极的鼓励与引导。课题任务重在对前沿技术的掌握、技术逻辑的梳理、产品设计和艺术作品的构思，要求学生从技术思维、逻辑思维的角度完成一系列的任务。这种"3S"创作模式：最前沿的科技（sexy technologies）、最刺激的观念（sexy concepts）、最先锋的形式（sexy forms），对学生在前沿科技的选择、技术转换、作品设计创作上提出了挑战。

课题教学中采用循序渐进式的重视逻辑分析的方法，形成一个完整的问题逻辑分析过程，在谭教授的引导下，学生们通过对前沿科技资料的收集强化了资料收集、分析吸收的能力，通过从"黑科技"到艺术作品的创作强化了认知能力、逻辑分析能力和创意能力。这对数字艺术教学方法具有研究和借鉴意义。

2. 教学环节创造新知识体系

在信息呈指数级增长的数字化时代，艺术和科技的融合是时代的趋势，谭教授指出："艺术工作者在创作上要进行思维和技术的共同创新，要善于利用新的科技手段进行艺术创作，要勇于接受新的思想和技术，跟上科技发展脚步和艺术潮流。"在艺术设计教学工作中，更是需要敏锐的艺术嗅觉、前沿的科技探索力、丰富的想象力、爆破式的创作力、严谨的求真精神。

在教学过程中，要充分调动学生对未知世界探索的好奇心与积极性。一开始，学生还未习惯这种发散式的主动思维学习方式，需要教师在课堂中进行原理的讲授及案例的引导，引导学生从被动式学习到主动式学习。教学中除了对知识的传播外，还需要对知识进行创造，构建新的知识体系。

清华美院鲁晓波院长提出："教育要面向未来，学校研究的前瞻性、探索性和预测性非常重要。"[1] 在设计学科特别是艺术与科技联系紧密的课程教学环节中，需要教师不断地引入新知识、新概念，在充分调动学生学习积极性的前提下，带领同学们从不同角度共同对知识进行系统地更新梳理。

3. 未来指导现在的思维方式

工作坊强调科技与艺术的结合，设计思维、逻辑能力的运用，这对艺术设计背景的学生来说是理性思维与感性思维均衡发展、综合素质能力的训练与挑战，更是科学思维方式与艺术思维方式的互补。钱学森教授认为："我们对事物的认识，最后目标是对其整体及内涵（包括质与量）都充分理解。"我们通过科学与艺术认识世界和改造世界，科学与艺术的思维方式虽然各有特点、各有侧重，但在认识世界和改造世界的过程中，它们往往交织在一起，互相补充、相互促进，不是相互隔离的。[2] 同样，对于未来科技将如何影响我们的生活、技术如何改变我们的世界，我们可以用艺术思维进行大胆想象，科学的思维加上艺术的思维将产生创造性思维。在教学过程中，不受常规思维的局限，用比较超前的眼界来指导和调整当下的创作思维。在信息化技术发展的时代背景下，我们除了以过去的历史经验为指导外，更需要着眼于未来的思维方式，丰富拓展学生的思维维度，让未来指导现在。

四、结语

设计工作坊既是探索国际化设计体验式教学模式的场所，也是高校培养创新型设计人才的重要环节 [3]，通过高强度的学习在短期内达到较好的教学目的。在此过程中，师生之间的互动也更为充分和直接，通过合作与交流，学生们形成默契的团队，有利于集体成果的创作。在 20 天的工作坊中，学生除了工作坊外还有其他课程，时间紧张而又有序，艺术设计学背景的学生面对含有前沿科技的课题，在思维方式、逻辑性等方面均是对自身的一个挑战。因此在教学过程中，老师们更多地关注对学生技术思维、逻辑思维的训练，不同于以往的教学思路、课题内容组织形式，开阔了学生的视野与认知，丰富了专业知识和经验。

数字艺术是艺术与科技的结合，离不开前沿科技的支撑，在教学过程中，传统的教学方式对前沿科技疏于跟踪，局限于在当下技术条件下实现艺术效果。此次工作坊从"未来"的视角，引导学生对新兴科技进行探索思考，激发了学生的创作想象空间，掌握了艺术创作方法，扩展了思维表现，也为数字艺术教学提供了新方法与新路径。

参考文献

[1] 王小茉. 艺科融合，知而行之——清华大学美术学院院长鲁晓波教授的学术探索之路 [J]. 装饰, 2016（10）: 58-63.

[2] 钱学敏. 钱学森关于科学与艺术的新见地 [J]. 民主与科学, 1998（3）: 3-9.

[3] 张彪. 国际工作坊教学作用浅析 [J]. 美术观察, 2018.8: 136-137.

[4] 谭力勤. 奇点艺术: 未来艺术在科技奇点冲击下的蜕变 [M]. 北京: 机械工业出版社, 2018.

产品设计专业"材料与工艺"课程实践教学研究

周莉莉　广东东软学院

摘　要

产品材料的加工与制造流程复杂，技术性强，设备需求多且占空间较大，现有教学环境及教学硬件不能满足，民办院校尤甚。但传统的纯理论知识传授的教学方式不仅让学生学起来枯燥乏味，还不能直观地理解，这种难以平衡的矛盾成为影响课程效果的最大原因。本文围绕具体的混凝土材料计划项目实践，研究如何在有限的教学资源下，以地方产业资源为依托，把本地的优势产业资源及专家引进学校，同时，促使学生走出去到产品生产制造一线参观，课程教学设计围绕"教—学—做—创"为主线，以"创"（创新及创业）为目标，推动产学研合作模式融入课程。最终研究结果表明，学生通过材料的强化实训设计任务，掌握了材料的加工流程，理解了材料与产品、设计、制造的关系，树立了系统设计思维方式，实现了由产品材料工艺基本教学向产品设计整个知识体系的良好过渡。

关键词： 产品设计；材料；工艺；材料加工；课程实践

引言

随着现代人们审美观念的转变，工业产品的造型越来越趋向于简约化以及跟环境的和谐搭配，材料成为影响产品视觉效果及表现力的最重要的因素之一。在设计行业内，CMF 设计（CMF 是color、material、finishing 的缩写，是颜色、材料、表面处理的概括）被认为是连接设计对象和用户并与之交互的深层感知部分，而颜色及表面处理都依附于材料本身，这充分肯定了材料的重要性及无限可能性。另外，国内很多设计大赛如广东省知名设计大赛"省长杯"设有材料及工艺创新设计专项赛，可见材料及加工工艺对产品创新影响程度较大。总之，在追求简约化的社会环境下，材料与工艺的研发及创新运用受到了设计界、制造行业及教育行业的关注与重视。

目前，国内产品设计及工业设计专业开设产品材料与工艺课程的越来越多，但产品材料的加工与制造流程复杂，技术性强，设备需求多且占空间较大，很多院校现有的教学环境及实验室硬件配置都不能满足新材料及新工艺的研发，民办院校尤其甚。在我校之前的"材料与工艺"课程上，受限于学校实验室投入及实验室场地等多种原因，笔者发现在传统教学中讲解材料及加工流程知识，特别是涉及模具加工成型等知识时，学生表示很难理解，较大的原因为产品设计的很多学生是艺术生，本身在思维逻辑及结构理解上要比工科学生理解能力差，另外，材料加工成型技术性强，偏复杂，多出现在产品开发的生产一线，学生基本上没有机会见到材料加工成型的过程，对材料只有一些外表的感观，如触摸时的触感，因此在如何创新运用材料上显得有点困难。

一、课程设置及教学计划

本课程针对产品设计专业三年级的学生开设，学生之前已经系统学习了产品设计基础及设计方法、流程等专业知识，对产品设计工作的内容及目的有了整体认识。"材料与工艺"课程作为专业必修课，理论教学主要以让学生全面了解产品设计中常用材料，如塑料、金属、木材、陶瓷、皮革、玻璃、橡胶、复合材料等的特性，以及各种材料的加工工艺、材料成本、材料选用原则等知识为主。实践教学则注重学生基础知识的运用及巩固，强调学生动手能力的培养，让学生参与到某一种具体材料的成型与创新设计实践中，主要目的一是让学生通过具体的材料加工成型，了解并掌握产品的成型、装配关系以及表面处理工艺，理解材料和工艺对于设计的要求和限制，让学生在产品设计时在材料的运用上更自由、更完善、更深入、更接近企业的需求；二是让学生在了解材料与工艺的基础上，兼顾企业的生产特点、成本等多方面因素，深刻认识到材料的附加价值，提升学生对材料与造型研究的能力，帮助学生提升对材料运用的敏感度，快速决断用什么样的材料去匹配什么样的产品，尝试从材料的角度去思考设计的问题。

在传统设计学科教学体系中，很多理论知识的学习与应用实践是割裂开的，要想使学生的基础知识掌握得更好，需要将理论与实践紧密联系起来，才不至于让学生的知识与实践脱节。在"材料与工艺"课程教学中，以理论教学与实践教学相结合，实践教学为主、理论教学为辅，通过让学生对典型材料进行设计实践，提高学生对于材料和设计的关系的认识，为学生提高设计能力和选材能力奠定基础。

在课程设置前，笔者就在思考，虽然目前的教学环境不太能满足教学需要，但学校地处制造业中心，周边就有很多成熟的制造企业，它们是否能为学生提供直观的、具有操作性的实践方式呢？带着这些疑问，笔者对学校周边的企业进行了走访，发现制造业发达的珠三角地区供应链非常完善，纯加工的企业利润低，对创新设计的需求是非常急迫的，企业很愿意跟学校保持长久的合作关系，既可以提供优势产业资源及专家进学校，也能提供学生参观及实践的机会，可以说，企业的需求跟学校的诉求正好不期而遇。因此，经过跟企业的对接，"材料与工艺"课程实践将以地方产业资源为依托，教学设计以"教—学—做—创"为主线，突出"创"即创新及创业，从而推动产学研合作模式融入课程及实践教学。

二、材料计划实践

市场上工业产品的主要材料大致包括塑料、金属、木材、玻璃、皮革等，随着技术的发展，也有很多新的材料被设计师利用起来，如用布料、皮革等装饰材料制成亲和力强的生活用品；用建筑用混凝土制成视觉力强、跟环境匹配度高的家具及生活用品等。各种材料的加工方式都不相同，但大部分材料加工中要使用到模具。因此，在课程的实践教学中，将依据学校自身的条件，选用现有教学环境下相对容易加工的材料让学生来体验，用特定的一种材料——清水混凝土材料去思考设计的价值与意义。

清水混凝土是由水泥、沙及多种外加剂等合成的现代装饰材料，近几年在工业产品设计中被大量运用。设计师通过对材料质感的挖掘和运用，让原本价格低廉的材料通过工艺的改进、设计上的提升实现最大的附加价值，而且这种材料能够通过自制的简易模具实现快速翻模，学校也具备条件可以生产，因此符合课程的教学设计目标。在课程开始，首先让学生对清水混凝土材料在设计领域中的发展及应用情况进行调研和整理，学生从市场上的创新产品中总结出清水混凝土材料产品设计的要点，如成型对造型的要求、清水混凝土材料设计美学特点等，从调研的数据中感受到材料对产品的重要性，激发他们的求知欲望，带着对看起来普通的材料的好奇和问题开始课题研究。

1. "教"——引进企业专家进课堂

学校的老师多数是从学校毕业就来到学校任教，在实践经验上是缺乏的。为了让教学任务顺利进行，老师在课程开始前，先拜访了相关技术服务的企业，邀请企业专家进课堂传授经验。我们在混凝土材料项目中分别邀请了佛山市 3D 快造有限公司负责人介绍 3D 打印技术，用 3D 快速成型技术让产品快速成型；佛山市矽宏业新材料有限公司的技术专家进课堂调制硅胶比例，并介绍用硅胶翻模的技术要点；佛山市名点艺术制品有限公司的负责人为同学们介绍了混凝土制品的要点、工艺及注意事项，也把目前市场上主流工艺的效果一一展示给学生，让学生对不同工艺带来的不同外观效果有了更直观的印象。在专家授课中，同学们不仅听取专家的介绍，还纷纷拿出自己的想法跟专家探讨，跟专家们沟通交流，试图找到自己初步想法的支撑点。

在整个实践项目制作过程中，地方公司给予了很大的技术支持，为了让学生有直观的感受，几乎每个关键环节都有公司派专人带样品过来给学生演示及操作。在跟专家的沟通交流中，学生有了企业专家的指点，变得更加有底气，也对自己的设计作品落地有了十足的信心，这一步为我们项目的顺利进行奠定了良好的基础。

2. "学"——让学生走出课堂，到一线生产线学习观摩

专家进课堂后，为了让学生对一线加工的流程有更直观的认识，我们还带学生到各个公司及一线流水线现场进行考察（图1）。学生通过走访佛山本地的一线生产企业，与一线工人详细访谈并观看实际操作，了解了混凝土材料的加工成形工艺及制作流程。例如，同学们在参观中发现，通过在水泥材料中添加增泡剂，可以在实现物体表面有气泡质感的同时减轻其重量；通过添加无机颜色色粉，可实现水泥颜色的改变，从而丰富了物体颜色的表现；通过在水泥材料中添加矿山的残余废渣、破碎的玻璃颗粒等废弃边角料，再打磨处理做成水磨石的肌理效果，可以把循环再生的理念融入产品设计的意识中，实现环保、再生的可持续发展的设计理念。这些工艺上的改变不仅保证了产品功能的实现，而且赋予产品美学价值，使产品呈现出现代风格的结构美与质地美。一线的工人跟学生们说，只要大家敢想、敢设计，就能帮大家实现。学生们感叹人类的智慧，经过工艺研发的传统材料，在肌理、色彩方面都有别于传统的混凝土粗糙、毫无光泽的形象，实现了新的突变，呈现出不一样的美感。

3. "做"——围绕材料进行创新产品开发设计实践

经过专家进校及学生到一线考察的学习阶段后，学生对混凝土材料的特性及加工有了整体的认知，得出满足清水混凝土批量化生产的条件，间接地提高了清水混凝土产品的设计品质及制作品质。接下来将针对混凝土材料进行设计计划，这个计划以"设计创造价值"为主题，从材料出发思考创意生活产品设计。流程为设计方案—电脑建模—3D打印快速成型论证设计，并打印实物母模—在母模腔上用硅胶翻模形成模腔—混凝土浇筑（通过不同的外加剂实现不同的表面肌理效果）—凝固后脱模及养护—形成最终的实物模型。部分制作流程及学生制作过程如图2所示。

清水混凝土产品开发计划是学生在充分了解生产工艺及流程的情况下，通过对混凝土材料进属性分析，使用设计手段对混凝土材料的质感、物体形态、肌理颜色和其他材料搭配进行设计创新的整个过程。学生对材料加工工艺的了解程度决定了产品创意的实现，因此了解材料的工艺成型原理及加工流程是混凝土产品设计的实践应用的基础。

图1　学生进公司、工厂考察

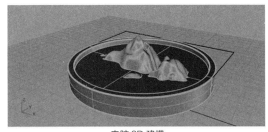  

电脑 3D 建模　　　　　　　　3D 打印母模产品　　　　　　积木搭建硅胶模型框架

图 2　混凝土材料产品制作实践流程

4. "创"——课程教学成果探讨创新与创业

学生通过一系列操作后，设计并制作出了实物作品，学生一以"落霞与孤鹜齐飞"的诗词意境为灵感，设计出清水混凝土材质的壁挂装饰灯，让本是二维的画像演变为三维的产品形态，让空间立体起来；学生二设计了一款简易的混凝土材料文创产品——香薰炉，采用山峰造型，当香燃烧吐出烟雾时，营造出一种山中云雾缭绕的意境，同时也解决了品香时香灰落在桌上等问题。这些设计作品结合目前市场上消费者对文化类产品的精神层面需求，创新度较高，同时通过翻模快速实现了最终产品实物的制作，并可实现产品的批量化生产。

从目前学生最终的实践结果看，也暴露出很多问题，如部分同学因为模具错误，没法实现翻模，如拔模角度设置过小、产品高度过于深而壁厚没有增大，导致产品拔模过程中破损率较高；有些是产品造型设计过于复杂，模具成本非常高，实物效果却不好等。这些试错也加强了学生们对产品成型、装配等基础知识的掌握。

这个项目实践让学生充分参与从创意到实物的整个过程，从实物产品的输出引发了学生对产品创新、加工工艺成形技术、成本及设计商业价值等问题的思考，为后续的设计课程构建更完整的知识体系。另外，跟企业建立联系后，后续可在条件允许的情况下，跟企业合作开发项目或向企业提供定制礼品等，通过市场的反馈来验证设计的可行性，提高学生的设计能力。

综上，围绕具体的混凝土材料计划项目实践，在有限的教学资源下，以学校周边的产业资源为依托，把本地的优势产业资源及专家引进学校，同时，促使学生走出去到产品制造的一线工厂去参观。学生围绕"设计创造价值"的主题思考材料的价值，结合消费者的需求进行设计，在教与学到做与创的过程中，以积极的探究姿态投入到实践中，把之前所学的知识串联起来，综合性地思考市场、设计、营销等问题，提高学生综合运用知识解决问题的能力及创新创业能力。

三、总结

围绕材料出发思考并设计的艺术作品能为材料赋能，体现出材料的价值。目前关于产品形态的设计主张追求极致的简约，设计形态之争将演变为材料工艺之争，因此，设计师对材料合理及创新的运用显得特别重要。在"材料与工艺"课程教学中运用"教—学—做—创"为主线的教学方法，是艺术生学习偏工科课程的一种有效的学习方式，注重实践教学能让学生对知识的理解更直观、更全面，增强学生对设计的全局意识及对细节的考究意识，学生的多项能力如动手能力、思考能力、学习能力都得到了较大的提升。以"创"为目标，让学生带着创新与创业的意识进行实践，引发学生对产品创新及设计商业价值等问题的思考，培养了学生的创新创业能力。只有具备创新能力及创业能力，进入社会才具有一定的竞争力。课程实践中让学生参与整个材料加工的流程，学生能针对材料思考出设计要点及方法，实现了由产品材料工艺基本教学向产品设计整个知识体系的良好过渡，为后续"产品开发设计""系统设计"等专业综合课程打下良好的基础。

参考文献

[1] 陈俊波，张莉，楚鹏. CMF 设计在产品设计中的影响与应用 [J]. 设计，2019，32（1）：108-109.

[2] 白铭玉，郑刚强，王武峰. 混凝土产品设计开发方法探究 [J]. 设计，2019（19）：22-24.

[3] 高华云. 混凝土材质在家居产品设计中的质感应用研究 [J]. 混凝土，2018（3）：128-131.

[4] 胡新明. "造型材料与工艺"课程教学实践中感性价值的构建研究 [J]. 美与时代（上），2018（2）：107-109.

[5] 朱起鸾. 基于白色硅酸盐水泥材料特点的产品设计研究与实践 [D]. 杭州：中国美术学院，2018.

[6] 高雪. 基于校企合作模式的"材料与工艺"课程实践教学探析 [J]. 教育与职业，2015（32）：111-113.

[7] 鲍懿喜. 工业设计的视觉文化研究 [D]. 上海：华东师范大学，2013.

[8] 林润惠. "工业设计应用材料"课程中的情境创设教学效果分析 [J]. 广东轻工职业技术学院学报，2003（3）：45-48.

传统文化元素在当代设计中的应用方法研究

刘洋　田蜜　王玲　门梦菲　北京工业大学艺术与设计学院

摘　要

　　本研究旨在传承中华传统文化，推进文化创新，改变传统文化元素在当代设计中以筌为鱼、半间不界的现象，使其在应用过程中更为系统和深入，力求在设计实践过程中形成独具中国特色的设计风格，令中国传统文化元素更加符合当代人的审美需求。在简述传统文化元素概念的基础上，以设计思维对其进行多维度解析，运用归纳、提取、重构等多种设计手法探究传统文化元素在当代设计中的创新应用，最终以中国结为案例进行两大层次、六大要素的解析，并通过单一文化要素、多种文化要素、参数化等重构方式加以佐证。本研究运用设计方法在继承和发展传统文化的同时满足当代设计的潮流，其方法论可作为一种设计辅助工具应用于各个领域，能够为广大设计者发散设计思路，为我国的设计行业增添力量。

关键词： 传统文化元素；当代设计；多维解析；解构重组；创新应用

引言

　　随着经济技术水平的进步，世界各个国家设计水平迅速发展，并逐渐形成了可以代表各自民族文化的设计风格，例如北欧设计的简约温馨、德国设计的理性严谨、日本设计的简洁淡雅……那么中国设计的风格是什么呢？中国文化历史悠久深厚，但是在现代设计中的应用却存在不足，如何传承和发展中国传统文化，构建民族文化设计风格，是当下需要重视的问题。本文希望以设计角度对传统文化元素进行全方位、多维度的解析，并提供使二者相融合的科学方法论，使设计工作者在参透文化元素的内在规律后，能够提炼精准的元素符号，最终以设计作品为依托更好地传承、发展中国传统文化。

一、中国传统文化元素和当代设计概述

1. 中国传统文化元素

　　克利福德·格尔兹在其解释人类学书中曾表明文化是由人类自身编织创造的意义之网。[1] 因此，我们在分析一个国家的文化时应该寻求规律、探求其民族的本质特性。中华文化由传统的社会观念和思维习惯等点滴要素汇积而成，体现了中华民族文化丰富的底蕴，为当今文化的发展提供了多层面的文化资源。

　　中华传统文化元素包含两个形式——具象及抽象，具象的例如建筑、瓷器等；抽象则包含中华传统习俗、社会观念等。这些文化元素经过历史文化的积淀，形成了相对稳定的民族文化特征，例如样式图案中的回纹、火焰、编织纹等。这些在长期发展中精取出的文化符号往往会展现出独特的民族气质，搭建起其民族的文化认同感，肩负着让中国设计步入世界、丰富世界的现实价值。

2. 当代设计

　　当代设计具有显著的时代特征，过去多功能、形式化的产品已不再体现设计的本质，5G网络、人工智能、虚拟现实、新材料、新技术的出现潜移默化地改变着我们的生活方式，先进技术的发展对本民族文化的继承也提出了新的要求，国家对文化的高度重视促成了大批文化创意产品的涌现，引发了民众对传统文化的关注和追捧。然而，要想使当代设计体现民族文化特性，需从源头深挖传

统的文化内涵，以创新的设计手法使文化与当代设计完美融合，更好地体现优秀传统文化的价值，满足人们的心理及生理需求。

二、中国传统文化元素的应用现状与社会需求分析

1. 国外传统与现代结合的应用现状

《阴翳礼赞》中曾提到，物与物之间产生的明暗中存在着"美"，作者谷崎润一郎通过随笔的方式赞美了日本传统美学之一"阴翳之美"。[2] 在中国传统文化中也有类似"阴翳之美"的"朦胧美"，两国文化如此相近是因为早在唐朝时日本就因仰慕大唐文化多次派遣"遣唐使"赴我国学习先进的科技、政治、文化等，并对唐朝文化一直处于继承和发扬的状态，现如今日本文化已经形成了成熟的文化风格，但依稀还能够看到中国文化的影子。将本民族的特点及内涵作为本质内容是在设计的基础上继承传统元素的关键点，日本借由传统文化做出了许多优秀的设计并服务于当代社会，将传统文化潜移默化地融入大众生活，既不突兀，又富有民族特性。

日本是一个很注重文化发展的国家，日本设计在发展初期也曾试图将西方观念运用于自身设计，但效果并不理想，于是日本设计在后续的发展过程中进行了转变，大量融合本土传统文化。[3] 如今日本设计的独特风格在国际范围内也有了一席之地。由日本设计师增田尚纪创立的"铸心工房"就将日本传统的铸造工艺与现代设计进行了结合，由铸物师沿用传统工艺亲手打造，在讲求现代审美的同时更传达了日本的传统文化。根据日本文化的特点与发展情况及日本的设计方法与原则，可以将日本设计的特点概括为以下几点：首先，日本的设计比较含蓄，不会直接揭露内涵；其次，日本的设计较为追崇侘寂美学，整体设计风格比较简单、素雅，保留了形态的原汁原味；最后，日本的设计比较擅长挖掘文化深层的内涵并加以创新，在传统的基础上进行再设计，既民族又现代。

2. 国内传统元素应用现状

古往今来，中国人都偏好吉祥、如意等美好寓意，仔细观察不难发现，吉祥图案、符号充满了当代人的生活。张道一先生也从福、禄、寿、喜、才、吉、和、安、养、全十个方面归纳了中华民族的吉祥意识，传达了中国吉祥文化中最为普遍的观念[4]。时至今日，吉祥符号与图案在现代设计中的应用十分广泛，例如小米就将故宫的传统吉祥符号与手机进行了跨界联合，在2018年推出了小米MIX 3故宫特别版手机（图1），机身采用了代表中国文化和古代技艺象征的陶瓷材质，色彩灵感源自明宣德三大上品色釉霁蓝釉，配以被视为可以驱害压邪的故宫祥瑞神兽"獬豸"作为点缀，既传统又现代。

要想较好地运用传统元素结合现代设计，不能只令文化内涵浮于表面，而是应当借由设计重新塑造。台北故宫的"朕知道了"胶带（图2），以康熙朱批四字真迹为设计元素，仿佛能感受到百年前清朝康熙皇帝写下四字时的霸气。在包装方面，台北故宫将传统颜色根据现代审美通过专业设计师进行重新设计，在进行改变的同时又保留了传统颜色的感觉与神韵。不难看出"朕知道了"胶带之所以能取得成功，是因为这款胶带一反人们印象中故宫的庄严肃穆，运用文化背后的故事与内涵再加以文化中较为直观的符号形态进行点缀，从多个方面展示了中华文化的魅力，同时根据现代年轻人喜爱相互调侃这一特性，将传统文化中的趣味部分进行提炼并放大其特点，将历史文化元素赋予现代的新鲜活力，同时形式上带有一定程度的创新，重新演绎了传统文化，并成功吸引大众的关注。

习近平总书记曾指出："一个抛弃了或者背叛了自己历史文化的民族，不仅不可能发展起来，而且很可能上演一幕幕历史悲剧。"[5] 在弘扬传统文化的同时，也应该注意多方面的问题，例如Nike球鞋Air Foamposite One"Tianjin"的设计（图3），整体配色采用了闻名中国的天津杨柳

图 1　小米 MIX 3 故宫特别版手机

图 2　台北故宫文创胶带

图 3　Nike 球鞋 Air Foamposite One "Tianjin"

青年画"莲年有余"，取材及寓意都很好，但较难融入日常生活，而文化的传承应当"大众化"，设计工作者应当把握好用户的普遍共性才能做出引发共鸣的设计。

中国传统文化有其独特的魅力与价值，近年来作为设计元素与符号更是频繁地出现在设计作品中。通过以上案例不难看出，设计师需注重培养设计思维，从多个角度对传统文化元素进行分析。怎样以设计的角度理解传统文化、挖掘文化符号并且通过一定的方法融入当代设计，与设计各行各业相结合，满足当代需求，是当下需要深入研究的关键问题。

三、以设计思维多维度解析传统文化元素

严重的设计污染正在潜移默化地影响着国人的审美趣味，品味低劣、缺乏设计的产品在市场上大行其道，低水平的造物设计对文化传承的理解无疑是片面与肤浅的，甚至带来的是国人生活品质的降低，我们应结合其文化内涵利用设计思维将产品外在的美学元素和内在的使用方式进行有效的整合。在当代设计中，设计思维作为以解决问题为基础的全局性思维模式已成为流行词汇的一部分。我们需要通过设计思维催生洞察力，通过"同理心思考"的方式对要解决的问题产生共鸣。在设计层面，设计无非包括非物质的和物质的。作为设计工作者，对文化元素的解析亦应从非物质元素和物质元素两个层次考虑。"透彻地理解目标文化元素，高效地将其转化为设计要素，并提升其应用的深度"是我们设计过程中需探讨的问题本质。为了满足这个目标，我们的创意架构将从设计的六大要素出发对传统文化元素进行多角度的解析，以给出最合适的解决方案。

非物质文化元素主要包括目标元素的文化内涵和使用方式。目标元素所蕴含的文化内涵承载着中华民族最深层次的精神追求，对元素整体及其构成要素进行历史渊源、寓意、语意的分析，在设计过程中可对目标元素衍生品的应用范畴、情境起到指导作用；目标元素的使用方式是当时行为方式和价值观念的反映，以此为基础，结合当下的生活方式的塑造，延续和派生出新的设计理念，使传统文化元素变得温暖且有意义。

物质文化元素主要包括目标元素的功能、结构、材料、五感 [视觉（包括形态、配色）、触觉（肌理）、听觉、嗅觉、味觉] 这四大要素。功能：对该文化元素及其所依附的载体进行功能定义，结合设计需求能对衍生品的应用起到约束或启发的作用。结构：目标元素如榫卯结构、斗拱结构所蕴含的中华民族造物智慧、空间美学均在现代设计中具有很大的应用价值。材料：物各有性，玉通透温润，瓷晶莹洁白，青铜沧桑沉稳，可赋予现代设计不同的情感特性。五感：形态是消费者对目标元素认知的起点，借助其形态元素进行合理的解构和应用，如中国台北故宫文创产品"书法西式餐具系列"，将瘦金体流畅硬朗、笔锋细而有劲的笔画形态巧妙地融入产品的造型中，从而挖掘出符合当代消费者追求的文化符号；配色在古人眼中的作用包括"以色传神，以色抒情，以色写意"，传统配色具有一定的象征语义，如中国传统五色中，黑色是众色之王，彰显着神秘的力量，青色则代表着生机与活力，要对目标文化元素配色规律、象征语义进行剖析及应用，科学合理地凸显其文

化特征；肌理和色彩一样具有传情达意和塑造形态的作用，可与用户建立多感知的联系，上海世博会英国馆别具匠心将触觉与视觉融为一体，通过微观材质的运用整体构造出毛茸茸的自然肌理感官，鲜活而生动。除此之外，还可从听觉、嗅觉、味觉切入设计，如传统文化元素中的听觉，我们常说"未见其人先闻其声"，听觉总是先于视觉获取对事物的认知，更能勾起消费者的兴趣。听觉的运用分为内在之"音"即产品自发声，如魔方转动时发出的声音，和外在之"音"即人造之音，如人们在使用杯子的过程中和各种材质的桌子碰撞发声，结构和材质不同，发出的声音也截然不同，因此目标元素听觉的运用除其本身的音色之外，现代设计的结构和材料也是需要考量的重要部分，进而提升产品的听觉体验和产品的独特性。通过以上对中国传统文化元素两个层次六大要素的剖析，将提取的设计要素制成矢量化的信息图表，对设计实践的指导将会变得更加全面、有效与便捷。

四、传统文化元素在当代设计中的创新应用

构成是一种基本的设计方法，可应用于设计的创新应用。赵殿泽在《构成艺术》中提到：点、线、面为构成的基本要素，包含对称与平衡、重复、群化，节奏、韵律、对比、变化、调和统一及破规与变异等形式。[6] 在中国传统文化元素的提取、抽象与重构环节，同样以最简单的形态元素为基础，运用三大构成的形式美法则，经过思考与归纳进行其规律关系的研究，以抽象后的简单几何形态作为基本设计要素，并进行单一文化要素重构、多种文化要素重构、参数化重构等多方面的实践研究，让设计作品既保持传统韵味，又削弱元素本身的具象性，可灵活进行多维度的创新和设计实践。在此理论基础上，根据传统文化元素的归纳提取、抽象与重构等环节进行理论创新，使传统文化元素在当代的探索与实践应用中更具艺术色彩。

1. 归纳、提取

设计要素框架的构建首先要对元素的属性进行一定规则的归纳总结，其次依据两大层次、六大要素对中国传统文化进行元素提取，包括其文化内涵、使用方式、功能、结构、材料、五感等方面，采取直接提取和分解提取的手法为现代化设计提供素材。直接提取：不只是直接地照搬原型，而是在原有图形之上研究其所具有的明显特征及内在规律，具有较高的识别性，同时也为要素的抽象过程提供原型参考。分解提取：以六大要素为依据，进一步对传统元素进行造型、色彩、纹理等方面的分解提取，在保障单个设计要素内在原则的同时，也不受原有规律的限制，既包含传统韵味，又为后续的重组创造新的设计要素。如图4所示，以中国结为例进行设计要素的归纳与提取，非物质文化层面主要通过整理与归纳对要素的变形与抽象过程提供理论依据；物质文化层次通过现代设计工具——计算机辅助软件进行提取演变以延用到设计当中。根据以上设计手法对传统文化元素进行系统的归纳与提取，既保留了传统文化底蕴又符合时代审美需求，使设计作品从整体上形成统一的设计风格，更准确地表达设计作品中的文化内涵与哲学思想，提升了当代设计的民族认同感。

2. 抽象

抽象是对传统文化设计要素由写实化到符号化的过程，由于提取后的传统文化设计要素较为烦琐，为满足多元化的设计需求，本文基于对中国传统文化要素文化内涵、规律特征的研究，遵循变化与统一、条理与反复、对比与调和、节奏与韵律、对称与均衡、比例与尺度这些形式美法则[7]，通过简化法、几何法对文化要素加以抽象化处理。简化法，是去掉一些与表达理念不太贴切的附赘，这种简化并非"简单化"，而是在尊重原文化要素的内涵、大小比例、构成形式、节奏韵律等规制的情况下，去繁从简，去粗取精，用朴素、凝练的艺术语言来演绎丰富细腻的文化内涵。几何法，是抓住文化要素的主要特征和规律，用直线、弧线、折线、三角形、圆形、方形等几何形态对富有变化的文化要素进行抽象变形，使抽象后的文化要素减形不减信息量，简洁现代并富有逻辑美。如

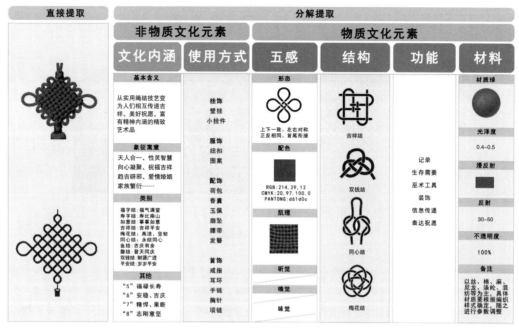

图 4　设计要素框架图

图5中国结的抽象过程，保留中国结穿、插、绕、编的结构规则和上下对称、左右一致、首尾相连、正反相仿的构成形式[8]，并对其进行简化和几何化的抽象，从而得到简洁现代而又不失原有规制的设计要素。通过以上现代设计方法，剥离烦琐的细节，保留可以反映传统文化要素本质的线型、比例、构成方式、配色、肌理等文化基因，突出其主要特征，形成具有一定结构性、规律性和现代性的设计要素，满足当代人的审美需求。

3. 重构

"重构"就是打散重新构成。是将抽象后的传统文化要素单元分解，然后结合现代设计的手法，以新的排列形式对中国传统文化要素进行重构，最终构建一个全新的结构形态。本文通过以下三种方式对中国传统文化要素进行重构。单一文化要素重构：从单一维度的设计要素出发，对抽象后的传统文化要素进行重构。比如通过拉伸、阵列、剪切、布尔、镜像等多种手法对抽象简化后的传统文化要素进行再设计，以中国结为例，如图 6 所示。多种文化要素重构：从不同的维度包括造型、色彩、结构、肌理、声音、气味等角度出发，对抽象后的中国传统文化要素进行组合重构，通过应用凸显出设计背后丰富的情感底蕴，使其呈现多元性，增强感染力，如图 7 笔者设计的"中国社区

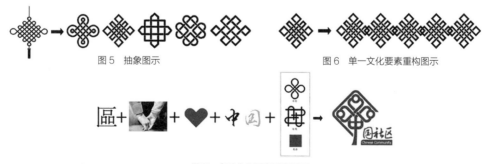

图 5　抽象图示　　　　　　　　　　图 6　单一文化要素重构图示

图 7　多种文化要素重构图示

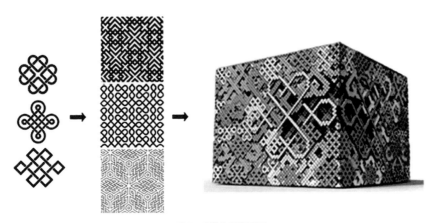

图 8　参数化重构图示

标识"，将中国结的外形、结构和色彩进行组合重构，再依据中国社区的发展理念，体现了具有鲜明中国特色的吉祥寓意。参数化重构：参数化是一种新兴的设计手段，近年在设计的各个领域广为应用。著名的建筑设计师扎哈的优秀作品大多都结合了参数化，打破了以前建筑设计中单元形重复的现状，整体造型极具现代感和科技感。参数化的实质是将可控制的量化参数通过计算机软件设定法则或者逻辑生成不可量化的多元结果，从而寻求新形式和更多的设计优化方案。[9] 本文将抽象后的中国传统文化要素进行参数化重构（图 8），对特定传统文化要素量化分析得出内在逻辑进行参数化编程，依据参数化重构的方法，调整可变参数使中国结的纹样呈现多种形态的变化，辅助设计师扩展思维，满足个性化、多元化的要求。

五、结语

在对传统文化的吸收与融合过程中应当更加注重文化的内涵，本文以设计思维的角度从传统文化元素的物质层面和非物质层面进行剖析，借由案例将传统文化元素进行多维解析，再使用一系列重构方法进行进一步的深化。基于本文的设计方法研究使传统文化元素的继承更加合理，满足时代发展和人的精神世界。同时，所研究的方法论可作为一种设计辅助工具，为其他设计领域提供理论基础，完善我国设计行业在继承传统文化方向的空缺，为人们的美好生活添砖加瓦。

参考文献

[1] 徐榕. 解释人类学述评——关于格尔兹的深描观点 [J]. 百色学院学报，2007（4）：3.

[2] [日] 谷崎润一郎. 阴翳礼赞 [M]. 上海：上海译文出版社，2011.

[3] 陈丹，王梓，周安琪，等. 日本折中主义思想在产品设计中的应用 [J]. 包装工程，2016（8）：162-165.

[4] 长北. 吉祥意识——中华传统艺术与文化传统之关系研究 [J]. 艺术百家，2012（2）：148.

[5] 习近平. 在中国文联十大、中国作协九大开幕式上的讲话 [EB/OL]. [2020-06-01]. http://www.xinhuanet.com/politics/2016-11/30/c_1120025319.htm，2016.11.30.

[6] 赵殿泽. 构成艺术 [M]. 沈阳：辽宁美术出版社，1978.

[7] 王玉明. 浅谈构成的形式美 [J]. 文艺生活·文海艺苑，2014（2）：169-170.

[8] 余浩铭. 浅析"中国结"的形式美与寓意美 [J]. 中国科技博览，2011（17）：227.

[9] 郑长臻. 参数化设计理念在室内设计中的运用 [J]. 建筑建材装饰，2017（23）：196-197.

关于产品手绘教学与实际工作需求一致性问题的探讨

贾卓奇　蒋红斌　清华大学美术学院

摘　要

目前，国内大部分高校的工业设计专业在研究生招生考试中都会将产品手绘作为考察科目，手绘在考研中受到非常高的重视。但是真正的设计工作与应试考试的目标并不一致，因此对于以设计工作为目标的学生，应该让他们真正理解，他们画的每一笔并不是在做艺术创作，而是在做决策。教师应将高校现有的产品手绘教学方式和实际工作中对手绘的要求进行对接，将手绘的思考与交流作为教学重心，提升学生将手绘应用于工作实践的能力。

关键词：工业设计；产品手绘；教学；工作

一、服务于设计的产品手绘目的

1. 徒有手绘技法不代表会做设计

产品手绘是工业设计专业的学生在本科期间需要学习的一种基础技能。手绘是设计师表达创意的一种便捷"语言"，是用于向他人展示、说明方案并和对方进行有效沟通的一种工具。在工业设计实际工作的过程中，产品手绘主要用在方案发散的阶段。产品手绘对工具并没有太多限制，我们只要拿起身边的纸和笔，或是平板电脑，就可以开始思考和记录灵感了。由于具备高效、方便的特点，产品手绘是很多设计师在实际工作中会采用的一种工作方式，因此非常多的同学希望能够学习手绘方法，把它视作设计师工作的基础技能之一。零基础的同学在学习产品手绘之前，往往不知如何入门，对产品手绘学习的目的也缺少整体性认识。在手绘教学的过程中，我们发现很多同学都能临摹得不错，但是一到了自己设计的时候，就会没有想法，无从下笔。同学们在临摹的阶段往往追求技法上的娴熟，但是对这件产品"为什么要这样设计"少了一些追问。但是我们学手绘的最终目的是要做设计，如果徒有技法没有想法，那还是无法满足设计工作真正的需要。

2. 手绘是捕捉灵感的高效方式

在实际设计工作的过程中，手绘是一种记录设计师创意的工具。灵感常常在顷刻之间产生，如果当时没有被记录下来，很可能稍后就忘记了，这样好创意就有可能流失掉。设计师身边的笔和纸常常是必不可少的，因为他们可以用手绘的方式快速记录下灵感。设计师在任何时刻下只要有想法，就可以迅速记录，即使这些方案现在无处可用，但是只要被记录下来，也许在以后的设计中就会有所启发。平时用于记录设计师创意的草图，我们可以不受拘束尽情表达，只需要设计师自己能看懂就足够了，并不需要过分追求技法。

3. 手绘是设计师和他人进行沟通的语言

产品手绘是工业设计师特有的交流语言，就像代码是软件工程师的语言、乐谱是音乐家的语言一样。在建模以及渲染软件功能越来越完善的现在，效果图展示能够做到十分逼真。如果我们要设计一款简单的工业产品，用建模的方式呈现方案是非常直观和便捷的。但是如果设计一款复杂产品，每一次微小的改动都要来回修改模型再渲染，就会浪费很多时间。在这种情况下，通过手绘的方式不断完善方案就会是一种更加有效的方式。在与同行或者客户交流的时候，如果某一个产品细节难以用语言说明，那么设计师就可以通过简单几笔迅速将自己心中所想表达出来，并与团队和相关方一起讨论。用于交流的产品手绘图和设计师平日记录灵感的草图相比，准确性有更高的要求，例如透视、比例、结构要交代清楚，不要给他人带来误解才能起到便于沟通的作用。由于想法需要被准确表达，而这种准确表现能力需要设计师通过一定的训练才能达到，这也就是同学们需要专业训练手绘的原因。

二、对高校手绘教学的反思

1. 考研手绘教学的方式不适合实际设计工作需求

随着移动互联网的发展，视频网站上的各类视频资源丰富了同学们的学习途径，除了学校的课堂教学之外，大家在网络上可以非常便捷地搜索到各种各样的教学视频，也包括了手绘的示范视频。这些手绘教学视频大多技法高超，画出来的作品具有一定审美性，但是这类手绘更加符合具有竞争性质的考研快题要求。但是在实际工作中，手绘并不看重夺目的表现力，更看重的是表达了哪些创意。目前更多的手绘教学方法是在技法层面上教大家画出一张具有表现力的效果图，手绘培训也大多针对考研设置，而以做设计为目的的手绘教学需要重点培养学生的设计思维以及解决实际问题的能力。因此，考研手绘培训是无法承担工作需要的手绘能力教学职能的。

2. 服务于设计的手绘教学应该注重设计思维的培养

在从事产品手绘教学的过程中，我们发现很多同学平时的积累太少，对各类产品缺乏基本认知，导致在他们自己原创的时候，常常会出现人机尺寸夸张或是违背自然规律的方案。手绘的教学应该加强学生对产品的深刻理解，在课程内容安排上应该补充产品分析的部分，例如让同学们明确产品有哪些关键零部件、被用在什么场景下、产品形态这样设计的原因是什么、同类产品之间有何异同之处。这些问题正是我们在进行原创设计时需要思考的内容。以设计工作为目的的手绘教学要让大家既知道"怎样画"，又理解"为何这样画"。此外，设计和商业是天然结合在一起的，因此在产品手绘的教学中，还应该引导同学们对市场、科技、政策、社会的持续关注，让自己的思考始终紧密结合时代的发展。

三、结语

本文论述了产品手绘是设计师记录灵感和与他人进行沟通的语言，但仅仅掌握手绘技法并不等同于做设计，更重要的是通过手绘来表达出设计师的思考；服务于设计的手绘和考研手绘是有区别的，对于前者来说，培养思维比训练技法更加关键；满足工作需求的手绘教学应该通过手绘的方式让同学们理解一件产品被这样设计的原因以及在实际工作中手绘究竟起到怎样的作用；通过产品手绘教学让同学们习惯用笔思考，还需要启发同学们对社会的关注，培养同学们作为设计师的社会意识，让他们明白设计更强调可持续发展问题——设计不是瞬间的艺术品，真正的好设计应该是一个可持续发展的长期过程。手绘能力的提升实质上是综合能力的提升。

今天各学科的教学方法越来越成熟，其中很重要的原因就是我们一直建立在过去的基础上来不断完善和修正认知，不断进步。我们需要承认的是，考研手绘培训在为国内学生普及手绘这项设计师"语言"上发挥的作用，更要反思目前高校的手绘教学职能不足，同学们争先恐后地去参加各种各样的手绘课外培训，难道不是因为在学校课堂上学到的手绘并没有达到能让他们通过这项工具来做设计的能力吗？考研手绘虽然在一定程度上弥补了高校手绘教学上的缺失，可是学习手绘的最终目的还是为了做设计。目前高校设计教育在真正服务于设计的手绘教学上做的确实不够完善，我们既要认识到不足，更要探索提升学生设计能力的手绘教学方式，进而影响考研手绘也能回归到设计的本质上。

工业设计具备艺术的、哲学的、技术的综合思考，是一项集浪漫与严谨为一体的工作。当设计师看到自己的创意从无到有的被生产出来，创造了社会价值，这其实是一件非常愉快的事情。同时设计师也是个高风险的职业，一旦作品被量产，这个设计就会融入到无数用户的生活中，因此设计师做的每一个决定都要相当谨慎。这种对待职业高度敬畏的态度应该贯穿设计师从业生涯的始终，而手绘教学就是要让同学们真正理解，他们画的每一笔并不是在做艺术创作，而是在做决策。

设计基础教学中设计思维的培养

石 瑞　南京工业大学浦江学院

摘 要

随着时代的快速发展，设计学科也在科学技术与社会经济的变革中快速发展起来。设计学科的教学为社会发展培养了一批批设计人才，同时对设计领域在社会经济中的地位也产生了深远的影响。在设计教学不断发展的过程中，设计基础教学显得尤为重要，其目的是为了培养学生的设计思维，为下一步专业学习打下坚实的基础。但目前，设计基础教学中存在着一些问题，例如设计基础教学在一定程度上缺乏创造性，以及学生的创新思维意识培养相对薄弱等问题，这有待我们进一步完善与解决。设计本身离不开创新，设计创新的关键又是设计思维的创新。一个成功的设计作品，必然伴随着设计者思维上的独具匠心，倘若设计者在设计作品之初，思维保守，墨守成规，那么呈现出的作品便很难得到用户的认可和共鸣。本文通过分析设计基础教学中设计思维培养的重要性，尝试探索培养创新设计思维的方法，希望进一步引发大家对设计基础教学方法的关注与思考，使我们立足而不局限于传统的教学模式，探索出更加符合社会发展需要的设计基础教学新思路，从而促进设计教学的进一步发展。

关键词： 设计基础教学；设计思维；设计思维的拓展

物理学家劳厄曾说过："教育重要的不仅是获得知识，而更是发展思维能力。"对于设计基础教学来讲，获得知识不是设计基础教学的最终目的，更重要的是要落实到实践主体上，培养其强烈的思维感染力、敏锐的判断力和洞察力，最终培养出具有创新思维方式的设计人才。

一、设计思维培养在设计专业中的重要意义及目的

对于学习设计专业的学生来说，设计思维能力的培养是一项非常重要的学习内容。要想让一个学生在有限度的学习时间内，尽快提高其在专业水平上的认知，就需要在教学过程中着力培养他们在设计专业学习中的思维能力。对一个从事设计工作的人来说，具备设计创意是尤为重要的，因为在当今如此丰富的产品市场环境中，需要有源源不断的设计创意，才能设计出好的、被用户认可的作品，从而在竞争激烈的市场环境中独树一帜。一个好的创意往往来源于一个好的思维。从古至今，我们所需要的一切与生活息息相关的物品都是在一次次的创新中更新换代的，而创新的标准则需要创造者思维上的不断活跃。设计教育中的基础教学就是要通过科学有效的方法对学生进行思维能力的培养。用全新的教学模式打开学生的思维空间，培养学生的空间想象能力以及创新思维能力。对思维能力的培养，在一定程度上能大大增强学生自主学习的能力和求知欲。设计思维培养的目的在于对设计问题的发掘与完善，并在设计学习过程中将这种思维能力转换为产品的设计与创新，通过提高学生的想象力和创造力真正地开拓思维。设计思维的重要意义也就是设计者如何将自己的设计观点和含义传达给观者，从而得到其认可与共鸣。在设计教育中强调的是思维能力的拓展和运用，这个过程需要教师有针对性地授课以及学生参与相关课题研究才能得以完成。实现大学设计教育的目的，就是在教学的过程中提高学生的艺术审美、培养其创造性思维。

二、设计专业中设计基础教学创新思维的缺乏

1. 设计基础教学固守传统教学模式

目前，在主流教育观念中，还是相对多地采用了传统的教学模式进行教学，在设计基础教育中，依旧较多地沿袭着之前传统的思维模式教学。学生在面对一个课题或者方案的时候，往往不会带着设计问题的观点进行思考，从而得出心里结论，而是习惯于参考搜索相关案例去进行模拟，有的甚至不加调整和修改，直接复制抄袭。这种学习理念会导致学生养成墨守成规、一成不变的思维逻辑方式。学生们的这种学习状态在很大程度上抹杀了自己的创造天性，走马观花似的学习态度导致思考能力的苍白无力。同时，有的时候老师也只是看重学生的成果，而不注重学生的学习过程。这种定格式的学习模式以及教学方式忽略了设计基础教学的本质，设计学科相对来说比较独特，不是仅仅拥有学习知识的本领就可以了，老师要在这个过程中注重引导学生培养思维能力，更要学会举一反三，带着发现问题的视角观察周边的事物，这才是学习设计的正确方式。

2. "技术"和"艺术"不能完美结合

无论是在生活中，还是在设计教育基础教学中，技术和艺术的关系都是密不可分的。尤其是学习设计专业，在专业技能有所提升的基础上，同时也要有审美能力的存在。对设计而言，过硬的技术能够在设计中更好地体现出设计者的思维逻辑能力，但要体现出这件作品更胜一筹之处，则需要有一定的艺术审美能力，这才能给设计作品注入新的灵魂。设计技术是影响设计作品的重要因素，这一点是毋庸置疑的。它在加速了网络联系的同时，也为设计领域带来了全新的设计软件和工具，而且使设计深入到大众的生活中。在设计师眼里，设计工具能够使设计更具可操作性，同时也大大提高了设计效率；但是设计创作本身是一个多维度的过程，它也是需要创意和格调的，这需要设计师对技术和审美的不断积累。而当下的设计教育存在着设计技术与艺术审美不平衡的问题。要么有技术，轻艺术；要么重艺术，轻技术。一件好的设计作品绝不仅仅是通过熟练掌握各种作图软件就能得来的，对于真正的设计者而言，软件和工具的使用作为技术是十分必要的，但绝对不是学习设计的全部。想要设计出的产品具有更宽广的思维和更好的设计理念，既需要掌握熟练的设计技术，同时也要不断提升艺术层面的审美。

三、设计基础教学中设计思维创新的训练方法

1. 重视学生综合素质的培养

学习设计专业的学生应该具备综合性的素质，一方面要具有良好的审美能力，同时也要注重设计思维能力的拓展与培养。现在很多学生在学习设计专业课程的过程中着力点不够全面，有的可能比较重视技术层面的学习和提高，有的侧重对外在形式美的表现，还有的则更注重对大自然的模仿与创造等能力，这样设计出的产品往往容易片面化、局限化。所以说综合素质的培养对设计教育来讲是非常重要的。

2. 现代设计专业中的设计基础教学应该是对传统教学方式的扬弃

近年来，设计专业中的设计基础教学模式相对于之前来说，已经有了很大的发展，相对于现在的教学模式来讲，传统的教学模式已经不能完全满足现代社会发展对于人才的需要了。这并不是说就要把之前传统的教学模式完全摒弃掉，在传统基础训练中，手与眼的协调、观察与表现的密切关系，这些都是设计基础教学中需要继续保留和完善的，这种对视觉形象的敏锐洞察力和表现力的培养，是传统教学模式的优势，因此我们需要进一步深化。在此基础上要有针对性地培养学生的独特视角和品质，尽可能做到启发式教学和因材施教，而不是统一标准，简单量化；鼓励学生以个性化的视角发现生活中的问题，提出设计上的不足，培养分析问题的能力和解决问题的能力。

3. 设计基础教学中设计思维的训练方法

设计思维的开发与训练，应该是把艺术中的视觉元素表现在形象思维上，并且能够使设计的分析和逻辑思维相融合，而不仅仅是简单地停留在设计图形的创意上。一件优秀的设计作品，其创造性是设计主体通过长期对生活的积累与思考而迸发出来的，具有明显的创造者个性。要多角度地去看世界，以发散性思维去思考问题，提出设计问题理念，才能有所突破与创新。创新是一个比较宽泛且具有延伸性的概念。比如说，当人们说起椅子的时候，脑海里首先会浮现出椅子的形状，四条腿、一个椅背和一个椅面。这是人类为了方便沟通而定下的一个认知的符号，但是对于设计师而言就要突破这些概念的束缚，要先分析椅子的作用及其功能和原理，使用椅子是为了让人的身体能够长时间保持一种舒服的状态，这个概念就可以使设计师联想到功能决定形态，只要满足这个功能，任何形态都是可以尝试的。在这种认识的前提下，设计师才能够展开想象，设计出更好的作品。想要设计出独一无二的作品，我们就要回到设计思维的训练中去，首先要做到以下几个转变：首先，学生之前的学习过程较多是比较被动的，现在要把被动性学习方式逐步调整转变为主动性的学习方式；其次，将设计技术的运用与艺术的审美相结合，同时要注重学知型向创造型的转变，把原来的只看表象型转变成内在的感受型。从本质上来说，也就是思维的转变，突破现有的界限，鼓励学生拓宽角度和视角，多维度地进行设计思维的拓展与延伸。

设计思维的培养在设计基础教学中的重要意义，正是为了实现以开启学生心智为目的，将学生的思维开发作为创作力的基础，并且把设计中发现问题和解决问题的能力，通过发散性思维进行整合，达到设计基础教学向专业设计学习的衔接与转换。

参考文献

[1] 夏苗苗. 论平面设计基础教学中的设计思维 [D]. 长春: 东北师范大学，2011.

[2] 张颖. 艺术设计基础教学中设计思维的培养 [J]. 黑龙江科学，2018，9（23）：76-77.

[3] 杨悦，袁海贝贝，张敏. 基于空间逻辑与创造的建筑设计基础教学改革与实践 [J]. 艺术与设计（理论），2018，2（Z1）：145-146.

设计基础教育课程美感培育路径研究

王海涛　河南理工大学建筑与艺术设计学院

摘　要

　　设计基础教育是设计学科的立足点，课程以设计和美术的共同基础造型问题为研究对象，借由造型要素、构成法及审美培育探求造型可能之法，培养学生创新、造型及审美等诸多能力。设计基础教育的三大构成教学已成为普遍采用的方法，但偏向技法的程序教学模式对审美培育不足，亟须变革。从设计基础教育的源与流和美学理论入手，借由感知觉、审美认知模块理论的探讨，分析教学过程中主体（学生）和客体（造型）的特征，建立适合主体美感生成的主客体的认知模块匹配过程，进而构建适应美学经济需求的设计基础课程审美教育的新路径。新路径将为新时代背景下的设计基础教育提供理论上的依据，也为教学活动提供方法上的参考。

关键词： 设计基础教育；美感；审美能力；认知模块；感知觉

　　设计基础教育是培养设计类人才的重要手段，是设计学科的立足点。课程将设计和美术诸多专业方向，如工业设计、视觉传达设计、环境艺术、雕塑等共同存在的基础性造型问题作为研究对象，目标是培养学生观察能力、设计创新能力和审美能力。培养方法依据造型原理对抽象形态进行循序渐进创造性活动而展开。中国自 20 世纪 70 年代末邀请香港学者到清华大学美术学院（原中央工艺美院）讲学开始，进而选派高校教师赴德国、日本等地学习设计教育，奠定了三大构成的设计基础教育体系，以替代原有的现代图案教育模式。经过 40 多年的发展，中国设计教育当下处在产业转型升级和美学经济的新情境下，对设计人才需求的剧增致使大部分高校应因需求而大量开设设计类相关专业。然而，设计教育培养质量良莠不齐，所培养的设计类人才与社会脱节的现象日益显现，设计教育特别是设计基础教育在支撑设计人才培养上的流弊日益显现。究其原因是原有的三大构成教育体系受限于教师知识体系和教学条件，禁锢于造型技能性的传授而鲜有创新，对学生美感培育缺少关注直接导致后续美的创造乏力。如何构建新路径使设计基础教育回归到启迪学生创新思维、培育造型塑造能力、唤醒审美能力的教育模式，成为当下国内高校教学改革的出发点。目前对创新能力，造型能力教学改革的探讨多，对唤醒学生审美能力的方法和途径探索偏少。本研究将以设计基础教育中学生美感培育为对象，以认知神经科学中审美认知模块理论为基础，以设计教育课程教学设计为关照重点，以期构建设计基础教育美感培育的新路径。

一、设计基础教育亟须展开美感培育

　　对设计基础教育发展源与流的探索有利于重新认识课程教学的本质，分析当下设计教育遇到的问题有利于发起变革。设计基础教育作为预备教育课程，源于 1919 年德国魏玛成立的包豪斯，设置在专业学习开始前的第一年，为预备课程。其原因是应对学校招收的来自不同背景的学生，使其初步具备"技术"与"艺术"的基础，以利于后续的专业教学。该课程先后由约翰·伊顿（Johannes Itten）、瓦西里·康定斯基（Wassily Kandinsky）、保罗·克里（Paul Klee）、莫霍利·纳吉（Moholy-Nagy）等教员制定设计基础教育课程内容并实施教学。课程设立之初，伊顿便明确了设计基础课程的三大任务：一是解放学生的创作力和艺术才能；二是使学生的职业选择变得更简单；三是教授学生基本的设计原理。以艺术思维训练为核心的"感知"教育是伊顿主要采用的教学方法，他扬弃甚至厌恶机械模仿，倡导通过一系列抽象构成练习，增进学生造型思维能力。伊顿将形式的精神性放在首位，追求有意味的形式，在训练中追求艺术感染力而不是技法本身。[1] 伊顿课程神秘主义色彩过浓，教学上充斥着个体直觉经验和主观判断，致使学生想法过于自由，在基础课程开设四年后由纳吉接任。纳吉更多关注于构成主义的抽象艺术，在设计教育中融合抽象艺术、机器技术和对理性精神的强调，奠定了设计基础课程的理性主义倾向。[2] 随着包豪斯 1933 年关闭，其所建立的现代教育模式被教员和学生传播到世界各地。最具代表性的是乌尔姆设计学院、斯图加特国立艺术设计大学、日本三大构成为代表的基础教育等。乌尔姆设计学院是 20 世纪 50—60 年代德国工业设计的训练中心，继承和发扬了包豪斯的现代教育体系，在设计基础教育上约斯夫·阿尔伯格教导学生反思纯粹形式的美学观念，马尔多纳多则在几何学、对称性和视觉类型学领域中扩展了这些观念。[3]

对中国设计基础教育产生影响的有两条脉络：一条是德国斯图加特国立艺术设计大学克劳斯·雷曼（Klaus Lehmann）到清华大学美术学院讲学所建立起的注重在限定性条件下，整合设计各要素，从自然获取创新灵感的综合造型设计教育体系，其中代表性学者有柳冠中、邱松等；另一条是由江南大学（原无锡轻工业学院）和广州美术学院邀请日本构成学者朝仓直巳等来华授课和选派教师赴日学习形成的三大构成的设计基础教育体系，代表学者有张福昌、尹定邦等。两大设计基础教育体系既有共性也有不同，其共性之处是源头都是包豪斯，都注重造型能力和创造性思维培养，区别在于清华大学美术学院所建立的体系经变革越来越适应于工业设计的基础课程教学，而三大构成的教学体系在中国高校设计基础教育中更多偏向于造型元素的形态学的探讨，更加偏向于技法。

近年来，一部分院校在深感原有三大构成教学模式的流弊后取消了设计基础教育相关课程。究其原因，一是课程的教学内容和方法不适应当下设计教育的教学特点；二是忽视设计基础教育在设计专业教育中的作用。设计基础教育需要变革，原因在于呈现的弊端：泛化、僵化、异化等教学问题不利于设计专业阶段教学活动的开展。[4] 由于设计与社会、经济联系的紧密性，社会和科技快速变革中，学科格局在不断变化，艺术基础教育的变革是常态，艺术教育的发展需要在"坚守"与"变革"中不断寻找符合时代发展的平衡点。[5] 这个平衡点在哪里呢？新时代情境与设计教育模式的变革无疑是平衡的两端。正如清华大学美术学院给出的描述"以重大现实问题为导向，根植于中国本土审美与造物传统，培养具备国际视野和当代意识、富有责任精神、勇于创新、有理想的设计与艺术人才，服务于国家创新驱动发展战略需求，推动基于中国传统文化的新时代审美范式的形成与传播"。[6] 汤军提出在工业设计教育的课程编排和教学设计中，将对人的"审美情感"研究和制造过程"技术原理"因素融入课程理论和设计实践当中。[7] 综上，设计基础教育需要因应新时代而变革，变革方向应根植于当下美学经济、社会化设计、符号消费、体验经济等对美的"颜值"需求的客观现实，在设计基础教育中进行学生的审美培育将有利于提升设计人才的培养质量，而培养方式则应在遵从美的认知规律的基础上展开。

二、美与美感的生成理论

美是什么？美感如何生成？这一哲学命题自柏拉图开始就一直被研究和探讨，众多学者形成了不同的美学概念和美学认知方式。美学脱胎于哲学为学界共识，而"美学"一词的出现，一般认为是 18 世纪德国哲学家鲍姆加登撰写的《美学》一书。鲍姆加登被认为是"美学之父"，他给美学下的定义是"感性认识的完善"，并进一步指出美是客观的，美在于对象自身的完善，审美是对于在客观上存在的这种完善的感知。[8] 夏尔·巴图提出了"美的艺术"的概念，将音乐、诗、绘画、雕塑和舞蹈这五种艺术看作"美的艺术"，根源是"美的自然"。而后康德将美学研究推向新的高度，构建了以主客二分和主体思维方式为基础的康德美学。[9] 在康德看来，审美无利害、无目的性，审美快感的形成不依赖于认识对象，而只依赖人之活动本身[10]。随后，席勒提出著名的美是"活的形象"的思想。西方传统美学在 19 世纪末受到了经验主义的挑战，因建立在形而上的主体性美学未能触及艺术的创造方法和欣赏艺术品时发生的审美体验，由此，美学转向形而下的探索，"日常生活审美化"即将审美的态度引进现实生活，使得审美消费置于日常的消费领域。[9] 随着工业革命、大批量机器生产的兴起，生活美学和设计美学成为人们衣、食、住、行、用等消费品领域所必备的特征。包豪斯所倡导的艺术与工艺的结合也正是出自美学泛化使得美学成为美的消费品的时代背景。

随着大脑神经科学研究的深入，"认知模块论"假说揭示人类美及审美活动的神经反应过程链。一个物体之所以是美的，其根本原因不是因为其中存有"美"（美本身），而是因为该物体于人有利。当这种有利关系经由人类大脑神经系统的形式知觉、价值领悟和肯定性情感反应而形成 "知觉中枢 + 意义中枢 + 情感中枢"的神经反应链，就会建立其一般的认知模块。[11] 而当人处于非利害状态下，物体及形式能与已存在的一般认知模块相匹配，就会转化为特殊认知模块，即可以产生非利害的愉悦感，即美感。[12] 由此可见，在人类的审美活动中，美感的获得是一种复杂的心理和生理过程。[13] 审美体验的激发不仅需要提供审美客体，也需要审美主体具有与之相契合的心理结构——美感。[14] 审美的客体存在自身的完善是鲍姆加登研究美学的起点，源于"美的事物从何而来"的思考，而大脑认知科学则为回答"美是什么"提供了科学的依据。一个事物能否被感知为美的事物，取决于人是否形成了相应的审美本质力量，即审美认知模块，表现在生活现象中，就是实物外形直接引发美观。审美认知方式的本质特点就是事物外形直接地引发了愉悦情感。[15]

综上所述，审美活动是发生于主客体之间的一种对象化认知活动，客体自身及形式是产生主体审美的诱因，主体所具备的感知能力和独特的审美能力，在审美认知模块与客体在无利害的情境下，唤醒了主体的审美能力，让主体产生了美感，而诱发的事物及形式则是美的事物。这一认知，有利于在设计创造活动中认知美和创造美，也有利于在设计教育中采用一定的教学方法来培养学生设计审美能力和创造美的事物的能力。

三、设计基础教育中引入美感培育的基本思路

包豪斯产生的时代背景是机器生产代替手工生产，机器制品代替传统手工艺制品，亟须为机器制品找到一种新的美学语言。包豪斯所建立的设计教育正是通过"艺术"和"技术"融合而培养适应于机器生产的设计者。一年的设计基础教育正是在这个背景下提出的。中国的三大构成体系沿袭于日本的构成教育，而根源于包豪斯。纵观日本三大构成教育，从德国传入后，依据自身工业和文化而进行了改进和完善，适应了日本设计人才的培养需要。这一体系是否适合中国的工业和人才培养需要？显然，中国的新情况是以前没有的，对设计人才的需求也不同。依旧沿用 20 世纪 80 年代的日本构成教育方法，显得不合时宜，这也是造成设计基础教育困境的原因之一。

设计基础教育的实施应符合设计专业教育的目标，而设计专业教育的目标来自于设计对人才的需求。培养什么样的人才由社会、经济和技术的客观条件所决定，如何培养人则由教育模式所决定。当中国传统产业正由制造端向创造端转型升级之际，美学经济被各国关注，中国消费的趋势对物的选择从"能用"的层级转向"好用"和"好品质"，美感正在悄悄成为消费者选购物品的一项重要因素。随着物质水平的提升，消费者对自身生活环境美的意识正在抬头，由美学带动经济增长的情况正在发生。设计人才作为美的物品的创造者和美的生活品质的营造者，理应在这一趋势下担负应有的责任。故将美感培育作为设计教育的重要组成部分，并延伸到设计基础教育领域，构建新的审美培育路径显得非常必要。

如何开展设计基础教育审美培育呢？从现有的教学模式入手，在沿袭中变革不失为好方法。现

有的设计基础教育内核是构成与形态学教育，基于对抽象元素的分析，展开元素构成方法的探索，如反复、渐变、辐射、数理、集合与自由等组合方法与分割等形式法则的练习，探索借助要素、材料、技法进行造型的可能性[16]。如果在以上过程中融入美感培育，设计基础教育过程变革为：开始于对已有事物美的观察，并形成审美认知模式，经由对点、线、面、体、材料、色彩、空间等以完全脱离功能的抽象的元素的形式化组合练习，结束于具有良好的形式美感的型（或形）的创新性塑造。由此构建以审美体验为基础的新型的教学模式。在这一过程中，担当审美客体的是完成的构成作品，而审美体验则是由参与这一过程的学生个体审美本质力量所完成的。审美主体的认知模块与审美客体的形式之间建立相匹配关系则是研究难点和重点。综上，造型设计基础课程美感培育就转化为对以下三个问题的探讨：一是作为审美客体的造型具有什么样的形式才是美的，课程教学实践采用形态构成学的方法来形塑造型，对造型元素、形式美法则、构成法展开研究将有利于厘清以上问题。二是审美主体——学生的审美本质力量受哪些要素制约，有哪些方法可以助力学生形成新的审美认知模块。个人审美认知模块产生早于课程，自人出生开始周遭的自然世界及人工物世界都在直接或间接塑造着个人的审美认知模型。但受过音乐训练的指挥家比常人更容易分辨各个音域。因此，对个体审美认知模块的认知和培育也应成为课程的重点。三是审美体验产生于形式与审美认知模块的匹配过程，这一匹配过程能否通过一定的设计流程予以建立。参与课程学生的认知模块是否可以借助课程进行培育，即学生的审美能否通过造型设计课程来达成，成为需要讨论的第三个问题。

基于以上问题分析，构建如图 1 所示的设计基础教育美感培育思考逻辑。当设计基础课程中创建的造型及形式经由学生主体认知，建立起审美认知模块匹配时，主体产生审美愉悦情感，造型为美的造型；不匹配则不生成美感。而学生美感的培育重点在于通过不断的造型活动以完善个人的审美认知模块，即通过不断的感知觉训练，建构美的认知模块，这样有利于唤醒学生在课程中塑造美的造型的能力，从而产生愉悦性审美体验。

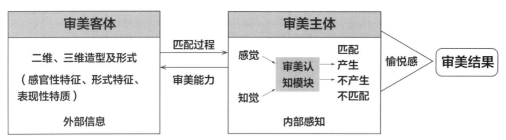

图 1 设计基础教育美感培育的思考逻辑

四、设计基础教育课程美感培育路径建构

建构设计基础教育课程的美感培育路径，实质是在课程教学中引入基于审美认知模块理论的审美教育方法。通过对课程教学方法再设计，使学生循序渐进地通过参与课程教学完成美感培育，唤醒设计审美能力，为后续设计专业学习打好基础。根据前述"审美认知模块"理论，厘清审美主体（参与设计基础教育的学生）和审美客体（设计基础课程中的作品）的特征，以及审美认知模块与事物或形式建立匹配关系的过程，有利于构建美感教育的新路径。

哪些可以作为设计基础课程的审美客体呢？设计基础教育课程一般借助抽象的元素——点、线、面、体块、空间、色彩、材料等，按照造型原理（构成法和形式美法则）进行形态塑造，强调在实做中实现"手"与"脑"的结合，以进行各种造型尝试活动。故学生创造的各种形式造型作品应是设计基础课程的审美客体，也是最终被感知为美的事物。审美客体是否具有一定的特征呢？借由

Broundy 的观点，他认为审美对象自身具有三种特质：感官性特质、形式特质和表现性特质。这里感官性特质指审美客体的颜色、形状和造型等；形式特质指平衡、层次、韵律等；表现特质则是主体能全然知觉的审美对象感官与形式的特质，是感知觉审美所存在的特质，即审美对象内涵所表现的感觉或意义。依据设计基础教育已有的教学体系，可以将审美客体分为造型元素、构成要件、秩序和产品造型四个部分，如图 2 外部信息部分所示。这四个部分与三种特质对应地分成三个层次：第一层次的感官性特质指的是抽象要素点、线、面、体、色彩和组成产品的材料、造型等；第二层次的形式特质则指造型要件，即基本元素的配置关系和形式美的法则；第三个层次则属于物的意义所表现的美感层次的心理反应。

设计基础教育中审美主体应该是具体参与到教学过程中的学生和教师，学生是美感培育的主角，教师是学生审美培育的共同见证者。认知心理学利用感知觉、信息加工理论来揭示人脑对外部事物的认知过程。"感知觉"，从心理学角度指感觉与知觉的并称。感觉是人接触对象的初步认知，发生在瞬间，偏于直觉；知觉则在感觉基础上，有了认识的深化，类似达到"知晓"的程度，可以做出初步的判断。[17] 当审美客体被关注，由感知觉系统编码而产生认知，进而激发情感反应，产生是否具有美感的高层级的判断。而这一判断来自于信息加工的脑神经科学的认知。德国学者克里斯托夫·雷迪斯（Christoph Redies）揭示了视觉艺术作品的审美信息加工过程，提出了审美体验的模型，并依据感知将审美体验分成自下而上的美的感受和自上而下的美的认知两个过程。他认为美的感受是个体普遍能通过感觉器官而建立的，是生物性的；美的认知是基于个人所拥有的文化背景的基础上的 [18]。因此，对设计的感知觉如同音乐的感知一样需要"养成"。设计的感觉依赖于"前经验"，即对设计作品即形式的累积，设计的知觉则来源于设计学科理论知识和个人文化素养的累积。故形成设计的感知觉能力是一个综合的过程。"美感"是对美的对象的感知，由艺术感知觉唤醒，在不断的艺术感知觉提升过程中，才能捕获美感。[17] 感知觉不断提升的过程就是信息不断加工、审美认知模块不断形成的过程，如图 2 所示的内部感知阶段所示。

设计基础教育中主客体的审美认知匹配过程如何呢？一切审美活动都以对事物的感知觉为起点，以形成美感体验为终点。[19] 人类主体具有一种特殊的功能——主体审美认知模块，主体通过内隐认知产生美感，引发美感的感官表象，对象事物就成为美的事物。如果说造型方法及能力的培养是技法层面的，造型结果形式呈现上属于事物的外显层，那么造型外化的美，即主体感受到的美的存在、所产生的愉悦性的审美体验则是蕴含于造型形式之下的能被感知的内化层。由此可见，造型设计基础的审美对象——造型是学生审美能力得以觉醒的诱因，同时审美能力又将设计基础中的造型作为审美对象看待。审美能力的觉醒是一个从审美知觉向审美创造展开的过程。依据设计基础教

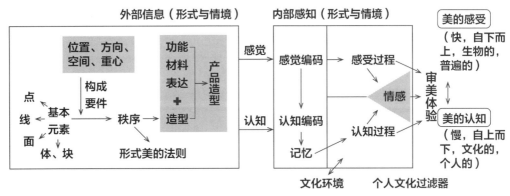

图 2　设计基础教育审美培育路径模型

育中的审美主体、审美客体、审美活动特点分析，构建如图2所示的设计基础教育课程的审美培育路径模型，从而揭开设计基础教育美感培育过程的"黑箱"。

设计基础教育美感培育需要具体实施步骤，如表1所示。第一步：建立学生的审美认知模块，不断提高学生对设计及艺术的感知觉能力。方法是通过对自然物和人工物的观察来累积经验，通过对优秀设计作品的观察、分析、摹写来把握作品中的美感，同时通过小组启发式教学，进行作品的互评交流来提高审美能力。第二步：美学相关理论的课堂讲授，通过已有的设计理论的讲述，引发学生思考美，认知美。第三步：通过课题实做，以审美主体的身份进入到创作的状态，在对基本造型元素的构成配置中，领悟美的形式理论，并借助形式来进一步提升审美感知能力，达到进一步唤醒设计审美能力的目标，从而找到处理事物美感的方法。第四步：评价与反思。通过作品的集体讲评，引导学生从美学理论、美的形式认知、美的逻辑等方面，反思作品，同时对他人的作品作出评价，以此来进一步提升学生的审美能力。经过以上四个步骤循序渐进的教学，设计基础教育中的美感培育能得以实现。

表1　设计基础教育审美培养步骤

步骤	课程目标	教学内容	教学方法
第一阶段	初步建立审美认知	自然物的审视、人工物的评价	启发式案例教学
第二阶段	掌握理论知识	美学原理、构成学、形态学原理	课堂讲授、互动评析
第三阶段	培养形态审美创作能力	课题实践	实践创作
第四阶段	评价及反思	作品讲评	学生自述、教师点评

综上，通过对揭示设计基础教育美感产生路径"黑箱"的窥探，得到了美感培育的基本路径的模型。结合设计基础教育的课程实践，探索了具体实施步骤，从美感培育理论和实践教学两方面完成了设计基础教育美感培育路径的建构。

五、小结

设计基础教育是设计教育的重要组成部分，需要因应设计教育模式的改变而变革。在美学经济的兴起的时代背景下，设计基础教育需要应对设计类学生美感培育的诉求。本研究在对设计基础教育源流和美学相关理论探究的基础上，将认知心理学的感知觉、信息加工理论与审美的认知活动相结合，构建了设计基础教育的美学培育路径，这将为当下设计基础教育的变革提供一定的理论依据。由于研究偏向从理论的视角关注设计基础课程中的审美培育，对设计教学的实践环节触及偏少，在具体课程课题中的实施尚未有案例上的探讨，需要在以后的研究工作中进一步展开。

参考文献

[1] 郭旺学. 有效、创造与感知——伊顿的教学思想在独立学院建筑美术教育中的意义 [J]. 美术大观，2019（7）：150-152.

[2] 张学忠. 设计是一种态度——拉兹洛·莫霍利·纳吉设计教育思想刍议 [J]. 装饰，2009（10）：92-93.

[3] 伊娃-玛利亚·森，韦昊昱. 乌尔姆设计学院：20世纪50至60年代联邦德国工业设计的训练中心[J]. 装饰，2019(7)：52-63.

[4] 刘文良. "三大构成"教学的困境与超越 [J]. 现代教育科学，2012（7）：163-166.

[5] 邱松. 艺术基础教育的坚守与变革 [J]. 装饰，2019（9）：65-67.

[6] 鲁晓波. 新时代下的美育与创新：面向未来的清华大学美术学院 [J]. 装饰，2019（9）：12-17.

[7] 汤军. 设计教育中的教学设计——基于"审美情感"与"技术原理"融合的课程组教学探索 [J]. 艺术教育，2013（3）：150-152.

[8] 高建平."美学"的起源[J].社会科学战线,2008(10):164-177.

[9] 刘悦笛.日常生活审美化与审美日常生活化——试论"生活美学"何以可能[J].哲学研究,2005(1):107-111.

[10] 李志宏,艾乐思.内隐认知:康德美学阐述的实际意图[J].社会科学战线,2020(6):165-175.

[11] 李志宏,李伟.认知神经美学:一个新兴的学派[J].上海文化,2019(4):20-26.

[12] 李清华.感官经验与美感生成——西方美学中的戈尔迪之结[J].理论界,2012(1):142-145.

[13] 刘华.美感的本质规定与审美体验教学的原则[J].教育评论,2007(6):44-46.

[14] 李志宏,卢言.论人类审美本质力量的生命结构——认知神经美学视域下的新阐释[J].江海学刊,2019(5):220-226.

[15] 庞蕾.构成教学研究[D].南京:南京艺术学院,2008.

[16] 顾平."艺术感知觉":被忽略的艺术教育"硬核"[N].中国美术报,2019-12-23(013).

[17] REDIES C. Combining universal beauty and cultural context in a unifying model of visual aesthetic experience[J]. Frontiers in human neuroscience, 2015(9): 218.

[18] 刘兆武,李志宏.认知美学究竟为何物?——答新实践美学[J].河北师范大学学报(哲学社会科学版),2015,38(3):12-17.

[19] 李志宏,艾乐思.内隐认知:康德美学阐述的实际意图[J].社会科学战线,2020(6):165-175.

产品设计专业课程思政教学建设探索

王赛兰　西南民族大学

摘　要

产品设计是与国家制造水平、设计创新能力、国民幸福息息相关的专业，在产品设计专业课程中开展思政教育一方面是将培养学生专业能力与政治思想素质有机结合形成相向而行的教育方法，另一方面也是对产品设计专业从偏重实践能力向重视思想理论能力的提升，对本专业学科建设有重要的意义。本文将以"材料及综合工艺"课程为主，对产品设计专业课程中的思政教学进行实践和探索，对本专业的德育环境建设形成有益的探索。

关键词： 产品设计；课程思政

习近平总书记在全国高校思想政治工作会议中指出：做好高校思想政治工作，要因事而化、因时而进、因势而新。对于在专业课程中开展思政教育，习总书记要求"各类课程都要守好一段渠、种好责任田，使各类课程与思想政治理论课同向同行，形成协同效应"。这也是目前专业课程开展思政教育的指导思想。

课程思政的主导思想一是在专科课程内需要选择适合的课程与思政教育结合，避免将所有课程范思政化，影响专业课程教学，引起学生的反感；二是需要与课程内容高度衔接，避免思政内容的生硬刻板。本文以产品设计专业中重要的基础课程"材料及综合工艺"为例，研究如何将产品设计的专业课程与思想政治教育进行有机结合，以隐性教育的理念和原则为指导，以该课程作为产品设计专业课程中思政教育的重要节点进行实践。选择"材料及综合工艺"课程的原因一是该课程基础性强，在产品设计、工业设计甚至环艺等专业中都有开设；二是该课程既有较强的理论性也有一定的实践性，对于思政环节的开设而言非常合适；三是我校该课程开设在高年级，学生的年龄和认知也适合开展思政教育。基于以上三点原因，选择在本课程中进行课程思政的实践。

一、产品设计和中国设计共同崛起之路

产品设计专业课程的重点一直是注重实践和应用，学生也习惯了专业课理论＋实践的课程模式。能够把专业知识与思想政治建设进行结合是课程思政教学的核心，并且最好能够纳入课程实践体系。根据产品专业的特点选择了理论性较强的课程——"材料及综合工艺"作为课程思政建设的重点课程。选择该课程的原因除了该课程的理论性较强外，还因为课程面对的是高年级学生，该阶段的同学已经经历了大段的大学时光，逐渐有了独立的思考能力和辨别是非的能力，对思政课程的内容可以理解并且产生共鸣。

党的十九大报告中指出"中国特色社会主义进入新时代"，我国社会的主要矛盾已经由 "人民日益增长的物质文化需要同落后的社会生产之间的矛盾"转化为"人民日益增长的美好生活需要和不平衡不充分的发展之间的矛盾"。人民对美好生活的需求不仅仅是物质层面的需求，更是精神文化层面的需求。产品设计专业的建立与发展契合了"人民日益增长的美好生活需要"，从新中国成立开始工业体系的建设，产品设计就伴随中国制造和中国设计从低端制造开始，从模仿到创新，走向尖端产品的研发制造的全过程，是见证中国设计制造从艰难起步到崛起复兴的全过程的学科之一。可以说产品设计专业包含着广大人民对优良产品的向往，对提高生活品质的追求；也见证了我

国从设计弱国向设计强国的转变。

在本学期的"材料及综合工艺"课程中，结合了中国特色社会主义理论及社会主义初期阶段理论，以大量的案例，分阶段向同学们讲解新中国建立以来中国制造经历的艰难历程与光辉成就，结合本课程的重点，特别偏重对材料、工艺方面的案例。例如中国钢材从贫乏到世界领先的历程，也讲解了同学们感兴趣、网络上热议的圆珠笔工艺等例子，与课程内容结合紧密，学生参与度高，符合课程思政与专业结合的重要特点。

二、挑战和机遇并存的未来中国设计

经历了原始积累和初步的设计专业的建设，中国设计逐渐走向了世界舞台。但必须承认，中国设计在发展过程中遇到的挑战和机遇是并存的，压力和动力也是并存的。在 40 年中国制造业的赶超历程中，经历了三个阶段：20 世纪 80 年代以劳动力等生产要素活跃改革开放，促进中国制造业高速发展；90 年代装备现代化生产效率提升，规模化经济开始发展；2000 年以后信息化与工业化融合从底层改变制造业，设计、工艺、管理模式创新带动制造业升级。三个阶段的机遇给予了中国成为制造大国的机会，今天客观看来中国企业还处在工业 2.0 和工业 3.0 的交汇之处，有着成熟的制造业体系，但是距离以电子技术驱动的工业 3.0 尚有距离。中国设计面临的挑战也是前所未有的，很长时间以来由于我们注重制造而忽略设计，使得中国商品不免被打上"山寨"的标签。不得不承认，在设计领域我们一直缺乏创新的精神和动力，"拿来"得太容易让创新变得艰难。所以设计行业未来的从业者，中国未来的产品设计师，必须意识到问题的严重性，设计领域在未来面临的问题或许会更严峻。

从学生时代就强调原创、强调创新、强调版权意识不仅仅是学科专业的要求，也是培养中国未来设计师需要的思想政治要求，是设计行业要求的硬实力。这符合中国的新发展和中国特色社会主义的理论基础，与马克思主义哲学的科学世界观和方法论相吻合。帮助同学们树立正确的思想观念是本课程的核心内容。

三、以中国传统文化为源的产品设计人才培养

习近平总书记说，文化自信是更基础、更广泛、更深厚的自信。中华民族的传统文化是五千多年文明发展中孕育发展出的优秀文化宝藏，是党和人民在长期的斗争中总结和积累的先进文化，是中华民族独特的精神标识，也是中华民族最深层的精神追求。习近平总书记的系列讲话，可以说从根本上正本清源，给予了中国传统文化充分的肯定。习近平总书记说传统文化是中华民族的"根"，是"灵魂"，是"精神命脉"，是"特有的标识"，是五十多个民族的"最大公约数"，是我们的"文化软实力"，这些词都是很有力量、很彻底、很到位的，体现了习总书记对传统文化价值的充分肯定。

虽然在设计的诞生和发展中，西方文化都占据着主导地位，但中国传统文化是设计学科重要的文化基石，也是课程思政内容体系中重要的内容之一。在中国传统文化中虽然没有"设计"一词，但崇尚自然和谐的儒道思想和文人气息对于产品设计具有指导作用。中国传统文化也包括中国的传统节庆、各少数民族的文化传统。迈向"中国设计"的道路是艰难的，离开中国传统文化的积淀，我们的设计也难以在群雄环伺的国际舞台中得到突破，获得认可。中国传统文化在产品设计课程中的体现，一方面是培养学生热爱专业、愿为之投身并贡献力量的家国情怀；另一方面也是提供给学生这一取之不尽用之不竭的设计灵感宝库，成为未来设计生涯中最好的资源。

通过对传统文化的学习，培养学生对中国核心文化价值的高度认同，并促使其朝着积极、正面、良性的方向发展。课程思政教育的根本目的不是对学生进行生硬的说教，而是使学生认识热爱本专业，激发学生投身于行业，并为之奋斗终生的热情。所以在学校里就需要为学生建立专业自豪感，

让学生感受到行业的"价值共同体"观念。高校作为教育的主体，引导学生热爱中国传统文化，提倡家国情怀，立志成为行业中振兴与发展的主要力量，是高校教育中不可缺失的一环。

四、"材料及综合工艺"课程思政教学设计

1. 教学设计基本环节

1）以专业为本建立思政学习的需求

课程依托国家精品在线开放课程和自制的微课，以及优秀的纪录片和纪实电影，引导学生进行自主学习。通过大量展现社会主义核心价值观和传统文化的优秀产品设计案例的赏析，激发学生的爱国情怀、文化自信和专业自信。

2）课程思政学习目标的确定

课程思政在进行课堂教学之前也需要进行充分的学习目标分析，对制定教学策略和后面的教学评价都是重要的依据。"材料及综合工艺"课程思政的教学目标为：在工业4.0和中国智造的背景下，以全球化视野重点研究产品的造型材料与成型工艺，了解新中国工艺和材料发展的历史，培养学生文化自信、人文情怀和工匠精神。具体而言要达到以下四方面效果：

（1）让学生对中华人民共和国成立后70年中我国在制造和设计领域取得的成果有更进一步的认识，增进学生对新中国历史成就的了解，树立学生的文化自信和专业自信。

（2）了解世界大国在制造和设计中的竞争状况，承认我们面临的挑战和压力，激发学生以设计自强、以设计发展的思想理念。

（3）以中国传统工艺和材料与现代设计的结合，促进学生对传统文化的了解，树立他们以现代设计的视野，审视中国传统工艺材料传承的观念，形成以设计促传承的良性发展。

（4）从产品设计的专业角度了解材料的特性和分类，了解材料选用的基本原则和新材料及材料加工工艺方法。

3）课程思政教学过程管理

根据课程思政的特点，其教学过程的管理和普通专业课程既有相同之处也有区别。普通专业课在教学过程中主要强调的是调动学生学习的积极性，积极投入到教学过程中，达到充分学习的目的。课程思政除了相同的关注点以外，还需要格外注重学生的反馈，从学生的问答、讨论，甚至表情理解他们的内心反馈，从而对教学内容进行适时调整。

2. "材料及综合工艺"课程思政教学设计

根据本课程的课程内容和教学目标，结合课程思政的要求，计划将三个方面的教学内容重点融入教学中，达成专业知识结合思想政治教育的目标。下面将从教学内容、教学方法和课时安排上对这三个方面的思政内容进行具体的阐述。

1）第一部分

教学内容：中华人民共和国成立70年来，从"中国制造"到"中国智造"。对于产品设计专业的学生，除了学习专业领域的知识以外，了解中国制造从低端的世界工厂一步步走向工业4.0级别的制造业强国的艰难历程，是同学们树立专业信心、了解改革开放70年历史的重要窗口。从产品材料和工艺的角度，讲授中国如何从材料的匮乏走向繁荣，从几乎没有现代工艺到成为全世界生产链最完整的国家。

教学方法：讲授。

课时安排：4课时。

结合生动的设计案例，以图片、文字、视频的形式向学生展示改革开放 40 年中，我国在设计和制造业中取得的辉煌成就。树立同学们的制度自信、专业自信和文化自信。从与专业结合的角度，坚定同学们的理想信念教育，培育和践行社会主义核心价值观。

2）第二部分

教学内容：大国制造中的机遇与挑战。世界制造大国的发展状况，包括美国、德国、日本，在其工业制造、新材料和新工艺方面的突出进展，中国的发展和差距。设计如何在制造业中发挥自己的作用，如何与工业化形成相互的助力，为我国在这场制造业竞争中发挥更大的动能。

教学方法：调研和讨论。

课时安排：4 课时。

让学生分组进行材料的收集整理，并讲解世界制造和设计强国在材料、工艺和设计上的发展和领先状况。然后进行讨论：在材料和工艺上我们的差距在哪里？有哪些好的经验值得我们借鉴？如何直面挑战，从设计的角度实现弯道超车？

3）第三部分

教学内容：中国传统材料工艺与现代设计。中国从来不缺乏好的材料和传统的工匠精神，但是传统材料和工艺在现代化的工业生产中遇到的问题也是显而易见的，如何以现代设计结合中国传统材料工艺，在传承发扬中国传统文化的同时，创造更好的产品，是同学们和设计师需要共同思考和学习的问题。

教学方法：课程设计。

课时安排：8 课时。

让学生了解并重点研究一项中国的传统工艺和材料，以此为出发点进行本课程的课程设计。从实践和设计入手，重新认识中国的传统工匠精神，对传统材料工艺的创新设计进行实践。

3. "材料及综合工艺"课程教学实施过程与考核评价

在专业课程实践中已经积累了大量线上与线下教学结合的经验，所以本课程也采用了互联网慕课教学与传统课堂教学课程相结合的混合式教学模式，利用目前先进的教学云平台实现线上和线下的衔接。教学实施的过程分为课程需求、目标确定和过程管理三个阶段。同时借助国家精品课平台、超星、腾讯会议、ZOOM 等信息化手段，在教学实施过程中，将线上内容与线下内容进行有机结合。课前学生通过超星平台对本次课程的内容进行提前预习和准备，完成课前学习任务；课中知识内化根据"欣赏—教学—创新—评价"一体化的实施过程，从案例导入入手，以线上配合线下，提倡设计创新和成果交流；在课后巩固环节中，主要采取以赛促学和校企深度合作项目实战对学生的能力进行可持续提升，在培养学生专业能力的同时，提升学生的设计创新、团队意识和不断打磨的工匠精神。在课堂教学的同时，将设计行业提倡的价值观念、行为准则和道德规范体现在教学过程中，形成环环相扣、从理论到实践再到思政相向而行的特色专业教学模式。在课程评价体系中采用了更加多元化的评价方式，将对学生的思政评价提升到与专业能力评价同等的高度。专业能力考核包括知识的掌握情况、基本操作以及综合技能等；思政评价考核包括学生的政治思想意识、职业道德和创新观念三部分。

在本次"材料及综合工艺"专业课程思政实践中，通过不断探索，将专业能力考核比例定为70%，将思政评价比例定为 30%。为了保证全面公正地对学生的思政情况进行评价，将其分为过程性评价和结论性评价两部分。

过程评价：通过学生自评、互评与教师考评，对学生在本次课程中的"思想品德、能力、参与度"等方面进行考核。着重评价学生在专业能力之外，能否有正确的价值观、人生观和世界观，是否具备了良好的职业道德。

结论性评价：引入企业理念，邀请行业专家对课程的全过程进行评价，以企业点评、老师复评的方式对课程设计进行考核。评价的核心除了注重专业性外，更注重过程中学生的"道德品质、职业精神、协作观念、奉献精神"等软性指标。

五、结语

"材料及综合工艺"是"课程思政"背景下对产品设计类课程重要的教学改革实践。为设计类课程的思政体系提供了很好的实践案例，取得了良好的教学育人效果，为产品设计和其他设计专业课程进行课程思政进行了良好的探索。目前，课程思政教学的成效主要体现在以下三个方面：

第一，课程思政是产品设计专业教学中不可缺少的一个部分，特别是在目前特殊的历史背景和国际环境下，教育学生懂得居安思危，立足传统文化，弘扬中国设计，是我们设计基础教育不能缺少的环节。

第二，通过课程思政，解决了传统设计教学中重能力轻思想的问题。使学生重视职业发展和行业道德，在培养学生专业能力的同时，也提高了学生的职业责任感，提升了人才对企业岗位的适应能力。

第三，提高了教师的思想政治水平和使命感。从课程思政的申报、建设开始，教师在本次课程思政过程中再一次提升了自己的专业水平和政治思想觉悟，是教师队伍的一次很好的锻炼和提高。

思政课程的建立给了我们完善补充教学中缺失的道德品质培养的机会。构建全程、全员、全课程育人体系，在专业课中保证思想政治理论课同向同行，共同形成协同效应。根据产品设计专业教学的特点，抓住中国设计、未来挑战和传统文化这几个重点，能够实现思政与专业课程的融合，在达到预期的教育效果的同时，也能够培养出更多的思想性人才，在未来创造出更具深度的设计作品。

参考文献

[1] 秦凤. "课程思政"背景下职教环艺专业课程教学改革与实践 [J]. 中国多媒体与网络教学学报（中旬刊），2020（4）：191-193.

[2] 麦秀好. 人、物、事三位一体的工业设计史探究式教学研究 [J]. 装饰，2018（8）：136-137.

[3] 郭淑颖. 工业设计专业产品设计课程思政教学研究 [J]. 吉林工程技术师范学院学报，2019，35（6）：47-49.

[4] 陈思. 浅析课程思政在工业设计教学的融合策略分析 [J]. 科技风，2019（9）：40.

[5] 方敏. 工业设计史课程翻转课堂教学模式的实践与反思 [J]. 戏剧之家，2018（2）：122-123.

[6] 邱开金. 从思政课程到课程思政，路该怎样走 [N]. 中国教育报，2017-03-21.

[7] 冯德勇，徐云峰. 国家示范高职院校思想政治课全程互动式教学模式研究 [J]. 四川职业技术学院学报，2013（4）：153-156.

疫情日常下居家防疫主题设计教学探索与研究

丁诗瑶　广东工业大学
阎　评　深圳大学

摘　要

以疫情防控介入日常生活为教学前提，结合艺术设计专业的基础课程改革面临着从重技巧到重思维、从重知识到重转化的变革，本文以综合设计基础二的课程教学为例，通过疫情期间教学媒介的变化，对课程目标建构、课程教学内容与要求等有新的设置，探讨高等院校综合设计基础教学模式新动向。从问题确立、设计调查、设计表达三个阶段入手，分别从六个方面推进课程实践，即对日常生活空间基本问题的观察、防疫期间生活空间下的问题确立、问卷调查、问卷修正、科普视频与推文、公众号的推广等。实现体察社会、知识转化与价值诠释能力的培养，关注居家防疫并作为选题，反思从观察到创新的设计基础能力的培养模式。

关键词： 疫情防控；设计教学；知识转化

引言

疫情的爆发让日常生活模式发生改变，疫情之下课程的教学内容相应调整，综合设计基础二确立了以防疫为日常模式的设计情境，分别为保持社交距离、家庭休闲娱乐空间、家庭公共空间消毒研究等。体察社会即从居家空间到生活方式的转向，意味着课程对于问题视域的关注，问题视域在课程目标中来说偏重现有生活情境的诠释和解答。课程所指的问题着眼于社会问题和社会现象的普遍意义，在疫情打破日常秩序后，人们对于居家生活的态度和现状是亟须关注的。在异于日常的生活常态中，大众对于日常的反复循环模式有着新的解释。

知识转化则是从诸多生活经验中提取行为模型，在诸多习惯中划分体验类型。从日常生活中来说，便是大众对日常生活及行为方式的体验，"就德塞尔托而言，转向日常文化的研究并不是去发现有待阐释、评估和颂扬的新的文化文本，相反，它是一种尝试，尝试着把研究聚焦于人们的行为方式，他们'从事'日常生活'实践'的方式。在德塞尔托看来，日常生活的大众文化表明了'使用占主导地位的经济秩序所强加给它的各种产品的方式'。"[1]从大众流行文化出发，服务于流行文化下的日常生活。

价值诠释指知识经验被转化为产生应用价值的表达形式，此处的价值为可以被传播的、有持续生产力的体系。价值被表达形式所诠释，从而走进日常生活并被使用。疫情一定程度上改变了大众的日常生活实践方式，课程的目标便是从日常生活状态中抽取被疫情改变的生活方式，如对于个人卫生、居家环境清洁、人员社交管理的考察等。判定一个问题是否对后疫情时代的日常生活起到推动价值表现在对个体健康的维护、健康及环境的监测设计等。占有主导地位的固化生活模式无疑带有疫情生活常态的烙印，反复提示人类反思自身。

一、居家生活空间下的疫情防控设计教学内容

综合设计基础二是广东工业大学艺术与设计学院开设的大类平台课程，课程开设在大学一年级的艺术设计专业下，学生在分专业方向之前通过此课程可以培养观察社会、知识转化和价值诠释的综合能力。立足于疫情来袭的日常生活空间，受限于社会考察的问题也得以解决。由于疫情对人们身体健康和生活习惯带来的冲击，课程选题便围绕居家生活环境下的防疫设计展开实施。防范疫情是非日常状态下的社会现象，由于课程选题的改变，对于日用空间下的日常行为以及日用产品提出

了更多要求。就疫情期间主要生活工作区域的使用情况，由此引发的家庭成员公用空间、同一空间的多功能划分等问题，学生对疫情期间居家空间的使用现状和问题描述集中于卧室、厨房、客厅等。由于居家时间增加，滞留于家中的人数增加，厕所的使用时间和频率有所上升，客厅也是居家健身娱乐的区域，进门时的玄关是隔离病毒的重要区域，由于囤积日用品增多，对于储物空间的需求也增大了。不同居家空间使用的时间分配问题也是疫情之下的新课题。

在教学的第一阶段中，体察生活是课程培养的重心，此处又指受疫情影响的人的行为方式。由此过渡至第二教学阶段，由现象转为对生活习惯、人的实践活动的研究。以第三方的客观视野体察社会，从当事人的身份中抽离出来，变为客观的记述者。课程设置设计考察作为第二阶段的教学内容，让学生掌握科学的社会调查方法，由线上问卷为主辅助线下访谈等方式，将研究对象的使用状况、消费潜力、价值预判等列入研究范畴。第三阶段即设计表达，指运用设计思维和设计考察方法将问题解决方案表现出来，以产品、视频或文字的形式进行表达。三大教学阶段是从现状到行为，直至预期价值诠释的过程，如图 1 所示。

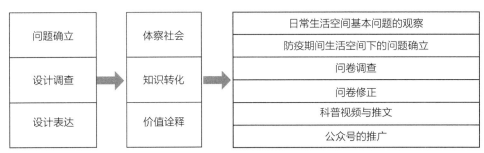

图 1　课程目标及实施内容

二、课程目标建构

1. 思维建构：居家生活空间调研为开端，结合疫情防控的日常情境

课程的目标为着力塑造去学科边界的观察能力，以思维方式为先导，自主发现社会问题，尤其是民生问题。落脚于日常生活，生活的经历者也是体验者，从哲学解释中找寻依据。在日常情境中问题意识尚待培养。

1）哲学解释

课程以观看、观察为起始，在理论学习阶段对相关词汇展开讲解。观看与"看见"要加以区别，看见侧重于结果，尚未加工的现象被看到；观看则具有品鉴、注意到之意。"人们常常把注意比喻作一次闪光。被注意者在特定意义上存于某种光亮度的光的折射面中；但它也可退入昏暗区域和完全昏暗区域。这些光照度使它的显现方式变样了，当目光指向意向对象客体时即可发现和描述它们。"[2] 那些被发现并且被描述出来的对象便是注意、观看过的，现象经由人们主动描述和解释之后是观看的特质。

以观看作为课程开端的意义在于体会意向的价值，意向意味着体验的生发，观看具有筛选的属性。疫情的防控是目前日常生活中的观看视角，受疫情触动生成的日常生活问题成为课程训练的要点。

2）日常情境与问题确立

从学生对疫情期间居家生活空间现状及问题的反馈来看，皆能以观看为视角发现居家生活的空间使用现状。在长期居家防疫的过程中，空间狭小、缺少独立空间、家庭成员共用客厅时的问题凸显出来。卫生间和厨房的卫生状况尤为突出，杂物堆放与食物储存造成生活空间的不足，潜藏着安全隐患以及共进餐食时的卫生问题等。

对居家生活区域的日常生活问题加以归纳，对不同功能区域提及的问题进行汇总，从中整合出课程的选题方向。疫情之下的日常改变了人们的习惯，在长期滞留于居家空间后，空间对日常造成的障碍尤为明显。加之疫情对于生活空间的卫生条件等要求提高，本次课程要确立疫情时期乃至后疫情时代的日常情境生活空间生活问题，生活空间不仅是物理空间的合理规划，更多是生活空间下的人与物的关系问题。

2. 逻辑推演：从设计问题到设计考察

课程在指引学生确立设计问题之后，便是设计考察阶段。设计考察依据社会学的定量与定性研究方法等，对家庭成员和疫情之下长期居家生活的人群展开调研。从问题的收集到分析，学生需从中发现隐含于生活长流中的潜在设计问题，作为经历者也是设计问题的解决者，在设计考察之中进一步确立设计问题的可行性和解决方案，形成教学环节之间的有效连贯。

1）从感性经验到日常生活逻辑

课程注重培养学生的感性知觉，遵循认识过程的规律，感性经验和知识的培养在教学中亟须重新重视。无论是设计问题的确立还是设计考察的执行，以符合生活经验的设计为准绳，学生的思维训练也依附于此。从感性经验到日常生活逻辑的过渡是提炼设计话语逻辑的阶段，在纷繁的日常现象中采撷逻辑轨迹的生成。关照日常生活之固化逻辑，也关怀疫情之下的日常生活逻辑。并对二者之差别做深度思考，疫情作为外界力量对于日常生活方式乃至疫情之后的生活方式的重塑是课程主动参与社会生活的切入点。

2）意向形成与意向给与

日常生活逻辑是对于规律的认知，而意向形成则是设计赋予生活的判断和意味。课程试图建立学生自主判断意向形成与意向给与的能力，意向意味着行动之前的思考方向，在现象学中意向已然是核心概念。意向的逻辑考量影响着课程在设计表达阶段的呈现，经过逻辑思维的训练，从思考到实践皆由此开启。"我们把意向性理解作一个体验的特性，即'作为对某物的意识'。我们首先在明确的我思中遇到这个令人惊异的特性，一切理性理论的和形而上学的谜团都归因于此特性：一个知觉是对某物的，比如说对一个物体的知觉；一个判断是对某事态的判断；一个评价是对某一价值事态的评价；一个愿望是对某一愿望事态的愿望，如此等等。"[3]

意向给与是在知觉、判断和评价之上的价值赋能，当学生对于问题有着周全的掌握之后，设计行动也着力解决意向给与的实现方式。将意向概念转换为社会实践，要求学生关怀设计的社会价值诠释功能。

3. 价值回归：从设计考察到设计表达

价值回归是为社会问题提出解决方案，将个体解决方案拓宽至普适层面。设计考察关照民生之需，从大众面临的防疫需求出发，设计表达也是人文关怀的过程。设计表达一方面要求学生运用设计语言讲述故事；另一方面，则是关照设计表达的语意环境，将价值落脚于人为环境。从设计表达的呈现方式到社会影响力的估量，将综合设计基础课程的社会影响力作为课题研究的核心问题。从工作室的创想到可批量生产的流水线，在落地的过程中如何实现软着陆，让价值回归到日常之中，大学的设计教学对此话题的思考由来已久。

1）设计表达与社会问题诠释

设计价值的实践活动是综合设计观察、设计考察和设计表达能力的教学活动，设计表达的层面不仅是表现结论，设计表达作为课程的第三大模块，其价值在于整合资源的能力及诠释问题的能力。社会问题可作为事实陈述，也召唤着对于社会问题的诠释，诠释能力的培养意味着从不同文化语境中读取识别，并立足诠释者自身的现有经验实施解读。

诠释也是设计的过程，诠释活动的外延应在设计学科下得到拓宽。诠释行为和能力不可避免地接触新知识和方法，课程在于培养学生从未知世界向已知世界的诠释和衔接能力。胡塞尔指出："现象学不只要发展一种获得符合新型事物的新型知识的方法，还要为该方法的意义和有效性产生最完善的明晰性，从而可以使其面对任何一种严肃的质疑。"[4]

2）价值共享

从课程的设置来讲，选题来源是日常生活的真实之需，课程也将服务于社会问题的解决和建设。课程从思维范畴到实践范畴皆意欲解决社会问题，并实现价值推广。在价值范畴中，设计行为如何参与并体现价值？作为综合设计课程的教学实践，设计的社会价值及其共享是解构问题与重构价值的历程。

价值共享即建立课程与社会生活的价值联动，价值的构建不仅是盈利行为，更是发动民众持续关注问题的设计行为。价值在日常生活中的呈现可被付诸于设计考察与设计表达，价值的共享即建立于价值判断之上的经验共享，从个体的经验到集体的经验，经验的推广也是价值的共享。

三、教学模式的探讨与课程实施

1. 以体察社会为先导，建构问题视域下的课程目标

研究包括理论反思与实践应用，从日常生活的哲学研究为开端，追溯大众文化的理论踪迹，对社会体察的哲学解释通常从大众文化、生活方式等方面得以诠释，文化理论对于熟知的境遇、异化、模式等先后有所澄清。对于大众生活、大众文化的理论研究是列斐伏尔的主要理论阵地，"在情境主义者看来，正如在列斐伏尔看来，当代资本主义的城市日常的基本特征是大众文化形式（诸如电视和广播）已经无孔不入，俯仰之间尽是，它们渗透到所有的角落，成为覆盖在日常生活的不连续性之上并将之遮掩的行动。"[5]生活被大众文化形式浸染之后，疫情作为被置入的情境，唤醒了新的研究方向。原本已被解决的居家生活空间问题又被提及，人们的居住行为被扩大，课程的思路也顺应了这一情境的设定。

课程目标的设定与新生活情境相关，正如哲学家对于大众文化的观看一样，"从商品的迷梦中唤醒的启示"揭示了研究者暂时从繁华的消费图景中抽离出来，重新思考当下的社会。疫情营造了新的情境，大众文化也随之变革，人们受限于一定空间，它与日常生活具有不连续性，特异的文化空间、消费空间下，人在维持日常之需时还要面对挑战。正是社会生活的微妙变化造就了新的未来语境，疫情之下的居家生活成为历史的片段或扭转的机关，体察便是在大众生活中发现细微而酝酿转机的能力。

课程宗旨在于从现象描述到问题确立，觉察是开始设计探究的开端，体察强化学生的个体感知能力。"这些方法论上的冲突和变幻莫测，使得为自然空间与社会科学的结合提供指导方针变成一件困难之事。而且，其他的思维模式，诸如艺术、神话和巫术、儿童视角等，也都赋予了空间以不同的含义。这样一个事实就会影响空间的社会科学含义，因为社会科学的目标之一就是研究人们'看'世界的方式。"[6]我们对于现状的熟悉程度弱化了个体的自主感知，对社会现象的解释与诠释的专业能力与素养，从学生对疫情期间居家环境的调查来看，关注客厅与厨房空间比例较高。在

第一阶段中，学生对居家环境下的日常操作困难等——列举，也是教学的基础。课程的设置以建构问题为主旨，而问题的价值判定在于学生能否独立考量问题并解决问题。

2. 以知识转化为核心，关注日常生活逻辑下的问题考察

知识转化是指从诠释理解到日常生活逻辑的转化，感性体验是诠释的第一步，人们对于日常生活的体验是与最初的感觉内容关联的。"某些'感性'的体验属于第一类，它们在最高属上是统一的，如颜色感觉材料、触觉材料和声音材料这类'感觉内容'，我们将不再把它们与物的显现因素混同，如颜色性、粗糙性等，它们借助于那些'内容''呈现于'体验中。"[5] 课程的内容设置便以此作为知识转化训练的前提，居家环境下的生活体验是被隐藏于漫长的日常生活之中的，我们的感性体验作为"原料"，经过课程的训练期望将体察的经验进行展开。

意向形成和意义给与是知识转化的第二步，意向形成是指课程从生活经验上升到知识还原，碎片化的现象无法组建为新的知识，包罗生活经验、知觉判断等。意向形成是主观之思与客观判断的综合，意向形成并建立在关注之上，胡塞尔这样认为："事实上，关于质素和形态的这些概念将直接自动地在我们面前呈现，如果我们向自己再现任何明晰的直观或明晰实现的评价、欢喜行为、意愿等等的话。直观的体验通过意义给与行为（在极广的意义上）而成为统一体。感性材料呈现为属于不同层级的意向形成或意义给与的质料，呈现为简单形成物和有特殊根基的形成物的质料。"[5] 日常生活逻辑是顺应日用物品的使用情境，从感性材料到逻辑判断是从现象丛中提取意义线索，从现象导入行为。

表1是课程中小组选题的不同阶段的变化，从中反映出学生对选题对象的意向形成过程，各小组关注疫情对于居家环境和生活习惯的打破，并且重建适于疫情情境的防疫设计思考。以C组为例，从疫情之下的消费方式及心理研究为开端，消费理念以及消费方式有着革新，对卫生、健康、生活质量尤为关注，这些理念亟须贯穿于生活之中。面对堂食在疫情期间产生的感染风险，催生着新的配送方式即无接触配送，经过调查，人们对无接触配送依然存在顾虑，主要是对消毒问题的担忧。在选题的过程中也是意义给与，即给与原有生活情境以新的注意焦点，以促使无接触配送的设计得到重视。

3. 以设计表达为媒介，重新诠释社会问题与价值

设计表达阶段要求在重建的日常生活秩序中解决社会现象之下的问题，第二阶段的教学从几次

表 1 选题对象确定步骤

组别	第一次问卷	第二次问卷	第三次问卷
A 组	疫情期间居家环境中存在的问题	疫情缓解后居家环境中会客空间使用情况	疫情期间进门消毒区域器材设计
B 组	疫情期间防护用品研究	口罩使用情况	如何科学地使用口罩
C 组	疫情之下消费方式研究	无接触配送	无接触配送流程设计
D 组	居家娱乐活动空间噪声干扰问题研究	隔音棉设计	隔音棉设计

问卷调查中探究了选题对象的范畴和待解决的问题，"我们更关心的不是与表达有关，而是与被其表达的和被表达前应把握的本质和本质关联体有关的方法论思考。"[7] 确实如此，表达的要义是对于本质的思考，借助设计表达的方式将设计思考转化为具有推广价值和研究意义的成果，从而触动新的设计考量和方法论的建立。

依据设计考察的资料，诠释个体居家生活的日常问题，并拓展至普遍意义的世界中，形成价值普适效应。"'诠释学'的工作就总是这样从一个世界到另一个世界的转换，从神的世界转换到人的世界，从一个陌生的语言世界转换到另一个自己的语言世界。"[8] 诠释是转换，是熟知与未知之间的转换。课程培养学生从自身知识经验出发，走向大众日常需求，并服务于社会。图2为从选题调研到设计表达的过程中，针对疫情期间居家防疫生活中面临的几个问题，并且由选题衍生出的解决方案和表达手段。

图3为设计表达的一个案例，以口罩科普知识 APP 为表达途径，借助科普动画和手机客户端的应用诠释价值。以科普宣传的形式让大众获取防疫知识，运用 APP 的推广试图解决科学使用口罩和购买口罩的问题。在防疫物资缺乏和防疫知识不普及的阶段，设计表达将设计考察中发现的问题借助设计加以解决。从设计制作、模拟用户使用流程、传播科普知识等逐一表达，从知识输出走向知识转化，培养诠释社会问题以及表达设计价值的能力。

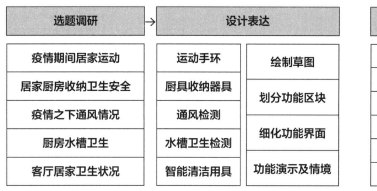

图2 选题调研到设计表达思维图　　　　图3 模拟客户使用分解图

四、结语

"综合设计基础二"立足居家防疫的社会背景，在线上展开教学活动，课程的建构包括思维建构、逻辑推演及价值回归，设计教学从体察社会、知识转化与价值诠释三个阶段开展，教学实践也是设计介入日常生活的方式探究。居家环境是教学的研究对象，生活空间承载了体察社会、知识转化与价值诠释的课程要求。三个阶段的设置主要对应着学习能力的培养和教学目的的达成：

（1）体察社会即以观察为基础的问题确立阶段，学生确立问题的能力被强化，建立认知问题的思维习惯，具备自主观察和识别社会问题的学习能力。

（2）知识转化即从社会常识问题之中收集数据、分析趋势的能力，即常识到知识的重构过程，知识转化是培养阶段的中间枢纽环节，它是价值诠释的铺垫和依据。

（3）价值诠释对应设计表达的学习能力，从知识的输出到价值的诠释意味着对学生设计实施能力的培养。从感性经验到理性推断，直至诠释设计问题的价值，设计的表达成果也是社会价值实现的过程，并有助于相关社会问题的解决。

参考文献

[1] 海默尔. 日常生活与文化理论导论 [M]. 北京：商务印书馆，2008：244.

[2] 胡塞尔. 纯粹现象学通论 [M]. 北京：商务印书馆，2018：270.

[3] 同 [2]：243.

[4] 同 [2]：189.

[5] 同 [2]：247.

[6] 萨克. 社会思想中的空间观：一种地理学的视角 [M]. 北京：北京师范大学出版社，2013.

[7] 同 [2]：193.

[8] 伽达默尔. 诠释学 II：真理与方法 [M]. 北京：商务印书馆，2019：115.

关于高校计算机专业多媒体课程课堂教学改革的探索

江海燕 吴懿慧 张德香 侯燕 齐鲁师范学院

摘 要

随着互联网相关技术、研究和应用的持续发展，文本、图像、声音、视频、动画等媒体信息无处不在，关于多媒体课程的学习显得愈发重要，对高校多媒体课程课堂教学改革的探索也引起更广泛的关注、思考和创新。笔者对所在高校计算机专业多媒体课程的课堂教学进行了探索和革新，应用了 CDIO 工程教育、鉴赏讨论等教学方法，在不同的教学方法中适度融入了中国优秀传统文化的内容，进一步提升了文化自信，同时为多媒体课程的教学改革提供了积极思路和有效方案。最后展望了高校计算机专业多媒体课程课堂教学改革的发展趋势。

关键词：多媒体；教学方法；教学内容；改革；中国传统文化

一、问题的提出

高校计算机专业多媒体课程通过多媒体相关概念、基本理论知识及多媒体技术等的教学，加强学生的多媒体鉴赏能力、设计能力，培养学生的创造性思维能力，进而为学生适应时代发展和未来就业铺路。目前社会的发展处于一个"人人都是媒体人"的互联网时代，伴随着互联网相关技术、研究和应用的持续发展，出现了微博、微信、抖音、快手等诸多网络平台。依托于网络平台，海量的信息以文本、图像、图形、音视频、动画等多媒体的形式呈现，从而对多媒体技术的应用需求和设计需求也与日俱增。

如何更好地发挥高校多媒体课程的优势，提高课堂教学效果，对多媒体课程进行改革探究，在国内外已经引起了广泛的关注。英国帝国理工大学已经把多媒体课程细化为计算机游戏特效、交互等课程[1]，从课堂教学内容的角度对该课程进行了细化。在国内，几乎所有高校都开设了多媒体课程。关于高校多媒体课程改革的方案较多。中国传媒大学的郭建璞等根据九校联盟计算机基础课程研讨会上达成的共识，提出了在多媒体课堂教学中贯彻对学生计算思维（computational thinking）能力的培养，以提高学生的应用实践能力和创新能力。计算思维即运用计算机科学的基础概念进行问题求解、系统设计及人类行为理解等涵盖计算机科学广度的一系列思维活动。[2] 泰山职业技术学院的辛显雪等提出从"学科为中心"到"能力为中心"的多媒体课程教学模式转变，侧重学生能力的提高和完善。[3] 喀什师范学院的凯比努尔·赛地艾合买提等提出高校中多媒体类课程的设置具有一定的必要性，要想设置好这类课程，最重要的是对这种课程的教学规律进行分析与研究。[4] 山东信息职业技术学院的王丽丽等提出在多媒体课程体系建设中采用"工作室制"培养模式，将艺术与技术相结合，提高学生的创造能力[5]，更新了传统的课堂教学模式。平顶山学院的王伟提出运用理论实践一体化教学，充分培养学生的软件操作技能、软件应用能力和职业竞争力。[6] 南京航空航天大学的王姝懿提出将 OBE 教育模式引入高校多媒体技术课程的教学，有效改进了教学质量和教学效果。[7] 总之，诸多科研成果都为高校计算机专业多媒体课程的课堂教学改革提供了参考和借鉴。《国家"十二五"时期文化改革发展规划纲要》中指出要"发展壮大传统文化产业，加快发展文化创意、数字出版、移动多媒体、动漫游戏等新兴文化产业"。在国家发展壮大文化创意产业的背景下，多媒体产业有望成为国民经济的重要支柱产业。多媒体课程的重要性也可见一斑。针对高校计算机专业多媒体课程的改革必须更加紧跟时代发展和国家规划纲要，与时俱进。

课堂教学是高等教育教学的重要环节，如何根据课程特点展开高校课堂教学成为衡量高等教育教学效果的重要体现。在此背景下，笔者在参考国内外相关教学科研案例的前提下，根据计算机专业多媒体课程的特点和实际课堂教学经验，对高校计算机专业多媒体课程的课堂教学进行了研究和探索，提出了具体有一定改革和创新精神的方案。

二、高校计算机专业多媒体课程的特点

高校计算机专业多媒体课程自身的主要课程特点决定了对其进行课堂教学改革的可能性和必要性。

（1）课程涉及的专业理论知识面广，知识点多。主要涵盖了关于多媒体的基本概念（媒体、多媒体、数字媒体、新媒体等）、基本理论（文本、图形图像、音频、视频、动画、交互、增强现实、虚拟现实等）。在课堂教学中需要落实核心和前沿知识点。

（2）课程涉及的技术杂，更新速度快，变化大。主要是针对文本、图形图像、音频、视频、动画等的技术处理软件的相关学习、掌握和应用。而这些软件本身更新换代比较快，且新的软件不断涌现。在进行课堂教学时需要进行有代表性的选择。

（3）课程教学内容理论性和实践性都很强，更侧重学以致用。没有理论基础，只做实践，很难有创造性突破的设计；只有理论没有实践，则纸上谈兵，教学效果差。在课堂教学中做到学用并重，并突出学以致用显得尤为重要。

（4）课程内容体系性强。尽管多媒体课程需要落实的点很多很烦琐，但是终归是围绕着"媒体"两个字服务，体系性很强。课程体现了整体统一和局部特点突出的特色。在课堂教学中如何有效体现统一性和系统性成为提升课堂教学效果的一个挑战与机遇。

针对高校计算机专业多媒体课程的主要特点，依托发展文化创意产业的大背景，根据本校的办学特色和生源情况有效展开多媒体课程课堂教学改革很有意义。具体的改革方案如下所述。

三、关于高校计算机专业多媒体课程课堂教学改革的探索

课堂教学活动是教师教和学生学的双向活动，是一个讲授、演示、分析、讨论、观察、实验、练习、分享、交流、完善等综合动作的过程。在课堂教学活动中，教师起主导作用，学生是认知活动的主体。课堂教学从注重教学生知识向注重教学生学会学习转变，在知识传授的同时更加重视能力培养与素质提高，注重提高学生学习的积极性，激发学生的求知欲。[8]鲁迅先生曾说过："没有兴趣的学习，无疑是一种苦役。没有兴趣的地方，就没有智慧和灵感。"而课堂教学就是在课堂教学活动中，为完成课堂教学目标、任务，实施教学内容，采取的一定的教学方法和形式。并且，人的一个特点是"有意识的"，文化的交流合作促进了可持续产业的稳定，而改善大众的认知状态更可以潜移默化地产生影响，逐渐覆盖掉丰裕社会时根深蒂固的消费至上观念。[9]课堂教学内容的进一步完善也是高校计算机专业多媒体课程教学改革关注的重点之一。

由上可知，计算机专业多媒体课程课堂教学的改革以激发学生兴趣为出发点，清晰完善主体教学内容，选择和设计合理合适的教学方法，在不同的教学方法中适度融入中国优秀传统文化的内容，以中国优秀传统文化作为部分多媒体设计创作的源头，在课堂教学中进一步加深学生对中国优秀传统文化的交流、理解等。通过有组织、有步骤地展开课堂教学活动，达到完善学生的专业能力、职业素养、文化自信和意识认知等不同层次的教学目标。具体从以下几个方面对高校计算机专业多媒体课程课堂教学改革进行探索。

1. 鉴赏和讨论

根据计算机专业多媒体课程的特点和具体的高校教学经验，为更好地活跃课堂教学气氛和提升

教学质量，可以有选择地展开艺术鉴赏和讨论的教学。该教学方法使学生在开阔视野的前提下进一步激发学生的灵感，从而进一步提升学生的学习能力、思考能力和创造性设计能力。鉴赏和讨论的方法是学生在教师的指导下，鉴赏国内外相关领域前沿的优秀设计作品等的基础上进行讨论，从而指导学生进行多媒体设计的教学组织形式。引导学生通过鉴赏开阔眼界和思路，提升艺术审美，探索优秀作品背后的设计思考和技术实现，主动地创造性地发现问题、解决问题和进行创新设计。教师或者学生提供优秀鉴赏素材，辅助展开鉴赏活动，然后采用小组规模或班级规模的讨论，启发学生展开学习活动。该方法的优点是可以加深学生对多媒体技能在实践应用中的直观认知，有助于启发学生的思考、意见的交流、相互的沟通协作，培养学生的表达能力、创造性思维能力和解决问题的能力等。针对不同的教学内容可以具体分为以下几类。

（1）美术鉴赏及讨论。在讲到"图形图像"章节的时候，可适时补充关于对图形图像的鉴赏内容。具体可以是世界名画欣赏、中国画欣赏、经典电影海报欣赏、当下电影海报欣赏、中国传统建筑等不同风格建筑图片的欣赏、摄影作品欣赏、服饰设计图片欣赏、书籍封面设计欣赏等，也可以选择红星奖、金点设计奖、大广赛等设计大奖的平面设计类代表作品。从艺术的角度陶冶学生的情操，提升学生的鉴赏水平，进而展开讨论，探讨作品背后的设计初衷和技术支撑，辅助开拓学生的创造性思维和设计能力。其中可以适度融入中国优秀传统文化的教学内容，比如将中国优秀的经典书画作品、书籍作品、服饰、建筑元素、非物质文化遗产等文化元素应用在图形图像的设计中，进一步提升学生的文化自信。

（2）音乐鉴赏及讨论。在讲到"音频处理"章节，教师可适时补充对音乐的鉴赏讨论。具体可以是经典民族音乐会、经典交响乐、不同音色乐器的优秀乐曲作品等。引导学生展开讨论，从而在具体设计环节对音乐进行恰当的剪辑、去噪等处理，较好地处理好艺术、设计和技术的和谐统一关系。并且，适度地将中国优秀的音乐作品融入音乐鉴赏及讨论环节中，进一步加强学生对优秀文化的理解和传承。

（3）视频鉴赏及讨论。在讲到"视频处理"章节，教师可补充经典和优秀的视频处理作品，比如奥运会开闭幕式经典片段、各类体育比赛的精彩瞬间、电视节目片段、网络直播平台的部分精彩视频等，供学生鉴赏讨论。引导学生了解当下视频处理的相关技术和效果实现，从而更好地从事片头制作、画中画、播放倍速调整、字幕等的设计和技术实现，提高学生的学习兴趣，启发学生更好地进行视频处理与创作应用。在视频鉴赏的内容选择上，可以适度引入关于中国优秀传统文化的视频段落，在进行文化熏陶的同时进行视频设计的思考和技术的实践应用。

（4）动画鉴赏及讨论。在讲到"动画"章节，可补充国内外经典动画作品，以开阔学生的思路，然后由学生展开讨论，从而获知从该鉴赏中体会到了哪些不同的艺术实现和技术实现，以提升学生的思考能力和再设计再创新的能力。比如，播放经典动画《花木兰》《雪孩子》《大鱼海棠》《狮子王》《功夫熊猫》等的片段（图1），启发学生进行积极思考，进而提升学生的创作水平。其中，可以引导学生通过思索部分动画实现初衷里的中国优秀传统文化的元素、符号和阳光积极理念，展开个人的动画设计和处理，从而更好地寓教于鉴赏和讨论。

图1　部分经典动画场景的截图

总之，根据高校计算机专业多媒体课程的教学内容，有选择地适度进行鉴赏和讨论，不仅活跃了课堂教学的气氛，提升了课堂教学的站位，开阔了学生的视野，而且提升了学生的文化自信和进行多媒体设计的思考能力、专业技能。

2. CDIO 工程教育方法 [8]

CDIO 工程教育方法是将工程设计的思想引入课堂教学过程。CDIO 代表构思（conceive）、设计（design）、实现（implement）、运作（operate），它以产品研发到产品运行的生命周期为载体，让学生以主动的、实践的、课程之间有机联系的方式学习工程。它是"做中学"和"基于项目进行教育和学习（project based education and learning）"的集中概括和抽象表达。该方法重在培养学生的个人能力、人际团队能力和工程系统能力。在高校计算机专业的多媒体课程的课堂教学中，需要布置大工程任务和小工程任务。

大工程任务贯穿本课程课堂教学的始终，要求学生以小组为单位（6 人左右为一组）在期末提交一件主题清晰、内容完整、技术涵盖主体教学内容的多媒体设计作品。其中，大工程任务的主题一般由教师指定或者学生自拟，皆为学生相对比较熟悉和热爱的范畴，比如：我的大学生活、校园虚拟漫游、宿舍文化、一起看未来、我爱中国优秀传统文化等。小工程任务就是针对具体的章节内容，集中采用章节所讲授的多媒体技术进行设计和创作的工程。所选小工程任务也是学生比较熟悉的主题，比如："文本处理"章节的设计任务可以是给中国四大名著进行书名字体、排版等的设计，"图像处理"章节的设计任务可以是文艺汇演海报、电影海报、音乐会海报、体育赛事海报、社团活动海报、电影海报、美术馆展览海报、博物馆展览海报等的设计，"音频处理"章节设计任务为自己采集制作背景音乐、配乐诗朗诵等。图 2 所示为学生制作的配乐诗朗诵的多媒体作品的截图。可见，大工程任务驱动贯穿整门课程课堂教学的始终，具有系统性、完整性、综合性、长周期的主要特点。小工程任务则具有针对性强、时长短、特色鲜明的主要特点。无论是大工程任务还是小工程任务，都遵循 CDIO 工程教育方法的原理。同样，在 CDIO 工程教育方法实施的过程中，有效和适度融入中国优秀传统文化的内容是对课堂教学的有益提升和完善。该方法使学生在工程任务的实践应用中主动进行创造性的学习，以更好地提升专业能力、文化自信和综合素养。

3. 案例式教学

案例教学法由哈佛法学院前院长克里斯托弗·哥伦布·郎得尔于 19 世纪末在哈佛大学首次提出 [8]。该教学方法是以案例为基本素材，将学生带入特定的情境中进行学习，具有直观、形象、生动的特点。案例式教学主要应用在具体知识点的教学过程中，通过老师和学生、学生和学生间的互动，提升课堂学习的兴趣，提高课堂教学效果。在计算机专业的多媒体课程课堂教学过程中，针对具体知识点的学习，比较适合采用案例式教学。比如，在讲到"图形图像"章节的时候，教师可以基于 Photoshop CC 软件讲解中国优秀传统文化之经典书籍的封面设计（图层应用、蒙版应用

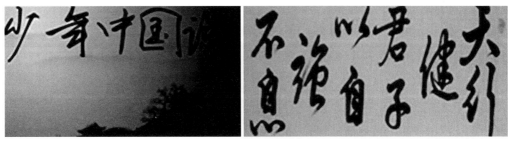

图 2 基于 CDIO 工程教育方法的学生作品截图示例

等）的分析、定位、创意、表现、提案的具体过程，既对理工科学生进行了中国优秀传统文化的再强调，又有"授之以渔"的良好教学效果。

总之，根据具体的课堂教学目标，选择合适的课堂教学方法，再有效和适度融入中国优秀传统文化的内容，引导计算机专业学生在掌握多媒体课程的主要知识、技能等的基础上进一步提升文化自信，从而有效表达思想、传播信息、交流经验、合理分工、团队协作，更好地适应时代发展和提升职业素养。

四、未来发展趋势

目前，以文本、图形图像、音频、视频、动画、增强现实、虚拟现实等多媒体技术为核心的多媒体产业涵盖信息、传播、广告、电子产品、出版物等很多领域，涉及计算机、传媒、影视、教育等多行业，是世纪知识经济的核心产业。根据国家权威机构发布的人才需求报告，多媒体、影视、动漫等行业未来人才需求在 100 万左右。[5] 因应当下时代发展的需求，为了提供更适合多媒体产业的大量专业化人才，多媒体课程的改革探究势在必行，课堂教学改革作为高校计算机专业多媒体课程教学改革的重要环节显得尤为迫切和重要。同时，伴随着互联网等新兴技术的持续迭代和发展，方便利用碎片时间进行学习的微课堂、校际交流、专题讲座、借助网络平台进行在线网课学习的 MOOC、新的多媒体设计技术等教学形式、教学资源和教学内容越来越丰富，如何合理、有效、规范地借助网络中比较成熟的资源开展高校多媒体课程的课堂教学为本课程研究和改革提供了新的方向。另外，可以将组织学生参加全国大学生计算机设计大赛[2]等与课堂教学适度结合起来，起到以赛促学的积极作用。亦可以鼓励学生参加职业资格证书的考核认证工作，促进高校多媒体课程课堂教学的再革新，从而将课堂教学内容、教学方法等进一步完善。

总之，改革需要一个相对长期的持续过程，任重而道远。如何更好地提高学生课堂学习的效果，激发学生课堂学习的积极性和主动性，在课堂教学过程中提升学生的实践技能、专业素养、文化自信等是未来改革探究的主要方向。相信伴随广大教育工作者的研究、探索、交流和借鉴，高校多媒体课程课堂教学的改革将会持续进行，培养的人才将越来越适应和满足社会发展的需求。

参考文献

[1] 王美丽，苏蓉，张宏鸣.多媒体技术与应用课程教学方法改革探析 [J].黑龙江教育（高教研究与评估），2014（2）：37-39.

[2] 郭建璞，刘立新，董晓晓.多媒体课程中计算思维能力培养初探 [J].工业和信息化教育，2013（6）：54-59.

[3] 辛显雪，张新刚.高职多媒体专业改革与探索 [J].电脑知识与技术，2011（20）：4934-4935，4937.

[4] 凯比努尔·赛地艾合买提，居来提·买买提明.图形图像与多媒体类课程现状及教学措施探微[J].计算机光盘软件与应用，2014，17（16）：202-203.

[5] 王丽丽.基于"工作室制"培养模式的专业课程体系建设——以计算机多媒体技术专业为例[J].软件导刊（教育技术），2014（8）：56-57.

[6] 王伟.多媒体软件类课程一体化教学改革研究——以"三维动画制作"课程为例[J].科教导刊（上旬刊），2017（1）：124-126.

[7] 王姝懿.基于OBE的"多媒体技术与应用"课程教学改革探索 [J].教育现代化，2019，6（94）：91-93.

[8] 宋敬敬.高校教学方法研究与改革实践 [M].长春：吉林大学出版社，2015.

[9] 王紫微，蒋红斌.绿色设计实践 [J].设计，2015（22）：50-55.

艺术设计教育体系中的新技术与新材料课程研究

鲁睿　天津美术学院

摘　要

　　面向未来的艺术设计必将是人文和科技的结合，也是原创与新工艺的结合。我国的艺术设计类高校基础教育也应高瞻远瞩，不断学习先进的欧美教学理念，调整符合国家发展需要、培养新型设计人才的新型课程体系。

　　笔者在德学习多年，互访交流了近 10 所德国著名的专科或综合类艺术设计类高校，总结和分析了德国包豪斯设计学院在内的艺术设计基础课程的特点，希望将国外先进的、有生命力的现代设计理念总结归纳，为我国艺术设计的教育基础课程提供经验。

关键词： 新技术与材料课程；高等艺术设计教育；包豪斯 4.0；双元制；课程优化

引言

　　德国的艺术设计课程设置在包豪斯的基础上，进行了针对数字化和信息化的调整和升级，德国人称这种新技术和新材料的课程设置为"包豪斯 4.0"。在德国德绍的包豪斯安哈尔特应用技术大学艺术学院"从 2D 到 4D"的大学本科创新课程中，可以发现其对学生综合能力、材料研发能力的培养方式；在德国哈勒美术设计学院，学生必修材料与科技研发课程，可以到专门的材料与机械图书馆学习；这些都反映出德国教育的一个重要理念，即"包豪斯 4.0 计划"。

　　包豪斯教育体系下的优化核心在于高校课程重视设计和技术的结合，把应用艺术设计教学中的材料、机械制造、数字媒体的课程培养设置融入基础课程中，重视提高学生研究思考和实操能力的平衡。对比中德课程设置，可以发现我国艺术设计教育中"重风格理论轻技术实践""重效果图是否漂亮，轻材料加工是否了解"等一系列问题，故撰写本文，从环境艺术、视觉艺术、工业产品设计、数码媒体设计等课程的跨学科结合进行分析，以点带面，提出哪些课程应该优化、哪些是学生必须了解的技术材料、哪些是学生就业必须掌握的技能等，打破专业限制，提出解决相关学生能力培养问题的课程方案，提出未来我国高等艺术设计教育课程的发展方向。

一、艺术设计中新技术与新材料相关课程设置的意义

1. 新技术、新材料的发展现状

　　如今，科技迅猛发展，新技术和新材料的研究已成为创新产业的先导。在艺术设计领域，机械互动装置、雷达互动技术、AI、生物技术和数字媒体技术相互融合，配合低碳环保、绿色可再生循环的新材料已经成为世界设计界研究和发展的新趋势。例如卡内基梅隆大学 Morphing Matter 实验室，注重探索科学、工程、设计和艺术的最优结合方式，他们通过重新设计与定义人与材料、环境的关系来改变物理和信息的生态氛围。再如纽约的 MC 新材料图书馆（Material ConneXion，MC）是一家"国际化创新材料咨询服务机构，拥有全球最大的创新材料集成与应用的图书馆"——简单地说，它是一个咨询平台，为设计师们提供创造性的材料解决方案。参观者不仅可以看到实物，还可以亲手触摸感受材料的质感。有 700 种可触摸的新型材料在此进行展览，此外在线上的展厅中有超过 6500 种材料供设计师们选择。正是这些材料激发了设计师们的创作灵感，让他们能够设计出以往想不到或者做不出的产品（图 1）。[1]

图 1　纽约的 MC 新材料图书馆

2. 我国艺术设计高校相关课程现状

当前高校艺术设计的基础教学模式还是过去的图板绘图为主的老路，各专业之间没有或很少有衔接。不仅相关老师没有转变过去的教学观念，而且艺术设计实践教学部分的内容也存在很多问题。

首先，教师们普遍消极对待技术升级，客观上也缺少和国际上一流的设计高校接轨的机会，视野不够开阔，资料老旧，缺少实践项目的锤炼。美国学者舒乐曼提出，教师知识结构 = 原理规则的知识 + 教育案例知识 + 实践智慧知识，其中实践智慧知识是教师知识结构中不可缺少的重要组成部分，而我国教师恰恰是自身的实践知识储备不够。[2] 其次，在课程设置上过于保守，我国艺术类高校长期存在大纲的制定周期和快速发展的艺术设计领域技术无法有效接轨的问题，造成教学上重理论、轻工艺的问题。大纲中对每门课中的新材料和新技术讲解和实操只用极少课时，工作室设备数量不足，新材料和科技的资料库更是缺少，无法满足教学需要。学生对材料和科学技术的理解能力差，没有对材料的掌控能力和对新科技的综合运用能力，导致毕业后无法快速融入工作环境中去。而提供给教师研究材料和工艺的软硬件支持更少得可怜，供教师研究的工作室机器、材料配套不完整，造成许多老师上课纸上谈兵、无法深造进步的现状。近几年来，随着国家对国际交流的重视和资金的投入，国内外交流逐渐频繁，上述情况在不断改善，使我们有了很多交流和深入学习观察的机会。笔者在德国多年，看到了德国同行对于新科技和新材料的重视；在教学中对双元制教学理念的运用；学生在材料图书馆中学习受益等领先于我们的教学方法和管理方式。

故此，我国高等艺术设计高校的艺术设计专业要发展就必须走出去，引进来，做到融合新技术、新材料的先进理念。环境艺术、视觉艺术、工业产品设计、数码媒体设计等课程要进行跨学科融合，通过总结不同类型德国高校的工作室、图书馆、材料加工教室，探索适合我国艺术设计的相关课程应用。

二、德国包豪斯 4.0 背景下新技术与新材料的教学课程体系

1. 德国新技术教学与课程体系的建设

首先，在德国国家倡导的工业 4.0 方向下，德国的艺术设计课程在包豪斯思想的基础上进行了新的升华，把新技术教学作为课程的一部分，例如在德国卡鲁斯奎尔 ZKM 艺术学院的教学中，教师可以把多普勒雷达、线上 APP、平面图形动态化呈现等新技术运用于工作室教学过程中，学生可以按照年级进行自由选择和实践。与曾经摒弃形式、讲求功能有所变化的是，现在的包豪斯体系下的课程更偏向人文和社会价值，关注用户的精神需求，做任何设计项目都要依托一个人文意义，在教学体系上没变的是对调研、实验和动手能力的要求。学校有大量工作室，让学生通过动手去了解 CMF（色彩／材料／工艺）。模型粗糙没关系，主要是希望学生用实物来表达。

此外，德国的高校还在基础课程教学上增加了设计和智能化相结合的教学环节，对接理工类高校的物理电子专业，学习相关科技和知识点作为补充。在德国已经普及的实验材料课程中，提供技术和部分材料的支持，促进学生研发可供操作的机器。此外，德国政府和机构还对新媒体等新技术方向的教师工作室给予重点支持，如德国南部的慕尼黑工大、卡鲁斯奎尔ZKM多媒体研发中心（图2），北部的哈勒美术艺术设计学院、柏林艺大等，均提供艺术交互、人机装置交互的专项课题资金对教师主导的新技术课程进行支持。以上相关课程在我国的一类重点高校如清华大学、同济大学已有实验性的课程，但还凤毛麟角，不够普及，地方类的艺术设计高校发展和资金配比存在不平衡的状况。

2. 持续不断的课程体系优化，适应人们的生活方式和市场需求

在教学体系建设方面，德国的高校与时俱进，抓住新科技的要求，建设和国家发展相匹配的课程体系。例如德国安哈尔特应用技术大学艺术学院的德绍包豪斯校区，提出了从 2D 到 4D 的课程，让学生在 2D 平面、3D 立体建筑、4D 数字媒体各个方面都有不同的学习机会和跨学科尝试，体会新科技在不同专业领域的可拓展空间。这种课程的安排也从另一个层面解决了毕业生和就业单位的磨合问题，缩短了实习时间，降低了失业率（图3）。

3. 材料与工艺图书馆

在德国，材料和工艺是非常受到重视的，这也来源于德国的理性主义教育和实用主义精神。德国学生大二以后的材料学习是设计课程的重要环节，它对后面每门课程都起到承上启下的作用。教授会从材料到制作工艺、从机器到加工工艺进行讲解，培养学生对材料的实操能力，拓展学生的知识面，材料图书馆的课程也是德国艺术类高校的必修课程，一般由政府或基金会直接投资建设。

图2　德国卡鲁斯奎尔 ZKM
多媒体研发中心的工作室

BA
INTEGRIERTES
DESIGN

Winter 1st sem.	Typography Fundamentals 4 SWS	2D Fundamentals 4 SWS	Digital Fundamentals 4 SWS	Technology Fundamentals 4 SWS	Theory/ English/Lit.+Subj. Inform. Systems 6 SWS	Professional Internship 2 SWS
Summer 2nd sem.	Photography Fundamentals 4 SWS	Scribble Fundamentals 4 SWS	2D/3D Fundamentals 4 SWS	Fine Art Fundamentals 4 SWS	Theory/ English/ Stud. Generate 6 SWS	Professional Internship 2 SWS
Winter 3rd sem.	2D Orientation 4 SWS	3D Orientation 4 SWS	4D Orientation 4 SWS	Electoral Module Fund./T+M/Spec. 4 SWS	Reflected Design Culture 4 SWS	Professional Internship 2 SWS
Summer 4th sem.	2D/3D/4D Short Project 4 SWS	2D/3D/4D Large Project 8 SWS		Electoral Module Fund./T+M/Spec. 4 SWS	Design Methodology 4 SWS	Professional Internship 2 SWS
Winter 5th sem.	2D/3D/4D Short Project 4 SWS	2D/3D/4D Large Project 8 SWS		Electoral Module Fund./T+M/Spec. 4 SWS	Ethics& Aesthetics 4 SWS	Mobility Window 5th or 6th sem.
Summer 6th sem.	2D/3D/4D Short Project 4 SWS	2D/3D/4D Large Project 8 SWS		Electoral Module Fund./T+M/Spec. 4 SWS	Scientific Theory 4 SWS	Mobility Window 5th or 6th sem.
Winter 7th sem.	BA Theses: Concept Realisation 0 SWS	Theses– Communication 2 SWS		Design Entrepreneurship 4 SWS	Thesis Research 2 SWS	

图3　德国安哈尔特应用技术大学艺术学院的
德绍包豪斯校区课程表

以德国哈勒美术学院设计学院 2015 年建成的材料图书馆为例，笔者调研了材料图书馆的建设并细致地了解了材料库分类过程和展示方式。材料图书馆分为四部分，即机械区、材料区、工艺流程区、未来材料区。其中机械区介绍了当今不同种类的机器设备 100 余种和其加工的产品；材料区介绍了 3000 多种材料；工艺区为学生提供了操作机械的方法和相关资料；未来材料区提供了与生物、纳米、量子与科技相关的材料培养和体验模型（图 4）。

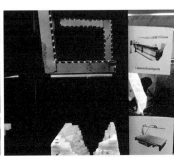

图 4　哈勒美术学院设计分院材料图书馆

4. 包豪斯教育体系在世界的传承与发展

包豪斯教育体系在近 100 年的发展过程中，已经演化为现代经典的教育模式，虽然许多部分已经失去了对当今社会的指导性，特别是进入 20 世纪末以来，对设计的功能主义的反思，使我们有必要重新梳理和改造其结构和内容，使其更好地应对教育发展现状。[3] 但放眼世界艺术高校教育，艺术设计教学体系仍然是包豪斯精神的延续和拓展，参照包豪斯及国际教育发展的经验与趋势，规划设计教育思想与文化结构，构筑一种现实的也是面向未来与国际化的教育发展战略已经成为不可抗拒的潮流。例如在德国，教授一般都有着相当丰富的企业工作经历或者有自己的工作室。教授和学生有着相对自由的时间，课程可以由教授决定，教授有绝对的教学内容制定权，会要求学生独立完成设计项目。学生可以在学期中选择自己想学的课程和教授，也可以在四年的学习中进工厂实习后再回校完成剩下的学业。在德国，27~30 岁的回校大学生随处可见，双元制的精神也是当今德国课程中的重要价值观。

三、我国高等艺术设计教育体系的转型和发展方向

直到今天，包豪斯的教育体系仍然是国际上艺术与设计学院的基础平台，而对正处于现代化转型的国内社会，这一系统仍然对我们的教育构架有着现实意义。从本质上来说，包豪斯的教育体系是摆脱了欧洲古典主义传统而创立的一种适应现代社会形态的艺术与设计的教育模式，主要受到 20 世纪初欧洲现代文明成果的影响，这种思想和文化的整合是横向的，与当时整个社会形态保持了紧密的黏着状态。欧美现代艺术设计教育到中国需要一个中国化的过程，我们的现代艺术设计教育和相关设计产业的发展仅有几十年的时间，还处于起步阶段，需要不断总结，适应市场需求，学习国际上的先进经验。

那么，数字时代的中国艺术设计教育体系的发展应注意解决哪些问题？

1. 通过课程优化解决师生能力差的问题

德国艺术类高校的经验告诉我们，要根据社会发展的需求，不断调整自己的教学方法和课程结构，才能做到供求平衡。在我国，我们需要对实践类教学进行创新，改变供求不平衡这一现状，转变过去的教学方式，逐步进行全国范围内新技术和新材料课程的优化重点示范和推广，提高高校教

师的教学水平和学生的社会适应力。

2. 提升学生的创造力和对新材料新技术的理解力

从教育的本质来说，教育是要更大限度地发展人的创造力，而创新型思维是设计教育相对于其他科学培养的长项。德国的教学体系中启发设计创造能力的课程所占比重较大，设计概念性教学内容所占比例也不少。我国的艺术设计教育专业较多偏重于技能的训练，学生的专业基本功比较扎实。但当今时代，科技发展迅猛，计算机的应用使得设计的完成和修改变得异常快速。以前需要几个星期完成的手工设计作品，在计算机上可能几个小时就可完成效果图。我国学生的专业技能掌握得不错，但其作品的创新性和对新材料的理解力与国外的学生还有一些差距。创新性思维无疑是一个设计师成功的重要因素。所以，我国艺术设计专业在继续重视学生专业技能的培养外，必须更加重视学生创新思维和创新能力的培养。这也是我国艺术设计教学中应该加强的中心内容之一。[4]

3. 建立适合我国国情的艺术设计教育体系，培养各行业的艺术设计人才

世界的脚步不停，各国都在高速发展，国内的传统行业需要突破，新兴行业面临着人才稀缺、专业基础薄弱、经验不足等现象。随着艺术和科技的不断融合，国家也在积极推动互联网、大数据、人工智能与艺术设计的深度融合，各行各业需要专业的艺术设计人才为国家的发展提供力量。[5] 然而，对于艺术设计，尤其是近几年诞生的新兴设计学科，我们还缺乏一套完整的适合我国国情的艺术设计教育体系。中国的艺术课程的优化离不开市场引导和学术引导。参考德国包豪斯和双元制，在市场引导上，课程设置应加入材料图书馆的必修部分，主动学习和研究国际一流的材料和设计管理模式，将课程和市场需求结合，真正做到为社会活动、为大众设计，实现设计的升级和资源的节省。在学术上，可以通过组织教学实践，让学生参与教师工作室项目，获得先进的技术指导和设计理论，再将设计成果通过院校对接企业得到实现。

4. 加强国际学术交流，开展国内各高校的新材料新技术交叉工作坊

设计工作坊在国际设计界中非常盛行，不断加强与国际一流艺术设计高校交流，促成国际设计教育工作坊项目落地，吸引世界各地的设计师参与其中，是快速提高我国教育的有效办法之一。开展短期国际交流学习营和工作坊是有效提升师生视野和专业技能的手段之一。

不断加强国内各高校的实践交流，开展高校和企业对接的创新材料短期设计实践项目和训练营，从生活和市场出发，提出高水平的工作坊艺术设计标准，从而为艺术类高校提供一个直接的、便捷的、多元的、快速沟通的设计合作平台。既服务了设计教学，也给师生们一个历练社交能力的绝佳机会。

总之，随着我国经济的发展，艺术设计类高校教育也应高瞻远瞩，不断学习先进的欧美教学理念，调整课程体系，发展中国特色的"双元制"课程体系，让课程的更新和发展既是人文和科技的结合，也是原创与新工艺的结合，助力中国制造和中国品牌。

参考文献

[1] 孙涛. 走进生活 触碰设计与创意 [J]. 声屏世界·广告人，2015（9）：83-84.

[2] 王丽楠. 教师行动研究的轨迹——大连市甘井子区英语学科研训工作的探讨索 [J]. 辽宁教育，2015（1）：66-69.

[3] 李晨曦. 浅析德国双元制教育模式 [J]. 福建电脑，2019，25（1）：188.

[4] 黄超. 浅谈工科院校艺术设计专业人才培养模式 [J]. 艺术与设计（理论），2011（1）：172-173.

[5] DESIGN STUDIO. 智慧教育是信息时代教育发展的必然趋势 [EB/OL]. [2018-04-12] https://zhuanlan.zhihu.com/p/35978430.

面向理工科学生以透视与结构素描为基础课的培养新路径

蒋红斌　清华大学美术学院

摘　要

创新人才培养的核心是以设计思维为核心的创新型人才课程体系。设计的基础理论和工作方法等应该成为综合型大学的基础素养课之一。适应未来设计工作要求，以当今设计工作方式为依据的设计手绘课程，是一个由浅入深、先易后难的良好途径。以设计工作的基本程序与方法为线索，从设计工作的实际要求出发，不以绘画而绘画，而是将设计思维、设计工作和设计交流作为启迪学生能动学习的内在机理，还原设计基础教学的本质意义和价值基础。在课程的组织上，突出当今设计工作者的工作方式，绘画更多发生在桌面，而非墙面，所以，将以往素描课的画架画板方式改换成桌面伏案绘画，从方式上改变上课的形式，起到神形一致的效能。

关键词：设计基础；透视与结构素描；创新人才；创造力

引言

"透视与结构素描"是设计基础的经典课程。随着国家发展战略的变化，中国高等教育越来越重视综合性创新人才的培养和塑造。最为明显的是，许多理工科专业课程体系中增加了设计类的基础课。其中，"透视与结构素描"作为基础中的基础而得到广泛开设。据不完全统计，至 2016 年全国有 700 多所高等院校开设了设计类专业，并引入了设计创新类课程。设计类基础课程正以前所未有的需求而呈现为一种公共基础课。随着创新创业能力成为中国大学生能力建设的一个战略目标，设计类基础课程正在成为综合类大学所有学生的公共类学分课程。为提升学生的创新能力和设计修养而服务的该类课程，也成为各艺术与设计类学院深化教学改革、提高教学水平的核心建设课程。绘图类课程是其中最为基本的，一般开设有"透视与结构素描""设计效果图""图形与图案""平面构成"等课程。

众所周知，国内大部分综合类大学中，理工科专业占了大部分。所以，面向理工科学生开设的"透视与结构素描"课程是最为生动和简明的培养路径。素描绘图是十分受学生欢迎的新方式。如何面向理工科学生开设"透视与结构素描"？本文从课程从内容、组织方式、讲授维度和提升要点等方面，着重分析如何让理工科学生通过该课程实现其设计基础和综合素养的提高。提出以当代设计的基本理念和工作原理为核心，用开放式的教学组织方式，打破学生对绘画艺术的心理距离，将课程的作用和意义凝结成学习的目标和动力，形成一个新型的、适合理工科学生的课程。

这门发端于美术学院的基础课程，应该如何转化成适应所有大学生的设计创新类公共基础课呢？是照搬原来的美术学院上法，还是将其简化、压缩成一个单元型的训练课程？这是一个既具体而又关系甚远的教学问题，不但关系到课程的教学思路，还涉及设计作为一个专业，是否能够以独立的逻辑培养跨学科的综合性人才。另外，在有限的课时中，如何将设计的工作理念、专业逻辑、绘图魅力，以及设计工作的意义与价值有效地传递给学生，其实是一个十分不易的事情。

首先，跟踪学生对课程的反馈。不但要重视当前中国大学普遍实行的、以学期为段落的学生课程评议，还要与学生建立长期联系，跟踪其进入高年级后，以及毕业之后对该课程的认识与建议。将其反馈提取关键词，并予以分析和考量。其次，教学过程的成果反馈。将教学的大目标拆解成若干个小目标，考量其教学效度和方法并进行统计与分析。思考设计学科的本质和性质，从设计的基本原理出发，来衡量和思考如何开展教学和课程目标。再次，主动与教务老师联系，积极了解关于教学改革和教学组织的新情况、新要求，联系课程的机理，调整课程的机制。最后，从设计创新人才和未来设计专业发展趋势、创新人才工作能力等角度出发，系统考量传统课程的上法与实际效能之间的比较，从而反思和调整上课的方略和路径。

一、建设一个适应理工科学生的综合性基础课程

1998 年，中央工艺美术学院并入清华大学，成为清华大学美术学院。我所在的工业设计系是美术学院最早与理工科专业发生接触和教学联系的一个专业，作为教学支援的方式，我们系与汽车工程系建立了互相支持的课程，其中，我方支持的课程有"设计素描""设计思维与设计研究方法""汽车造型"等。2003 年前后，笔者开始讲授其中的"透视与设计素描"课程，并持续至今。对一门课的教学实践，不应该是一个简单的重复过程，而是一个教学相长的提升过程。随着课程的持续，教学中出现了许多值得改进和关注的问题。譬如，如何适应理工科学生的特点，将设计素描的基础绘画能力有效地传授给他们，使之在今后的学习和工作中发挥能量与作用；如何在课程的教学安排和教学段落上，组织适应理工科教学的课程内容和结构，将课时分配和课程结构与其他各门基础课程进行有机结合；如何在有限的教学课时中将正确的设计理念、设计方法，以及绘画技能整合起来，建立一个成效显著但又不同于美术学院教学方法的新教案等。这些问题，在与相关理工科教师的教学交流中、在各种设计基础教学研讨和实践总结会中都得到强烈共鸣，并受到越来越多的重视。本文就如何在思想和理念上建立和建设一个适合理工科学生的课程作一些探讨。

在研究方法上，笔者注重从课程的目的和目标出发来考察教学质量和教学方法。发现理工科学生的学习心理与艺术类学生区别很大，他们喜欢求其甚解，打破砂锅问到底，在方法和认识上丝毫不马虎和模糊，逻辑和理性判断占据很大心理取向。所以，在课时量有限的前提下，也要坚决拿出一定的课时来讲清"为什么要学"和"为什么要这样学"的问题。所以，我安排了许多手段展开课程，譬如邀请已经毕业并在企业中业绩斐然者来课上现身说法，让学生们从学长的成长和实践中认识设计素描的意义和价值；譬如，安排去正在开展设计工作的现场参观，让学生们身临其境地感受到设计工作的实际要求和课程内容之间的有机联系；再如，系统讲述设计在未来社会的创新建设中具有怎样重要的作用，从设计赋能的角度梳理和分析课程与创新能力养成之间的有机联系。进而导出课程的新安排和新要求。这样的要求更注重与实际课时相匹配，融理解和愿景于一体，将上课的步骤与理工科同学的心智模型相契合，使他们对所上课程知其然，还知其所以然。

二、在课程的起始上要突出设计与美术在素描的目标、意义和方式上的不同

"透视与结构素描"课程是目前设计艺术类课程体系中辐射最广、影响最深的课程之一。为实现创业、创新型人才综合能力的培养目标，许多大学将其作为服务理工类学生提高综合素质和设计创新能力的核心课程而纳入基础学年的教学体系之中，一般开设在大一下半学期或大二上半学期，与高等数学、工程制图、计算机原理等基础课并行。课程容量 20~40 人不等，学制为 2 学分，32 学时，分 4~8 周完成。

以清华大学汽车工程系开设的该课程为例，将其 2003—2018 年的教学情况、数字统计、教学成果和经验等作为基础，分析和整理其中值得重视的教学要点，从教学切入点的设计、课程组织方式两个方面予以论述和总结。首先是教学切入点的设计。"透视与结构素描"作为设计基础课程出现在理工科学生面前的时候，95% 的学生已经想当然地将其归为一个以绘画为主的艺术类修养课。为了对学生的思想认识有一个真实的把握，我们分别在 7 个学年中开展了调查，统计表明，78% 的同学在开课前就已经做好了要应付过去的思想准备。原因很明确："我小时候画过画，但

小学高年级绘画课没有了之后，就再也没像样地画过；我没有艺术细胞，不会、也不爱画画；画图课从来就不是主课"等是主要想法。在课程目的和学习意义上，主要问题集中在"为什么要学习这门课"和"素描课和创新能力有什么关系"等方面。问题出来了。学生们在上课之前，思想上就已经有了一个基本成型的概念，如果将其作为主导理念来形成学习态度和方式，那就十分危险和事半功倍。

　　课程组织方式，是一个十分关键的教学问题。我们发现，理工科教学的基本时间架构是以两个45分钟为一节大课的方式来进行的。这与美术学院里该课程的基本时间架构迥异。也就是说，传统的以半天甚至一天为单位的教学时间架构，将被分割为一节节的小课，而且，一般是一周一次，总共8周。往往是学生们上完了数学课，来上此课，之后还有英语或者计算机原理的课程等着接续。在这种情况下，我们只能知难而上，将改变学生的观念作为切入点，不是一上来就教画画，而是以设计思维作为基本引导，将什么是设计、当代设计者如何工作，以及设计创新具有怎样的成才价值作为首要，联系实际，以"伏案绘图"代替"画架素描"的作业方式，颠覆传统透视与结构素描课程的将画板架在画架上，像画家一样长期作画的方式，将教学的习练方式直接与设计师的工作方式一致起来。

三、与机械制图课程相协同，从认识上提高学习的效能

　　理工科学生的教学安排，一般是公共基础课放在大一和大二的上半学年，透视与结构素描往往与机械制图等工程类制图课重合在一起，或者相应在上下序列中。都是在描绘物体，只是目标和目的有所不同，使得课程内核和机理迥异。但是，从设计创新的角度，这些课程其实都是为了创造产品，驾驭产品制造工程，在本体上是能够被融合在一起认识和理解的。于是，我们的课程就牢牢地抓住了这一特点，将课程与课程之间的关系看成一种综合培养的资源和动力。在透视与结构素描的作业上，有意设计成以解构产品零部件和分析部件总承的方式，将课程与课程之间的知识连贯在一起，这样，能够大大提高学生综合学习的效能和能力。通过反复实践，成效显著，在与制图课老师的主动联系中，可以预先将双方甚至多方资源协调在一起，融合成一个可以承载更多内容、发挥更大作用的课程群。

　　以综合性强的设计基础课程作为提升工具，将有效地带动和牵引理工科人才获得跨领域知识和实现综合能力提升的关键路径。从人数上看，以清华大学为例，该课程在美术学院里只能辐射设计类7个专业的学生，其全部人数也就是140人左右。如果将现在跨出美院在汽车工程系开设的课程扩延到面向机械工程、自动化和电子工程等所有理工科学生，那么，其全部人数就是1400人，甚至更多。从入门容易、能引发学习兴趣的设计类课程入手，将获得更好的创新能力培养效果。一方面激发了学生们学习设计的主动性；另一方面亦能辐射未来学生将要涉及的新课程，如设计创新、设计实践、综合创造力训练等大三、大四时期的训练。

四、结论

　　随着当今中国社会生产制造方式的不断深化，网络科技、智能生产、创业创新等新经济形态的发生与发展，整个社会开始广泛重视设计创新，对专业设计人才的需求也大大提高。作为新生产方式下创造美好事物的设计科学，正在以更为独立的体系获得发展。"透视与结构素描"课程，将设计思维与设计价值作为塑造观念、坚定理念的一个最平易的路径，将实际的设计工作作为调整教学方案、提升教学效能的新思路，立足能力培养，从课程的建设上赋能学生创新能力的增长。课程的习练方法，从"架上"转到"桌面"，在理念上改变了从绘画向度来提升学生创新能力的基本路径，强调从实际出发，从设计专业工作性质出发，在方式与方法上还原真实性。"桌面"的作业方法，

克服了长期以来美术教育与设计教育工作性质和目标不同所导致的练习方式上的僵化和矛盾。对于设计，绘画不是终极目的，关键是要解决设计交流中的问题。

从设计工作的特质出发，"桌面"作业方法从另一个维度，更好地展现了人类最基本的绘画功能与实际创新工作之间的本质联系，成为提升创新能力、习练设计思维的重要手段和路径。设计创新将使中国大学生提高综合素养，获得建设未来的核心能力。

设计思维在构建工业社会学课程体系中的应用探究

杨 春　内蒙古工业大学

摘 要

　　本文论述了专业教育中的工业化思维，分析了学生课程满意度产生的原理和构成要素，提出在课程生态中运用设计思维整合课程要素的构想，从设计思维发展出课程改革的流程，最后在工业设计的一门专业课中实践了该构想，全面提升了学生的课程体验。

关键词：设计思维；课程体验；工业社会学；教学改革

一、引言

1. 工业化思维在教育中的延续

　　学生完成一个专业学习，要修读大约 30 名老师所带的 50 门课程，接触超过 10 个教学单位和职能处室。大学生活的记忆就是由很多学习、生活的片段所构成。如今，学校教育中延续着严重的工业化思维，即劳动分工和批量生产。首先，学校所提供的教育服务是以分工的形式呈现的，学校看起来像工厂，学生像生产线上正在被组装的产品。很多学科是需要交流、讨论和体会的，但是为了提高教学效率，各司其职的岗位割裂了知识结构的连续性和完整性。关注效率、节省成本与提供正向、积极的教育体验是相悖的。其次，依据学科标准对学生进行评级打分，用简单的量化方法对学生进行评估。大多数人会忘记自己在学校考了多少分，但分享的经验与智慧或者某个老师发人深省的话语却可能伴随他们的一生。但是，这些体验由于很难被量化而被排除在教育评价体系之外。[1] 老师和学生各自完成自己的职责似乎就是教与学的全部，教育中的"对事不对人"导致人情味匮乏，"一日为师，终身为父"成了遥远的私塾佳话。

　　这种以效率为目标的分工思维也构成了一门课程的结构：课程由不同的知识模块构成，教材按照目录编写，完成一个章节的学习就长舒一口气，老师带领学生由一个简仓跳入另一个简仓。教育虽然说是以学生为中心的，但教学方法乃至教学设施都是以教师为中心的。教师代替学生树立学习目标，制订教学计划，监控学习过程，进行学习效果的评价，学生完全处在被动的位置。随着教学技术的不断发展和教育资源日益丰富，学生的学习途径和方法有了更多的选择，学习目标也多样化了，教学应该由教师中心转向学习者中心。学习者中心和教师中心的最大区别是，它更加专注于学生的微观学习过程，而不是宏观教育理念。

2. 由以教师为中心的定量评价转向以学生为中心的体验评价

　　分数只能表征结果，却不适用于将信息转化为行动计划，而定性的研究却可以弥补这一不足。而且在样本量较小的时候，打分结果很容易受极值影响，其反映教学水平的效度也是存疑的。最差的情况下，分数不仅没有起到反馈教学的作用，反而引起师生间的误解和教师情绪上的不安。所以，国内高校陆续在学生评教里引入体验式评价，以补充过去打分评价的不足。

　　如今大多数的教学改革都是自上而下式的（从学校和教师的构想出发），缺乏对学生的深度了解。教改经常把学生当作实现教学目的的手段，而不是对教学过程有发言权的主体，根本原因是教育工作者和学生地位的不对等。教学如果以学习者为中心，教师的业务水平应该最终反映在学生学习过程中，而不是把课堂变成教师教学水平的个人秀。应该由学生给自己的表现和收获打分，而不是老师。如今的评教看似话语权交给了学生，但评价的中心仍然是教师。对老师进行评价符合教师和学校的需要，但是并不符合学生的需要。我为什么要评价教师，这对我有什么好处？从"不参加评教即不能查阅分数"的规则看，学生的评教积极性并不高。

教学评价应该由"评教"走向"评学"，即教师对学生进行综合性评价，学生对课程进行体验评价。给老师打高分可能是一种恭维，而不是真实的评价。真正好的体验，应当是学生学得好，而不是老师教得好。学生对课程的体验式评价由哪些参考点构成，如何提升学生的课程体验，取决于如何把这些不同的评价点串成一个整体，最终形成人对人的教育模式。

3. 用设计思维建设专业课程

设计思维（design thinking）作为一种以人为中心的问题解决模式发源于设计界，它要求设计师紧密地与终端用户互动，通过用户的想法、感觉和行为反馈，与用户合作共同创造价值。设计思维由斯坦福大学设计学院归纳成一套科学方法论后，在高校和中小学得到广泛应用。设计思维与其他问题解决方法的不同之处是它强调用户的真实体验。如今，很多高校的教学评价从教师的教学能力转向学生对课程的体验，而"创造体验"正是设计思维的擅长之处。运用设计思维可以把分散的教学媒介串联成一个整体，让学生形成一个完整的课程体验。"IDEO作为一家提供设计服务的顶尖设计公司，其在教育创新方面的项目，以及与学院和大学的密切合作，已经成为业务中发展最快的部分。"[2] 设计师运用设计思维与奥蒙代尔学校的老师合作开发出一套课程设计的流程，使得学生成为"知识的探求者"。维费城大学通识教育课程主任 Tom Schrand 提出，应当用设计思维的策略把通识课程的目标扩展到专业课中。[3] 2015年，哈佛医学院推出了合作式的互动学习课程，在教学方法的改革中重视学习者的观点交流，学生干部与教员一起开发了一种咨询式课程模式。[4] 国内用设计思维进行教学改革还是一项全新的尝试，这方面的研究还比较少。主要困难是教师往往没有设计师背景，缺乏把设计思维融入教改项目的流程方法。作者以工业设计专业的一门核心课程"工业社会学"为例，尝试用设计思维进行课程改革，受到了学生的好评。

二、学生期待与课程体验

对一项服务的满意程度是由用户期待和真实体验的对比所形成的，就课程反馈而言包括以下几种情绪体验。

（1）欣喜：个人体验超越期待。这是最理想的课程效果，但是其潜在的威胁是学生的期待值也随即提高。后面的课程一旦出现滑坡，就很容易产生失望情绪，对同一位老师和其他老师而言都如此。

（2）满意：个人体验如果刚好符合预期，那就会产生满足感。如果学生期待值很低，对课程的感觉也很平淡，反馈教学的积极性也很低。从经济的角度讲，刚好实现学生期待是最划算的。不过，学生的期待值是只升不降的。这意味着，教学计划越往后推进，学生的期待值越高，对任课老师的要求也就越高。

（3）失望：期待值太高或者体验较差，都有可能导致失望情绪。

（4）不满：期待值低，体验也比较差，这代表着学生对课程心灰意冷。期待值处在一个适度的水平，但是体验很差，也会引起不满。

后两种情况除了教师水平、责任心等因素外，还有一个原因是教师并不了解学生的期待是什么。即使老师很认真负责，水平也不低，但是总是和学生在不同的轨道上运行，产生的交集太少，也会导致较差的课程体验。在商业领域，一次失望的经历，就可能让顾客选择其他产品或服务了。但是学生没有选择或者选择很少，只能继续上课，上课的积极性自然大打折扣了。不过，失望的情绪拉低了对其他课程的期待值，反倒可能让上课变得容易。

期待理论贯穿四年的学习，同时对一门课的不同时段也会发挥作用，甚至对一堂课也会产生影响（图1）。学生所感知到的课程质量取决于期望和实际体验之间的落差，教师首要的任务是确保每次课程为下一次课程树立准确的预期。"引人入胜"的体验就是每次课的教学内容和授课方式刚刚能超越期待值一点点，使得学生一直处于积极的情绪中。一开始如果把学生的期待值调得太高，并不是一个好主意。即使是一门精品课程，到了后期学生也可能感到疲倦。

三、课堂生态

同样的一门课，一部分学生对课程的专注程度让老师备受鼓舞，而另一部分学生却昏昏欲睡。无论一堂课安排得如何合理，讲授如何精彩，老师如何尽职尽责，打瞌睡的学生的课程体验也绝对不是好的。出现这种情况的原因可能在课外，而不是课内。一门课程总是处在一个更大的教与学的生态系统中。老师如果备课充分或者遇到自己比较擅长的教学内容，这种课前状态延伸到课堂里一定会是信心十足并激情洋溢的。同样，上课铃响起之前，学生不同的状态就会为课堂定下积极或消极的基调。有时候，学生就是希望能在这门课里好好休息一下，或者抓紧完成别的课程的作业。这时，无论你这堂课如何精彩纷呈，都不符合他的期待。

所以，课堂仅仅是一门课程的一个片段而已，对课程的体验不仅取决于课程本身的质量，课内外的相关因素也必须考虑其中。如图2所示，在以学习者为中心的课堂生态图中，学生在5个不同的层面与其他人进行互动：① 学生在课堂里独立自主地学习；② 学生和小组成员的讨论与合作；③ 学生与课堂里其他小组以及老师之间的互动；④ 学生在校园里查询课程的相关信息，寻求老师的指导与帮助；⑤ 学生走入社会环境完成课程所要求的调查任务。

课程生态图可以帮助师生全面地列举出影响上课体验的因素，研究各个因素之间的互动关系，同时可以重组各要素以创造新的授课形式。比如，在工业社会学课程中由学生提出来的教学模式包括：在学期内安排社会实践检验课堂所学、老师带领学生在真实环境中授课、把实验带入课堂等。

四、课程设计流程

用设计思维进行课程建设的一个关键是老师和学生的协作，具体来说有以下5个步骤（图3）。

（1）洞察学生的需求：通过人种志方法调查学生上课的具体需要，了解学生在学习过程中遇到的具体困难以及对教学方法的期望。可以把没有上过该门课程的同学当作生手用户，调查他们对课程目标和任务的理解。从已经上过课的学生那里获得反馈信息，了解他们在进入课程之前所处的

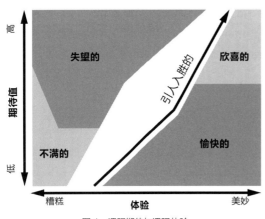

图1　课程期待与课程体验

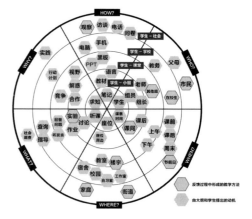

图2　工业社会学的课程生态图

状态。

（2）定义教学目标：虽然人才培养方案规定了每一门课程的任务，但往往是一些宏观的表述。宏观层面上课程目标和学生需要是契合的，否则，一门课程很难实施。要把这些宏观的目标与学生的具体情况结合起来，以学生为中心重新解构、定义教学目标。这个过程要与学生一起深度理解教学目标的意涵。

（3）构想课程蓝图：与上过课的同学一起，在头脑风暴会议中创造很多关于授课方法的构想，把一些可行性比较强的方案置入到课程蓝图中。

（4）制作原型：快速实施教学方案，及时获取学生的反馈，对蓝图进行修改。

（5）测试：不断地测试优化，形成成熟的教学方法。

五、课程蓝图

无论是教学日历还是课程标准，始终是把教学内容和任务当作编写授课计划的核心。而课程蓝图则把学生置于计划的顶端、把教师和学校服务置于底端支持学生的学习过程，学生的课程体验最终是由教与学的媒介——触点所形成。这种编排的模式有利于教师和教学服务人员把学生置于教学的中心，更加精确地评估各种教学媒介的价值并创造性地运用教学媒介。以图 4 为例，课程蓝图由以下 3 部分构成：

（1）历程。学生的课程学习如何从一个阶段进入到另一个阶段。一门课程应该是一个完整的故事，而不是支离破碎的片段，通过合理的结构设计使得不同学习阶段能够顺畅过渡。

（2）触点。各种教学媒介对学生所形成的学习体验。媒介是客观的，而体验是主观的，好的触点设计能够把媒介转化为好的主观体验。以往我们特别执着于教学手段的"先进性"，在重视便利和高效的同时却忽视了学生实际的"获得感"。实验表明，用户对电子信息的读取率是印刷物的80%，换句话说，要达到印刷物的读取效果，用户需要付出 120% 努力。计算机绘图往往意味着正确、确定、成熟和完美，而手绘图意味着可能性和可修改，有利于激发人的思维和想象。学生所有的课程体验都是在不同的触点上产生的，每一种媒介都有其擅长表达的内容，教学手段运用得越丰富并不意味着教学效果就越好。

（3）后台进程。这是保证学生学习进程的辅助系统和保障体系，包括教师如何按照学习进程安排教学内容，不同的教学部门之间如何形成一致的标准。

学生完整的学习阶段包括：

（1）了解。学生从何种渠道和媒介知晓该门课程？是否已经提前了解到课程的目的、意义、学习内容和学习方法？在开课之前，学生是否建立了准确的期待？具体到一次课，学生是否也对课

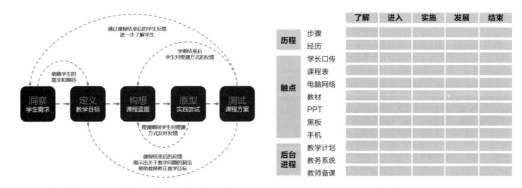

图 3　用设计思维进行课程教学改革的流程　　　　　　图 4　课程蓝图

程内容有初步的预见和期待？教师是否可以在学生选课之前通过特定媒介回答学生所关心的问题？

学生经常问一个问题是："老师，我们下学期会上什么课？"其实，学生是能够拿到完整的教学计划的，他问这个问题的目的是想获得对教学计划的详细解读。从一入学开始，学生从高年级学生那里获得的关于课程和教师的信息一点儿也不比官方提供的信息少。虽然这些流传在民间的信息经常掺杂着学生的主观体验，但很有可能会影响到新生的期待。在一门课程开始之前，学生非常关注一门课的难易程度、重要性以及与专业的关系等（表1），正是这些信息让学生形成了不同的期待，并做好了"准备"。

表1 课前学生调查

调查内容	选择人数
你从何种渠道注意到这门课？	
开学时的课程表	30
入学前的专业介绍	17
其他老师在课上提及	9
学长的介绍	5
网络	1
看到"工业社会学"这门课程，你主要的疑问是？	
这门课和所学专业有何关系？	29
这门课程主要讲什么内容？	28
这门课程对我有什么用处？	22
这门课的考核方式是什么？	14
这门课的难易程度、通过率如何？	13
这门课程的任课老师是谁？	6

注：被调查者为全部选择该门课程的47名学生。

（2）进入。课程的本质是一种软性的产品，教室四面墙不能成为课程的边界，不能把"走进教室"当作进入课程的标准。在服务业里，用户一旦完成注册和登录，就意味着服务提供方和消费方达成了明确的协议。学生在教务系统里注册、选择了一门课也意味着明确了进入课程所要承担的责任和义务。尤其是以小组形式组织的课堂，学生必须明确自己不是以一个独立的个体参与课程学习的。没有规矩的课程绝对不能带来学习自由的体验，而是随性和毫无章法。课程必须制定明确的准入协议，并鼓励学生对规则展开讨论，允许学生对其提出质疑（表2）。对规则的深刻理解可作

表2 课程准入协议及价值解读

行为方式	价值解读
上课不能迟到	尊重、理性
作业不能作弊	诚信
不能看手机、写别的课程的作业或干与课程无关的事情	合作
上课不能睡觉	自理、公益
按时、按规范交作业	准时、理性
不能带恋人来上课	知耻
三次不到退出课程	责任

为课程人文素质教育的内容，这比专业教学更重要。鉴于如今学校都已经有了学业预警，课程也可以考虑设置退出机制。

（3）实施。这是传统课改专注的地方。好的课程体验应当以学生主动性为前提，这意味着学生除了要具备学习课程的动力和目标，还应当有自主的学习计划。在课程实施的过程中，教师可以帮助学生制订符合教学大纲要求的行动计划。

（4）发展。课程的进步一定是师生共同努力的结果，这要求学生的学习不仅是获取知识，而且要创造知识。无论是理论创新还是学以致用，任何教学计划都应当成为学生起飞的平台，而不是限制个人能力的框架。如果学生在某一方面表现出足够的专注度，牺牲一部分教学内容也是值得的。因为知识就在那里，什么时候学只是个选择问题，而学习的专注度是很难再现的。作业是一个创造过程，而不是重复，要鼓励学生自己选择课题。

（5）结束。如今的课程教学，一旦进入到公布分数这个阶段就意味着结束了。辛苦了一个学期的老师在点击"提交成绩"那一刻是轻松的，但是教务系统另一端的学生却是心惊胆战的。好的分数并不一定意味着好的体验，同样，差的分数也并不一定意味着体验就差，这取决于学生是否能理解分数的真实意涵。

六、工业社会学教学实践

工业社会学是工业设计专业的一门核心课程。在该门课程中，开课之前对已经上过课同学进行访谈和问卷调查，明确学生了解课程的渠道和一般性的需要，就学生所关注的问题进行解读，帮助学生建立恰当的期待。在定义课程目标时，把宏观的表述转化成符合学生实际的条目，共同商讨、选择课程的案例。在构建课程蓝图时，通过学生的反馈评估不同教学手段和媒介的实际效果和体验。把课程准入协议纳入课程内容，在广泛的讨论之后形成共识。在具体实施过程中利用课间和课后了解学生的课程体验，及时修正实施方案。分班授课有个好处是，第一次授课作出调整，第二次课中就可以进行测试。工业社会学把课程渗透到广泛的校园和社会实践中，为学生设置处于"最近发展区"的挑战性作业。同时在结课后一周内进行访谈调查，主要获取教与学的互动过程体验反馈；一个学期后进行问卷调查，主要测量课程目标的达成度。用设计思维进行课程建设得到了学生很好的反馈。最近的一次考核中，学生考评结果优秀率35%，良率65%。学生对教师的教学评价为96分，学生体验式评价结果见表3。

七、总结与展望

（1）用设计思维做教改和用管理思维做教改一样，都面临着背离教育目标的风险。因为设计思维的终极目标是通过创造好的用户体验进而最终创造收益，而教育的最终目标是学生的人格独立和思想自由。设计思维之于教育，就是一个实现目的的工具，绝对不能成为理念，教师的理论水平和实践经验才是课程的基础。教学改革的最终目的是把学生和老师从教与学的方法和模式中解放出来，专注于教学内容的持续改进和学生的自我提升。

（2）用户与学生的不同之处在于，用户对不同服务触点的要求非常高，如果有一个地方服务不周就会导致用户体验下降。但是师生之间的特殊关系使得学生总是把对未来的期望和实际体验融合起来进行评价，几个触点的良好体验就可能导致对整个课程的全面好评。即便如此，不同触点连续的、一致的高质量也应当成为课程不断追求的目标。

（3）课程建设是一个循序渐进的过程，任何方法一定是在过去的基础上进行渐进式的改变。本课程建设更多地参考了学生的反馈，但是在具体的授课方式中还没有充分借用学生的创造力。下一步要继续与学生合作绘制更加有效的课程蓝图，这是一个创新工作，更是一个了解学生的过程。

表 3　学生对工业社会学的课程体验评价

反馈内容	选择人数
在这门课中，最令你印象深刻的是？	
做作业的过程	32
与同学合作学习的过程	25
课堂上同学之间的讨论	26
老师的讲授	18
你觉得这门课在以下哪些方面让自己得到提升？	
* 开阔了看问题的视野	32
* 对人的价值观有更加深刻的理解	30
对专业有了更深刻的了解	26
* 知道设计师所应遵循的职业道德	25
* 个人的人文素质得到提高	21
* 提升了与人沟通的能力	22
你是否愿意向其他同学推荐这门课？	
愿意推荐	33
无明显意愿	13
不愿意	1

注：① 被调查者为全部选择该门课程的 47 名学生；② "*"为教学大纲所规定的课程目标。

参考文献

[1] 宝莱恩，乐维亚，里森. 服务设计与创新实践 [M]. 王国胜，等译. 北京：清华大学出版社，2015.

[2] 布朗. IDEO，设计改变一切 [M]. 侯婷，译. 沈阳：万卷出版公司，2011.

[3] SCHRAND T. Design thinking as a strategy for consensus in general education reform[J]. Association of American Colleges & Universities, 2016, 18(3).

[4] ANDERSON J, CALAHAN C F, GOODING H. Applying design thinking to curriculum reform[J]. Academic Medicine, 2017, 92(4): 427.

智能时代下的高校设计基础课程探究

林永辉　北京理工大学珠海学院设计与艺术学院

摘　要

　　本文通过对智能时代背景下设计人才基本素养的研究，探索当下高校艺术设计学科基础教育的课程设置。通过对国内同类相关高校艺术设计专业教育的考察与对比分析，针对样板专业的现行课程体系和基础课程教学设计进行梳理整合，依照时代需求作出整合创新，形成艺术设计学科基础的两门核心课程——综合造型基础与综合构成基础，作为改革研究成果付诸实践教学，以期达到创新意识培养、审美能力提升、团队协作养成、理性思维支撑、可持续发展常态、传统文化传承、设计服务社会的人才培养目标。

关键词： 智能时代；人才培养；设计基础课程；创新

引言

　　当今社会处于网络时代的开放背景下，科技创新加速发展，各行各业创新改革已成必然。工业经济迎来更多发展机遇与挑战，这就要求工业设计和艺术设计界以及艺术设计教育界紧跟科技脚步，发扬改革创新精神，响应绿色环保意识，通过艺术设计创新来提高人类生活质量，同时合理利用资源，为推进人类社会良性发展做出贡献。

　　艺术设计教育的改革创新是艺术设计领域发展规划的重点与基础，高校专业人才培养环节很关键，抓住源头，事半功倍。艺术设计专业人才培养过程中，基础课程环节中所形成的思维方式、价值理念、专业体验、专业情操和伦理意识、哲学素养以及对未来的敬业精神，对专业艺术设计有着不可估量的重要作用。基础课程改革是高校教研中永恒的课题。

一、构建设计基础课程的基本要素

　　设计基础课程作为设计专业学生的必修课至关重要，是开启学生设计思维的重要环节，尤其是对新时代下的设计师应具备的那些重要素养的培养。现行的设计基础课程，内容过于僵化、概念化，基础与专业的界限过于分明，整个课程体系相对比较分散，缺乏统一性与连贯性，课程与课程间知识点的断层与脱节，导致学习内容很快流失，目标欠明确。智能时代下的设计基础教育，应该保留原有的哪些课程或课程中的哪些部分？需要再增设哪些内容才能解决学生的实际问题？

　　通过前期的调研和分析，在新时代背景下的设计基础课程体系应具备以下几大要素：第一，基础课程须解放学生的感性创造能力，发展其艺术才能，培养学生的设计思维与表达能力；第二，基础课程应在多维视角、学科碰撞、跨界实验中寻求新的发展；第三，基础课程应在解决实际问题的基础上设置课程内容；第四，从社会与服务的角度对基础课程中的课题做相关的设计；第五，工艺、材料、使用、结构、造型五大要素须在课程中协调运用；第六，建设一个面向未来（可持续）的设计教育体系，一个强调综合素质、培养创造型人才的教育模式；第七，从研究对象与设计主体来看，通过人类学、心理学、现象学等哲学理论来理性、客观地对人本身进行研究，在此基础上再进行有意义的设计；第八，从中国自身的传统艺术中找到文化自信，传承与融合，延伸与创造；第九，大数据时代需要资源的共享、人的共建，把一个问题解决得更加全面、合理，而在设计基础课程体系中，培养学生团队的资源共享、设计合作与创新融合能力尤为重要。

以上线索与脉络的整合，为设计基础课程体系的合理建构提供了必要的指导。构建符合设计学发展规律的造型基础课程体系，以形成卓有特色的专业教学是教师必须长期思考的问题。准确地说，艺术设计教育基础课程体系构建的内容就是整合诸设计要素的设计造型系统的动态重构。

二、构建设计基础课程的现状研究

（1）以中央美术学院为重点参照对象，其大学一年级课程主要分为六大课程，第一学期课程有造型基础、形式基础、材料训练，第二学期是人体速写、思维训练、春季写生。造型基础课程的教学目标是把基础训练同专业设计有机地联系起来，用丰富灵活的训练课题，创造性地启发和引导学生，使其渐进地理解艺术与设计的关系，潜移默化地把绘画基础与设计基础融合起来。训练主要以素描为基本手段，并且结合了形式构成语言以及材料实验的内容。形式基础课程的教学目标是要让学生掌握形式组织的基本原理和法则，学会在自然与现实生活中观察和发现美的形式及其规律，并且能够灵活地运用和创造形式。课程包含了二维平面形式、色彩形式和三维立体形式的造型训练。材料训练课程的教学目标是在通感训练的基础上，利用知觉和感觉，全方位地了解材料的特性，体会材料与周边环境的关系。人体速写课程侧重对人体的动态化表现。思维训练课程的训练目的是锻炼人的思维更加系统、高效、敏捷、灵活和具有创造性，兼具理性和感性两方面特长，是对于自我的发掘和完善。春季写生课程侧重对色彩的感知与表现能力的训练。

（2）广州美术学院的基础课程设置中，不同专业有不同的课程体系，通过比对，找出各专业的共通课程有：设计概论、平面造型（形式语言、图形构成）、色彩语言（形式语言、形色解析）、空间形态（空间与形态、空间构筑）。从广州美术学院的基础课程设置中，对比即可发现，专业基础课呈现出向专业课衔接过渡的明显倾向，比如平面造型、空间形态、色彩语言等共性课程已经按专业特点进行分化设置，并进一步强调各自的专业特性，例如视传设计专业的综合表达与图形基础，环境设计专业的材料与工艺、功能与体验等，产品设计专业的产品结构原理、交互设计基础等。

（3）江南大学设计学院的大基础课，也就是大一的基础课程，第一学期的课程内容偏美术，只是不同专业在课程具体内容与技法上会有些侧重，以满足各专业的后续需求，主要有设计素描、色彩、基础造型、设计概论；第二学期的课程较第一学期偏技术、偏专业，并导入相应的专业设计史，如计算机辅助设计、制图与CAD、工业设计史、基础设计等，不同的专业课程设置有所区别。

（4）大连民族大学设计学院的培养方案中，注重讲授、应用、创造密切结合的边"学"边"做"边"教"的设计人才培养模式和理念，以课题带动教学的整体连贯，培养学生自我发展的意识与能力。专业课及部分专业基础课均采用课题的形式。一年级的共同课程如下：基础描写40学时、基础表现40学时、色彩基础48学时、造型基础1（工学）48学时、造型基础2（工学）48学时、设计理论132学时、设计学概论24学时、个人发展与规划24学时、阅读实践24学时。

（5）北京理工大学珠海学院设计与艺术学院目前的一年级基础课程不同专业会有所区别，但总体来讲共通的课程有设计素描、设计色彩、平面构成、设计概论，目前学院的课程设置存在一些问题。第一，专业基础课程教学尚缺乏系统性整合，学生还不太理解基础课和专业课之间的联系。所以将课题式训练导入到课程设计之中就显得非常重要，从解决实际问题的角度对设计基础课的教学进度及重点重新进行研究，对此我们可以借鉴大连民族大学设计学院的经验。第二，基础教学与专业教学不能有效地衔接。基础课程的设置与专业课程的设置是不是一个有机的整体非常重要，它们二者的最终目标应是一致的，所以在课程体系的整体把控与协调上，既不能把基础课上成专业课，也不应把基础课程内容和训练任务留到专业课程中去解决，二者既是整体，亦有各自分工。所以要设计好基础课程，就必须要有基础课程与专业课程的整体架构思考与设计，进行合理有效的衔接，既不重复又不断层，在课程的设计与上课时间的安排上都应做到对比与统一的原则。第三，现有的基础课程设置中，课程与课程之间的对接不够合理，例如，在 2017 版的教学计划中，视觉传达设计专业的基础课"平面构成"排在了"设计色彩"后面，按照随类赋彩、色随形变的原则，应改为"平面构成"在前、"设计色彩"在后为妥；再如环境艺术设计专业的课程设置，第一学期设置有"设计色彩"，第二学期又设置一门"色彩构成"，这两门课程从课程名称到教纲任务内容都很接近，执行起来难以避免重叠问题，有待调整。如果课程任务确有差异，应该在课程名称中有明显区别。

三、构建新版设计基础课程的结果论证

1. "综合造型基础"课程的设置与内容设计

通过对美术院校与综合性大学设计专业的前期考察，发现其共性一，是设计基础课程的设计都遵循教学层级关系与基本规律，循序渐进地解决在不同年级所要解决的问题。在大一的基础课程设定中，大部分院校都在原有的基础课程上做出有各自特色、并符合本学院培养目标的课程设计。作为主干课程的造型类基础与构成类基础，与以往课程设置有所不同的是课程的数量精简了，原有的设计素描与色彩归纳到了造型基础训练中，三大构成也被浓缩归纳到形式基础的训练里。共性二，是每个院校都非常关注学生的创造性思维培养，例如中央美术学院的"思维训练"课程，广州美术学院的"设计思维"、"综合创意"课程，大连民族大学设计学院的"基础表现"课程，无不在训练中培养学生的创意思维。共性三，是设计基础课程的内容设置与专业结合得更加紧密，甚至课程的设计更符合设计行业的需求，无不为解决实际问题而设，例如广州美院的视传专业基础课增设了"观察记录""综合表达"课程，环境设计专业增设了"材料与工艺""功能与体验"课程；大连民族大学设计学院以课题的形式贯穿至大学四年的各门课程教学之中，达到基础、专业、行业的有效对接，培养学生在解决实际问题的过程中掌握知识和技能。

综上所述，设计基础课程的改革需建立在渐进、过渡、有效的基础上，作为学生从高中来到大学之后的过渡衔接课程，造型基础课程的训练很关键，它培养学生从高中阶段的具象思维或惯性思维向大学阶段专业化的抽象性思维、创造性思维提升转变，达成设计思维转型的目的，因此，"综合造型基础"课程作为大学一年级学生的必修课尤为重要。

"综合造型基础"课程所涵盖的内容可以按四个步骤或方法来进行教学设计：第一，具象形象的设计和创意表现，培养学生从具象意识（具象描摹）到抽象意识（设计创意）的转变，以素描或彩铅的形式表达都可行（图 1～图 4）。具体于作业训练方案上，可以在课堂写生的教具对象上精心加以限定，并引导学生以教师选定的写生物品为起点，展开历史人文及当下生活的相关联想，或直接讨论攸关国家、社会、家庭等一系列问题与该物品有何关联，展开并确定设计主题（或相同或各有差别）；然后以前述限定的写生物品为典型艺术形象原型，进行角色化再设计，从而一举达到造型技能训练与设计语言表达能力训练的双重目的，并为后续创意设计训练的开展架构理性思维惯性的桥梁。第二，结构与构成语言的造型研究训练，培养学生从物体结构认知到画面结构设计的思维转变，在掌握基本的透视与形体空间造型规律的同时，培养其在画面构成层面的审美意识，开拓构成形式造型语言在结构形态下的多元转化应用（图 5）。第三，肌理与形态语言造型训练，研究媒介的肌理特质，探索情感表达的更多可能性，肌理语言的变异转换在艺术创造中占据着重要地位，由于叠加了触觉通感的视觉肌理可以引起或强烈或微妙的心理感应，不同材料不同肌理质地搭配更会有出人意料的视觉效果，不但丰富了形体美感，也使空间意向更趋条理化、微细化，肌理语言研究与材料选择越来越受到艺术设计工作者的重视（图 6）。第四，实物解析与设计，研究自然界的生物机体、生物机能以及习性、天文现象、水文现象、气象、地质现象等，选择随机的形态进行观察探究，寻求更多关于对称、比例、节奏、韵律、平衡、协调、变异、统一规律的启示，采用速写、

素描、摄影、研究草图、文字分析备注补充等方法记录抽样调查和分析的过程，将分解的形态、形态之间的关系、肌理的提取、色彩的分析等分门别类，将局部的分析与整体性的联系、归纳研究结合起来，做成视觉化材料的研究笔记。需要强调的是文字分析备注补充这一辅助方法，由于其在备忘、分析、描述、计数、假设、推理、联想、归纳演绎、交流等方面都具有无可代替的作用，一定要受到足够的重视和运用。最后要求根据研究的成果，利用构成手法的方便和启示，发展成艺术表现或有设计美感的表现形式（图7）。

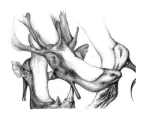
图1　形象创意表现（反皮草）

图2　形象创意表现（语言暴力）

图3　形象创意表现（渐变形式）

图4　形象创意表现（海洋污染）

图5　结构与构成

图6　肌理与形态

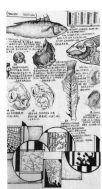
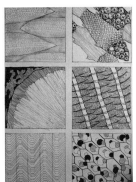

图7　自然解析与设计

2. "综合构成基础"课程的设置与内容设计

智能时代下的设计需要有感性的创造力来丰富设计思维；需要在解决实际问题的基础上来彰显设计所体现的人文关怀；需要借跨界联合来开拓更多更新的功能性设计；需要有中国传统文化的支撑来建立中国设计的自信；需要有团队协作的精神与资源的共享才能在未来大数据的社会背景下立足，发挥其更大的能量。"综合构成基础"课程的内容也因此而设。

"综合构成基础"课程的内容设置也大致分为四大部分：第一部分内容是造型基本元素的构成，点、线、面在版式关系、元素群化中的具体应用，从平面关系的训练中去思考其三维空间塑造的可能性，由此延伸与理解元素构成在不同设计专业领域发挥其不同的功能与用途。第二部分是功能设计与构成训练，不同专业领域都需要解决不同的设计问题，也就是人的需求问题，解决实际问题也就成为本训练的重点，利用概念的功能设计，让学生主动思考功能与构成设计的关系，在矛盾或问题的碰撞中去理性地协调好审美与实用的关系。第三部分是跨界设计与构成训练，设计专业化是现代化大分工导致的学科分化现象，但是作为相对比较年轻的学科，设计本身就具有多学科交叉的特点。当代设计更多地关注科技前沿、人机工程学、交互学、美学、生态、特定消费群体定位、民族地域文化等因素的差异性，这些趋势都要求设计团队更多地考虑革新乃至跨界研究。原研哉等前辈大师们为我们做出了很多跨界探索、融合的经典范例。由于科技的快速发展，当今的跨界设计更多依靠合作——不同领域、不同行业、不同文化背景之间的协作，让原本不敢想象、毫不相干甚至矛盾、对立的元素，相互渗透相互融合，把不可能变为可能，从而产生新的创新点。本部分的训练需要团队协作来完成，可以与本校相近专业甚至不同学院的学生展开合作完成作业，可以以多样的形式来完成构成设计训练。第四部分是传统文化与构成设计，将传统文化融入现代设计之中，既是保存历久长存的文化血脉，也是焕发民族自信心和提升本土民间幸福指数的捷径。在开放的国际环境下，需要发扬共享精神，这是我们面临机遇与挑战不得不作出的选择。这是当代中国设计师对民族传统文化的一种认知态度与责任。民族的才是世界的，只有彰显民族特色，中国设计才有了独有的中国精神。本部分的课题训练在于让学生搜集一切感兴趣的传统文化元素，通过具体、详尽的前期考察与分析，形成文字与图像笔记，通过传统元素的再设计来获取传统文化的艺术化与当下创新应用。

四、结语

网络智能时代最大的特点就是开放、共享，带来的影响就是全球化的快速发展，我们只能顺应开放，求同存异，文化融合，团队合作，以求共赢。高校的艺术设计教育应顺应这一历史潮流大方向，及时对基础课程进行改革。笔者经过多年一线教学的探索、借鉴并实践，本着承上启下、开拓创新、兼容并包的宗旨，逐渐摸索出高校艺术设计专业基础课程教学改革的基本思想和新方法专案，整合于"综合造型基础"与"综合构成基础"这两门课程之中，既考虑到基础课程与专业课程的过渡融合、一脉相承，也兼顾了基础课程本身的基础性和宽泛性，作为教学经验分享，以资借鉴。

参考文献

[1] 林楠，宋懿 . 数字时代下的首饰设计教学 [J]. 设计，2019（6）：92-95.

[2] 陈炳东，兰翠芹 . 技术视角下的智能化设计研究 [J]. 设计，2019（6）：102-103.

[3] 范鑫鑫，吴祐昕 . 数据驱动的精准教育设计策略研究 [J]. 设计，2019（5）：76-78.

[4] 马春东 . 教学管理和实践应遵循认知规律 [J]. 设计，2019（4）：54-55.

[5] 周至禹. 其土石出 [M]. 北京：中国青年出版社，2011.

[6] 郑美京，王雪青. 二维设计基础 [M]. 上海：上海人民美术出版社，2016.

[7] 宗明明，王瑞华，等. 三维设计基础 [M]. 上海：东方出版中心，2008.

理工科类大学设计专业基础综合课程群教学探索

蒋红斌　清华大学

邓媚丹　孙小凡　张锦华　朱碧云　北京城市学院

摘　要

　　针对工科工业设计专业学生中，存在将设计解读为美术和艺术、工业设计解读为产品外观设计的现状，如何使学生建立对产品的准确认知，是本文探讨的核心。结合应用型大学工科工业设计学生特点，利用对经典产品实物拆解分析、用户行为观察、1∶1模型制作等强调动手实操的方法和方式，在设计实践中开展产品认知教学。产品认知教学的核心是教授学生理解产品与用户的关系，与用户生活、实际生产的关系。通过设计实践教学，使学生学习在生活中洞察用户诉求与产品设计诉求，在制作生产中建立产品设计规范与标准，理解产品设计是从生活中来到生活中去，从生产中来到生产中去，有效建立对产品的准确认知。

关键词： 工科工业设计；产品认知；实践教学

一、引言

　　当前，我国工业设计教育模式分为艺术类和理工类两种。应用型综合大学或工科院校工业设计专业招生多为非艺术类生源，以理工类教育模式为主。在以往教学中发现，工科工业设计专业学生在理解设计时，通常将其解读为美术、艺术，将工业设计解读为造型设计，在学习一些设计方法，如仿生设计时，不少学生也只停留在表象，理解为形态设计。针对这种现状，本文将探讨如何在实践教学中，使学生从功能、造型、材料、结构、成本等多方面综合理解产品，建立对产品的准确认知，从而形成对工业设计的正确认识，促进大学期间专业学习的有效进行。

二、教学思路

　　相对艺术生源学生，工科工业设计专业学生的优势在于有较强的动手能力，并能更有逻辑性地思考、分析问题。结合该优势，本次教学将以设计项目为载体，以大师巨作解析为切入点，以轻草图重模型的方式在实践制作中学习和理解产品。

　　首先，以设计项目为载体，让学生在设计项目实践中开展产品认知教学。选择一个生活中常见的产品为设计对象，通过研究产品使用场景中的环境特征，分析用户行为习惯特征与产品结构的关系，理解人与环境、机（物）的关系，并利用研究结论进行产品创新设计，最终使学生在设计项目中学习如何在生活中洞察用户诉求与产品设计诉求，形成从生活的角度认识产品。

　　其次，以大师巨作解析为切入点，在进行设计项目调研前，通过让学生选择与项目产品相关的大师作品，进行大师巨作解析，教授学生学习站在历史的维度看伟大的设计巨作，然后分析它的人因和物因的关系。最终使学生形成一种学习模式，即在对好的作品进行思考和分析中理解产品，以及向好的作品学习如何进行产品设计。

　　最后，轻草图重模型，强调动手制作能力，在产品设计教学环节中，强调1∶1模型制作，在实物模型制作中不断探索设计，迭代设计。通过模型制作了解产品造型、结构与材料特性、加工工艺的关系，以及产品制作规范与标准，最终使学生学会从生产制作的角度认识产品。

三、教学核心

首先，从生活中来到生活中去，理解产品适用性，产品与用户生活息息相关。本次教学希望教授学生在进行产品设计时，不能为了造型而造型，为了创新而创新。通过设计改变一个产品的理由一定是从生活中用户在使用某个物品时的细节出发，洞察用户诉求，并且通过设计的产品反馈和满足用户。最终使学生理解产品设计是从生活中来到生活中去，实现其适用性。

其次，从生产中来到生产中去，理解产品适制性，工业产品与艺术品区别之一在于工业产品的批量化生产。因此，本次教学希望通过制作1∶1实物模型的方式，教授学生对材料特性、加工工艺、人机尺寸进行探索、分析，建立产品设计规范与标准，使其设计的产品能够批量化生产。最终使学生理解产品设计是从生产中来到生产中去，实现其适制性。

四、教学过程

本次实践教学对象为北京某应用型综合院校工业设计专业大二上学期学生，以坐具设计为课题，分为大师巨作解析、设计研究、产品创新设计、作品展示、教学反馈五个阶段。

第一阶段，进行大师巨作解析。学生以小组为单位，每组分配一把大师或品牌设计的经典坐具，并由小组对其进行拆解（图1），研究该产品的人因和物因，包括制（标准）与造（生产）的关系。最终以小组为单位，从坐具的物理、生理、功能、结构等方面进行分析，并输出一份研究报告，详细了解经典产品设计中人因和物因的关系。

第二阶段，设计研究。学生根据"校园坐具设计"课程主题，以小组为单位，确定坐具使用场景，进行场景和用户调研。学生通过研究场景中的环境特征，分析用户行为习惯特征，推导人与环境、产品的关系、尺度，洞察用户诉求与产品设计诉求。

第三阶段，产品创新设计。学生根据设计研究环节洞察的用户诉求与产品诉求进行产品创新设计。在此过程中要求学生以草图为辅，实物模型制作为主，进行产品方案迭代设计。学生先绘制草图确定设计方案造型、结构、尺寸等（图2），然后通过1∶1模型，结合材料特性、加工工艺以及实物测试进行方案迭代（图3），直至完成最终方案设计与制作（图4）。

第四阶段，作品展示。学生将研究过程、设计制作过程、最终设计方案进行展板制作，并以小组为单位，搭建使用场景，进行作品展示（图5）。任课教师在作品展现场，根据学生的汇报与展示进行作品点评与评分。

第五阶段，教学反馈。课程结束后，教师团队收集学生对本次教学的反馈意见，以便在今后的教学中进行改进和完善。经学生学习过程表现、最终作品呈现以及教学反馈，此次产品认知实践教

图1　学生课堂拆解经典坐具

学中，多数学生能在生活中，如在图书馆看书、在实训楼休闲空间休息、组织专业活动等行为中，洞察用户诉求与产品设计诉求，进行坐具创新设计（图6），并在制作中利用材料特点与加工工艺进行产品结构、造型设计（图7），结合人机尺寸，在生产制作中建立产品设计规范与标准。最终，理解产品设计是从生活中来到生活中去，从生产中来到生产中去，有效建立对产品的准确认知。

但也有部分学生在制作环节对材料特点和加工工艺的运用和理解有所欠缺，例如，单纯把瓦楞纸当作板材运用进行产品设计与制作。在今后的产品认知实践教学中，将考虑是否加强对产品结构、造型等与材料、生产关系的内容。

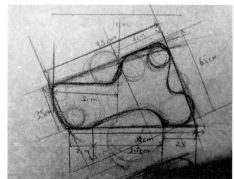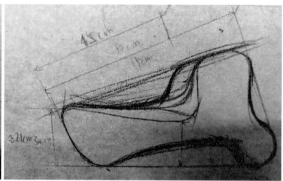

图2 学生设计方案草图

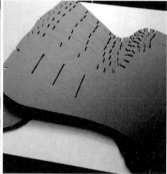

图3 学生根据草图进行1∶1模型制作及方案迭代

图4 学生根据材料特性和用户诉求，将拼插方式
更改为弯折方式，完成最终方案设计与制作

图 5 学生作品展

图 6 学生教学反馈 1

图 7 学生教学反馈 2

五、结论

本文研究了如何针对工科工业设计专业学生对专业认知存在的问题，以及相对艺术类设计专业学生具备的理工科思维、动手能力优势，在专业学习初期进行产品认知实践教学。希望通过此次教学研究，探寻普适于应用型大学工科工业设计专业产品认知教学的模式与方法。

"新工科"建设背景下工业设计专业改革的思考

吕杰锋　王莫紫荆　陈婧　武汉理工大学艺术与设计学院

摘　要

　　近年来，中国新经济快速发展带动产业革命与产品创新，对传统工程教育而言是机遇也是挑战，针对工程教育改革的"新工科"建设应运而生。工业设计专业作为学科交叉性较强的工科专业，同样面临社会人才需求的变化及专业改革的需求。本文以当下工业设计专业人才需求为基础，划分经验层、技术层、思维层、思想层四个工业设计人才培养层级，结合当前掣肘因素及对新工科建设相关案例的归纳与总结，从教学体系建设中课程建设与改革、实习实践教学建设改革、新兴工科专业建设、师资队伍建设和管理制度建设方面提出若干改革思考。

关键词： 新工科；工业设计专业改革；特色专业建设；人才培养

引言

　　为主动应对新一轮科技革命与产业变革，支撑服务创新驱动发展、"中国制造2025"等一系列国家战略，2017年2月以来，在教育部的积极推进下，新工科建设先后形成了"复旦共识""天大行动"和"北京指南"三大指导性纲领，全国各大高校纷纷展开了"新工科"建设的探索与改进。从思想研讨到学校行动，再到全面探索形成领跑全球工程教育的中国模式、中国经验，助力高等教育强国建设，中国正进行着如火如荼的"新工科运动"，新工科理念正在形成高度共识。

　　根据教育部《普通高等学校本科专业目录（2012年）》，工业设计专业隶属于工学学科门类，正处于"新工科"建设的视野之内，社会对工业设计人才需求的升级已将专业改革提上日程，而其自身带有的创造性、交叉性与"新工科"建设的关注点息息相关。传统的工业设计专业如何面对"新工科"建设提出的新要求，提出符合社会人才新需求、设计教育新特征的改革思路，仍需不断思考。

一、工业设计人才培养的社会需求与教育瓶颈

　　社会分工是专业存在的基础，工程教育是以面向社会生产活动培养人才为根本特征[1]，构建人才培养的新模式。可通过确立当今工业设计人才培养目标，以此为基础完善教学体系的思路进行新工科背景下的工业设计专业建设。因此抓住痛点，明确社会职业对人才的需求、分析工业设计专业教育的瓶颈对改革方案的确定至关重要。

1. 工业设计人才现状及需求分析

　　陈宝生部长指出，如何适应与应对社会持续的变化是"新工科"人才培养必须考虑的。[2]从工业设计从业者到乔布斯、戴森等业界领军人物，从物质设计到非物质设计，社会对工业设计人才的要求由最初的纯设计师人才，向双师型人才、综合型人才甚至领军型人才逐渐演进（图1）。纯设计师人才是具备基本的设计能力，且能对产品的色彩基调、创意等进行加工和创作的技术人才，也是我国工业设计初期主要的人才培养对象；随着工业设计产业及教育逐渐发展与完善，工业设计师与工程师整合的双师型人才成为社会需求的中坚力量，需要其既具备审美及设计能力，又具备对专业相关工程知识的宽厚基础，还能快速熟练地投入相关产品研发及生产工作；随着物质设计的不断发展以及无物质设计的出现及普及，综合型人才的需求也在不断增加，单一的专业知识已无法满足

图 1 工业设计专业人才分类

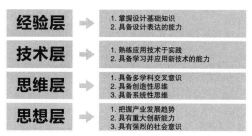

图 2 工业设计专业人才培养的四个层面与需求对应关系

日益复杂的社会需求，要求设计师结合产业链的需求，不断完善充实自己的学科背景，以加强与其他专业的协作；而领军型人才位于人才金字塔的顶端，需要其具有极强创新思维及优秀领导能力，可引领行业的趋势，是具有设计能力及审美、前瞻性及创新性思维的高端人才。

综合而言，目前工业设计人才需求现状可总结为以下三点：① 企业对双师型人才及高层次复合型人才的需求逐渐扩大，具有多学科交叉背景以及完整的专业知识体系更为重要；② 虽然高校每年向社会源源不断地输送专业人才，但成为本领域领军人才的尚不多见[3]，其稀缺性主要源于其培养不仅依赖于教学体系，更在于其自身的追求与定位；③新经济中不断涌现出移动互联网、云计算、大数据、物联网、智能制造、服务型制造等新兴产业和业态，这些领域均面临人才紧缺的问题[1]，较强的专业性导致行业门槛较高，因此应有选择、有针对性地进行相关特色专业人才的培养。

2. 基于人才定位的工业设计人才培养要求

根据上述的人才类型，可将人才培养的目标分为以下四个层面（图 2）：

（1）经验层，涵盖设计学科的基础能力，要求学生熟练掌握本专业的基础知识技能，达到技术与美学的统一。具体包括审美需求、设计史及理论的了解、设计方法的掌握、设计方案的表达及相关辅助工具的应用等。

（2）技术层，此层面在经验层的基础上更强调新技术运用和开发。学生需具备参与项目全周期的能力，能熟练应用跨学科的方法和技术解决创新产品中的具体问题；需具有较强的技术能力及较强的学习与应用能力；还需鼓励其自主开创新方法、新科技，以适应和迎合社会的快速发展。

（3）思维层，要求形成跨学科技术应用与多学科交叉思维相辅相成的思维方式。工业设计师属于通才，其知识范围涉及自然科学、社会科学和人文科学各个领域，仅熟练掌握本专业的基础知识远远不够，需具备整合不同学科知识、处理设计问题中复杂因素的综合能力；需具备创造思维、系统性思维。勇于跳出原有框架进行功能、方法、形式等的深刻创新，具备对全产业链的把控意识与能力。

（4）思想层，要求学生能洞见重大机遇或趋势，以设计创新引领开辟产业新领域。变革传统产业形态和模式的同时也能将设计创新置于经济与社会发展的趋势中把握，能考虑到工程实践对环境的影响、工程对社会的影响、工程对人的影响等。

3. 工业设计专业教育瓶颈

纵观我国工程教育的发展趋势，科技发展正在向"领跑"实现过渡，工程实践和教育面临既往经验缺乏、领航先行者缺失、行进方向不明确等问题，同时结合人才培养的需求，教学体系的更新与完善不可或缺。考虑到教学体系的复杂性，笔者将专业教学体系分为教学模式和教学设施两个方面进行瓶颈分析。

教学模式的瓶颈以专业建设和课程建设为主。专业建设目标需根据社会需求不断更新，以新工科下工业设计人才培养目标为基点，进而探索工业设计人才的未来趋势与发展方向；大部分工业设计专业方向设置过于普适与宽泛，缺少针对性，会导致吸引人才的不对口，并且由于工业设计内涵丰富，有限的在校学习时间无法全部囊括，导致工业设计专业学习出现止于表面的情况，缺少不可替代性，降低了人才的社会及市场竞争力。课程建设以理论结合实践、独立学科教学为主。首先，理论教学将设计专业课程与力学、数学等工学课程割裂教授，各学科间知识联系性差，知识难通用且资源难对接，而工业设计是一门涉及领域广泛的综合性学科，要求学生在学习设计学知识的同时也能掌握其他学科知识，因此亟待研究突破学科藩篱和促进跨学科交叉融合的教学方法；其次，专业未明确分工，广义的工业设计包括功能性、实用性、经济性、美观性等各类因素的综合考虑，而某些专业门槛较高的行业，若无专项了解学习，很难成为研发核心人员，实习实践教学多为校企联合项目和课题实践，工程教育与新兴产业的结合度、与企业的契合度不足，学生工程实践能力得不到有效提升。

教学设施主要包括硬件建设与软件建设两部分，其中硬件建设除已有的工作坊、工作室、3D打印机等基础设施，还需与时俱进，及时引入新技术；实践渠道建设中除校企项目和课题实践外，实验模型制作和设计竞赛只能属于基本工程训练的范畴，实践途径单一，内容的可创新点也较少；师资队伍建设过度依赖于传统学科背景教师团队，产业一线工业设计从业者参与度较低，导致教学水平及产学研能力方面与企业需求存在差距，学生也较难胜任企业在设计研发方面的更高要求；教学质量保障体系建设中的教师考核反映出重学历过于能力和重研究轻教学的现状；学生考核以上交的结课作业为测评依据，考核重结果轻过程，学生日渐丧失学习的积极性和主动性。

综合以上教育现状总结得出的工业设计专业教育瓶颈（图3）如下：专业分工界面模糊；原有专业亟须转型升级，并增设新的专业方向；传统课程设置存在学科割裂问题；工程实践途径较少，可创新空间较窄；校企协同办学机制缺失，学生工程能力有跨界性；师资来源单一，工程实践能力

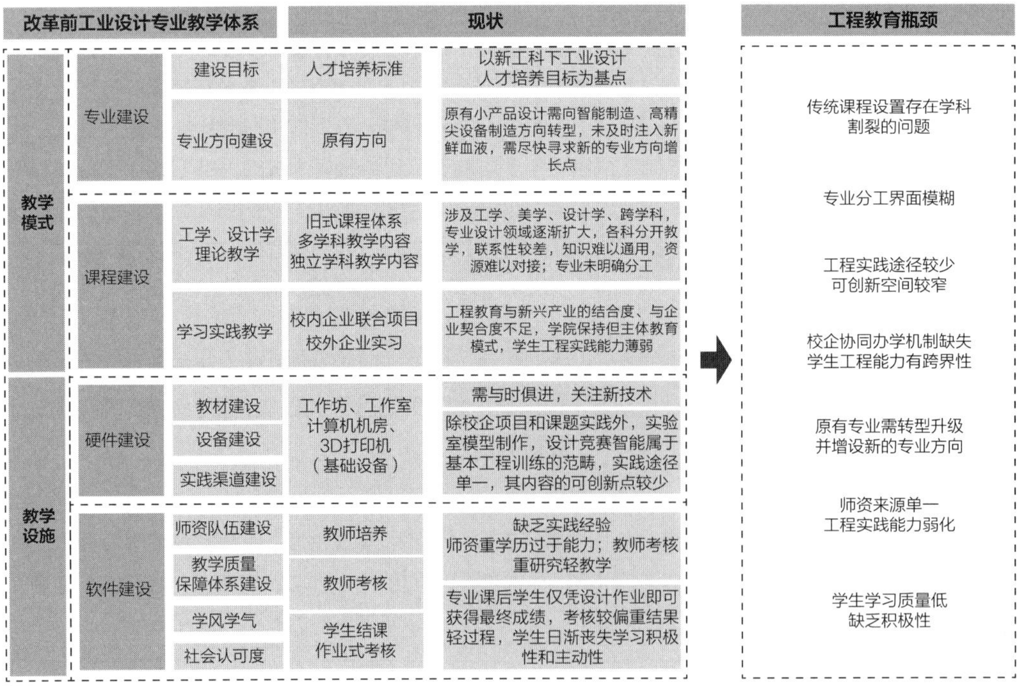

图3 工业设计专业教育瓶颈分析图

弱；学生学习质量低，缺乏积极性。

二、"新工科"建设对工业设计专业改革的启示

迅速发展的科技水平、不断更新的社会需求，工程教育的专业改革引起国内外教育界的重点关注，除我国外，部分国家和地区虽未有"新工科"之名，但与"新工科"具有相同内核的全球范围工程教育改革运动早已兴起。将国内外工程教育改革的优秀案例进行归纳总结，主要表现为以学生为中心的教学理念与方法、以全周期实践培养工程及跨学科思维能力、以多方协同机制建立个性化阶段培养模式。

1. 以学生为中心的教学理念与方法

普渡大学 MDE 项目目标是培养工程领域未来领导者，基于学生个人兴趣和未来的职业方向，由院系教师、课程顾问、学生共同讨论、调整课程计划[4]；而 OBE 教学理念下的教学活动同样以学生为中心展开，但主要是围绕明确的学习成果来组织，教育者必须对学生毕业时应达到的能力及其水平有清楚的构想，然后寻求设计适宜的教育结构来保证达到这些预期目标[5]，同时还要具备完善、科学的评价体系，并不断改良教育结构体系以确保学生实现学习目标；PBL 教学法是基于问题式学习或者项目式学习的教学方法，是基于现实世界的以学生为中心的、培养学生批判性思维的教学方法[6]。强调不能仅以传统的教师讲授为主，学生应自主、自觉地学习。

上述三种教学改革内容不论具体措施如何，都以学生为中心作为核心理念实施改革措施，促进了学生的学习积极性，迎合了学生自身的发展周期与未来规划，最大限度地达到了人才培养的目的。

2. 以全周期实践培养工程及跨学科思维能力

传统的专业学习模式以学科为中心，以专业知识为主线，虽然达到了构架单一学科知识体系的作用，但是缺少与其他学科的关联性与实际应用性。欧林工学院推行项目式教学[7]、斯坦福大学推出"Stanford 2025"计划[8]、英国先后提出"工程技术人才倍增计划"和"Tomorrow's Engineers"计划、日本筑波大学推行"学群再编"制度[9]等教学改革不约而同地强调了以下内容：① 强调跨学科交叉与融合的重要作用；② 强调系统性、批判性和创造性思维培养；③ 强调工程实践，培养处理复杂工程问题的能力；④ 强调激发学生兴趣、促进深度学习。从这里我们可深切感受到当前的人才培养及专业建设早已不局限于单一学科，在实际操作中，也应多注重其应用性及系统性，鼓励跨学科知识交叉应用。

此外，DBL 模式、CDIO 教学大纲和 CO-OP 模式也强调了全周期实践教学和跨学科思维培养的必要性。DBL 模式认为应进一步拓宽产业参与人才培养的深度与广度，即全链条式参与[10]；CDIO 通过对工程师工作过程的分析，把工程师所需具备的知识、能力和素质分解整理为教学大纲，细化到了可以直接观察到学生表现和行为的程度，可以作为学生学习效果的测量依据[11]；CO-OP 模式将学生的课堂知识学习和带薪实习体验相结合，通过参与雇主的工作达到人才培养目标[12, 13]。打破传统，以生产设计流程或生命周期为主线，将各个学科的知识以实践应用的方式串联起来，加强了学科之间的关联性与协作性，可增强其工程实践的能力，也能提升学生灵活解决问题的能力。

3. 以多方协同机制建立个性化阶段培养模式

跨学科发展需寻求强有力的平台作为支点。以多方协同机制为基础，能为上述两点提供可行性保障。如何选择平台、怎样达到协同等问题已有相关可供参考的解决方式，如：敏捷教学以进化性、灵活性、迭代性、协同性四项原则保证教学体系的敏捷与进化[14]，其中进化性、灵活性原则给予了

学生更多选择权，协同性原则提供了坚实基础；DBAL 创新设计人才培养路径构建了"教学综合体（专业院系）、研究综合体（跨学科研究院）、创业综合体（众创空间）"三个有机互动的设计综合体[15]，根据不同培养目标，将学位项目分为创新设计兴趣班、创新设计领袖班以及（工业）设计专业班三种类型；西安交通大学探索"通识教育 + 宽口径专业教育"相结合的个性化育人模式[16]。多样的协同背景及灵活的协同机制使个性化培养模式的发展成为可能。

三、工业设计专业改革的若干设想

依据工业设计人才的社会需求、工程教育瓶颈和优秀的新工科改革范例，可制定专业改革总体思路图（图 4）。根据改革总体思路图中的各要点，可提出工业设计专业改革的若干设想（图 5）：

（1）转变人才培养目标。工业设计专业的人才培养目标应从最初的设计师型人才培育逐渐转向更高阶的双师型及综合型人才，乃至领军型人才的培育；提出本专业、跨专业综合知识技能的更高标准来催生高质量双师型及综合型人才；以培养创新技术洞察力和卓越工程领导力为目标对部分成绩优异且科研能力拔尖的优质生进行领军型人才素养的培育；结合院校自身办学特点及优势，密

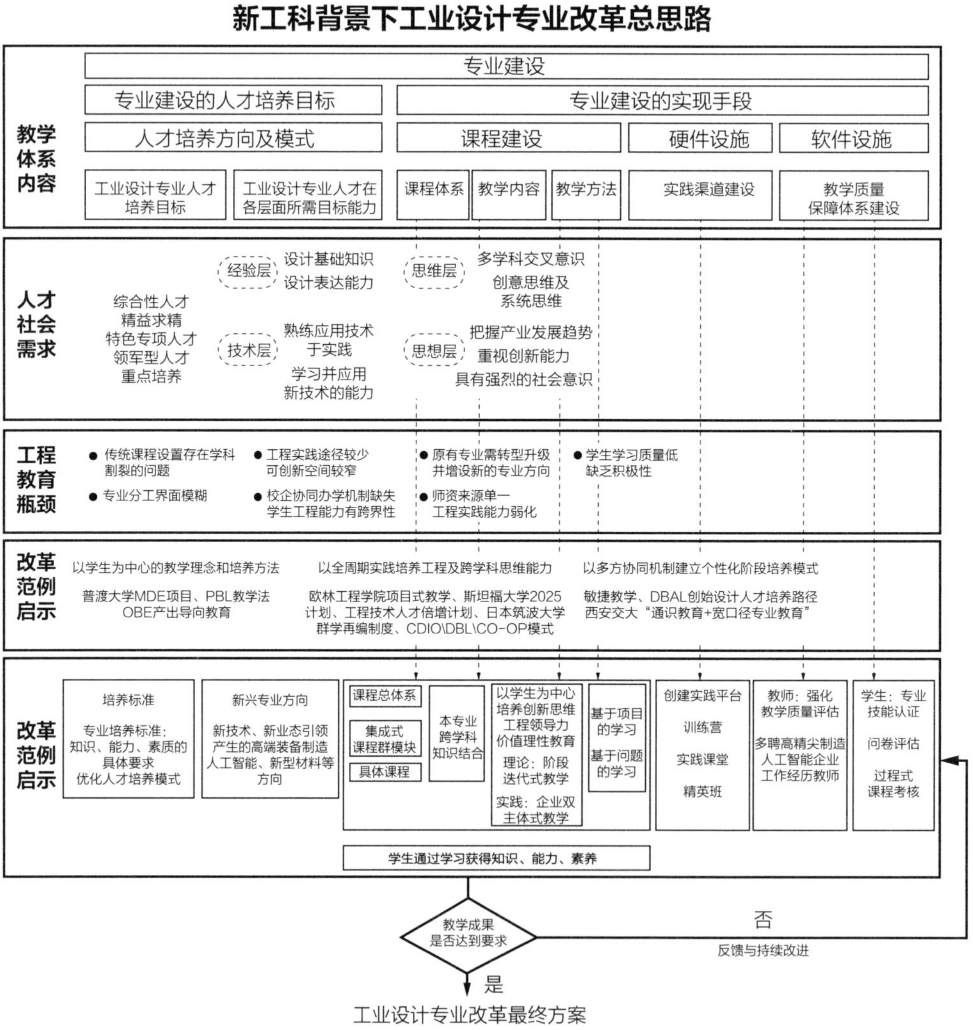

图 4　新工科背景下工业设计专业改革总体思路图

切关注新产业和新业态对学生掌握新技术的要求，以社会、企业需求为基准进行特色专业的专项人才培育。

（2）专攻新兴特色专业方向。关注新生、新兴、新型行业的最新发展，并结合自身资源优势和办学特点，增设新兴专业方向或对原有专业方向进行升级，如高端装备制造、人工智能、新型材料等专业方向的探索开发。专业方向的升级与学习门槛的提升均需要教学体系有所响应，需对应专业方向进行专项培养，培养具有较高水平的双师型或综合型人才以缓解全新或革新领域的人才需求变化及人才紧张的问题。

（3）制订个性化迭代式培养计划。根据培养目标制定标准，优化人才培养模式。以学生为中心并充分考虑个体发展的差异，根据各个学生的学习个性建立多元培养目标，由原来同方向、班级采用同类型的培养方案转变为精准到个人的个性化培养方案，使学生明确自身的潜质优势、个人志趣与未来目标。培养方案的制定过程需由专业老师、学生共同参与，学生深入课程核心且能在最大程度上被调动主观能动性，同时由教师对方案进行整体把控，以保证合理性；此外，长期的课程杂糅、技术更新和迭代导致学生基础技能不扎实，可采用阶段性的认知交错、迭代式的教学模式来助其巩固和夯实专业知识。

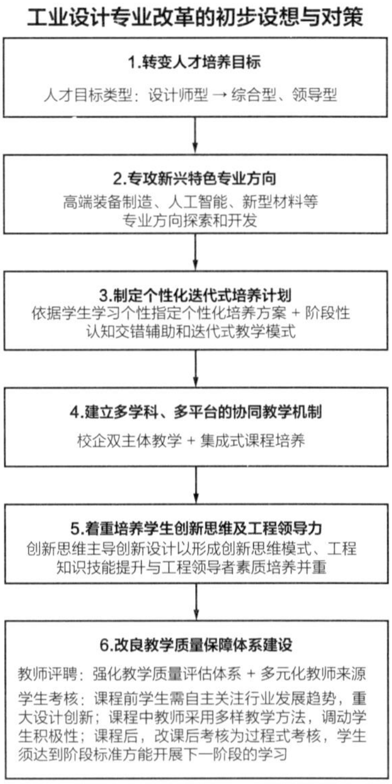

工业设计专业改革的初步设想与对策

图 5 工业设计专业改革的初步设想与对策

（4）建立多学科、多平台的教学协同机制。借助校内外的教学资源，打破原有的学科及专业壁垒，大胆探索以工业设计产业链为主线、多学科交叉辅助的实践平台，实现跨界、跨校、跨院、跨专业的协同机制。可采取校企双主体式教学法。改良传统的校企合作方式，解决学生工程能力跨界性问题，真正实现产教协同。实行双主体式培养制度，学生既需完成校内学习任务也需完成校外实践任务。校内学术导师通过课程教学、学术指导等提升学生科研能力；校外企业导师均来自各高校企业家协会、科技园、控股公司，通过开展企业实际项目为学生提供校外资源和实践机会；创建集成式培养单元。可建立集成式课程群，围绕系统的训练模式连通知识链，既满足个性需求，又兼顾多学科资源融会贯通的需要。

（5）着重培养学生创新思维及工程领导力。以创新思维主导创新设计为核心指导思想，鼓励学生应用不同方式解决同一设计问题，长期、反复地训练以形成特定的创新思维模式；培养工程领导力，知识技能教学与工程领导者必备素质教育理应并重。需将工程知识技能教学贯穿设计、制造的全周期。通过实践项目的质量拔高、导师匹配合理度的提升等方面促进工程领导者素质教育循序渐进地发展。

（6）改良教学质量保障体系建设。教师评聘需强化教学质量评估体系，多聘高精尖制造企业、人工智能行业出身的优秀教师，形成多元化教师来源；学生考核首先要注重培养学生自主学习能力。课程前，需主动关注当下行业发展趋势、重大设计创新或产业领域开辟等实时信息。课程中，教师要基于学科理论创设丰富的教育环境并使用多样化的教学方法，使学生积极地参与教学过程。课程后，原有的课后考核模式可改为过程式考核，根据项目内容在设计的每一阶段都抛出问题对学生进行考核，学生达到考核标准方能开展下一阶段的学习，以此保证学生学习主动性和教学质量。

四、总结

社会对人才需求的不断进化与迭代要求高等院校在相关专业的改革方面步履不停，新工科建设的逐渐完善及相关经验可为工业设计专业改革提供帮助。面对工业设计人才培养多样性与层级性的需求，结合专业建设及教学体系的内容进行自检，寻找瓶颈与约束因素。并从人才培养目标、专攻新兴特色专业方向、制订个性化专业培养计划、建立多学科多平台的教学协同机制、着重培养学生创新思维及工程领导力、改良教学质量保障体系建设等方向进行专业及教学改革。由于工业设计专业改革包含众多方面，教学体系改革也不可能一蹴而就，需在实践中不断完善。现仅提出专业改革的初步设想，后续仍将继续探索和建设。

参考文献

[1] 吴爱华，侯永峰，杨秋波，等.加快发展和建设新工科 主动适应和引领新经济[J].高等工程教育研究,2017(1): 1-9.

[2] 郑庆华.以创新创业教育为引领，创建"新工科"教育模式[J].中国大学教学,2017(12): 8-12.

[3] 吕杰锋.武汉理工大学工业设计专业交通工具设计方向建设的实践与反思[J].艺术教育,2017(Z8): 98-100.

[4] 林健，彭林，JESIEK B.普渡大学本科工程教育改革实践及对新工科建设的启示[J].高等工程教育研究,2019(1): 15-26.

[5] 顾佩华，胡文龙，林鹏，等.基于"学习产出"（OBE）的工程教育模式——汕头大学的实践与探索[J].高等工程教育研究,2014(1): 27-37.

[6] 杜翔云，KOLMOS A，等.PBL: 大学课程的改革与创新[J].高等工程教育研究,2009(3): 29-35.

[7] 于海琴，陶正，王连江，等.欧林: 打造工程教育的"实验室"（上）——访欧林工学院校长理查德·米勒[J].高等工程教育研究,2018(3): 45-52.

[8] Stanford University. Open loop university -Stanford 2025[M]. Stanford, CA: Stanford University Press, 2013.

[9] 学群.学类（学士课程）一览[EB/OL].[2019-11-05]. http://www.tsukuba.ac.jp/organization/colleges/.

[10] 邹晓东，等.基于设计的工程教育（DBL）模式创新[J].高等工程教育研究,2017(1): 23-29.

[11] 顾佩华，包能胜，康全礼，等. CDIO在中国（上）[J]. 高等工程教育研究,2012(3): 24-40.

[12] 滑铁卢大学合作教育与就业服务栏目[EB/OL]. [2019-11-05]. http://www.uwaterloo.ca/.

[13] 姜静青.加拿大产学合作教育及其对我国高校实习制度的启示[J].辽宁教育研究,2008(4): 102-104.

[14] 徐晓飞，李廉，战德臣，等.新工科的新视角: 面向可持续竞争力的敏捷教学体系[J].中国大学教学,2018(10): 44-49.

[15] 姚威，胡顺顺，诸昭卫.基于设计综合体学习（DBAL）的创新设计人才培养路径研究[J].高等工程教育研究,2019(2): 73-78.

[16] 郑庆华.以创新创业教育为引领，创建"新工科"教育模式[J].中国大学教学,2017(12): 8-12.

在线教学需要提升师生预前准备效能

蒋红斌　张蕊琳　清华大学美术学院

摘　要

　　2020 年是一个非常之年。在线教学一时间成为全社会组织和开展教学的唯一方式，所有课程均在线完成。虽然所用软件和交互方式技术难度一般，且使用的系统和调动的学习经验也都并不陌生，但一旦以在线正规课程的方式予以组合，其交互的通畅性和友好性就凸显出来，成为至关重要的体验要求。

　　本文以"设计心理学导论"课程为基本考察对象，在研究方法上融教学内容与教学研究于一体，通过学生们对自己上课前后十分钟情况的整理和分析，以"体验式分析"的方式开展了在线学习在启动和连接这一关键阶段的通畅性和友好性分析，客观评价"荷塘雨课堂"和"腾讯会议"混合式教学在课程启动期，即开始线上课程的前、后十分钟的界面效能，整理依据，分析问题，以期更好地发展在线教学的优势。

关键词： 在线教学；设计基础课；体验式分析

一、概述

　　由于众所周知的原因，在线教学已经成为所有大学组织教学和开展课程的重要方式。

　　课程从头至尾全部在线上完成，对参与其中的所有人都是一个挑战。虽然所使用的软件和交互方式技术难度一般，但是，一旦全面依托在线开展课程的组织，其中的问题十分繁多。

　　为了研究和探索在线教学的组织方法和构建成效，本专题以"设计心理学导论"课程为研究的切入点，从学生的学习体验和心理感受为主线，"寓教于学、于研"，将课程的内容和思考的习题，以及在线学习的效果融为一体。由于设计心理学本质上就是引导学生从使用者的角度，在人与环境、人与事情、人与产品、人与使用效能等方面展开评价与研讨，这就自然地将此次由于疫情而导致的全面线上课程本身作为最为真实和生动的教学题材，从学生自身体验和心理情况的关注与整理，真实体会设计心理学的核心要义和内在原理。在学习中发现问题，在过程中分析问题，在研讨中升华学习的内容，掌握所学内容的要领。

　　本研究以学生们对自己如何在家开展在线上课的"前、后十分钟"情况的整理，以"角色心理体验"的描述方式，开展了一个以在线学习从准备、启动，到连接，再到进行的情况和心理对照为主题的研究。目的是整理和分析在线学习最为关键的"在线接入"阶段的实际情况和当前效能。通过这一关键阶段的体验通畅性和友好性整理，客观评价"荷塘雨课堂"和"腾讯会议"混合式教学在课程启动阶段，即开始线上课程的前、后十分钟期间的界面效能，整理体验性素材和依据，分析存在的问题，以期更好发展在线教学的优势，实现更好的教学效果。

　　在研究的方法上，依托"设计心理学导论"课程既定的课时体系，即利用自 2020 年 2 月上旬开始，每周一个下午，共八周的课时安排。通过前半段四周的在线上课"前、后十分钟的情况整理"，以"角色心理体验"的图文描述方式，开展以学生们各自在线学习的"从准备、启动，到连接，再到进行"的体验感整理，对照自己的心理经验，客观折射当前在线教学的问题和可以改善的内容。

二、关键问题及分析

本研究考察的关键问题，以及对问题的分析都是依托在线教学，通过实际在线方式，组织学生以课程习题和课后提问、总结、整理的方式予以完成的。所以，具体对象就是在线实际上课的学生们。具体研究内容，则是学生们对自己如何在家开展在线上课的"前、后十分钟"情况，以图文并茂的方式用"角色心理体验"的描述，对在线学习从准备、启动，到连接，再到进行的情况和心理对照展开研究。

全部研究数据均来自清华大学美术学院2020年春季学期"设计心理学导论"课程的专题研究。对关键问题的呈现与解析，用典型案例和系统指标两种方式综合展开，目的是既有较为深入的、来自学生实际学习情况的整理，又不失整体情况的要点反映。

1. 典型案例列举

学生一："总体来说，雨课堂是陌生的。之前几天的试用只是没有实际连线的模拟，所以今天实际上线到底会是怎样的效果，心里非常忐忑"；"上课前，线上确认很关键，手机端的微信群是最直接和方便及时知道课程进行情况的端口"。

学生二："上线确认很关键。雨课堂的登录，就等于是打考勤。起来再早，如果没能在雨课堂上检录，系统就没有记录你上课"；"雨课堂卡顿现象严重，许多同学在微信群里反映一样的情况"；"上课前的十分钟，以为一切安排就绪，结果，开始上课时，线上一秒钟卡顿，我马上就蒙圈了"；"现在好了，老师及时在群里通知转到腾讯会议，一切开始平静，神奇"。

学生三："提前上网半小时，雨课堂已经可以收到回馈啦"；"连线后的十秒钟，瞬间提心吊胆起来。怎么没有任何声音呢？！"；"雨课堂超级卡顿"；"微信群的作用真大，我们班的几个人都在说同样的问题，感觉才好点了，等等看"；"老师同时开通腾讯会议了，声音和画面同步，一切正常啦"。

学生四："我是一个外国留学生，所以听课之前太担心了，比如能不能好好听课，能不能了解老师的意思，等等"；"不管我担不担心，先准备好笔记本和电脑"；"开始上课前，好像能听到自己心脏跳动的声音"；"无论我如何担心，开始上课了，然后遇到一个问题，就是电脑上听不到老师说话的声音，画面卡，因此感到太困难了"；"好幸运，问题解决了，群里的中国同学和老师都发了会议号，开始用功做好笔记，终于感到平静和舒服"。

学生五："提前了很长时间去适应，基本没有遇到很大困难"；"雨课堂的功能按钮挺多的，不过稳妥起见，还是不要轻易乱点"；"在线上课就是听课，效能挺高"。

学生六："在上课前，经历了面对新的陌生课程的紧张激动，到中间卡顿和换平台的焦虑担忧，再到临上课前的兴奋和期待。在分析和感受的过程中，体会到事件对心理带来的影响程度"；"起先特别担心上线视频的话，形象太难看。不过，我们都以音频方式交流，太安心了"；"从预先的准备来看，之前的想象和实际操作相比，还是有很大距离的"。

学生七："一开始进不去，看着缓冲的圆圈一直转，有点儿不爽，但看到群里同学都说自己没有进去，我想进不去并不是我一个人遇到的问题，再加上此时还没有正式上课，所以并不是很焦急。但等待了一阵子后，依旧没有任何进展，所以退出去好几次试图重新进入，但依旧没有变化"；"距离上课只有两三分钟了，心里很着急，想要进入课堂。回到微信群里看看大家是什么状态，看到了一个同学分享的方法，立刻去试了一下，立刻就进去了，也能听见老师上课的声音了，瞬间就心安了"；"开始在群里尽力帮助其他不能进入课堂的同学。后来上课中也有几次突然没了声音，会吓一跳，有点儿慌乱，重新调整听到声音后，也会害怕刚刚漏听了重要的信息"。

学生八："下午1点20分进入雨课堂，很轻松，网络流畅，很好。面对屏幕上简单的白底黑字，听老师讲着话，有点萧瑟、凄凉的感觉，尽管老师语调轻松、跌宕起伏，但光凭声音，没有表情，依然有些苍白"；"1 点 20 分至 1 点 30 分，等其他同学进入雨课堂。老师一直在讲话，老师精力好充沛，好能说啊！群里很多同学表示无法成功进入，怎么大家进不来呢？没开声音吗？可以退出再重启呀。唉，我也不知道怎么帮他们，等得好无聊"；"不停地刷新微信，在微信与雨课堂间不断切换，看完群聊天看弹幕，发现陆续有同学给出了解决方法，大家也都进入了雨课堂"；"1 点 30 分至 1 点 40 分，在漫长等待中我走神了，拿起手机刷微博，老师在雨课堂里的声音成了我玩手机的背景音。我没有处在真正的教室里，玩手机玩得明目张胆"；"1 点 40 分至 1 点 45 分，老师开始说作业了？惊得我放下手机，担心错过重要信息，好在可以在线询问同节课的同学。一边听雨课堂里老师的讲话，一边和同学微信聊天，很快明白作业要求。老师说心理复述，回忆一下，大概是雨课堂的界面干净简洁得有些冷酷、无聊，但线上交流让我们更'敢'沟通，文字发声让我们可以'七嘴八舌'，且不会因为一起发声而听不清、有所遗漏。更微妙的是，群里大家的姓名都变成了无意义的符号，名字与独特的脸、肢体对应不上，同班同学都变成了素未谋面的网友，每位同学似乎都变成一样的了"。

学生九："对于首次使用网络上课很好奇。希望有一个全新的体验和感受"；"自以为上网和听课应该十分容易接入，应该不需要花太多时间，所以，我提前了 5 分钟上网检录"；"不是我想象的那么自如，连线的不确定性导致我心里很慌张，而且瞬间十分无助。如果不是一直连着微信，真不知道应该如何是好"。

学生十："其实最担心的是我们家的网络。当大家都在尝试着要视频会议的前几天，我就发现这里的网络由于地处偏远，存在着严重的卡顿现象"；"有了上午的经验，现在手机、电脑、平板都用上了，应该万无一失"；"雨课堂严重上不去"；"反馈了，老师改在腾讯会议上开始上课，并且为了保障课程通畅，全程不用视频。果然，效果还是很不错的，至少语音很流畅"。

"现在回想起来，网络的卡顿问题对信息的获得和上课心理影响还是很明显的。一旦发生卡顿，或者更为严重的死机，那么，所有的集体行为将成为个人行为，孤立和通路的唯一性始终让我提心吊胆"。

学生十一："系统的稳定性和使用简明特别重要"；"连接成功后，一般第一时间就需要提示语音和画面是否在技术上保持流畅。但是，目前都是等待和不连贯的"；"老师和大家的联系不是依靠雨课堂而马上畅通的，倒是同时运行的微信群十分管用"；"之后，5 分钟左右的集体匹配，使得所有问题都变得好转起来，安稳的心情油然而生"。

2. 研究指标的整理

"在线使用效能"研究的一个经典指标体系，就是以构建的信息交互系统为内容，从使用者出发，考察使用者在使用过程中所发生的任务与界面互动效能的"友好性"。它的具体方法是以使用全流程的时间为横坐标，对应各个阶段的目标任务，从使用者体验和实现的效能上建立指数。随着任务的不断展开，采集和收取在此过程中的评价结果。结果可以是定性描述式的分析，也可以转化为数值式的定量分析。

我们这里将研究的重点锁定在学生们从准备到开始上课的十五分钟左右时间里的使用效能体验上，主要是考虑到任务的针对性和条件的有限性。当然，也考虑到一般开展在线信息系统的可用性研究，重中之重是使用者在进入交互时，最初的接入性和使用效度的考察这一关键要素。

通过对全班学生在线上课程启始阶段的心理体验调研，通过主要的心理活动和感受效能的自我描述，将其中重要的特征和值得注意的要点整理为图表，以便于系统分析和全面考量其中的问题。

从学生开始使用雨课堂、腾讯会议和微信群相协同的在线课程方式（开学第一周上课，所以都是最初使用者），到适应这样架构的在线课程教学，以及过程中所形成的认知心理曲线，概括为以下几个方面：

（1）总体上看，"雨课堂"软件界面的使用效度非常低。也就是说，基本上从在线期待，到在线连接，再到连接确认的整个过程中，大部分学生都呈现出响应困惑，具有相当大的认知摩擦，从而导致心理体验和友好效能的起伏落差强烈。

（2）从造成"雨课堂"落差来看，主要原因可能来自网络硬件和技术条件的限制，导致信息流畅性受阻。但是，雨课堂软件的交互界面认知效能和可能存在的设计低地也是导致学生评价不高的关键原因之一。

（3）社会性公共通信系统和在线会议系统（我们使用的是微信群和腾讯会议），由于技术稳定和使用简明，线上课程的运行和使用体验基本合格。所以，主要在线教学基本依赖腾讯会议展开，且体验基本良好。

（4）从课程组织方法来看，在线课程应高度重视开课前的准备工作。根据本次统计，同学们在网络接入和准备上课的过程中，所花时间均在半个小时以上。也就是说，为了上网课，大多数学生都会提前较长时间提早等候。但等候不等于验证，所以，等候的心理准备依然存在盲目性。

（5）从体验上看，视频互动受到很大担心。网络课堂既拉近了师生之间交流的距离，但是又推远了面对面直接交流的可能。为了使自己放松，很多学生希望不用视频交流，并通过选择，希望能够完成更多任务。表1是由班长统一所有人意见后的关键词条整理。

（6）从全面的心理感受上看，由于网络流量和技术导致的卡顿现象，将在很短时间内引发心理恐慌。随之引发的课程体验和教学成效将受到直接影响。稳定而流畅的画面和音频质量是保障在线课程成功开展的最重要指标。

表1　学生上网课过程行为体验表

事件	行为步骤	体验感受
课前准备 （1:00 — 1:20）	打开微信群查看老师通知	老师怎么还没发课堂链接？ 没链接怎么上课呀？ 不会不上课了吧？
连接雨课堂 （1:20 — 1:35）	使用手机或计算机登录雨课堂	怎么连接不上啊？ 画面怎么加载不出啊？ 网线应该没问题啊？ 重新刷新好几遍终于进入课堂！
功能问题 （1:35 — 1:55）	尝试解决问题，等待微信群互动	老师说话了吗？ 怎么没声音呀？大家怎么都在发弹幕？ 是在签到吗？ 还是没声音，只好等老师的微信通知
转阵腾讯会议 （1:55 — 2:00）	打开腾讯会议加入会议	老师终于发通知了，决定使用腾讯会议上课 不用雨课堂，效能一样， 我成功登录了，看起来没什么问题，挺好的
等待上课 （2:00 — 2:05）	等待上课	声音听起来没什么卡顿，挺好的。 终于可以上课了！

三、解决思路、具体方案及实施情况

1. 解决思路

为了提升在线教学的友好体验，保证在线教学的顺利开展，我们将社会化会议软件的课程接入时间大幅度提前至正式开始上课前的半个小时到一个小时。以正式课程的状态，提前组织和在线确认参与课程的所有人真实连线。依靠具有强大技术能力的社会公共网络系统，将课程检录和确认上课的工作全面提前，解决在线课程初期容易慌乱的问题。

待正式规定的上课时间开始，再启动雨课堂等大学内部在线课程管理系统的连接，就能以并行的方式，在保证正常课程开展的同时，完成信息管理。

2. 具体方案

具体方法及实施措施主要集中在课程准备期。在具体的教学组织上，可以着重以下两个方面：

第一，以音频方式结合演示文件作为主要课程方式。演示文件可以提前发给学生们，并在开课前提前导入社会性公共会议系统，在播放演示文件的同时与学生确认在线效果并完成检录。

第二，在教学环节上要花大力气调整。由于在线教学本质上是个应急响应系统，技术上的缺陷和交互设计上的不足是个事实。作为教学组织者的教师，应该放弃"技术控"的交互手段，在环节上建立平稳连接和简化连接。在线的课程体系应该以自主拓展和要领引导相结合。关键点应该放在课程开始前的在线交流和在线组织上。

3. 实施情况

在之后的教学实践中，我们迅速将"提前在线上课检录机制"和"依托社会在线会议平台与学校在线平台错位并行"的教学方法，保证师生在上课之前就以最现实的方法，检测和确认在线课堂的流畅性和平稳性。进而，减少在线视频在线上课程的播放，转而将链接或文件发送邮件或推送，让学生利用自己的独立网络平台来观看和理解。

利用社会公共会议平台的"在线提前确认"办法，表面上似乎增加了教师和学生的上课时间，其实对每个当事人都是很方便实现的，既不增加任何成本，又大大提高了在线连接的可靠性，通过至今依然在实施的线上线下混合式教学的验证，实施效果良好。

四、经验与启示

通过此次对一个课程（设计心理学导论）的全程（8周，共24学时）在线课程的案例式研究，其延伸思考主要可以总结为以下三点：

（1）本案例的适用面应该可以覆盖所有现在正在进行的在线设计基础理论课程或公共基础理论课程。以演示文件为基本界面，提前30分钟以上通过社会公共会议平台介入，大大降低了各个大学独立建设运行自有平台的风险。

（2）线上课程的内容和场景，远比设想的要复杂。如果在短期内让每个教师将大量的时间投入到技术装备的适应和建设上，无疑是舍本求末。充分利用社会平台资源，将大大解放由于技术条件和发展空间的限制所带来的弊端。

（3）在线上课，网络的流畅性至关重要。此次研究和心理评价测试统计结果表明，由于技术上或流量匹配等原因，一旦造成"卡顿"现象，师生双方的忍耐度极低。可以在很短的时间里就能让情绪，从"平静"跃升为"焦虑"。"熔断式"的停顿，将直接毁坏在线课程的质量。由此，对今后开展此类教学工作的方法，至少在近期，建议线上课程提前检录和互动测试，以实现平稳启动课程的目标。另外，需要引起注意的是社会公共会议平台免费开放的人数一般在200以内，并且预定会议时要点选入会口令或密码，以防无关人员进入会议。

五、结语

2020 年的上半年已然过去，全国高等院校设计基础类的课程都依托网络来完成，在这个意义上，似乎可以把 2020 年看成在线课程的历史性元年。

通过本案例的专题研究，一方面看到了互联网已经成为教学互动的一个重要方式，并随着防疫的常态化将持续下去。所以，如何在线上好网课将是每位教师需要修炼的功课；另一方面，通过学生们的视角，真切体会到了他们从上课检录到顺利开展的心理过程，发现在线课程有着某种个人行为的不可知性和隐蔽性。在教学现场管理上存在一定的盲区。

进而，从教学研究的角度来看，重视和从学生的心理体验来衡量在线教学的技术窗口友好性是一个很有收获的研究路径。未来，如果有更多的教师从事线上课程，那么，以设计思维为基础，考察当事人的心理体验和界面友好性，将会反过来直接促进教师调整和改善上课方式和手段，乃至理念的转化。

基于用户感受的产品设计教学探索与实践
——以工科工业设计专业为例

邓媚丹　张锦华　朱碧云　北京城市学院

摘　要

　　本研究的目的是培养学生建立设计思维的基本设计工作路径，并学会用感受举例、分析感受、洞察感受趋势、将生活当中的感受和生命中的体验做联结创造的产品设计能力。针对工科工业设计学生特点，利用观察法、意向板、思维导图等设计方法与工具，在实践中展开基于用户感受的产品设计教学。教学的核心是教授学生基于用户感受，透过工业产品的冷漠外表、结构、理性看到产品人文关怀和感受的更高境界，从而设计感受，使产品设计更多方位做到"以人为本"。在从观察感受，到洞察感受，再到设计创造感受的学习过程中，最终训练学生形成从工科思维到设计思维的转变，从功能造型思维到感受造型思维的转变，从具象造型思维到抽象造型思维的转变。

关键词：用户感受；产品设计教学；工科工业设计

引言

　　产品的美有很多种，例如产品的"制成"之美，即生产制造最后形成的成果之美等。随着产品使用场景等因素的不同，产品所形成的美感便有所不同，例如一款台灯，不同的阅读方式就会用不同的光线，不同的桌面，不同的空间，所给人的感受、美感就有所不同。因此，本文将探讨针对工科类工业设计专业学生基于用户感受的产品设计教学。在学习了"制成"之美的基础上，如何从感受出发，理解产品的"感受"之美，即一种由心理感受形成的成果之美、趋势之美等，并通过洞察感受来设计创造感受。同时，也希望通过此次教学探讨，寻找提升工科类工业设计专业学生抽象美感和产品造型能力的教学方法。

二、教学内容

　　本次教学对象为北京某应用型综合院校工科工业设计专业大二下学期学生，以灯具设计为课题项目。在大二上学期从生活、生产出发，在学习产品使用方式、材料结构工艺的基础上，增加了从人文感受出发，学习洞察用户的感受、洞察产品的未来趋势变化等。

　　因疫情原因，本次教学通过线上的方式进行，学生均在家中学习。因此，在教学过程中，让学生以自己为目标用户，设计一款阅读台灯，先从自我的感受中洞察设计目标，再在人群中洞察趋势感受，然后构建方案来实现自己的设计目标。

三、教学思路

　　学习产品设计，不仅要关注产品的功能创新，还要关注产品创造出来后人的感受。我们既要关注产品当中每一个零部件的组成，也要关注产品的组织感受，这样才能够透过工业产品的冷漠外表、结构、理性看到更高的人文关怀、感受境界。所以，对于用户感受的洞察和整理，以及产品感受的把握和塑造，是学习产品设计时最难和最重要的一个部分。同时，也是工科类工业设计专业学生，相对艺术生源学生，在抽象、感性思维方面更薄弱的环节。结合该情况，本次教学将从观察感受、创造感受出发进行学习。

1. 观察感受

围绕阅读台灯设计课题，观察该产品使用过程中不同方式、不同场景所带给用户的感受，洞察用户的感受，用感受去思考问题，用科学的方法整理感受。

2. 创造感受

在观察感受、整理感受的基础上，用感受进行设计，创造感受。使设计的产品从功能、造型上不仅满足生产工艺、使用方式，更能满足用户心理感受，更多方位做到"以人为本"。

四、教学过程

本次教学共分为锁定阅读场所、初步建立感受、品牌分析、产品分析与设计四个环节。

（1）锁定阅读场所：学生锁定自己的书房，并对自己的使用环境、阅读照明产品和照明诉求进行分析，同时思考照明的方式。

（2）初步建立感受：在锁定阅读场所并进行分析的基础上，洞察自己的感受，将该感受描述清楚，并思考如何将该感受通过视觉方式表现出来。同时，根据自己的感受需求，列举已有能传递此感受的产品并进行分析，从而对感受趋势进行整理，初步建立目标感受（图1）。

（3）品牌分析：让同学们代入一个家电品牌，分析品牌的社会特质和文化特质，以及能够引导社会的语意和该品牌的造型语言（图2）。并学习该品牌造型语言设计方式，运用到自己的设计方案中。

（4）产品分析与设计：同学们用示意图的方式，对意向产品从 CMF 等方面进行分析，并指导自己的感受方案进行产品设计（图3）。

五、教学总结

在整个教学过程中，同学们经历了从观察感受到洞察感受，再到创造感受的过程。通过此次教学，希望学生能学会用感受举例，培养其分析感受、洞察感受趋势、将生活当中的感受和生命当中的体验做联结创造的产品设计能力。

从学生设计方案的迭代变化中，我们欣喜地发现了从工科思维到设计思维的转变，从功能造型思维到感受造型思维的转变，从具象造型到抽象造型的转变。也发现这个教学和成长过程仍存在许多有待改进的地方，希望在今后的教学中不断完善。

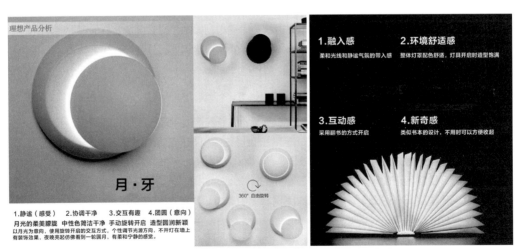

图1 学生列举已有产品感受分析

造型、材质语言分析

图 2　学生代入家电品牌进行分析

设计示意图　　　　　　　　　　　　　　　　　　　**造型意向图分析**

图 3　学生产品意向示意图分析

基于认知模型的设计基础课程设置分析

王奇光　付志伟　山东工艺美术学院

摘　要

　　"综合造型基础"是清华大学柳冠中教授教学团队的教育部精品课程，对于我国的工业设计基础教学有着重要的方向指引作用，同时在全国多所学院广泛传播，为我国工业设计基础教育打下了坚实的基础。本文结合笔者在山东工艺美术学院工业设计学院近十年的基础课程教学情况，基于教学训练内容、教学训练目的，结合交通工具专业方向进行阐述，探讨综合基础课程设置与认知心理学之间的必然联系、课程设置的必要性以及与具体专业方向结合之后的革新内容。通过交通工具近十年教学成果的展示，进一步支撑综合设计基础课程在大学初始阶段训练的必要性和重要性。

关键词： 综合造型基础；认知心理学；生源差异；交通工具方向

　　"设计思维与综合造型基础"作为教育部精品课程，是清华大学柳冠中教授带领的教学团队多年来对工业设计基础教学不断坚持与创新的结果。综合造型基础课程体系对于我国工业设计基础教育、设计思维、创新设计等方面产生了深远影响。邱松教授、蒋红斌副教授、刘新副教授、唐林涛副教授属于该精品课程教学团队核心成员。综合造型基础课程缘起于柳冠中教授1981—1984年到工业设计发源地德国斯图加特国立艺术与设计学院访学，师从雷曼教授（Prof. Klaus Lehmann）。雷曼教授继承了包豪斯与乌尔姆的设计教学传统，同时发展出适合工业设计基础教育的系列课程体系，将视觉、造型、结构、材料与工艺、空间、角度、体量、设计通感、设计评价、团队合作等一系列设计要素集合在综合造型基础课程体系中，通过训练学生对设计要素的基本认知，并根据需求设计出合适的产品系统。[1]柳冠中教授一直提倡在设计课题中传授知识、灌注理论，将科学的思维方法视为教学的真正基础。[2]目前该综合造型基础课程体系已在全国多所学校、院系展开教学实践三十余年，对中国工业设计基础教育产生了深远的积极影响。

　　本文仅以笔者在山东工艺美术学院工业设计学院近十年的工业设计基础教学经历、教学实践、基础课程设置与认知心理学为出发点，具体阐述综合造型基础课程体系在工业设计专业教育体系中的重要作用以及后续对于教学效果产生的深远影响。

一、工业设计学院本科课程基本结构

1. 基于认知心理学的本科课程的基本结构

　　认知心理学是20世纪50年代中期在西方兴起的一种心理学思潮和研究方向。广义上指研究人类的高级心理过程，主要是认识过程，如注意、知觉、表象、记忆、创造性、问题解决、言语和思维等；狭义上主要是指采用信息加工观点研究认知过程。认知心理学将人看作一个信息加工的系统，认为认知就是信息加工，包括感觉输入的编码、储存和提取的全过程。认知过程分解为一系列阶段，信息加工系统的各个组成部分之间根据某种方式或者需求相互联系。认知心理学认为人脑的信息加工系统由感受器、反应器、记忆器和处理器四部分组成，近年来因认知神经心理学及平行加工理论的出现而受到更多的讨论。但作为人类认知事物的一种基本理论，认知心理学把人类认知过程统一起来，认为注意、知觉、记忆、思维等认知现象是互相影响的，找到了分析人的内部心理过程和状态的新途径。在设计教育领域，认知心理学的作用则更加凸显，研究学生群体的认知心理有助于更好地完善课程设置内容，提升课程设置的有效性和目的性。

从认知心理学中所提到的认知层级来看，人和事物的认知过程都是一个由浅入深、由表及里的时间过程和反思过程。在认知层级中，由低到高依次为：理解、记忆、分析、应用、创造、评价。人类认识事物尤其是自我不熟悉的新事物，往往要从理解、记忆的低阶向中阶分析、应用再到高阶创造、评价这三个主要方面。[3] 工业设计专业教学是以学生为主体的系统思维教学系统，学生在大学的四年当中要进行系统的设计思维方法及专业知识学习，以及专业交叉学科的学习。根据一般人类认知事物的逻辑过程，工业设计专业教学的认知过程也应该在课程设置当中，根据人类的思维逻辑顺序进行系统的思维教学。课程设置的系统性、创新性、逻辑性、融合性在现今的工业设计课程设置体系中显得尤为重要（图1）。

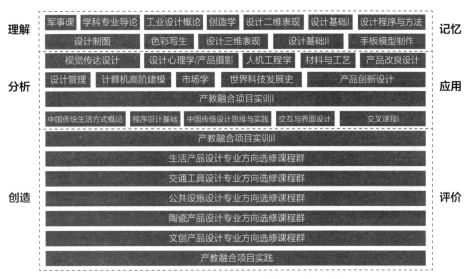

图1　基于认知过程的工业设计学院课程体系分析

2. 交通工具专业方向的课程结构

通过交通工具专业方向课程体系（图2）可以看出，大一与大二上学期的基础课程群形成了学生对于设计概念解码的过程，大二下学期与大三属于专业课程群，是学生进行设计创造再编码的过程，大四是基于前三年系统学习的创新、应用、反思及再编码设计过程。大四阶段学生已经形成了较为完整的逻辑思维和推导能力，设计系统思维能力不断增强，能够在后续设计项目和设计比赛中稳定发挥自我创造力和想象力。设计基础课程群内有目的性的思维训练尤其是增加造型、仿生设计相关训练，为后续学生理解交通工具造型思维及方法打下了坚实的基础。

二、工业设计学院基础课程的设置框架

1. 生源差异与基础课程设置的必要性

目前，工业设计学院的产品设计及工业设计专业主要招收理工类和艺术类两种类型的高中生源，由于学生自身的地区差异、成长环境差异、审美基础差异、专业基础差异、学习态度差异、性格特征差异等，导致学生在大一阶段对于工业设计专业知识的认识千差万别。学生必须在大一初期就要对设计尤其是设计思维进行重新认识，从设计思维的源头进行工业设计的基本认知，在一定时间内强化、提升对于设计本质的理解。

2. 基础课程设置的解码与编码

工业设计基础课程群的设置应基于人类认知的基本层级模型，由初级阶段的理解、记忆到中级

	工业设计学院交通工具设计专业课程表																		
	学年/周	1	2	3	4	5	6	7	8	9	10	11	12	13	14	15	16	17	18
	四下	毕业设计/毕业论文						全院任意选修课												
	四上	专题设计一				专题设计二						毕业考察			毕业设计/毕业论文					
专业课程群	三下	产品分析		通用设计+3学分		交通工具内饰设计				设计管理			船舶设计						设计创造编码	
	三上	产品摄影		设计心理学	人机工学			创造学			市场学			交通工具开发						
	二下	计算机辅助设计三		车辆工程			设计程序与方法				交通工具设计二				产品结构设计					
基础课程群	二上	交通工具设计导论		计算机辅助设计一		材料与工艺		设计色彩		计算机辅助设计二			交通工具设计一						设计概念解码	
	一下	设计基础二			视觉传达设计基础		写生		设计制图			模型制作一		设计表现						
	一上	军训			设计概论		设计素描			设计基础一			色彩（色彩构成）							

图2　交通工具专业方向课程体系

阶段的分析、应用再到高级阶段的创造、评价。实际认知层级模型与美国认知心理学家、计算机工程师、工业设计家唐纳德·诺曼所提出的设计原则三层次理论可以找到想呼应的对照关系。根据唐纳德·诺曼的设计原则理论，消费者认知产品也是从初级的感官本能层级到使用过程中的行为层级，再到使用后的反馈层级。可以看出诺曼的三层次理论与认知心理学的认知层级一一呼应的关系，而设计基础课程群的设置也要根据学生群体的认知习惯和思维过程来进行。设计基础课程群以及课程内容的设置要考虑学生的差异化和个人经验的多样性，进行较为系统的课程设置才能够在大学的初期阶段让学生比较快速地进入到设计师系统认知状态。

3. 设计基础课程群教学目标系统

基于以上对于设计基础课程设置与认知心理层级的分析，笔者认为设计基础课程设置就是对学生群体认知差异化、多样化进行设计系统思维解码的过程，通过设计基础课程的设置及训练，建立基于设计系统、设计思维、设计感知的设计基础课程训练，通过多种训练形式，激发学生在"做"中"学"，建立全新的设计思维模式和设计评价系统。

设计基础课程群的教学目标系统主要有四个基本目标：① 建立全新的视觉探索体系，通过一系列基本训练着重培养学生视觉、触觉、听觉等感官系统的敏感度，具备设计师的思维视角；② 建立基于设计的感官学习，通过课程训练，在实际的动手训练过程中感知形态、尺度、空间、色彩等关键设计要素；③ 基于设计的系统认知模式，通过课程训练进行系统的设计思维学习；④ 建立设计评价体系，通过课程训练学生反思自己的设计作品，并在班级群体互动过程中得到正、负反馈进而提升学生自我的设计认知。

4. 基于事理学的基础课程目标系统分析

柳冠中教授的事理学思想、理论、方法被国内绝大多数院校相关专业和企业采用、推广。事理学主张设计就是把"事理"研究清楚，其"定位"就是选择原理、材料、结构、工艺、形态、色彩的评价依据。把实现目的之外部因素限制与可能——"事"作为选择、整合实现"物"的内部因素依据，即为实现目标系统去组织整合"物"的设计理论和方法。"实事求是"是"事理学"的精髓，也是设计的本质。重在"事"的研究，从实现目的之外部因素入手，建立"目标系统"和"新物种"的概念。设计的结果是"物"，但设计的出发是"事"。

通过事理学基础理论，笔者将设计基础课程作为目标系统，学生群体认知的差异性以及设计造物系统本身的因素多样性、复杂性作为内部因素，设计基础课程设置、教学环境、教学体系规划、课程评估标准作为外部因素来进行分析。最终基础课程的训练内容、训练目标、教学方法、教学环境、教学时间规划实际都要通过内部因素为基本依据，即通过研究学生群体认知差异性及学习兴趣引导来进行个体认知的重新编码，通过研究产品系统来进行造物系统的创新编码。通过课程设置系统化、课程训练体系化、目标明确化等进行实际的设计思维及设计系统元素编码。

三、基于认知模式的基础课程设置分析

1. 设计基础课程训练内容

以下依据笔者在工业设计学院交通工具专业方向近十年的设计基础课程经验，对教学目标、训练内容及学生教学反馈等几个方面进行具体阐述。提取八个典型的课程训练内容进行阐释，包括训练内容、训练目的、在训练过程中如何对学生的认知进行设计系统思维再编码，以及设计创新再造的学习过程。设计基础课程训练强调激发学生的观察力、设计敏感度和求知欲，引导学生主动发现设计的基本视觉规律和形态语意。

1）二维转三维训练

课程要求：通过对纸张等成本低、加工难度小的材质进行弯、折、切割、穿插、叠加等，进行具有一定风格特征的设计。这是学生在大学初期阶段进行的第一个训练项目，材料成本低廉，加工难度较低，制作成本时间相对较短，学生训练接受程度较高，能够进行课堂中的快速造型迭代和设计评价反馈。

课程训练目的：① 理解元素与整体的关系；② 理解设计风格与设计元素之间的关系；③ 理解物体正负空间的关系；④ 理解产品动态与线条之间的关系；⑤ 形成对纸质材料的基本认知，以便后期观察使用其他材料；⑥ 在实际课程训练过程中进行学生自我设计评价和群体间的相互设计评价，形成设计反馈与反思。

在进行该训练时，由于能够快速得到反馈，学生能够快速进入设计思维的学习状态，理解元素设计、整体风格，动态地把握空间关系，对学生形成设计师视角非常有益（图3）。

2）形态过渡训练

课程要求：通过石膏形体进行有设计美感、形体风格统一、过渡流畅的设计。

课程训练目的：① 理解线、面、体的关系；② 理解设计风格与设计元素的关系；③ 理解产品造型风格；④ 理解产品形态的角度；⑤ 了解产品形态与体量；⑥ 设计评价。

形态过渡训练是基于工业设计形态的本质性训练，从此学生开始进入对形态的认知和把握，在练习中体会线、面的转折，转折的多种方式以及不同角度对于产品形态带来的影响，基于石膏的造型训练容易让学生在训练过程中得到视觉和触觉的多感官刺激，并能够根据设计反馈进行视觉调整。这种基于多感官的训练方式，让学生从感官认知上升到系统思维认知，并在学习过程中得到实时反馈，也是基于雷曼教授综合造型基础课程中有关造型的经典训练形式，更多强调以设计师的观察方式来看待形体（图4）。

3）工具再造训练

课程要求：制造一款和人手有关的工具并具有一定的功能，如切、削、磨、钻、锉等。要求制

图3 二维转三维训练　　　　　　　　　　　图4 形态过渡训练

造复杂的过渡表面和边缘，通过工具的外形提示使用者如何使用以及和人手之间的密切关系。

课程训练目的：① 理解造型语言与功能的关系；② 理解形态与人机尺度的关系；③ 了解形态与力学的关系；④ 了解造型语言与视觉引导的关系；⑤ 设计评价。

该设计训练是结合人机工程学的重点训练项目，基于人手尺度的省力且反复的操作，要求具有功能指向性，在关注形态语意的基础上，增加了人机工学、力学的训练内容，由于学生需要驾驭的设计因素较为复杂，诸如切、削、磨、钻、锉等功能与形态之间的关系，有助于学生形成多种设计因素协调的设计系统模式（图5）。

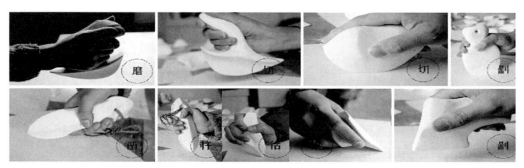

图5 工具再造

4）语义训练

课程要求：设计三种造型，展示是否可以被转动、推动或拉动。

课程训练目的：① 理解造型语言与设计语义的关系；② 了解系统产品的统一风格与元素的关系；③ 了解产品设计美学；④ 设计评价；⑤ 学习设计系统思维。

语义训练目的明确，主要通过三种造型的整体视觉形象以及功能的明确表达来处理设计的系列化，该训练在强化语义训练的同时，强调整体形态因素作为系列产品统一风格的重要手段，作为风格训练的重要教学内容（图6）。

5）包装训练

课程要求：通过切割、穿插等方式在避免使用黏结剂的前提下进行乒乓球的展示包装。

课程训练目的：① 理解包装的结构与展示物之间的形态关联；② 了解包装美感与展示方式的关系；③ 了解材料与工艺及成本的关系；④ 设计评价。

包装训练要求本身对包裹物的形态有一定的深入研究，曲面的结合与展示方式的合理性在该课程训练中得到明确体现。学生在训练过程中需要反复测试包装的形态，从而探索包装与展示物之间的结构关系，同时强调以更少的用料呈现更多的展示物，在一定程度上加深学生对可持续性、环保设计理念的理解（图7）。

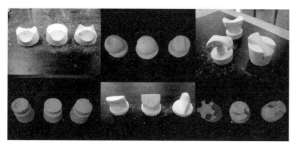

图6 语义训练

图7 包装训练

6）桥梁结构训练

课程要求：通过裁切设计一款可以跨越一定距离的桥梁，要求同时考虑用料、跨度、承重、美感等多种因素。

课程训练目的：① 理解结构与力学、承重之间的关系；② 理解材料与结构之间的关系；③ 了解结构作为一种设计表达方式；④ 建立设计评价体系；⑤ 系统思维。

该课程训练通过瓦楞纸进行裁切、拼合、插接设计，在训练过程中学生能够体会瓦楞纸的材料结构、加工工艺、设计制作所带来的即时效果，体会结构、跨度、承重之间的关系，体会结构本身作为一种设计表达方式。制作过程能够带动学生的学习兴趣和课堂活跃度，后期的成果评价较为直观可预测（图8）。

图8 桥梁结构训练

7）色彩训练

课程要求：选取自然物或人造物进行色彩抽象，同时提取抽象对象的典型特征进行一款手表的设计。课程训练目的：① 理解色彩主题及色彩搭配的基本原则；② 理解色彩情感与色彩之间的关系；③ 了解色彩作为一种设计方式；④ 理解色彩与消费群体、市场的关系。色彩训练，要求学生对于色彩的把握和设计认知要基于自然物或人造物的整体色彩风格，对于色彩的提取要注意色彩配色之间的协调性，以及了解手表类产品本身的色彩视认性特点。

8）仿生训练（抽象提取）

课程要求：选取自然物或人造物进行自然物到二维到三维的抽象，提取对象的典型特征进行夸张仿生。课程训练目的：① 理解设计特征基本原则；② 理解造型元素与造型整体的关系；③ 了解抽象特征提取物作为一种造型方式。该设计基于交通工具方向的特性，着重训练学生对于造型特征的把握和整体风格的协调，感知特征与主题风格之间的联系，强调夸张事物典型特征的训练目的

（图9）。

仿生训练（肌理训练）

课程要求：选取自然物或人造物进行肌理抽象。

课程训练目的：① 理解肌理与造型之间的关系；② 理解肌理与设计主题的关系；③ 了解肌理作为一种设计方式。

该课程训练基于近年来的设计参数化设计趋势，更多强调学生对于肌理的观察角度以及肌理本身作为一种设计方式、设计主题的表达，是增强学生设计敏感度的一种训练内容（图10）。

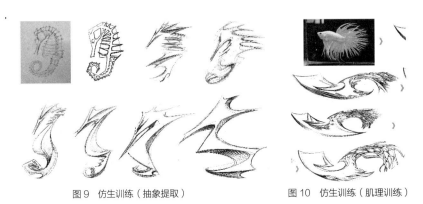

图9　仿生训练（抽象提取）　　　　　　图10　仿生训练（肌理训练）

2. 基于认知模式的基础课程设置目标对比分析

通过以上课程设置可以发现，八个典型的综合设计基础训练在训练目的和训练重点上各有侧重，通过以上训练可以让学生大致掌握造型语言、视觉美学、功能、造型语义、风格系统化、材料感知、加工工艺、色彩感知、结构力学、空间设计、设计评价等一系列设计要素和设计思维方式。通过直观且执行难度低的课程设置进行快速的课堂训练，能够对以上设计要素有的放矢地进行设计训练。当然，设计基础课程训练的内容很多，这里仅以笔者教授过的代表性课程案例进行分析。设计基础课程的训练目的要基于专业方向及时进行课程内容的调整，在有限的教学时间内使课程设置内容更加合理，训练顺序的安排更加科学。通过教师与学生之间的互动，将训练作业进行快速点评和迅速迭代。通过多轮课堂反馈能够快速将学生多样化、地域化的个人认知转变为基于工业设计系统思维模式的多模态感知，并在实际课堂练习中的团队互动与教学反馈中得到正向设计反馈与反思，从而为后续的设计专业学习打下坚实基础（图11）。

	造型语言视觉美学	功能造型语义	风格系统化	材料感知	加工工艺	色彩感知	结构、力学	造空间设计	设计评价
01. 二维转三维	✓		✓			✓		✓	✓
02. 形态过渡	✓		✓					✓	✓
03. 工具再造	✓	✓	✓				✓		✓
04. 语义训练	✓	✓	✓				✓		✓
05. 包装训练	✓	✓	✓	✓	✓	✓			✓
06. 桥梁训练	✓	✓		✓		✓	✓		✓
07. 色彩训练	✓		✓			✓			✓
08. 仿生训练	✓		✓				✓	✓	✓

图11　基于认知模式的设计基础课程训练重点

四、基于交通工具专业方向的教学成果

1. 基于基础课程训练体系下的教学成果

通过在大一初期阶段的有目的、有针对性的课程设计训练，学生能够快速转换思维，进入系统设计思考阶段，对于设计的敏感度在感官层面不断升级，有助于学生在大二、大三阶段进行有效的设计分析应用，并能够在大四阶段获得较好的课程成绩及比赛成绩，为后续就业打下坚实基础。通过设计基础课程的科学设置和创新调整，学生学习设计的自信心得到增强，课堂互动性提高，学习效率得到进一步提升。

2. 交通工具方向成果代表性案例

参赛作品 *Ford Mobile Landscape*，以自动驾驶时代的"移动山水庭院"为设计理念，座舱内利用各种材料和形态，使乘客仿佛置身于山水之间，更加亲近自然的氛围也使行驶中车内的体验更加惬意别致；而旅行停泊时车内和外界能够更好地融合。在形态上，柔和而富有层次的线条和曲面构成了主要的设计语言，形态也同样来自对高山落水的抽象提炼。对中式设计语言的探索与独特的内饰材料搭配相得益彰，共同诠释了"移动山水庭院"的概念。作品获得 CDN 高度认可，最终获得 2020 年度福特企业设计奖与最具可持续性设计奖（图 12）。

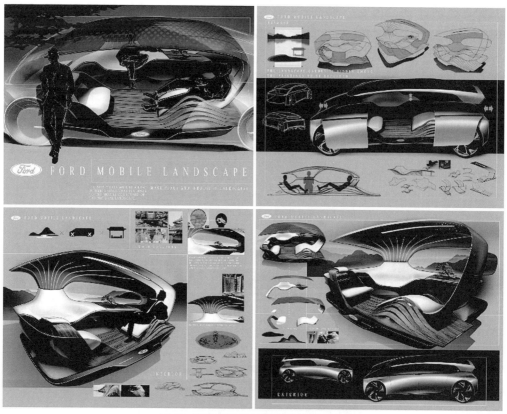

图 12　2020 年度 CDN 最具可持续性设计奖

红旗 GT2030 概念车在外观设计上，提取故宫建筑中较为硬朗坚毅的骨架线条搭配天坛设计中丰富有节奏的轮廓变化，再融入国家大剧院饱满富有张力的曲面，表现出一种由内向外的力量感。而光影方面融入对称美学，从不同维度空间塑造对称感或以节奏变化来达到相对平衡。简约明朗的车身肩线，使车辆横向视觉得到延伸，从而让车身视觉比例上更加修长优雅，丰富的光影变化塑造出空间的流动感，让汽车更加轻盈灵动（图 13）。

非开挖城市地下管道综合开发一体工程车是指利用机械臂、无人机和电脑终端进行控制，敷设、更换和修复各种地下管线的施工新技术，不会阻碍交通，不会破坏绿地、植被，不会影响居民的正常生活和工作秩序，解决了传统开挖施工对居民生活的干扰，同时也解决了大量的劳动力对交通、环境、周边建筑物基础的破坏和不良影响，因此具有较高的社会经济效益获得了 2016 CUIDC 全国大学生工业设计大赛金奖（图 14）。

近年来，工业设计学院交通工具专业方向教学团队深耕专业特色培养，注重实践教学，以扎实提高学生专业技能为培养目标，先后与上海汽车集团股份有限公司、上汽通用五菱汽车股份有限公司、韩国现代起亚汽车集团、江苏新日电动车股份有限公司、深圳飞豹航天航空科技有限公司、北京长城华冠汽车技术开发有限公司、上海飞诺汽车设计有限公司、山东山野特房车制造有限公司等国内外 19 家公司建立了产学研合作关系，进行项目实践教学，毕业设计课题实题占比率超过70%，毕业生专业就业率高达 90% 以上，适应了社会人才需求，获得了企业与社会的高度认可。

图 13　2019 首届红旗汽车设计挑战赛铜奖

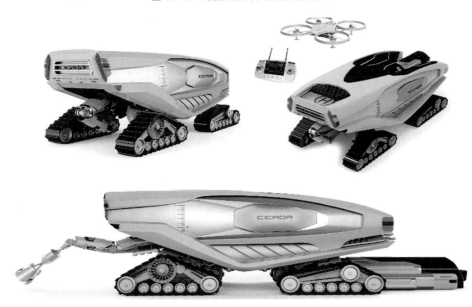

图 14　2016 CUIDC 全国大学生工业设计大赛金奖

五、结语

工业设计专业基础设计课程设置是一个基于系统思维的专业教学过程，也是在大学初期阶段尽快让学生从个人认知系统编码转化为设计系统思维解码的过程。这一认知过程的转变需要专业、科学、系统的课程设置和训练内容的动态调整，依据专业方向特征来进行特定的课程训练，有的放矢的针对性训练能够让学生在大学初期建立快速适应能力、理解能力和学习自信心。学生能够在训练中快速掌握设计系统思维，并在视觉、触觉等感官上增强、提升对于形态、语义、色彩、空间、肌理、结构、加工工艺、力学等方面的认识，并在团队活动中获得自信心和设计反思能力，为后续的深入设计和专业设计的学习铺平了道路，学生在专业学习上能够厚积薄发，不断迭代创新。在提升学生系统设计思维、多感官设计角度的系统学习、增强学生学习自信心、提升学生系统设计创新能力等方面，设计基础课程和系统思维的核心教学理念发挥着至关重要的作用。

参考文献

[1] 雷曼. 设计教育，教育设计 [M]. 赵璐，杜海滨，译. 南京：江苏凤凰美术出版社，2016：25.

[2] 杭间，靳埭强，胡恩威. 包豪斯道路：历史、遗泽、世界与中国 [M]. 济南：山东美术出版社，2014：158–159.

[3] 斯莱文. 教育心理学：理论与实践 [M]. 吕红梅，姚梅林，译. 北京：人民邮电出版社，2016：384.

交通工具设计协同创新教学改革建设与实践探索

吴 婕 吕杰锋 李 卓 武汉理工大学艺术与设计学院

摘 要

新时代不断向人才培养提出新的要求，在中国智造时代，汽车、船舶等行业飞速发展的背景下，交通工具行业中亟须具有较高专业水平和综合素质的，尤其是自主创新能力的设计人才。武汉理工大学具有汽车、船舶、交通行业背景，具备相关学科优势资源。在学校和学院的大力支持和积极推动下，工业设计系在原有基础上增设"交通工具设计"方向，以学生发展为中心，以产出为导向，增强培养方案与国家创新发展战略、区域经济社会发展、行业产业发展需求的契合度，不断完善课程体系和团队建设，构建一流本科人才培养的新格局。

关键词： 交通工具设计；人才培养；自主创新

武汉理工大学工业设计专业创建于 1987 年，是国家"211"工程重点建设学科专业和国家特色专业。在中国智造时代，汽车、船舶等行业飞速发展的背景下，交通工具行业亟须具有较高专业水平和综合素质，尤其是自主创新能力的设计人才。武汉理工大学具有汽车、船舶、交通行业背景，具备相关学科优势资源。在学校和学院的大力支持和积极推动下，工业设计系在原有基础上增设"交通工具设计"方向，组建了"交通工具协同创新设计教学团队"，并根据《加快推进教育现代化实施方案（2018—2022 年）》推进高等教育内涵发展。加快"双一流"建设，深入实施"六卓越一拔尖"计划 2.0，推进"新工科"建设。

一、教学改革建设思路与方法

教学团队从规划上确立协同创新的"实干"路径；从专业课程、实训环节强化、实验课程与实验室建设、实题引入教学、工程师进课堂、师生进车间、校企联合研发、产教协同育人等体系层面贯彻"实干"理念；以"体验—探索—转化—传播"为主线，借助课程组制、工作室制、"实验室+"制等形式落实"实干"过程；以组织探索式、讨论式、动手式、实践式、竞赛式的"引导＋自主＋交互"等方法提升"实干"效力。逐渐摸索出一套较系统的教学改革方法。

1. 确立基于"交通工具＋"的教学协同机制

积极探索团队运行的"交通工具＋"模式，推进交通工具设计专业方向融入全产业链和全学科设计创新。基于团队成员的优势特长，因课成组，探索教师组织形态的多元化；子团队间课题运行开放共融、互评共议，形成协同创新机制；完善团队考核激励机制，将个人发展与团体贡献有机结合，深度挖掘团队教师的发展潜力。

2. 构建"宽口径基础＋精细化研究"的课程体系

交通工具设计课程实现全面化、层次化、精品化构建。本科必修课程、本科选修课程、研究生选修课程逐层深入，共同搭建起交通工具设计人才培养知识架构，并基于此做强做精（图 1）。

3. 建设自主知识产权的软硬件教学资源

团队实现了从造型创意绘图、实物模型制作，再到反求数字模型与数字加工的交通工具设计过程的实验全覆盖，并实施“全天候开放，全实验员管理，全免费材料”。实现课程教学自编教材全覆盖。针对国内交通工具设计专业教材不完善现状，团队自编专业教材 10 余部（含国家级规划教材 4 部）。其中交通工具内饰设计、船舶设计获批建设校级“在线课程”，交通工具设计获批建设校级“精品在线课程”，“交通工具设计课程组教学团队”获批校级“本科教学团队建设”项目立项建设。

4. 采取联合行业资源的多元教学方式

依托我校行业背景，与材料、汽车、船舶与海洋工程等学科深度交叉，形成了以邮轮游艇美学设计、汽车创新设计为代表的交通工具设计特色教研团队。课内综合运用国际师资与企业设计师联合授课、企业课堂、双语课程、互访互派、国际会议、跨国赛展、全球同步工作坊等多种教学方式；课外，与企业合作办赛，搭建学生参赛提升舞台，有效促进和验证课堂教学（图 2）。

<table>
<tr><td>课内产学研协同
实验室、工作室
梦工场</td><td>获得工业设计国际、国内奖项数百项
-Red Dot、iF、A’Design、European
-红星奖、中国设计智造、中国设计大展、大工赛
-楚天杯、省文创、大创赛、黄鹤杯、UXDA</td></tr>
<tr><td rowspan="2">课内外结合的
教学方式
方法创新</td><td>特色方向类竞赛获奖表现突出
-CDN、ICCG单项奖、中国汽车造型大赛一等奖、全国汽车创意设计大赛金奖、东风杯一等奖、米其林国际汽车挑战赛一等奖、中信戴卡金奖、全国汽车创意设计金奖、最美启辰车金奖
-全国帆船游艇设计、中国大学生游艇设计一等奖</td></tr>
<tr><td>3大方向10个主题本科生工作室
全国帆船游艇设计、中国大学生游艇设计一等奖</td></tr>
<tr><td>课外平台 氛围营造
工作室制
在线共享学习平台</td><td>“武汉理工工业设计公众号”（阅读量超十万）
“学习强国”专栏（推送设计作品数十期）</td></tr>
</table>

图 2　课内外结合的教学方式方法创新

二、教学改革创新内容

首先，立足学校，精准定位，独辟蹊径，独创性地确立了“面向行业”的交通工具设计人才培养特色方向，提出“双师型、领导型、创业型”高标准人才的复合培养定位。

本团队面向汽车、船舶等交通工具行业的人才及能力需求，依托我校在汽车、船舶、交通行业的背景，充分利用我校在汽车工程、船海工程等学科的优势与资源，与省内外领军的行业企业展开联合培养，通过学科交叉与行业协同，建设特色与创新的工业设计专业交通工具设计方向。本团队基于交通工具的共同属性，建设了汽车与船舶并行发展、互为支撑的交通工具设计方向，是全国高校中唯一同时具备培养汽车、船舶类专门设计人才的教学单位。

其次，开放共融，构建以教学质量工程为抓手，以"课内外教学 + 校内外实践 + 协同教学团队 + 多方位教学质量保障"协同创新为特色的培养体系。

对标国际先进和特色设计院校，强调课程体系的"厚基础、强能力；宽口径、精方向；跨学科、重融合"。沿知识方法、专业技能、工程基础三条路径渐进式开辟专业基础课程，融合实践课程，培养高年生的综合应用能力。打通基础课与部分专业课，保障学生专业适应能力和发展可能；选择方向后，强化专门训练。本专业教师与汽车学院、交通学院联合教授汽车、船舶原理及构造等跨学科课程。创新了课内外结合的教学方式方法。课内综合运用国际师资、一线设计师联合授课、企业课堂、互访互派、全球同步工作坊等多种教学方法；课外建立以汽车、游艇邮轮等方向的 10 个"本科生工作室"，各方向教师任导，每年面向大二、大三学生招录，展开课外专业实践。通过"武汉理工工业设计"公众号共享信息，发表学生获奖作品、课业成果百余篇，阅读量逾十万。在我校省级实践教学示范中心平台上，建设了专业实验室 10 个，并建有邮轮游艇梦工厂（1400 ㎡）。校外与地方政府、企业共建海南科创园邮轮中心（7000 ㎡）、海星游艇研究中心、上汽通用五菱基地、海尔创客实验室等（图3）。健全师德长效机制，涌现多名师德先进代表；以责任教授为核心，以特色方向带头人、引进人才、精品课程教学名师、青年教学名师为骨干，形成了结构合理的师资队伍；通过引进海外博士，支持教师访学，聘任"楚天讲座教授"等多种方式加强团队力量；通过"教师进企业，企业入课堂"提升团队实践能力。

内建行业接轨平台	**7个工业设计平台实验室**
实验室、工作室 梦工场	综合材料、产品模型、3D打印、木工、摄影等实验室
校内外联合的 实平训台实建设践	**3个专业特色方向专用实验室** 数字手绘、油泥模型实验室、 数字反求与数控加工实验室（投资200万元，面积500m²）
	教育部大学生创新创业梦工场 大型邮轮游艇梦工场（投资700万元，面积1400m²）
外联地方 企业共建 科研优势转化 教学资源	**与地方或企业共建实训实践平台** 海南科创园邮轮游艇美学中心（投资3600万元，面积7000m²） 海星游艇研究中心 上汽通用五菱实训基地 海尔创客实验室

图3 校内外联合的实训实践平台建设

最后，搭载国家战略交通工具类重大项目平台，实施 "教学带动科研，科研反哺教学"的人才培养创新方法。教学中逐渐形成的本领域先进知识、理论、方法、工具和积累的大量成果为科研工作奠定了较好基础与较大优势，团队承担了交通工具设计领域的国家重大专项、国家社科基金、国际知名企业产品设计项目，其中由团队成员任项目总负责人和多项子题负责人的工信部重大专项"邮轮美学设计技术研究"获批国拨经费 1.2925 亿元。此外还承担了南海"三沙 2 号"、某海事局公务执法船、中兴氢能源智能客车、武汉地铁等标志性科研项目。这些项目成果，又被引入教学作为授课内容、课程案例、实验条件、实践课题等，使得本团队在教学上与实践紧密结合，水平和效果不断提升，尤其在人才培养方面见效显著，以学为练，以练助学，使"实干"精神全面、深刻、系统性地注入到交通工具设计教学过程中。学生斩获以 IF 奖、红点奖、红星奖为代表的逾 60 个国际顶级设计竞赛大奖，同时夺得海星杯、广汽杯、上汽杯等行业产品设计竞赛奖逾百项，这都是在交通工具教学过程中取得的标志性成果。

三、教学改革成果和影响力

1. 学科影响：建设成为国家质量工程建设的高水平教育平台

（1）积累了一大批成体系、标志性的教学成果。全国多所高校同类专业积极采用我校在精品（在线）课程、规划教材、教学研究等方面的成果，如国家精品在线课程"设计概论"被全国 10 个省市 19 所高校选用，目前 2 轮运行已有 9100 名来自高校、社会的学习者。

（2）培养了一大批高素质设计教育领军人物。培养了 30 余位知名学者、院长和国内知名院校的近百名骨干教师和学科带头人。中西部和南部地区数十所高校，尤其是综合性院校和工科院校积极借鉴本单位在培养体系、运行机制、教学手段等方面的理念、思路和方法，并汲取硕博学位点、专业方向、教学团队、人才实验示范区建设等方面的经验。

（3）在交通设计教育领域内名声佼佼。本单位是设计教育界和交通行业内多个组织、协会的理事单位，师生逾百次获得国内外重要奖项，尤其是在汽车设计教育界最专业和权威的 CDN 中国汽车设计院校排行榜 120 多所院校中，位居第 4，每年都有高位次获奖。近年来，本团队接受了韩国建国大学、韩国光州大学、浙江大学、江南大学、南京艺术学院等 100 余所高校教师来我院考察或学习进修。

2. 行业影响：面向产业需求具备重大贡献和影响力

（1）为交通行业培养出一大批卓越设计师人才。毕业生进入东风集团逾 20 人，进入上汽集团逾 30 人，此外还广泛入职通用汽车、广汽、日产、一汽、武船、外高桥船厂、广船国际、太阳鸟游艇等行业龙头企业工作，快速推动了行业发展。如 2012 届毕业生崔冲在上海创立了上海蓝愿新能源汽车科技有限公司、上海涵木信息科技服务中心、麦神工业设计（上海）中心，2013 届毕业生外饰设计主管宋闯在一汽红旗主导的红旗超跑 S9、电动越野车 E115 在法兰克福车展首发，目前已准备量产，极大地支持了中国汽车的自主设计。此外，还有东风猛士军车总设计师张杰、东风技术中心造型科总师王旭飞、广汽外饰总师旦卡、顺德卡蛙科技公司总裁卢刚亮、海尔海高品牌部负责人姜松、德国阿迪达斯终身设计师朱晨钟等一大批优秀人才也在各自岗位上做出了优异成绩。

（2）在用人单位中积累了口碑信誉。毕业生一次就业率稳定在 95% 以上，获得用人单位的一致好评，培养质量评价满意度为 96.59%；先后有 20 多名毕业生考取清华大学、同济大学、浙江大学、英国皇家艺术学院、美国底特律创意设计学院、德国慕尼黑大学等名校攻读研究生。逐步扩大了本专业在国内外高校和企业中的影响力。

（3）科研服务为企业创造出高额利润。通过教学科研协同，先后协助东风汽车、通用汽车、丰田中国、吉利汽车、奇瑞汽车、上汽通用五菱、长城汽车、长安汽车、宗申摩托、大阳摩托等大型企业进行用户研究及产品开发 100 余项，产生直接经济效益数亿元。为我国长三角、珠三角和中部地区企业自主开发优质产品，如李卓副教授团队设计的上市车型郑州日产帕拉骐、江淮汽车帅铃 T6、广汽吉奥 GX5、大运汽车奥普 CGC1070HBC39D、沂达电动车等，收到了很好的社会效益。方兴教授团队独立承担了武汉地铁建设的总体导视系统设计和部分公共设施设计，又先后承担了 2、3、6、8、12、16 号线、纸坊线、前川线、阳逻线的开工纪念册、纪念卡和全线站点的广告位、梯牌设计，助力武汉地铁形象成为"武汉名片"。2018 年末，李卓副教授团队联合汽车工程学院为中兴通讯成功开发出氢燃料智能客车，一定程度上协助企业走出被美国制裁后的低迷状态，重振了信心，广东省委书记、省长、珠海市委书记亲临发布会打气，充分肯定了该车的美学设计与技术创新。

3. 社会影响：树立了本专业在设计领域中的重要地位

（1）研究成果在国内外刊物、学术会议、新闻媒体公开发表，获得广泛认可和积极评价。在 2010 年承担工信部 202 英尺大型游艇研究项目的基础上，先后为国内机构、船企、军工设计船舶 12 艘，其中 2018 年南海"三沙 2 号"交通补给船首航永兴岛被中央电视台新闻报道，2019 年"南海星梦号"客滚船刊载于《人民日报》，8 件船舶设计作品入选中国设计大展"大国重器"板块，作品获国内船舶设计竞赛奖 100 余项，团队事迹和作品多次被新浪财经、经济日报、湖北日报、长江日报等媒体报道。广泛参加各种专业展览和社会平台展览，收到了很好的社会赞誉和设计文化科普宣传效果。团队成果先后参加过第三届中国工业设计展览会、第三届中国设计大展及公共艺术专题展、第十三届全国美术展览、2019 世界工业设计大会暨国际设计产业博览会等大型专业展览，并联合政府和高校举办多次专题展览。

除团队作品发布频次高、影响大外，团队成员也赢得了较高的社会荣誉。团队负责人被评为光华龙腾设计创新奖十佳青年提名，团队成员被评为 2014 年中国工业设计"十佳"教育工作者、中国汽车行业 60 周年 60 名创新人物，团队多人次被中央电视台、中国青年报和长江日报、武汉晚报等省市媒体采访，进一步提升了本专业的社会声誉。

（2）多次主办与协办国际、国内专业学术研讨会议。团队成员 30 多次参与国内外设计教育或学术研讨会，20 多次做大会主题发言，树立了本专业在交通设计领域的学术地位。团队负责人受邀多次在由中国船级社、武汉工业设计协会、青岛市政府，以及知名高校主办或牵头主办的国际会议发表主题报告。2017 年本团队联合美国普渡大学，与日本、韩国、欧洲、印度等国家 36 所高校举办了名为"DesignGoodNow"的全球同步实时工作坊，收到了极佳效果。2005—2018 年，由本单位发起并主导的"中韩高校工业设计专业毕业联展"已连续举办 14 届，成为设计教育领域内国际化交流的标志性案例。

（3）与国际一流院校展开常务性学科交流。先后与日本筑波大学、九州大学，韩国国立首尔大学、建国大学，澳大利亚莫拉什大学、昆士兰科技大学，美国普渡大学、伊利诺伊理工大学，英国卡迪夫大学、威尔士三一圣大卫大学，意大利米兰理工大学，中国香港理工大学等 30 余所国际知名院校进行了互访和学术互动。此外，还开展了中韩设计交流展、跨国设计工作坊、院校联合培养，定期举办中日韩设计学博士论坛，不定期邀请国际著名学者前来讲座，如德国商用车设计之父、汉堡应用科学大学、慕尼黑工业大学 Wofgang Kraus 教授，英国威尔士三一圣大卫大学 Ross Head 博士、Sean Jenkins 博士，日本九州大学艺术工学研究院村木里志教授，美国普渡大学 Steve Visser 教授、Bryan J. Hubbard 教授，英国威尔士斯旺西艺术学院副院长 Robert Charters 教授，美国俄勒冈大学数字艺术暨新媒体学院 Michael Salter 教授，新加坡拉萨尔艺术学院 Schlegel 副教授，芬兰阿尔托大学 Susu 教授等，在人才培养、研究成果、学科声誉等方面展现出明显的吸引力，为学校、学科、学术平台赢得了巨大的声誉。

新时代不断向人才培养提出新的要求，团队将以学生发展为中心，产出为导向，增强培养方案与国家创新发展战略、区域经济社会发展、行业产业发展需求的契合度，不断完善课程体系和团队建设，构建一流本科人才培养的新格局。

展示设计课程实践教学研究
—— 以"淘宝造物节"为例

枣 林　北京工业大学艺术设计学院

摘　要

　　本文对实践教学在展示设计课程中的重要性进行了分析，结合目前实践教学的发展状况和突出问题，研究探寻符合需求的实践课程。重点阐述项目中实践教学的核心模块，引导学生反推理论知识，把实践教学同实践内容深度结合，最终正确引导学习导向。通过案例分析，得出实践教学应该提供更宽广的创新实践环境，紧密结合市场需求，在未来的教学过程中，进一步完善实践教学课程结构，深化实践教学的系统性，培养应用型人才。

关键词： 展示设计；实践教学；应用型人才；淘宝造物节

　　实践教学一直以来都是一个备受关注的热门课题，在展示设计专业，实践教学对年轻人的影响是巨大的，对于艺术设计类学生的思考、眼界、意识、思维、动手能力、设计能力等扩展提升也极为重要。近年来，市场对展示设计专业学生的要求逐渐提高，学生只有具备过硬的应用型能力才能适应社会的需要。作为一名设计师兼展示设计专业的教师，我曾多次参与主持、设计、实施、执行历届"淘宝造物节"，尝试将这类大型线下活动引入展示设计实践课堂中来，把"淘宝造物节"这个具体的项目当成实践课程基础，在项目过程中让学生运用所学理论知识，进入项目的不同阶段进行实践，最终课程项目的成果达到预期效果，学生也在项目实践过程中受益匪浅。

一、实践教学课程设置在展示设计专业中的重要性

　　展示设计是艺术设计领域中综合性质较强的设计形式之一，展示设计专业考察的是空间造型、流线规划、多媒体声光电等元素综合运用能力，注重学生应用型能力培养，有着较强的应用性和实践性。因而开展实践教学课程对于展示设计专业就显得尤其重要。

　　首先，学生在实践教学课程中，有机会从多个维度去设计分析空间，加强在展览展示中声光电的运用，合理把握空间尺度，明晰人流动线，最终锻炼对空间的理解和布局能力。其次，学生在实践教学课程中，可以综合利用课堂上所学的设计知识对目标内容进行设计规划，并付诸实施，扩大传播展示内容的信息，增强观展者的体验感，让观展者在信息接收的同时感受到展览展示的艺术价值，达到宣传营销、交流学习等目的。最后，学生可以在实践教学课程中，融会贯通展示设计的历史发展进程、经典设计理念、运作流程和原理，结合最新的展示设计潮流，掌握优秀的设计手法，使得设计出的空间既有一定的艺术水准，又满足既定的功能要求，真正成为一名专业的展示设计者。

二、实践教学课程的特性及现状

　　展示设计实践教学区别于一般理论教学的特点在于带有明显的教学目标的能力指向性、教学内容的鲜活性、教学方法的实效性、教学环节的开放性和教学评价的综合性，注重亲自参与和体验，注重设计实践与社会需求之间的内在关系。展示设计理论知识的学习在课堂上就可以完成，但实践课程是开放性的，一定要走出课堂，进入社会市场。实践教学内容的开放性、对不同能力培养目标的针对性，教学过程中的实际性以及教学评价标准的综合性都是它最显著的特点。

　　目前，大多数院校的艺术设计专业逐渐增加实践课程在人才培养模式中的比例，但教学内容和

形式基本上遵循传统的教学模式，人才培养的定位不准确，教学方法主要是教师课堂说教，与市场并未紧密结合。因此，学生毕业进入社会后，他们会发现其所学知识在现实生活中缺乏实用性。学生就业后，往往要花很长时间接受培训，才能从事实际工作，不能立刻适应社会需要。在这种传统教学模式下培养出来的学生已经不能满足市场需求。

除此之外，在展示设计实践教学过程中发现，学生欠缺良好的团队合作精神，团队意识有待加强。在未来的职业道路中，学生面对的目标项目是一个完整的规划设计概念，从前期的头脑风暴到后期的设计落地，都需要各方面通力合作，共同努力完成，这就要求设计师必须具备团队精神。很多学生在平时的课堂学习过程中，缺少团队合作意识，各自为战，哪怕是小组作业，合作也往往是将各自的设计内容、规划成果进行简单拼凑，这将导致设计缺乏创新，无法发挥团队合作"1+1>2"的作用，同时也会极大影响工作效率，影响项目进程。

实践教学中还存在着许多其他问题，如教学手段不够先进，实际教学教师缺乏实践经验；实践教学往往需要外出，安全管理问题导致教师避重就轻；学生实践动手能力较差；等等。

三、展示设计课程实践教学具体案例分析

展示设计实践课程必须紧密结合市场需求，符合社会发展的基本趋势，培养实用型人才。一方面，教师利用最新的实践项目进行项目导入式教学，因势利导，将极大地提高教学效果；另一方面，学生在老师的带领下参与项目课题，在实践过程中获取多方位的指导和评价，能够增进学习主动性和趣味性。"淘宝造物节"为目前线下新派最大型互动体验展览活动，"造物节设计"已成为一种形式。下面我们将以"淘宝造物节"项目实践教学为例进行具体分析。

1. 关于"淘宝造物节"项目

自党的十八大以来，创新就备受重视。党的十九大报告进一步明确了创新在引领经济社会发展中的重要地位，标志着创新驱动作为一项基本国策，在新时代中国发展的行程上，将发挥越来越显著的战略支撑作用。另一方面，市场逐渐带动起创新产能，内容营销式微，体验式营销应运而生。根据阿里巴巴集团 2019 年第三季度的数据统计，淘宝用户年龄小于 24 岁的年轻用户占比33.27%，约为用户规模的 1/3。用户年轻化是淘宝这些年来的发展趋势，年轻用户的增多改变了淘宝用户构成，也相应改变着传统的消费行为模式。"90 后""00 后"是互联网原住民，熟悉网上购物，对普通产品内容屡见不鲜，因此喜欢新鲜事物，勇于体验新玩法，线上购买力强。

消费者群体日渐变化，急需与消费者沟通的新品牌越来越多，而淘宝自 2003 年创办以来，需要重新定位与转型。在经历了 2011—2013 年极致性价比的淘宝、2013—2014 年万能的淘宝之后，目前处在第三个阶段——有创造力的淘宝（表 1）。

造物节给"大众创新万众创业"时代背景下的年轻人以自己的平台，展示"释放"自己的创造力。"90 后""00 后"的多元化兴趣爱好，也正是在这种环境之中逐渐放大，最终形成了多元化的文化。曾经展示设计专业学生在创业道路上步履维艰，背负着巨大的心理压力；而今，这些学生将由自己的兴趣引导，凭借这样一个优势平台，愉悦地发挥自己的专业知识。经济的发展和文化的多元正在成就"造物"和"众创"。这种多元化正在打破一个个次元壁，让年轻人沉浸在自己的兴趣爱好之中，真正为兴趣而创新。"大众创业、万众创新"只有在这样的时代、这样的技术条件、这样的社会观念下才会产生。

2. 实践课堂基本情况

名称：创新实践、认识实习、专业考察。

授课人群：北京工业大学艺术设计学院工业设计系展示设计专业方向大二、大三涉课学生

表 1　历届"淘宝造物节"项目信息

时间	地点	届数	主题	展区面积 / m²	展位数量 / 家
2016	上海	首届淘宝造物节	年轻就要造	10000	72
2017	杭州	第二届淘宝造物节	奇市江湖	20000	108
2018	杭州	第三届淘宝造物节	奇市西湖	23000	200
2019	杭州	第四届淘宝造物节	1000+ 新物种来袭	12000	160

注：2018 年除 200 家展位外，另有 4 个主题展区；2019 年为 1/2 展区。

（2013—2016 级 4 个班级同学共 80 余人）。每次实践人数 20~40 人不等。

实践地点：上海、杭州异地实践，根据每届造物节举办地而定。

实践内容：利用所学专业理论知识，分别进入"造物节"项目的不同阶段，包括前期策划及设计阶段、中期下工厂制造阶段、后期现场搭建执行阶段进行实践。

课程难点：异地实践的安全和组织。关于安全，除教师作为第一负责人外，团队安排专人负责前中后期的安全教育，组织学习、逐一深入地和家长沟通征求意见等。保障安全方式为签订《临时用工协议》及《安全免责协议》，因项目属于工程类，项目进场期间有工程保险，签订《临时用工协议》可以使学生得到保障，而《安全免责协议》则是为了约束学生自身行为。关于实践课程的组织，出发前向学生充分介绍项目及相关实践内容，把学生进行有效分组，专人负责统一对接实践内容，分组管理和安排吃、住、行、学习等具体事宜，每日早报晚宵禁等，进行无缝对接管理。

3. "淘宝造物节"项目中实践教学核心模块

1）结合课堂理论知识，在实践中进一步熟悉展示设计的完整流程

作为一项复杂的综合性工作，展示设计的风格和形式对于整个展览展示活动有着决定性的影响，它能够从根本上改变一个展区的整体状况。因而无论是综合展览还是专业展览，都必须清楚熟悉设计的流程，只有掌握了最基础的流程，才能在框架的基础上搭建出更好的展厅或者展台。

在平时的课堂上，学生听到但感受不到设计的完整过程，然而在淘宝造物节中，学生能够在实践活动中体验展示设计的各个环节，全程体验从设计任务的下达、进行设计，到设计的执行。筹备初期，设计师与造物节举办方和参与店家进行接洽，获得参展相关资料，了解客户的进一步需求，明确交付日期，随后开始着手进行设计，并在设计过程中做到与客户反复交流沟通，根据客户意见进行修改，交付定稿及工程报价；中期进入工厂，跟进制作过程；后期敲定方案后，依据设计图纸进行展区的现场搭建。

2）扩展学生视野，了解项目背景，增强对设计需求的理解

展示是一项有方向和目标的设计活动，任务的明确认知与任务的下达要相符，设计师必须与甲方接洽，明确甲方的设计要求，了解甲方的目的意图，继而才能更好地转换成设计目标。

以淘宝造物节为例，学生在初入项目实践活动前，首先就要了解淘宝造物节的活动背景。造物节是淘宝双十一购物节后针对年轻人的另一个现象级活动，创意产品、个性消费成为淘宝上大众消费的主流趋势，造物节是带领时代的超级 IP，折射出的是淘宝正在努力寻求转型的一面，也是淘宝品牌重塑的重要一环，打破消费者心中固有的定位与形象。淘宝造物节选择的都是有销量或有调性、有独特人文价值的店铺，科技、潮流、艺术和美食，五花八门的产品，让人眼花缭乱，参加造

物节的商家都是淘宝特色卖家，强调"特色"二字是因为他们在淘宝售卖的商品都独具特色，在平时的商场里很难看到。所以如何在展示设计上创新突破和如何传播营销必然是设计者需要重点考虑的设计目标。

设计创意来自设计师对物品本身的了解，在设计的过程中，学生们会分组进行调研，围绕设计对象寻找相关信息，了解用户的直接需求，除此之外，挖掘可能的潜在需求，明确设计核心和难点。调研内容包括依托前几届造物节，收集整合背景资料；淘宝作为中国最大的虚拟店铺，在这个载体上，可以网上调研每一个参展店铺的需求；也可以横向调研类似的实体店铺等。

3）引导学生反推项目设计思路

首先，了解如何设定项目设计的主题，以第二届造物节为例，造物节举办时每日观众数量超过2万人次，每天网络直播点击量超过3000万次，部分商家在造物节开幕当天粉丝量暴涨7000人以上。它的主题是"奇市江湖"，学生可以现场通过四大展区——"东市"潮·燃、"西市"暖·赞、"北街"酷、"南街"神，直观了解到本次造物节的主观人格设定，反推如何通过赋予故事来展现主题，并且学习设计师如何从形象设计上彰显优秀的环境效果。设计师将以调研为手段，先行对活动空间和主题进行分析，从主观上给空间人物以"世界观"设定，赋予置身其中的观者以价值角度和"世界观"假想，对其进行人物性格的规划和设定，从而使空间设计和体验设计有的放矢，从容地使整体活动设计流畅并附有"故事"主题。

在此过程中，学生们将看到各方通力合作的必要性。前期活动举办方将通过招商的方式，依据设计好的主题来筛选最有代表性的商家参展，其后设计师通过展区的空间设计将这些碎片集合在一起，放大出同一种和谐的声音来点题。展区空间内融洽统一的氛围，得以为游客留下一段不能忘却的记忆。

其次，从沉浸式体验中挖掘设计维度。淘宝造物节是大概有10万人次造访的活动，在某一空间内集中展示一段时间，将理想化的淘宝在线下直观展示给大家，从而达成新的品牌共识。设计的传统展现形式无法满足现代群众日益变化的审美口味和需求，体验式设计通过如"淘宝造物节"这种线下体验平台，向人们提供色声香味触法的刺激，对他们进行耳鼻舌身意的感官抚慰，继而达到产品广泛传播的目的。体验式设计及展陈就是通过设计师对展示陈列空间的布置与规划，为参观者提供更加舒适的体验平台与空间感受，使其在参观过程中主动探索、获取信息，达到展示空间、设计师、参观者之间理解与合作的展示方式。这种沉浸体验对学生而言并不是一个陌生的概念，然而身临其境可以帮助他们更好地分析溯源，如何以人为本、合理把握"感官体验"的设计理念，如何在信息碎片化的时代牢牢抓住人们的注意力。

在造物节上，别出心裁的体验设计格外有互动性，可以带给人们强烈的正面情绪，比如愉悦、惊喜、感动等，之后拍摄留念，发朋友圈抖音，有了进一步的传播，达到营销目的；而不成熟的体验设计不仅会让人无感，甚至不能保障基本的体验需求，比如没有给人留下什么印象，或者错误的空间设计导致人流拥堵等。沉浸式体验设计，就需要对人的主观情绪具有一定的敏感度，学生通过自身情绪的波动，可以更容易推导出设计的重要目的。学生们在现场既能直观体验设计师所制造的惊喜，甚至成为传播的一环，又能学习如何规避基础体验的设计疏漏。

以第四届淘宝造物节为例，在老师的讲解下，学生从观展者的体验角度去反推"淘宝造物节"设计师的几个设计维度：① 情绪节奏。学生发现，观展的时长可能会很久，观展者的情绪不是一直处在高昂和紧绷的状态，而通过巧妙的空间分布设计，就可以保持一个张弛有度的情绪节奏。② 空间氛围。"1000+ 新物种来袭"的主题确定后，除了大方向上为主题赋予故事，还需要细化到每一个细节，与主题一脉相承，和谐地表现在展示空间内。比如，展区中的光线、色彩、材质纹理等，都需要进行一次次的情绪板和风格对焦。③ 互动性。观展者可以自由进行游览和拍摄，本次造物节还额外增加了新型互动："佛系集章"和"魔系集赞"。前者可前往各个展区打卡，到地图上的各个亮点店铺盖章；后者需要把拍好的照片发到社交媒体上，以换取亮点店铺的体验资格。④ 流动性：本届设计师为提高观展效率，规避拥堵，会有意识保持"行进动线""停留参观区""体验及排队区"之间的间隔。另外，考虑到观展者的拍摄视角，还要尽可能为这一点留出空间。

再次，寻找发现展陈策略。学生们除了跟进公共展区的设计，还会进入到每个店铺内部，了解形态各异的商品展陈。良好的展陈策略，才能让店铺更有看点。以第四届造物节为例，有的店铺售卖的是商品本身的创意，有的店铺讲的是店主自己的故事，可以是常态化的展现，也可以制造事件或互动。学生们能够积累各式各样优秀的展陈手法，未来真正把商品展示变成艺术装置。

本届主题是"1000+ 新物种来袭"，强调的是新商品本身和它代表的创造力，因此产品表现类和互动体验类会更多一些。比如利用传统木雕工艺来雕刻现代形象的店主，特色商品是"十八罗汉猫"，它的展陈宛若一个巨大的猫爬架。每一个罗汉猫都靠墙面对观展者，商品形态上类似寺庙中的罗汉，设计师融合了猫爬架的概念，为整个商品展陈增添了关联性、趣味感和层次感，极大地提高了商品表现力。再比如科技区的外骨骼机甲可以助人"一臂之力"抬起一辆车，有价值 20 辆特斯拉的仿生鲨鱼可以供参观者试驾，还有机械臂与游客进行投篮比赛、一较高下。学生们发现，高新科技尤其适用于互动形式的展陈，因为这种形式可以让游客深度参与。设计师还会注重空间上的布置，能够让观展者一眼就看到它。这就是通过增强"互动体验"来突显看点的手法。

最后，提炼特别的设计理念。绿色设计，也称生态设计，指在产品整个生命周期内，着重考虑产品的环境属性（可拆卸性、可回收性、可维护性、可重复利用性等）并将其作为设计目标，在满足环境目标要求的同时，保证产品应有的功能、使用寿命、质量等要求。绿色设计的原则被公认为"3R"原则，即 reduce & reuse & recycle，减少环境污染、减少能源消耗，产品和零部件回收再生循环或者重新利用。绿色设计的理念和意识是可持续发展的基础，在展览展示这个行业，存在着诸多浪费，要把绿色生态设计作为设计的基础要求，在设计教育中贯穿绿色设计理念，从可重复利用性、可拆卸性、可回收性、可维护性、模块化展示道具的应用为切入点开始设计，运用无污染、可回收的材料和工艺手段。

以第三届淘宝造物节为例，教师通过提问引导学生发现两个特别的设计理念：首先，为什么把场地选择在完全户外的西湖？其次，为什么选择竹架和建筑用脚手架钢管作为设计的主结构？学生通过小组讨论，得到一个贴近自然、可回收利用的绿色设计理念。在本届设计上，由于整个活动场地都设置在草坪上，为了保护草坪，地面没有进行工程化平整或硬化。此外，从选材上呼应 "江湖感、草根化" 的世界观设定，同比降低了 40% 的制作成本，实现了快速搭建、低成本、主结构全部回收可重复利用的绿色设计诉求。

4）带领学生直观体验设计的形式转化过程

淘宝造物节上，无论售卖的是实物商品还是概念，最终都要以店铺的形式出现，从虚拟转为实体，有一个形式转换的重要过程。在课堂上，学生通过书本知识对形式转化过程有基础的了解，但是对设计具体如何实现没有概念。但所有设计都必须要落地，造物节如同一个实际的练兵场，对学生而言，是一个直观体验形式转化过程的学习机会。

5）在设计执行过程中培养学生解决问题的能力

在设计执行阶段，设计师需要在限定的条件下，达到既定的设计要求，完整诠释设计内容，并且突显出自己的设计风格。在造物节上，学生们群策群力，思考如何在符合会场防火安全标准的情况下，把一个大型的展示装置支撑起来。此外，设计师在现场有很大概率会遇到突发的问题、临时追加的工作、临时变更的项目等，如何与多方面配合，保证展示设计的完整显现将是学生需要锻炼的一项能力。

四、结语

综上所述，实践教学绝不能关起门来进行单一的知识输出，教师要积极为学生提供培养创新能力的实践环境，更重要的是去营造协同创新的氛围。"淘宝造物节"这样的实践项目对展示设计专业学生具有特殊意义，真正把实践教学同实践内容深度结合，感染、激发学生对创新、创意、设计的极大兴趣，从而影响其职业发展。通过跟踪项目前期、中期、后期的实践内容，对专业课程内多门课程进行了实际应用再现，既拓宽了视野，又提高了自身综合竞争力，培养了学生对展示空间的感受能力和立体思变能力，以及沟通交流能力和团队协作能力，达到了展示设计课程实践教学的目的。

参考文献

[1] 王晶. 项目教学法在展示设计课程中的应用 [J]. 艺术教育，2015（8）：258-259.

[2] 宗彦. 艺术设计专业"工作室"制实践教学模式探析 [J]. 农家参谋，2019（3）：255.

[3] 符睿. 展示设计专业教学的探索及研究 [J]. 艺海，2012（12）：141-142.

[4] 高月斌. 展示设计课程实践教学探析 [J]. 辽宁高职学报，2009（10）：92-93.

[5] 朱苗苗. 展示设计课程体系设计中教学结合实践 [J]. 教育现代化，2016（38）：164-165.

[6] 俞洁. 基于实践性设计的高校展示设计课程教学设计研究 [J]. 教育现代化，2015（13）：174-176.

民族文化元素在工科工业设计专业设计
基础课程中的应用研究

闫丽霞　王坤　刘日　内蒙古工业大学机械工程学院

摘 要

工科背景的工业设计专业注重科学与技术的设计教育，提倡科技与文化融合，但存在短板。生源大多存在形象性思维和逻辑思维发展不平衡的问题。同时，因课程内容、课时、课程衔接等问题，知识点停留于课内掌握而缺乏课内外市场衔接应用，对民族文化的设计应用力度不够，在设计方法和设计思维上缺乏系统化课堂教学。本文通过在设计基础课程中运用符号学思想和方法，对蒙古族风格元素的外延与内涵进行分析与总结，通过项目驱动和讨论式教学细分人群，贯穿于平面类课程及产品形态、色彩、材质、操作设计的相关课程中；提出一套适合于工科工业设计专业的民族文化元素创意设计应用方法，努力探索工科工业设计创新人才培养的新模式。

关键词： 民族元素；语言修辞；图形符号；细分人群

引言

文化是一个民族的灵魂，记录着人们的衣食住行，是一个民族和国家赖以生存的智力资源和精神动力。少数民族的生产和生活方式、艺术形式、民族性格，以及延伸到政治、军事行为，均渗透于文化的发展过程中。例如蒙古族翁牛特服饰，底色凝重，构图朴素，图案精美，穿起来端庄大方，其元素的色彩对比、纹样组织结构、材质特征及文化语意彰显了蒙古族风格，闪烁着民族智慧的光芒。那么，如何解读民族文化的深厚内涵，并创新性地挖掘文化外延，从而准确表达产品机能各项因素呢？关键的问题是文化认同，即构成形态的多样性与文化语意的契合，及元素造型与元素风格与指涉物一致；其次，色彩、材质、文化语意与产品形态综合创意设计符合市场需求。学生的文化底蕴及对少数民族文化内涵掌握的深浅差异，影响了设计基础课程的课堂效果，课程衔接、内容、课时等也带来了综合问题，因此，整合形象与逻辑思维、提升学生设计技能是解决问题的路径，符号学原理从语言结构到符号意义表达功能，为民族文化与产品创新设计搭建了编码解码的逻辑关系。

一、民族文化元素内涵与外延概念生成原理

1. 皮尔士符号原理

美国实用主义哲学的先驱者之一、哲学家和逻辑学家查·桑·皮尔士从 1867 年起着手于符号学的研究，其对语言符号结构的分析，进一步促成符号学发展为一个独立的人文学科。皮尔士符号三分法指引的"能指、所指、指涉物"的符号模型分析，将符号分为内涵层级与外延层级：内涵层级的能指表示设计产品的色彩、图形、气味、声音等物质信息，所指表示设计产品的形象、形态所反映的概念意义；外延层级是依据内涵层级的能指推理之下的形态机能及其所指意义，其能指包括产品的构造、材料、机能、操作方式等，所指为基于能指构造符号所表达的意义，外延层级的符号关系具有客观构想的编码规则。皮尔士符号三分法为符号的概念设计提供了一整套系统设计方法。

2. 皮尔士符号意义表达功能

皮尔士按照符号意义表达功能将符号划分为图像性、指示性、象征性三大类，每种类型细分其组织关系，图像性分为表现性、类比性、几何性的表达功能；指示性分为机能指示、意念指示、制

度化指示；象征性分为惯用象征、综合象征；最后，将文字、数字、色彩分做其他符号。我们知道产品的"意"往往是通过产品的"形"而获得，产品的"形"可以拆分成点、线、面、体、颜色、材质等多种元素。柱的造型特征有"承载"之意，明示义传达支撑、支柱、庄重、高贵、神秘等机能性概念；面元素，如苏州园林中门的造型、古代窗棂格内格栅结构，承载着"平安、多子、富贵"等美好之意，门窗的明示义具有通透、智慧、明白、清楚、坚挺、光明等指示性概念；体元素，如屋顶、悬山、硬山，传达"祥瑞之景"，如蒙古包，明示义轻快、庄严、保护、吉祥，传达具有覆盖性、保护性的指示功能和象征性概念，如表1所示。

表1　蒙古族建筑象征性符号意义表达

形式	赋予意义的方法			意义来源	出处	意义	
	图像	指示	象征			明示意义	内涵意义
天窗（陶脑）：日月形状；光线可以通过天窗进入蒙古包内，是具有内外沟通功能的人造物	几何性	机能性	惯用性	器物	《考工记·匠人》：四旁两夹窗，也就是说"窗户为明"	崇拜 智慧 明白 清楚 坚挺 光明	与外在世界沟通；形状"光芒四射"是对日月的崇拜；光线可以通过窗进入房内，因此也有光明、清楚的意义
敖包（鄂博）：用石头、柳条、树木、草皮等建造；是天然材料构建的圆锥形祭祀载体	几何性		惯用性	器物	《绥远通志稿》："官祭"，敖包之俗	幸福 平安	祈求风调雨顺、人畜平安，表示对自己祖地的眷恋和对祖先的无限崇敬

二、民族文化符号内涵与外延语意设计方法

1. 语言学修辞手法

荣格在研究人类的心理时，发现每个时代、每个民族都有无数的象征符号，这是人类心灵的需求。人类借着这些象征符号表达那些无法用言语诉说的心理诉求，而这些象征符号的形成便是基于社会上的约定俗成，大家公认它具有某种意义，并相沿使用。

1）同级象征惯用手法

以语言学为出发点，比喻、隐喻、暗喻、提喻等为产品语义设计常用修辞手法，借B表达A的本义，以"能指和所指"的理论替代A和B，理解过程为：人—B（相似性、传承文化、文化解释）—A（理解象征体本义），如酒神（A）与杯（B），A＋B组成酒神之杯，杯的符号传达了荣誉概念，指涉物为杯，杯的形态特征具有相关联造型风格。

2）交叉使用列举组合法

酒神同级也可引出战神，如战神（C）与盾（D），C+D组成战神之盾，盾的符号传达了坚不可摧的概念；交叉组合后A+D组成酒神之盾、C+D组成战神之杯，由惯用象征发生意义的联结，通过联想来达成另一种新的象征意义。

3）综合性象征手法

综合性象征手法主要用在给产品命名的过程中。"概念延展"的目标是探索深厚的民族文化底蕴，首先，不断发散思维，通过与科学的语义学方法的配合，以市场需求为导向进行延展；其次，在某个主题范围内，围绕着这一主题进行想象和思维发散，保证发散的科学性；最后，综合性的象征透过多种意义的联结达成另一种新的象征意义，甚至更进一步地先以比喻性象征手法产生初步的象征意义，再由这些象征意义的联结产生新的寓意。

4）其他手法

运用联想法时，凭借经验对接近、相似或者完全相反的事物进行联想。例如，以数学界的"直线"进行联想，直线—铅笔—柱子—树木—伞—扇子—王星记—百年老字号—民族文化—蒙古族文化—蒙古族服饰—顾谷冠—蒙元贵族—元世祖皇后—女神。

2. 民族文化元素提取方法

1）造型提取

各少数民族的生活习俗饱含丰富的文化元素，通过与衣食住行用有关的造型、色彩展示并传达文化特征。

在建筑物、生活用品、民间纹样、民俗民风等方面，每个民族有自己独有的特征，在形态、色彩、材质方面传达的风格和语义呈现不同特点。如蒙古包，蒙古族牧民居住的一种房子，古代称作穹庐、毡包或毡帐。造型呈圆形尖顶，顶上和四周以一至两层厚毡覆盖。包内四大结构为：哈那、天窗、椽子和门。蒙古包看起来虽小，但包内使用面积却很大，室内空气流通，冬暖夏凉，建造和搬迁方便，适于牧业生产和游牧生活。造型提取为圆锥形，哈那提取交叉的线条，圆锥、线条的交叉是人们生活经验中的几何造型，具有个性的语意。

依此类推，针对教学设计的主题，经过调研数据的整理，展开头脑风暴，总结元素造型特征和元素风格，如表 2 所示。

表 2　元素提取

意义来源	具体表现	元素造型	语意明示意（发散思维）
建筑物	蒙古包、敖包、苏力德、藏传佛教建筑	圆锥形、葫芦形、哈那交叉、阶梯形	个性、古朴、天人合一、怀旧、复古
生活用具	奶豆腐模具、勒勒车、毛毡画、银碗、蒙古族服饰	圆形、矩形、楔形	粗犷、舒适、素雅
民间纹样	自然纹样、植物纹、动物纹、圆形花纹、吉祥纹	呈几何特点，有三角形、圆形，纹样多对称	轻快、明亮
文娱生活	那达慕（骑马、射箭、摔跤）、呼麦、马头琴	马蹄形、楔形	勇猛、悠扬、独特
风俗	献哈达、祭火、祭敖包	条形、山形、火形	厚重、个性

2）色彩语义提取

色彩是产品设计的另一要素，在产品中不仅扮演固有角色，同时扮演象征角色，所携带的信息会对潜在消费者产生巨大的积极或消极影响，唤起使用情境。在蒙古族文化中，蒙古族人是惨白色的鹿和青色的狼的后代，再加上萨满教对白色的崇拜，白色有吉祥纯洁、无限、永恒之意；游牧民族崇拜天地，天的色彩是蓝色的，蓝色代表庄重、神秘、美好；在常见的器物、哈达、服装、建筑中均有象征性的语义。表3中提到的色彩是蒙古族日常生产生活中较为常用的颜色，与潘通色卡中的颜色进行对比分析后，进行分类，选取数量比较集中的潘通色号值。

表3　蒙古族常用色彩及心理感受

颜色	抽象联想			象征意义（蒙古族）	色号范围
	青年人	中年人	老年人		
蓝	美好、纯洁、开朗、清新	睿智、无限、真理	冷静、平静、冷淡、悠远	深沉、稳重、安宁、永恒、坚贞、忠诚、奉献、和平	RGB：1,92,160-7,7,23,8 CMYK：90,62,11,0-93,77,0,0 潘通色号：2735C-2745C
白	纯洁、神圣、清洁、善良	干净、高贵、坦率、简单	清白、吉祥、长寿、死亡	朴素、高雅、光明、吉祥、真实、友谊	RGB：255,55,255 CMYK：0,0,0,0 潘通色号：white
黑	死亡、神秘、静谧	刚健、肃穆、威慑、含蓄	严肃、阴郁、死亡、稳重	庄严、肃穆、坚固、神秘、魁梧、勇猛	RGB：0,0,0 CMYK：93,88,89,80 潘通色号：426C
黄	轻快、纯净、甜美、温柔、希望	庄重、辉煌、权势、豪华、地位	真理、神性、收获、光明、威严	光明、富有、忠义、豪华、威严、高贵、权威、精神、力量	RGB：206,134,0-255,210,0 CMYK：25,55,100,0-5,22,89,0 潘通色号：394C-396C
绿	新鲜、青春、希望、活力	生命、成长、平静、勇猛	和平、生机、生命、希望	繁荣、自然、环保、保护、友善、清洁、安全	RGB：29,144,78-8,175,79 CMYK：80,24,87,0-76,6,88,0 潘通色号：354C-356C
红	爱情、热情	激情、拼搏	温暖、希望	希望、温暖、光明、愉快	RGB：254,0,0-171,4,4 CMYK：0,96,95,0-40,40,100,100 潘通色号：185C-187C

3）消费人群消费心理调研

消费心理是指消费者在寻找、选择、购买、使用、评估和处置与自身相关的产品和服务时所产生的心理活动，包括消费者兴趣、消费习惯、价值观、性格、气质等方面的特征。诱发消费者对商品的使用联想，感知所欲购商品，从而寻找购买目标。青年、中年、老年三代对音乐、娱乐节目、绘画、阅读、电子类产品等具有明确的消费喜好，如表4所示：年轻人喜好个性时尚，中年人喜好个性稳重，老年人喜好感性怀旧。

表 4　消费人群消费心理调研总结

	青年人	中年人	老年人
音乐	流行音乐、重金属、嘻哈乐、爵士乐、摇滚、朋克：富有激情，追求新奇刺激	古典音乐、钢琴曲、轻音乐：放松心理或面子工程	戏剧、歌剧、乡村音乐：喜欢自然的田园生活
娱乐节目	大型综艺节目、惊险刺激类节目、挑战类节目：富有激情，追求新奇刺激	体育节目、对话节目、讲坛类节目：事业上升和逐步稳定时期	戏剧、喜剧、相亲类节目：喜欢大自然的田园生活
绘画	人体画（抽象、不规则图形）：追求个性，不喜约束	军事画、肖像画：有拼搏心，争斗，不愿屈于人下	宗教画、历史画、风俗画：不注重物质，注重精神享受
阅读	言情小说、时装杂志、武侠小说、漫画书：富有想象力，向往理想中的事物	新闻、报纸、财经杂志、传记：注重实际，少有幻想，脚踏实地	报纸、历史书籍、传记：见识长远，丰富自己的人生阅历
电子类产品	上网聊天、交友、购物、游戏：玩乐为重，喜欢方便智能的事物，讨厌麻烦	注重产品的主要实用功能，不喜欢繁琐的附加功能	大多用于打电话，对智能型、现代化的电子类产品敬而远之
消费心理分析总结	追求时尚和新颖，喜欢购买具有特色、个性的商品	注重商品的内在质量和性能，喜欢大众化的商品	消费观念成熟，经济收入稳定，注重精神享受
词汇总结	时尚、个性、新颖、表现自我、注重情感	个性稳重、理性、有主见、好面子	固执、感性、怀旧、注重健康和精神享受

三、细分人群与项目驱动式教学应用

1. 细分人群与项目驱动式教学设计

课题以项目为纽带，分小组协作完成任务，分组路演设计成果，设置路演要求和打分标准。首先，细分人群，针对人群喜好展开讨论，建立消费人群消费心理调研数据，头脑风暴建立人群定位思维导图，明确人群定位需求关键词。

其次，建立常用色彩心理感受 6 色标准色数据，展开色彩抽象联想与象征意义关键词，确定标准色数据，为产品设计提供框架数据。

最后，民族文化元素提取阶段，展开建筑物、生活用品、民间纹样、民俗民风等大类讨论，寻找具体表现形象，元素几何式抽象提取，头脑风暴确定关键词，用科学的方法挖掘概括核心文化，简化民族风格元素图案。

2. 教学应用

熔山铸剑是一个蒙古族古老的神话传说，一直口口相传，传承着一个民族在艰苦的环境下奋力图存、无畏探索的民族精神。兰萨花纹、苏鲁锭是蒙古族典型的风格元素，前者属于图像性符号，后者为指示性符号，两者组合传达了蒙古族祖先充满智慧及英勇无畏的探索精神。在定位人群为年

轻人的扇子设计中，扇面的凹凸折叠形态如延绵的山脉，在凹面处抽象兰萨花纹和苏鲁锭符号，构成一把剑，从侧面看突出扇骨的扇面像一座座山峰，象征着阴山山脉；当缓缓打开扇子的时候，山峰融化，呈现出一把把宝剑。整个开合过程巧妙地贴合了熔山铸剑的典故，在语义上契合了熔山铸剑的文化语意（图1）。

"热忱公主"（图2）定位人群为儿童，以蓝、白、黄、绿、红五种颜色代表五彩哈达，是产品语义学中提喻的修辞手法。提喻 (synecdoche) 是不直接说某一事物的名称，而是借事物本身所呈现的各种对应的现象来表现该事物的一种修辞手段。五彩哈达代表着热情和高尚，吉祥结代表着吉祥如意，顾谷冠则代表着尊贵。

"蓊若春华"（图3）定位人群为中年女性，依据蒙古服饰中翁牛特服饰的特征展开设计，材质与色彩端庄雅致。翁牛特蒙古族腰带一般都扎在肚脐以上，扇面布局的设计借鉴翁牛特人扎腰带的位置。蒙古族头饰的一个显著特点，是采用珊瑚珠和彩松石材质间隔搭配，扇坠的设计突出珊瑚珠，最大的直径为12毫米，松石的直径为7毫米，最小的珊瑚珠直径为3毫米，扇坠总长约100毫米。

图1 熔山铸剑　　　　　　图2 热忱公主　　　　　　图3 蓊若春华

四、结论

本文利用符号语言学、语义修辞等方法，采用文化的眼光深入挖掘民族文化内涵，将民族文化进行感性认知凝练；运用形态、色彩构成原理对民族文化符号作抽象提取与表现，并引导学生从产业、市场的角度去推动文化创意，最后以展示的方式验证民族文化符号设计方法。学习的过程有助于培养民族文化创意设计的兴趣，提升形象思维与逻辑思维综合运用的能力。整个过程为工科工业设计学生提出一套提高设计思维和设计方法的教学方式，结合全国工科工业设计兄弟院校在民族文化发展方面的经验以及本校的教学特色，努力探索工科工业设计创新人才培养的新模式。

参考文献

[1] 邱书芬. 浅析蒙古族服饰中传统纹样的运用[J]. 内蒙古艺术，2017（1）：90-91.

[2] 胡飞，杨瑞. 设计符号与产品语义[M]. 北京：中国建筑工业出版社，2012.

[3] 应放天，等. 造型基础：形式与语意[M]. 武汉：华中科技大学出版社，2007.

[4] 诺曼. 设计心理学 [M]. 梅琼，译. 北京：中信出版社，2010.

[5] 田朋飞. 色彩设计在家电产品中的应用探析[C]//中国色彩学术年会论文集，2016.

[6] 张宪荣，张萱. 设计色彩学[M]. 北京：化学工业出版社，2003.

[7] 鲁静茹. 北方少数民族文化背景下的产品语意设计研究[D]. 哈尔滨：哈尔滨工程大学，2012.

[8] 熊文丽. 基于产品语义学的中国传统文化符号应用的研究[D]. 武汉：湖北工业大学，2011.

面向工业设计的体验式工程材料教学平台建设

周岩　刘晓胜　王勇　肖雄　哈尔滨工业大学

摘　要

材料是工业设计专业的基础教学内容。本文以现有体验式学习模型为理论基础，提出了学习循环、信息反馈和学教一体的体验式学习法；通过定量分析学生学习风格类别，建设了用于工业产品材质学习的体验式虚拟仿真教学平台；该教学平台从材料介绍、感觉特性训练、教学测验等多维度以立体化方式进行设计，教学过程中通过主动认知、虚拟仿真、实际操作等多种手段，全面提升学生学习效果。通过该平台，学生可以学习金属、塑料、橡胶等典型材料的感觉特性、固有性质及工艺性能等，通过材料感觉特性训练，使学生更好地理解材料在产品设计中的应用方法，进而更加科学地选择合理的材料。该学习法为工业设计专业学生理解和掌握工程材料知识，提供了一种新的学习模式。

关键词： 教学平台建设；工业设计；工程材料；体验式学习

引言

从视觉和触觉角度，材料的运用是工业产品最直接的表达之一，材料选择的差异性是用户对产品的直接感受，因此，熟练地掌握材料属性、科学地选择材料种类、创新地运用材料，成为设计专业学生及设计师必备的专业素质之一。

体验式教学模式在近些年年成为众多学者研究的热点之一。顾定红打造了感性、感动、感悟、感恩、感奋的 5G 体验式课堂[1]；夏樾主动引导学生进行情景设计、实践和体验[2]；张晨提出了体验—反思—形成—行动—体验的循环教学模式[3]；蔡昌茂将教学与实践融合，设置了观摩体验、二维体验、三维体验和设计体验四维度的教学情景[4]；孙宜彬重构课程内容，采用体验式教学法、角色扮演法和学生助教法，将"学"与"教"融为一体[5]。丰富的体验式教学案例为本课题的体验式学习方案设计提供了重要依据。

本文基于体验式学习的相关理论，通过定量分析学生学习风格类别，建设了用于工业产品材质学习的体验式虚拟仿真教学平台，为全面提升学生材料学习的学习效果提供了一种新思路。

一、体验式学习模型与学习属性

在体验式学习模型方面，国外学者的研究成果颇丰。其中以库伯的体验学习圈理论、勒温的四阶段循环圈理论、皮亚杰的思维四因素理论最为著名。

1. 体验式学习模型基础理论

勒温的四阶段循环圈[6]以具体体验为切入点，具体体验是指学生对知识的感知过程，是与学生情绪、情感相关联的。众多研究表明：愉悦的学习状态对知识获取具有积极作用，而人类的情感是相对复杂的，快速搜集资料、平静而愉悦地完成此项任务，是体验式学习的关键。为了能够更好地推动学习发展，在体验式学习模型的研究过程中，观察以往经验的过程是一种快速的方法，这一过程也是学生学习从具体体验到反思观察的过程。学习如果缺乏充分反馈的过程，将被归结为一种无效的学习[7]。因此反思观察是知识转化的过程，这一过程也将学习的复杂的情感过程转化为复杂的感知过程，这种感知复杂性在于学生对知识内涵的理解，即知识的"内涵转化"，是知识从了解到理解的过程。学生学习的本质不仅仅是理解，还包括领悟和掌握，学生通过体会、领悟知识内涵，才能达到掌握知识的目的，没有体会领悟，知识只能停留在纸面上。上述学习过程是通过符号化复杂性将领悟的知识进行抽象概括，形成知识类别，这就是杜威的本质外显化学习过程。杜威的循环递进的学习模型[8]认为学生的学习认知是一个辩证的过程，在这一过程中，学习的终结点不是具体体验、反思观察、抽象概括，而在于行动应用，学生通过复杂的行为体验，对知识外延进行扩展，同时通过对知识的体验观察和抽象概括，形成了加工信息的方法，由此形成了体验、概括、观察和行动的学习四步骤。学生学习正是通过这四个步骤对知识进行整合，提取其共性问题，寻找差异性问题，进而进行知识积累，形成知识库并以一种经验的形式进行存储[9]。体验、概念、观察和行动也成为了人类思维的四要素，这就是皮亚杰的影响人类思维形成的观点[10]。从人类思维形成角度的知识获取过程，不同阶段思维方式必然不同，体验观察阶段的思维方式通常是一种发散性的思维方式，而抽象行动阶段的思维方式则表现出一种聚合性的思维方式，由此也形成了不同的学习类型：在反思抽象过程中，其学习类型为同化型；在行动体验过程中，其学习类型为顺应型[11]。学习从知识获取、知识转化、知识类别、知识加工四个过程中，使知识从感知到领悟、从内涵到外延形成全方位的学习过程[12-14]；根据以上体验式学习理论，构建如图1所示体验式学习模型。

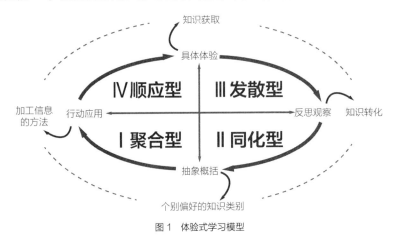

图1 体验式学习模型

2. 体验式学习属性研究

在图1所示的体验式学习模型中，对于"个别偏好的知识类别"，目的是知识获取，其学习过程是通过"具体体验感知到抽象概括领悟"，实现知识从情感到符号化的转化；而对于"加工信息方法"而言，目的是知识转化，其学习过程是通过"内涵转换的反思观察到外延转换的行动应用"，实现知识从感知到行为运用的转化，从上述两维度的转化形成了顺应型、同化型、发散思维和聚合思维的学习四属性。

林云[15]在总结体验式学习风格中对于体验式学习四属性进行了详细的分析。对于发散思维，并不是单一知识的具体体验，而是与学习者的兴趣爱好广泛性、获取信息的多样性直接相关，还与学习者想象力的丰富性、情感的细腻性等众多因素相关，是一种自身知识经验体系中，与知识点结合的扩展式学习，发散性思维在此起到至关重要的作用。聚合思维是一种数理思维方式，对于知识体系中深层次的观点、原理、模型等抽象内容进行推理和技术处理，常常会采用调查分析、实验模拟、理论推导、虚拟仿真及实际验证等方法进行，需要具备扎实的数理基础、严谨的分析方法。学习是一个辩证过程，有在不经意间被动领悟知识的方式，也有通过观察反思或者通过阅读等获取知识的方式，这种人与学习方式之间主动、被动的复杂关系成为学习过程中差异性的主要内容[16]。这种复杂关系的处理也丰富了体验式学习属性，同化型学习属性正是这种对具体感知到的事件发现问题并进行思考，将其以严谨的逻辑关系呈现出来，而学习者的各种技能以及知识经验就是通过具体体验、行动感知这些真实的教学过程获取的[17]。体验式学习过程中，不同学习者表现出了不同的特点，如情节记忆是一种同化型学习属性，情绪记忆则是一种发散型思维方式。发散型思维方式对于促进学习者的学习效果具有积极作用；而顺应型和聚合型思维突出表现在学习的自我决定性[18-19]。体验式学习既能够使学习者的自主学习能力得以提高（学习者通过对学习内容和方法的调整，逐渐适应不同的学习内容，达到提高自学能力的目的），也能对学习者的学习目的、自身责任感的培养起到至关重要的作用[20]。

通过这四种学习属性得到学习风格量表[21]，该学习风格量表对于学习风格度量及定量研究学习风格提供了重要的研究依据。

3. 体验式学习要素提取

体验式学习的相关理论较多，综合国内外研究成果，提取本课题研究中需要的体验式学习要素，主要有学习循环、信息反馈和学教一体[22]，如图2所示。

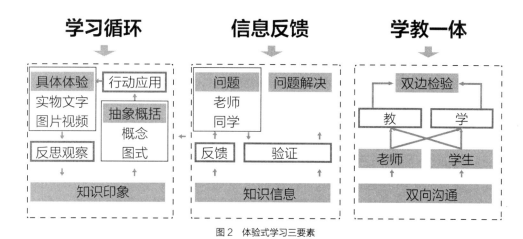

图2　体验式学习三要素

学习循环要素是体验式学习的第一要素，该要素提取自图1体验式学习模型的第二象限，由知识获取过程的具体体验和信息加工过程中的行动应用围合而成，具体过程体现了学习者的情感和行动。学习者所获得的知识印象从具体体验开始，具体体验的内容包括实物、文字、图片、视频，这一过程是通过理论文字与实践结合、图片视频与实物结合，通过观察，获取、对比、分析，扩展到第一象限，进而通过反思观察对知识形成初步印象；知识印象进一步感知，扩展到第四象限的抽象概括，学习者通过对知识的消化理解，抽象出相应的概念、图式，对知识印象进一步理解后，通过第三象限的行动应用对所学知识进行实践，验证学习的效果，并由此引出新的问题，进入新的具体体验，学习就是在这个不断循环的过程中螺旋上升，渐进提升。

信息反馈要素是体验式学习的第二要素。知识的获取不是一个闭门造车的过程，而是一个交流的过程：同行之间的交流、师生间的交流、同学间的交流，在各种交流过程中，不断提出问题，不断解决问题，不断充实知识印象，使知识信息得以扩充和深入。这个过程也是对知识信息的反馈和验证的过程，这样才能使学习活动步步为营、逐渐深入，形成知识体系。在知识信息的学习过程中，反馈和验证要及时，这样才能保质保量达到预期的学习目的，从而顺利获取知识信息。当然知识信息也不是独立存在的，这一过程中会穿插知识印象的学习循环过程，不断完善。

学教一体要素是体验式学习的第三要素。知识信息的获取其实是一个双向流通的过程，传统教学中，是以"师"和"教"为主，是以教师为主体，教师处于主动地位，学生处于被动学习的位置。而体验式学习是双向流通过程，教师将以引导的方式，引导学生探究知识，学生不再处于被动的学的位置。通过教师的体验式教学设计，教师与学生的角色可能互换，教师既是教学者，也是学习者。教师与学生角色的互换，将极大提升学生主动学习的学习兴趣。这种双边体验带来的好处体现在，教师在教与学的角色互换中，能够找到学生学习知识的瓶颈；学生则在角色互换中，体会到带着问题带着兴趣自主学习的动力，学生的学习由被动变为主动。

二、学习风格定量研究

学生的学习习惯和学习方法称为学习风格，学习风格影响着学生学习效果和教师的教学方法。传统教学模式主要用教师"教"这种集体学习的方法，极少考虑学生个体的差异；而体验式教学模式，是以学生为中心的一种教学方法，教学设计中将分析知识的类型、设计知识获取的方法，以满足不同学习风格的学生对知识的需求。定量分析学习风格有助于更好地满足学生对知识的需求，提高学生的学习效果。

1. 学习风格类别划分

在图1所示的体验式学习模型中，将知识类型分为基于感知的具体体验和基于领悟的抽象概括，并将其置于坐标系的纵坐标轴两端；而对于学生学习习惯包括了基于知识内涵理解的反思观察和基于知识外延扩展的行动应用，再次将其置于坐标系的横坐标两端，四象限对应聚合思维与发散思维、同化型与顺应型的学习特点，并分别对应如图3所示四类学习风格。

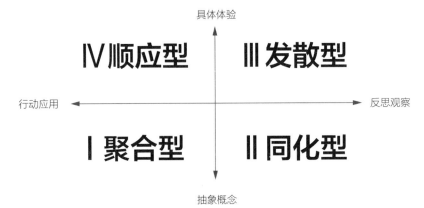

图3 学习风格类别划分

图3对于学习风格类别的划分，是根据获取知识的方式和学生的学习习惯确定的。学习者的学习习惯、兴趣偏好和知识获取方式的差异，将影响教师的教学方式，因此四种学习风格的特点将对应不同的教学方式，采用不同的教学设计。表1从学生接收信息的方式、知识检验的方式及教学设计中采用的教学措施等方面进行了总结。

对于学习风格为聚合型的学生，由于其接收信息的方式以抽象概念为主，这类学生善于从抽象的数理模型、逻辑推理中接收信息获取知识，并通过将知识应用到实际活动中进行知识检验。对于这种学习风格的学生，在教学设计中应更多地以新观点、新概念、新理论作为知识的获取方式，并在教学设计中引入模拟实践活动来对学习者的学习效果进行检验。对于学习风格为同化型的学生，由于其具有较强的逻辑思维能力，因此在教学设计环节应引入各种专家讲座、推荐更多的文献资料，来引导学生运用知识进行逻辑推导，提升学生的知识运用能力，并以此作为检验学生学习效果的方式。

对于学习风格类别为发散型和顺应型的学生，其接受信息以具体信息为主，这类学生善于从身边的实际感受、具体体验中接收信息获取知识，因此教学设计不应以传统的教学方式，可以通过小组合作、社会实践，实验设计等，让学生能够身临其境接收到知识信息。对于发散型学习风格的学生，在知识检验环节应注重团队合作，体验之后进行整理、分析、推导，并以此进行学习效果的检验；对于顺应型学习风格的学生，则应增加实践时间，使学生有充足的即时体验，并设计相应的实践活动进行学生学习效果的检验。

表 1　学习风格特点与教学措施

学习风格类别	接收信息方式	知识检验方式	教学措施
聚合型（Ⅰ型）	抽象概念	实践行动	新观念、模拟以及实践
同化型（Ⅱ型）	抽象概念	逻辑思维	讲座和阅读
发散型（Ⅲ型）	具体信息	逻辑思维	布置团队工作的任务
顺应型（Ⅳ型）	具体信息	实践行动	给予充足的即时体验

2. 学习风格量化及分析

在教学设计时，充分考虑学生学习风格的类型至关重要，而不同学生的学习风格相对固定，因此定量化研究学生的学习风格就变得尤为重要。定量研究学习风格的首要任务是对学习风格的测量，对于这种定量问题的描述采用李克特量表完成。通过设置能够描述学习风格的六个问题，进而确定对应程度的副词，采用七点评分和五点评分进行测量，完成学习风格测量任务，如表 2 所示。

表 2　学习风格测量的相关内容

序号	问题设置	程度	评分
Q1	学习内容	具体体验——抽象概念	七点评分
Q2	学习方法	反思观察——行动应用	七点评分
Q3	具体事物体验印象（如实习经历）	浅显——深刻	五点评分
Q4	理解抽象概念（如定义和公式）	慢——快	五点评分
Q5	观察相关现象和反思	不喜欢——喜欢	五点评分
Q6	动手操作	不喜欢——喜欢	五点评分

依据上述理论，设置关于学习风格的调查问卷，回收问卷并代入表 3 对应关系公式，得到学生学习风格数据，如表 4 所示。

如图 3 所示，坐标系纵轴为具体体验和抽象概念，其描述问题采用 Q1 学习内容进行测量；坐标系横轴为反思观察和行动应用，其描述问题采用 Q2 学习方法进行测量；对于具体体验设定问题如实习经历、教学实验等具体事物体验印象作为 Q3 的测量问题，其评价以浅显——深刻程度副词作为测量指标；对于诸如定义、公式等抽象概念的理解作为 Q4 的测量问题，其评价以快——慢的程度作为测量指标；横坐标上反思观察和行动应用的知识内涵和外延学习的评价则以喜欢——不喜欢作为测量指标。同时定义 $f(Q_n)$ 为每个问题的得分，参考 $f(Q_3)-f(Q_4)$ 与 $f(Q_5)-f(Q_6)$ 的值，根据图 3 中的坐标轴划分，对数据处理结果及其对应的学习风格进行分类。

　　由表 4 可以看出，顺应型学习风格占 49.1%，也就是说接近一半的学习者更倾向于感知具体体验信息，进而通过行动应用的实践活动进行知识的检验，由此也可以看出，教学活动中增加更多的体验式教学设计能更好地满足这部分的学生学习需求。而对于具有聚合型、同化型及发散型学习风格的学生，其在学习过程中更倾向于抽象概念和反思观察，因此在教学设计中应增加对于理论、概念的梳理和讲解。

表 3　量化数据结果与学习风格类别对应关系

数据处理结果	学习风格类别
1. $f(Q_1)-4>0$, $f(Q_2)-4>0$; 2. $f(Q_1)-4=0$, $f(Q_2)-4>0$, $f(Q_3)-f(Q_4)<0$; 3. $f(Q_1)-4>0$, $f(Q_2)-4=0$, $f(Q_5)-f(Q_6)<0$; 4. $f(Q_1)-4=0$, $f(Q_2)-4=0$, $f(Q_3)-f(Q_4)<0$, $f(Q_5)-f(Q_6)<0$	Ⅰ型
1. $f(Q_1)-4>0$, $f(Q_2)-4<0$; 2. $f(Q_1)-4=0$, $f(Q_2)-4<0$, $f(Q_3)-f(Q_4)<0$; 3. $f(Q_1)-4>0$, $f(Q_2)-4=0$, $f(Q_5)-f(Q_6)>0$; 4. $f(Q_1)-4=0$, $f(Q_2)-4=0$, $f(Q_3)-f(Q_4)<0$, $f(Q_5)-f(Q_6)>0$	Ⅱ型
1. $f(Q_1)-4<0$, $f(Q_2)-4<0$; 2. $f(Q_1)-4=0$, $f(Q_2)-4<0$, $f(Q_3)-f(Q_4)>0$; 3. $f(Q_1)-4<0$, $f(Q_2)-4=0$, $f(Q_5)-f(Q_6)>0$; 4. $f(Q_1)-4=0$, $f(Q_2)-4=0$, $f(Q_3)-f(Q_4)>0$, $f(Q_5)-f(Q_6)>0$	Ⅲ型
1. $f(Q_1)-4<0$, $f(Q_2)-4>0$; 2. $f(Q_1)-4=0$, $f(Q_2)-4>0$, $f(Q_3)-f(Q_4)>0$; 3. $f(Q_1)-4<0$, $f(Q_2)-4=0$, $f(Q_5)-f(Q_6)<0$; 4. $f(Q_1)-4=0$, $f(Q_2)-4=0$, $f(Q_3)-f(Q_4)>0$, $f(Q_5)-f(Q_6)<0$	Ⅳ型

表 4　学习风格类型频数统计

		频数	百分比	有效百分比	累计百分比
有效值	其他	6	11.3	11.3	11.3
	聚合型	6	11.3	11.3	22.6
	同化型	5	9.4	9.4	32.1
	发散型	10	18.9	18.9	50.9
	顺应型	26	49.1	49.1	100.0
	Total	53	100.0	100.0	–

　　根据上述学习风格定量研究，结合体验式学习模型，将研究成果应用于工业设计基础课程——设计材料与加工工艺的实践教学中，搭建了体验式虚拟仿真教学平台，将知识获取、知识转化、个别偏好的知识类别以及加工信息的方法进行梳理，平台融合具体体验、反思观察、抽象概括与行动应用，将四种学习风格融为一体，使学生在体验中"学"，教师在情景中"教"。

三、体验式虚拟仿真教学平台结构

　　在认知、虚仿 + 实操过程中，学生通过具体体验完成学习，而在训练环节重点强调抽象概念。这一过程中，知识印象的认知过程，通过虚仿 + 实操形成知识信息，进而引导学生感悟、启发、反思；在教与学的过程中，检验学生的学习状态，通过学生的反馈验证其对知识的理解与掌握程度，达到教师与学生双边体验，实现双向流通。对于四种学习风格：聚合型、同化型、发散型、顺应型，通过不同阶段适应不同的学习风格类型，整个设计平台始终围绕学习循环、信息反馈、学教一体体验式学习三要素，为工业设计专业学生学习工程材料提供了虚实结合、学教一体的新方法。

四、结束语

　　体验式虚拟仿真教学平台的设计，将库伯的体验学习圈理论、勒温的四阶段循环圈理论和皮亚杰的思维四因素理论相结合，提取了学习循环、信息反馈、学教一体体验式学习的三要素；通过划分聚合型、同化型、发散型和顺应型四类学习风格，采用李克特量表对知识获取方式和知识类型偏好进行定量研究，在此基础上完成了体验式虚拟仿真教学平台的设计。通过该平台，使学生更好地理解材料在产品设计中的应用，进而选择材料，为工业设计专业学生理解和掌握工程材料知识提供了一种新的学习模式，该平台也为线上教学提供了一种新思路。

参考文献

[1] 顾定红. "5G"体验式课堂——高校思政教学模式的研究和创新实践[J]. 科技经济导刊, 2017（36）: 114-115.

[2] 夏樾. 景观设计课程的体验式教学实践研究[J]. 教育教学论坛, 2018（5）: 142-143.

[3] 张晨. 景观设计课程体验式教学实践研究——以大唐姜堰电厂、桑元蒲村为例[J]. 生活教育, 2017（11）: 107-110.

[4] 蔡昌茂. 浅谈应用型本科院校课程中的多维度情境体验式教学——以建筑学专业"建筑设计基础"课程为例[J]. 家长, 2017（46）: 242-243.

[5] 孙宜彬, 薛彦登, 杨帆. ERP 沙盘课程体验式实践教学的研究与探索[J]. 教育教学论坛, 2017（17）: 171-172.

[6] PALONIEMI S. Experience, competence and workplace learning[J]. Journal of workplace learning, 2006, 18(7/8): 439-450.

[7] HEWSON M G., COPELAND H L, MASCHA E，et al. Integrative medicine: implementation and evaluation of a professional development program using experiential learning and conceptual change teaching approaches[J].Patient education and counseling, 2006, 62(1): 5-12.

[8] BENGTSSON J. Experience and education: introduction to the special issue[J]. Studies in philosophy and education, 2013, 32(1): 1-5.

[9] DUNCAN T A. Differentiated contracts: giving students freedom to learn[J]. Kappa delta pi record, 2013, 49(4): 174-179.

[10] DAWES N P. Embracing risk and promise for student engagement: incorporating experiential teaching methods in a community psychology course[J]. Journal of community practice, 2018, 26(1): 1-12.

[11] GIMPEL N, KINDRATT T, DAWSON A, et al. Community action research track: community-based participatory research and service-learning experiences for medical students[J]. Perspectives on medical education, 2018.

[12] HA-BROOKSHIRE J. Exploring learning experience in textile and apparel management: study abroad in El Salvador[J]. International journal of fashion design, technology and education, 2008, 1(3): 113-123.

[13] BOTELHO W T, et al. Kolb's experiential learning theory and Belhot's learning cycle guiding the use of computer simulation in engineering education: a pedagogical proposal to shift toward an experiential pedagogy[J]. Computer applications in engineering education, 2016, 24(1): 79-88.

[14] KOLB D A. Experiential learning: experience as the source of learning and development[M].Englewood Cliffs, NJ: Prentice-Hall, 1984.

[15] CHAI M, LIN Y, LI Y. Machine learning and modern education[M]// E-learning, e-education, and online training. Cham, Switzerland: Springer, 2018.

[16] HEILBRONN R, DODDINGTON C, HIGHAM R. Dewey and education in the 21st century[M]. Bingley, UK: Emerald Publishing, 2018.

[17] LLORENS J. Action learning for developing leaders and organizations[J]. T + D, 2009, 63(8): 31-48.

[18] SATO T, LAUGHLIN D D. Integrating Kolb's experiential learning theory into a sport psychology classroom using a golf-putting activity[J]. Journal of sport psychology in action, 2017: 1-12.

[19] LALUMIERE R T, MCGAUGH J L, MCINTYRE C K, et al. Emotional modulation of learning and memory: pharmacological implications[J]. Pharmacological reviews, 2017, 69(3): 236-255.

[20] 周婷. 体验式学习视角下的社会工作教学过程[D]. 北京: 首都师范大学，2009.

[21] 周岩，刘晓胜. 体验式学习风格研究与分析[C]//高等教育现代化的实证研究（一），2019：415-421.

[22] 肖雄. 基于产品质感认知的体验式实验平台设计与评价[D]. 哈尔滨: 哈尔滨工业大学，2019.

将共产主义理想信念融入工业设计概论的教学思路

蒋红斌　万雪鸽　郭雯静　清华大学美术学院

摘　要

　　工业设计概论课程内容基本沿用 20 世纪 80 年代引入的现代设计史和工业设计史。国内外相应的教学内容和方法，都是以设计典型作品、典型人物及重大运动为主干进行梳理，存在着重典型作品、轻思想本质的问题。在宏大的价值尺度上将共产主义理想和设计的最大意义，即把握和建设人类命运共同体的概念联系在一起，有利于帮助学生们建立共产主义信念与设计深层逻辑的联结，明确设计不是以个人喜好和创新意趣为核心，也不是个人感受与价值追求的呈现，本质上设计的活动是谋求人类整体命运的建设工作，是最大化地拓展共产主义理想和价值使命的活动。通过大跨度历史背景的认识与分析，将包豪斯的诞生与封禁的史实有效地与工业产业变革、工人阶级运动和共产主义信念联系在一起，自然、真实地为学生呈现一个具有历史发展必然性画面的课程单元，意义深远。

关键词： 工业设计；价值观；共产主义

一、引子

　　工业设计概论是设计院校的公共必修课。虽然学分和课时量不多，但课程的论纲性质和定位，使得其作用尤为关键。它是担当定义学科性质、梳理学科要领、明晰学科逻辑，以及树立正确价值观的点睛之笔。课程一般设置在大学二年级第一学期，即学生真正进入专业课程学习的起始时期，是奠定整个工业设计学习体系的定音之锤，在理念、逻辑和方向上有着至关重要的意义和作用。

　　工业设计概论课程在教学中大量运用以包豪斯设计学校为线索的知识与内容，尤以其发展历史、经典作业和名作使用最为广泛。围绕经典作品展开分析和品评，是当前该课程的主流教学方法，基本思路是对新风格和新阶段的介绍和阐释，少有从更宏大的历史尺度和价值视角来帮助学生认识和分析其诞生的时代动因和理念成因。

　　当前，国内该课程的教改方式也多集中在以西方现代设计史为背景，通过各个时期的著名设计人物及其作品，沿 19 世纪中叶的工业技术脉络，为学生铺陈一幅工业设计从发生、发展，再到繁荣至今的产品设计思潮图景。教学思路和主要方法，依然是以介绍典型作品、典型人物和相应理念等来组织展开，很难在思想和价值观念上彰显工业设计成为全社会创新活动核心的缘由和动力源头。

　　这一情况不仅体现在工业设计概论课程的建设本身上，同样，从更宏观的学科层面，考量工业设计的本质意义和价值主张，也少有触及灵魂和价值观的讨论。譬如 2019 年，为响应德国包豪斯设计学校诞生一百周年而开展的诸多活动中，有关工业设计论述的大型研讨，人们的视线依然集中在"什么是包豪斯""它的基础教学方法是怎样的"，以及"哪些作品才是真正当年的代表作"等追忆式的讨论上。普遍热衷于以现代主义风格，或以"form follow function"，即形式追随功能的关系和意义上去理解和把握包豪斯精神，而忽略了它与社会重大思想变革和伟大理念之间的必然联系，忽略了工人阶级和工业产业变革对人类社会价值观和理想信念的作用的梳理。

　　时代的变迁，尤其是劳动方式和产业变革才是从根本上推动人们认识世界、认识自我，以及创造新世界的源泉。抓住理想、信念与价值观的变革成因，才能防止舍本求末和知其然却不知其所以然的表面认识。重视对设计价值观和塑造一个怎样的未来世界等问题的梳理和分析，才能从根本上改变重作品介绍、轻价值观分析的工业设计概论教学现状。

二、路径

设计学在本质上是人文学科。从人类理念与信念的高度去思考和分析其主旨和原理无疑将会取得事半功倍的效果。工业设计开启了工业时代人们在设计创新方法和理念上的一次伟大变革，如何从潜在的观念和信念上汲取思想的意义和探索的价值，进而对工人运动、资本主义和共产主义理想的历史成因进行系统联系和深刻思考，将在一个更大的历史尺度上认识和确立对工业设计的认识。

工业设计概论课程的基本教学目标是对工业设计的诞生与发展来龙去脉的梳理和解析，以时间为纬线，将事典与缘由作为经线镌刻其间。注重历史典物和人物以及他们各自的理念固然简明而易于梳理，但是，在思想的根源上却难以解释其深刻的成因。

譬如，对德国诞生的包豪斯设计学校，如果只是一味地描述谁开创了这个学校、他的生平和理念，以及一众教员所彰显的课程和作品，往往会让学生只知其然，却不知其所以然。如果再从价值观入手，以包豪斯在创办之后不久就因其共产主义理想与信念的价值主张而遭到当时纳粹政府的强硬关闭，但"二战"之后又在全球以势不可挡的力量普及开来的历史事实作为背景和线索，以更深厚的价值观和理想作为分析和认识的框架，将工业设计的发生、发展与人类对未来理想社会的塑造联系在一起，将工业设计的内在价值逻辑与建设人类美好未来的共产主义信念联系在一起，在更宏大的历史选择中理解设计的意义与价值主张，将会让学生更深刻地理解和把握设计的思潮、信念，以及工业社会变革与人类理想社会建设的内在联系，更具教育意义。

以下，结合在清华大学的具体教学实践，介绍以此为路径的教学思路。

1. 从工业产业变革的角度来整理工业生产方式下的价值主张和经济逻辑

以工业产业变革为历史维度，在工业社会基础层中建立分析的素材。对比工业与手工业之间在生产效率与生产方式上的最大差别。从劳动方式、社会组织方式上理解和分析工业生产方式为什么处于先进的历史地位。进而，对价值主张和意识形态，以及社会建设方略等主流思想作相应的历史视角的考察。

从人类生产变革的历史尺度上，整理和理解工业生产在改变人类意识形态和价值观念上的巨大作用。将资料的重点和认识的重点结合在工业生产方式下人类社会集聚起来的生产能力和建设能量。

2. 在产业革命与生产成就的历史事实中分析经济特质对价值观的影响

工业产业的核心是工业生产方式下的生活资料生产的丰富性和前所未有的高效能。工业生产的内在逻辑就是由"1"放大成"n"。即，按照一个标准，生产 n 个相同质量的产品。品质一样，使用一样，引发对社会平等、共同富裕的价值理念的强化。譬如同样生产一支笔，手工业生产的量级显然与工业生产的量级不可同日而语。工业生产方式下，标准的模具、机床和组织有序的工序，悄然改变着人们的价值观和消费观，并深刻地引发了人们对于社会生存方式、政治意识形态，以及社会上层建筑的重新思考与深刻反思。

从这个角度拓展开来，联系包豪斯时期对手工艺社会设计观念的摒弃，以及对工业社会设计观念的褒扬，再联系他们的设计实践和设计作品，分析和理解其中所蕴含的生产能量和经济价值就十分容易了。

3. 将工业设计概论中的理念部分与从工业社会变革中孕育出的共产主义理想联系起来分析

事实上，共产主义理想和工业设计的价值观之间有着高度和密切的联系。共产主义的诞生与发展一直与工业社会的变革与演进深刻地联系在一起。工业设计的诞生与发展，其本质是工业社会生产目标与理想信念之间的一次深刻联结。包豪斯设计学校的汉斯·迈耶与密斯·凡德罗两任校长，都是以共产主义精神和共产主义价值观为核心，展开工业设计价值实践和构建新型设计教育的。

从与共产主义理想信念的联系中揭示设计背后的观念和理想，有助于深刻认识工业设计之所以能坚实地站上历史舞台，成为建设社会的创新力量的历史必然性。

三、教学思路与实践

将包豪斯设计学校作为主题线索，通过学校开创的背景与理念及典型作品等，多维度地展开工业价值观和资本主义、共产主义的历史视角的整理和分析。同时，作为一个独立的练习模块，通过一张系统的工业社会生产变革和社会主义、共产主义理想的对照表，让学生们通过资料的系统整理，全面和实事求是地分析共产主义理想与工业社会发展、工业设计历史事典的系统联系，在比较和联系中思考和认识。在现代工业和设计发展的完整画面中，建立对理念、信念和价值观的梳理与研判。

在充分的史实资料基础上，组织学生们自主学习，通过给定的基本要求，分别进行整理和制作。通过图表，描述工业化进程的不同时期，设计理念与社会建设理念以及共产主义理想从诞生到发展壮大的系统画面，揭示工业革命以来，工业产业在设计实践与社会治理的价值观上的演化图谱。

在教学中，可以通过这样的资料整理，引导师生展开工业设计理念和共产主义理想的讨论与对话。通过系统的背景梳理，将共产主义理想，即消灭生产资料私有制，实现全人类的自我解放的终极目标，与建立共产主义社会——人与人互相尊重、团结协作，人与自然和谐共生，人人有尊严，公平、正义、和谐、美好的理想社会的价值目标联系起来。通过一个整体画面，多维度地呈现不同价值观的演化，在比较中深刻分析和理解工业设计价值观与共产主义理想的一致性。

通过资料的收集、学习与整理，推动学生认识共产主义产生、发展的过程。通过学习科学社会主义的完整思想体系，使学生从人类对未来愿景的高度，理解工业设计对社会化生产的高度推动，以及消灭生产资料私有制，实行公有制，劳动者直接和生产资料相结合，政府按计划组织生产，取消商品与货币等对理想社会的思考的必然性和科学性。

四、总结

设计的价值观是设计基础中的基础。工业设计概论课程无疑应该注重引入设计价值观的讨论和思考。工业设计对于中国设计教育来说是个舶来品。由于历史原因，设计历来是从美术入手，从美化出手来开展人才选拔和教学工作。如何正确地、从根本上把握工业设计的底层逻辑和价值，应该从工业社会孕育出的价值理念和价值判断上进行整理和思考，才能坚实把握设计的本质作用。

在历史的宏大尺度上，将工业变革与人类对理想社会建设的价值观变化作为比较和整理的路径，既能实事求是地反映历史的真实，也能客观、科学地把握设计创新的底层逻辑。设计的最大意义和目标是建设美好的人类命运共同体。这在社会创新意义与价值呈现中与共产主义理想和价值观高度一致。人类社会的工业实践成果丰硕，将共产主义理想与工业设计的发展理念和价值判断联系在一起，有助于学生们树立共产主义信念，理解设计的深层逻辑：设计不只是抒发个人喜好和意趣的工作，也不是某个集团或组织单方面的价值呈现，而是要体现整个人类命运共同体的建设意义和历史作用，最大化地拓展创新的价值和理想。将共产主义理想融入工业设计概论的教学中，通过比较与分析，将包豪斯的诞生与封禁有效地与工人运动和共产主义信念整合在一起，将有效、自然地为学生们呈现一个具有本质意义的课程单元。

参考文献

[1] 冯秀珍. 社会主义发展史纲 [M]. 北京：中国法制出版社，2002.

[2] 姚树洁. 西方世界的社会主义因素及其内在规律 [J/OL]. 人民论坛·学术前沿：1-6[2021-06-11].https://doi.org/10.16619/j.cnki.rmltxsqy.2021.08.007.

[3] 郭强. 社会主义发展史上的六个时间阶段 [EB/OL].[2020-11-02]. https://dangshi.people.com.cn/n1/2020/1102/c85037-31914534.html.

[4] 王晓光，方凤玲. 中国特色社会主义发展理论的探索及启示 [J]. 西北大学学报（哲学社会科学版），2020，50（3）：129-137.

[5] 郑亚锋. 对现代艺术设计的思考 [J]. 现代装饰（理论），2013（3）：93.